生物統計學

林川雄、馮兆康◎審訂
林傑斌◎著

審訂者序

為了知道產品合格與否或它的使用壽命，我們常常需要對它做破壞性檢定，此時我們顯然不能把所有的產品都檢定一遍，而只能對少數樣本抽樣檢定，如此所獲得的資訊顯然是不完備的；若要檢定疫苗的有效性，接種過疫苗的動物不一定完全不生病，而未接種的也不會全部生病。則生病與不生病的差別究竟多大時，才認定接種的有效性呢？即使我們採用完全一樣的實驗條件重複做實驗，生病與不生病的動物數量也會有所變化，此闡明了類似實驗的結果，具有內在的不確定性，要在此種情況下正確判定疫苗的有效性，即如何評估一些並不確定的實驗結果。

若根據有限而不完備的資訊做出決策時，統計學能提供一種方法，使我們不僅能做出合理的決策，而且知道所冒風險的大小，並可以把可能的損失降至最低。而如何以最小的代價，取得所關心的資訊，即為實驗設計的核心課題。

生物學是一門實驗科學，只進行邏輯推理，而實驗所得到的結果都會有或多或少的實驗誤差，本書掌握了常用的統計方法，尤其是它們的條件、適用範圍及優缺點等，從而靈活應用核心概念去解決實際的問題。

本書為二十一世紀的最新教材，生物統計學在生物學／醫學／農業中具有廣泛的應用，是現代生命科學研究不可或缺的工具。本書內容由淺入深，注重實驗設計能力與報表結果解讀能力的培養，重點介紹了生命科學研究中，應用統計學方法進行研究設計、蒐集資料，分析與解讀研究結果的核心概念。全書架構簡明扼要，通俗易懂，具有相當的深度與廣度，是一本具有獨特特色的教科書，故樂意為之作一審訂序以大力推薦並推廣促銷之。

林川雄 中台科大醫管系副主任

馮兆康 前弘光科大醫管系系主任

自序

在日常生活中，常常會遇到下列的醫療保健問題；例如：一種新的SARS疫苗，如何判斷它是否有效？抽煙會不會引起肺癌機率的增加？如何做抽樣，來估計某種病的流行程度？某批藥品中合格品良率有多少？某種實驗設計或營養配方，是否有顯著性的改良？

上述問題的特色為：皆蘊含著不完備資訊（incomplete information）與不確定性（uncertainty）。而統計學就是從不完備的資訊中，取得較精確知識的科學方法。

生物學是一門實驗性的科學，若能將實驗與統計密切整合起來，運用常用的統計方法，尤其是它們的條件限制、適用範圍與優缺點等，從而去解決生物與醫學實驗中所遇到的資料分析問題與機率統計方法。

本書第一章為生物統計學概論，第二章為統計資料分析，第三章為統計推定與檢定，第四章為變異數分析，第五章為迴歸分析，第六章為共變數分析，第七章為多元統計分析簡介，第八章為生存分析中的基本概念，第九章為實驗設計，在每章後面皆附有代表性的思考練習題，在附錄中涵蓋了常用的統計表及相關參考資料。

本書的內容聚焦與鎖定於統計在生物與醫學的應用，儘可能做到深入淺出，循序漸進，同時也有適量的公式推導，使讀者能夠深刻掌握各種方法的適用條件、應用範圍及優缺點，期能將理論與實際的應用密切地整合起來，真正做到分析、整合、應用的螺旋建構式學習過程。本書適用於生命科學（涵蓋醫學院與農學院）各科系的研究生及大學生（涵蓋四技系所），作為「生物統計」之教科書或參考書之用。

由於編寫時間匆促，錯誤與不足之處在所難免，尚望海內外各方先進不吝斧正。

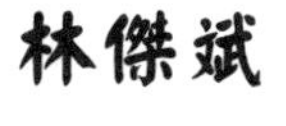

2006年元月謹識於台北

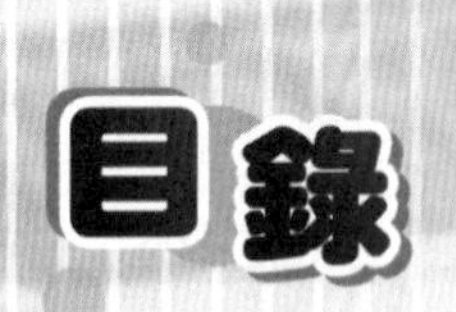

目錄

CONTENTS

目錄

CHAPTER 1 生物統計學概論

1-1 什麼是統計學

統計對於大多數人而言並不陌生，尤其選舉的交叉分析更是人們茶餘飯後的消遣。電視、廣播、報刊雜誌等新聞媒體每天都給人們傳來很多統計資訊，告訴人們有關「台北市上週平均溫度」、「高速公路上個月傷亡人數」等等。

統計的第一種含義，即指任何用數字、圖形、表格所呈現的方式，另外的一種含義是指統計學學科本身的含義，即統計學自身的術語、方法論（methodology）及其知識母體。

機率與統計（probability and statistics），是一門年輕又引人入勝的學科。

統計學是研究隨機現象（random phenomenon）規律性的科學。在自然界中存在著大量的隨機現象，但是在表現上是隨機性的現象，始終受內部隱蔽著的大數法則所支配。

偶然性事物的機率（即事物發生的可能性大小）即為該隨機事件隱蔽著的特徵。統計學就是研究此種內在特徵性的一門數學。它是為了獲得可靠性的推定結論，研究如何獲取資料、組織與呈現資料、分析資料與解讀報表結果的科學與藝術。獲取資料、組織與呈現資料的程序通常稱為敘述性統計（descriptive statistics）；運用觀察資料做出有關母體的結論性決策過程稱為推定統計（inferential statistics）。隨著電腦技術的迅速發展，推動了統計更具深度與廣度的應用，在研發、工程技術、生物、醫學與企業管理等領域，得到了愈來愈多的應用。

1-2 生物統計學的概念

生物統計學是數理統計在生物學研究中的應用。它是用數理統計的原理和方法來分析和解釋生物界各種現象和試驗資料的科學，隨著生物學研究的不斷發展，運用統計學方法來認識、推斷和解釋生命程序中的各種現象，也愈來愈廣泛。儘管生物統計學在運用程序中曾經受到一些批評，但絕大多數生物學家、農業專家、園藝學家、育種專家、畜牧學家、醫學工作者以及人口學家，還是在自己的研究領域愈來愈普遍地應用生物統計分析方法，並把它變為學科自身發展的需要。

生物學研究的對象是複雜的生物有機體，與非生物相比，它具有更加特殊的複雜性。生物有機體的生長發育、生理活動、生化變化及有機體受外部環境因素的影響等，都使生物學研究的試驗結果有較大的差異性，這種差異性往往會掩蓋生物體本身的規律。在生物學研究中，大量試驗資料內在的規律性，也容易被雜亂無章的資料所迷惑，而為人們所忽視。因此，在生物學研究中，應用生物統計學就顯得特別重要。只有正確地應用生物統計原理和分析方法對生物學實驗進行合理設計，對資料進行客觀分析，才能得出正確的結論。

在對事物的研究程序中，人們往往是運用某事物的一部分（樣本），來估計事物全部（母體）的特徵，目的是為了以樣本的特徵對未知母體進行推定，從特殊性推出一般性，對所研究的母體做出合乎邏輯的推論，得到對事物本質和規律的認識。在生物學研究中，我們所期望的是母體，而不是樣本。但是在具體的實驗程序中，我們所使用的卻是樣本而不是母體。因此，從某種意義上而言，生物統計學是研究生命程序中以樣本來推定母體的一門學科。

生物統計學是在生物學研究程序中，逐漸與數學科際整合形成的，它是應用數學的一個領域，屬於生物數學的範疇。生物統計學以數學的機率論為基礎，也涉及到數列、排列、組合、矩陣、微積分等知識。生物統計學為一門重要的工具課程，一般不過多討論數學原理，而主要聚焦於統計原理的介紹和生物層面具體分析方法的應用。

1-3 生物統計學發展概況

生物統計學派的奠基人是英國的高爾頓（Francis Galton, 1822-1911）。

他畢業於劍橋大學三一學院。表哥達爾文（Charles R. Darwin, 1809-1882）的鉅著《物種起源》問世以後，觸動他用統計方法研究智力遺傳進化問題，第一次將機率統計原理等數學方法用於生物科學，明確地提出「生物統計學」的名詞。現在大家耳熟能詳的「相關」（correlation）與「迴歸」（regression），也是高爾頓第一次使用的。1870 年，高爾頓在研究人類身高的遺傳時，發現下列的關係：高個子父母的子女，其身高有低於父母身高的趨勢，而矮個子父母的子女，其身高有高於其父母的趨勢，即有「迴歸」到平均數去的趨勢。此即為統計學上最初發現「迴歸」時的含義。真正從數學上開始生物統計研究的先鋒，則是皮爾遜（Karl Pearson, 1857-1936）。他在倫敦國王學院攻讀數學，1884 年任倫敦大學應用數學與力學的教授。1890 至 1900 年間，皮爾遜在高爾頓的指導下，討論生物進化、遺傳、自然選擇、隨機交配等問題，運用迴歸與相關工具，系統地將生物進化數量化，並先後提出和發展了標準差、常態曲線、平均變差、均方根誤差等一系列數理統計名詞與概念。這些文章都發表在進化論的雜誌上。1901 年，皮爾遜創辦《生物計量學》（*Biometrika*）雜誌，生物統計學才有了自己的陣地。

統計學用於生物學的研究，開始於十九世紀末。1870 年，英國遺傳學家高爾頓在十九世紀末應用統計方法研究人種特性，分析了父母與子女的變異，探索其遺傳規律，而提出了相關與迴歸的概念，開闢了生物學研究的新領域。儘管他的研究當時並未成功，但由於他開創性地將統計方法應用於生物學研究，後人推崇他為生物統計學的創始人。

在此之後，高爾頓與他的繼承人皮爾遜，共同努力，於 1895 年成立了倫敦大學生物統計實驗室，於 1889 年發表了《自然的遺傳》一書。在該書中皮爾遜首先提出了迴歸分析問題，並給出了計算簡單相關係數與複相關係數的計算公式。皮爾遜在研究樣本誤差效應時，提出了測量實際值與理論值之間偏離度的指數卡方（X^2）的檢定問題，它在屬性統計分析中有著廣泛的應用，例如，在遺傳上孟德爾（G. J. Mendel, 1822-1884）豌豆雜交實驗，高豌豆品種與低豌豆品種雜交之後，它的後代理論比率應該是高 3：低 1，但實驗後代數是否符合 3：1，須用 X^2 進行檢定。皮爾遜的學生歌西特（W.

Gosset, 1867-1937）對樣本標準差做了大量研究，於 1908 年以筆名“Stndent”在該年的《生物計量學》上發表論文，創立了小樣本檢定代替大樣本檢定的理論與方法，即 t 分配與 t 檢定法。t 檢定已成為當代生物統計的基本工作之一，它也為多元分析的理論形成與應用奠定了基礎。

英國統計學家費雪（Sir R. A. Fisher, 1890-1962）於 1923 年發表了顯著性檢定及估計理論，提出了 F 分配與 F 檢定。他在從事農業實驗及資料分析研究時，創立了正交實驗設計與變異數分析。在生物統計中，變異數分析有著廣泛的應用，特別是在他發表了《實驗研究工作中的統計方法》專著之後，對推動與促進農業科學、生物學與遺傳學的研究與發展，發揮了奠基的功能。自 1920 年代費雪的變異數分析問世以來，各種數理統計方法不但在實驗室中成為研究人員的分析工具，而且在田間實驗、飼養實驗、臨床實驗等農業、醫學與生物學領域也得到了廣泛應用。

尼曼（Jerzy Neyman, 1894-1981）與皮爾遜分別做了統計理論的研究工作，於 1936 年與 1938 年提出了一種統計假設檢定學說。假設檢定與區間估計為數學上的最佳化問題，對促進設計理論研究與實驗做出正確結論，具有非常實用的價值。

另外，馬貝林羅比斯（P. C. Mabeilinrobis）對農作物抽樣調查、A. Waecl 對序列抽樣、芬尼（Finney）對毒理統計、馬瑟（K. Mather）對生物遺傳學、耶茨（F. Yates）對田間實驗等，都做出了傑出的貢獻。

近年來，生物統計學發展迅速，從中又分出生物統計遺傳學（群體遺傳學）、生態統計學、生物分類統計學、毒理統計學等。由於數學與生物學、農學的應用，使生物數學成為一門嶄新的科際整合學科。1974 年，聯合國教科文組織在編寫學科分類目錄時，第一次把生物數學當作一門獨立的學科，而列入生命科學類中。隨著電腦的日漸普及與生命科學研究的不斷深入，在二十一世紀中，生物統計學的研究與應用的深度與廣度必會日益加強。

1-4 生物統計研究的基本程序

生物統計研究一般應包括下列六個程序。

1.提出一個亟待解決的問題

發現問題是任何研究的第一步，也是最關鍵性的一步，它決定了研究的創新性與價值。

2.系統化研究設計

統計學設計（statistical design）是指用統計學原理，對研究的整個過程，做出周密合理的統一安排，如確定研究對象，擬定研究因素與其分配。如何執行隨機、對照與重複的統計學原則。如何觀察與度量效應，以及資料蒐集、整理與分析的方法，運用合理而系統化的安排，達到控制系統誤差，以盡可能少的資源消耗，獲取準確而可靠的資訊資料及具信度的結論，而使效益極大化。

3.獲取實驗與觀察的資料

該過程又稱為蒐集資料（collection of data），根據資訊來源可將資料分為三類：第一類為一般性的工作記錄，例如住院病人的病歷資料、醫療保險資料等。第二類為各種統計報表，例如人口出生報表、死亡報表、居民的疾病、損傷、傳染病的月報、季報與年報等資料。第三類為專題研究工作所獲得的現場調查資料或實驗研究資料。

4.資料審核與電腦輸入

首先應對原始資料做仔細的核對，然後將其輸入電腦，即建立一個資料檔。而電腦進行資料的邏輯核對程序，來發現原始資料中所存在的邏輯錯誤，完全是研究者運用程式敘述來操縱，電腦本身並不能識別資料的真或偽。

5.分析資料

對資料的分析（analysis of data）按其分析目的，可分為敘述性統計分析與統計推定分析。敘述性統計（descriptive statistics）是指用統計量、統計圖表等方法，對資料的特徵及其分配進行檢測與描述。統計推定（inferential statistics）是運用隨機樣本資訊推定母體特徵的程序。統計推定又涵蓋信賴區間（confidence interval）估計與統計假設檢定（hypothesis test）。統計分析程序按變數的多寡，可分為單變數分析與多變數分析。

6.分析報表結果解讀

統計分析的目的就是應用觀察實驗的資訊，對研究者所提出的假設，做出接受與否結論的推理過程。

思考練習

1. 生物統計學的主要內容與功能是什麼？
2. 舉例說明什麼叫母體？什麼叫樣本？什麼是母數？什麼是統計量？

CHAPTER 2

資料的統計分析

2-1 資料的獲得與整合

資料的獲得有兩個途徑，一個是從母體中抽取，一個是從試驗結果取得。

2-1-1 抽樣技術

1.母體類型與抽樣類型

科學研究工作中，多數情況下都不可能將全部物件進行研究，因為有些研究物件的總數是無法確知的，有些總數雖然知道，可是數目很大，由於時間、空間和人力物力的限制，或者其他原因（例如需要把研究物件破壞），我們也只能抽取其中一部分來研究。對被抽取到的這一部分個體進行觀測，就會得到一部分觀測資料，再將蒐集到的資料加以分析、描寫，並根據這部分資料所提供的資訊，就可去準確地推測母體的數學期望、變異數或母體的分配函數等。為了達到上述目的，一方面要求抽取出來的這部分必須能代表母體，另一方面抽取的數量還要盡可能的少，因此，就要認真對待如何抽取樣本的問題。

樣本來自於母體。就母體所包含的資料來說，可分為兩類，一類是有限母體，一類是無限母體。就母體的存在狀況來看，也可以分為兩類，一類是很明確的東西，例如，一副撲克牌、一群試驗動物、一片草原等，從中抽取一個或多個個體（樣本），觀察它（或它們）的一個或多個數值特徵，而且正是這些數值構成了我們感興趣的隨機變數；另一類是，到底什麼是母體並不明顯，例如，拋擲一枚硬幣，什麼是母體呢？實際上，有無母體對問題的研究並不重要，但「從母體中抽樣」已成為習慣用語，在使用這樣的表述時，可以設想一個母體，不妨把這個隨機變數可能取的值的全部當作母體，或把試驗的可能結果的全體當作母體。這類母體仍可以設想可能是有限的，也可能是無限的。

從母體中有兩種主要得到資料的方法。一種是不放回抽樣，這種抽樣是從母體中把樣本所要包含的元素同時取出，或每次抽取一個而不放回再抽下一個，由於在第二次抽取時，第一次被抽取的元素並沒有放回母體，因此，第二次抽取是從一個特徵不同先前的母體中抽得的。第二種抽樣方法是每次抽取一個，在下次抽取之前先把上次抽取的元素放回母體並把母體打亂再抽，這稱為放回抽樣。這種抽樣的特點是每次抽取的結果不影響另外的抽取，因此，每次觀察值是互相獨立的隨機變數。

假如母體中包含的個體數較之樣本量大得多，那麼不放回抽樣和放回抽樣的區別就微乎其微了。特別是當母體無限時，抽取有限個體後將不改變母體的特徵，因此，放回與否也就無關緊要了。

2.抽樣方法

統計學的中心問題就是如何根據樣本去探求有關母體的種種知識。因此如何從一個母體中抽取一些元素組成樣本？什麼樣的樣本最能代表母體？如果抽取元素的方法是使母體中的每一元素都有同樣的機會被抽取，且每次抽取時母體中的元素成分不改變，所觀測到的數值是互相獨立的隨機變數，並有著和母體一樣的分配，我們說，這樣的樣本是一個簡單的隨機樣本，它是母體的最好代表。而取得簡單隨機樣本的程序或手續叫作簡單隨機抽樣。

簡單隨機抽樣就是重複進行同一隨機試驗，也就是指每次試驗都在同一組條件下進行，因而每次試驗得到什麼結果，其可能程度都是固定不變的。對於有限母體，簡單隨機抽樣意味著每次抽出一個元素後，放還再抽，若不放還，母體的成分將有所改變，那麼再抽時，出現各種結果的可能程度就相對地改變了。至於無限母體，沒有必要區分「放回」或「不放回」。

除上述原則外，另一方面，獲得樣本的具體方法能否保證觀察值是獨立的，這是問題的關鍵。因此，一樣本的隨機與否還取決於獲得樣本的具體方法。

由於數理統計的不斷發展，至今已經提出了很多種隨機取樣的方法，每種方法各具特點，各有不同的優缺點，在具體進行取樣時，必須瞭解這些方法的特點，根據研究目的不同，選擇不同的取樣方法。

⑴**單純隨機抽樣法**：先把每個個體編號，然後用抽籤的方式（或利用隨機數字表）從中抽取個體。這種方法僅適用於個體間差異較小，所需抽選的個體數較少，或個體的分配比較集中的研究物件。

⑵**分區隨機抽樣法**：將母體隨機地分成若干部分，然後再從第一部分隨機抽選若干個體組成樣本。這種抽樣法可以更有組織地進行，而且中選的個體在母體的分配比單純隨機抽樣更均勻。

⑶**系統抽樣法（規則抽樣法）**：先有系統地將母體分成若干組，然後隨機的從第一組決定一個起點，如每組 15 個元素，決定從第一組的第 13 個元素選起，那麼以後選定的單位即 28、43、58、73 等等。

系統抽樣時，也可有兩種不同的作法。

第一種：從第一組的 r 個元素中隨機選取一個，然後每隔 r 個元素取一個。

第二種：將母體有系統地分成與欲抽選的個體數目相同的若干組，然後從每組中再隨機抽選一個個體。

在採用系統取樣時，要注意個體是否存在週期性的變化（因土壤、地形或生物因素引起）。如存在週期性變化，則用 B 方式系統取樣結果比用 A 方式要好，這種情況在野外仔細觀察是可以發現的。

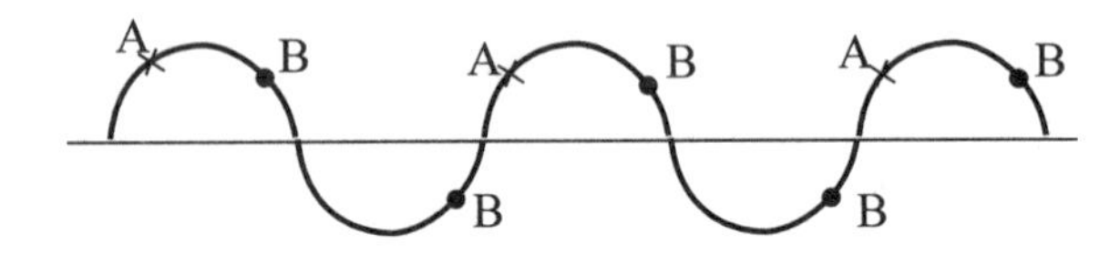

系統抽樣法簡單，而且由於選擇的個體均勻分配在母體中，因此代表性較強。如果和單純隨機抽樣比較，系統抽樣的變異數比單純隨機抽樣要小。可以用下面一個簡例說明。

今有 0、1、2、3、4、5、6、7、8、9、10、11、12、13、14 共 15 個數值，如用單純隨機抽樣法，每次取 5 個樣本，則有 $C_5^{15}=3003$ 種取法，其中平均數演算結果從 2 到 12 都有，平均數的變異數為 8/3；如用系統抽樣法，每次也取 5 個，則有三種取法，其中平均數分別為 6、7、8，其變異數為 2/3。

⑷**分層抽樣法（類型抽樣法）**：根據對母體特性的瞭解，把母體分成若干階層或類型組，然後從各個階層中按一定比例隨機抽選。此法的代表性最好，但若階層劃分得不正確，亦不能獲得有高度代表性的樣本。

母體劃分階層的原則是，根據母體的特性和調查目的而決定，通常應注意以下幾點：

第一點，每個階層的內部愈均勻，而階層間差異愈大，則可靠性愈大。

第二點，植物群落研究，可依氣候、土壤、植物群落數量特徵（如頻率、密度等）或人為影響而劃分階層。

第三點，每個階層調查 6 至 10 個個體，就能保證可靠地估計階層內部平均值和變異數。

第四點，在分層後，每個階層內部所需取樣數目可以有兩種方法確定，如果各階層內部變異數相等，則各個階層（類型組）取樣數目相同；根據每個階層內部變異大小，採取不同的抽樣數目，變異大的可多取樣。

3.取樣數目

怎樣決定取樣數目？取樣過多，增加工作時間與費用，造成不必要的浪費；取樣數目過少，不能找到一個可靠的估計數值，更不允許。同時，要注意取樣誤差與取樣數目的平方成反比，因此，如需減少 1/3 的取樣誤差，就可能要增加九倍取樣數目。

取樣數目的多寡決定於研究物件的變異大小，通常用變異數來表示變異大小，也就是說，取樣數目取決於變異數大小。在一般情況下，母體的變異數是不知道的，用什麼方法來估測呢？有以下幾個方法可以參考。

第一，根據過去資料，用同一或類似的母體中 s^2（樣本變異數）或 P（二項分配的母數）值來評估。

第二，根據少量樣本的調查，找出變異的最大值和最小值的幅度，查「估計標準差和標準誤差」表，可以得出一個估計的變異數值。例如，調查了 20 株林木，平均樹高 10 公尺，最小值 6.4 公尺，最大值 10.4 公尺，變動範圍 $=10.4-6.4=4$ 公尺，查表得標準差 $=0.2677\times4=1.0708$，即變異數

$= 1.0708^2 = 1.145$。

在隨機取樣時，一般採用下列公式來估計取樣數目。

就不連續函數而言：$n_0 = \frac{t^2pq}{l^2}$

公式中 p 為某一事物出現的機率，$q = 1 - p$；就二項分配而言，變異數 $(s^2) = pq$，l 為可以允許的誤差，這是已知數。例如，測定樹高，事先確定允許誤差範圍在±5%以內，即平均樹高 20 公尺時，20±1 公尺的影響不大。在 95%的信賴機率時，$t = 1.96$（一般簡化為 2），因此上面公式可以寫成：$n_0 = \frac{4pq}{l^2}$

就連續函數而言：$n_0 = \frac{4s^2}{l^2}$

當取樣數目達到母體的 5%（或 10%）以上時，計算公式還需加上一個校正係數：$n = \frac{n_0}{1 + \frac{n_0}{N}}$

2-1-2 實驗設計

生物科學實驗的許多內容都是母體並不太明顯的類型，資料的獲得並不像前面所講的，它們不是用抽樣的方法得來，而是研究者按照隨機樣本的要求，根據機率論與數理統計的想法去設計實驗。因此，實驗結果所得到的資料可以視為另一種意義上的隨機抽樣。

實驗設計的基本原理有三點：

第一要有重演性，只要是在同一組條件下，實驗可以重複進行。

第二要有重複性，有重複才能得到實驗誤差的估計，根據誤差的估計才能判斷處理之間的差異是否存在統計學上的顯著性，才能更精確地估計處理效應。

第三要保證隨機化，只有隨機化才能保證觀測值是獨立分配的隨機變數。

實驗設計包括兩個方面的內容，一是實驗處理設計；二是實驗方法設計。

1.實驗處理設計

分為單因素實驗、雙因素實驗、多因素多階層的實驗。

2.實驗方法設計

⑴**單因素最佳化法：**這類方法中有兩個最簡單易行的，一個叫 0.618 黃金分割法（摺紙條法），一個叫分數法。

0.618 法簡述如下。例如，新實驗成功一種高效低毒農藥，為了給大田使用提供初步參考，可先在室內做用藥濃度的實驗，實驗指標是某種有害昆蟲的死亡率。如果根據以往經驗，初步估計在 1000 C.C.水中加入 0.1 C.C.藥物，對害蟲無明顯殺傷力，於加入 1.1 C.C.，害蟲全部死亡，以節約、安全的角度考慮，該用多大濃度呢？

用一張紙，把紙條等分為 100 份，小頭為 0.1 C.C.，大頭為 1.1 C.C.，全長範圍為 $1.1-0.1=1$ C.C.，每 1 等分代表 0.01 C.C.，按 0.618 法，第一個實驗點在紙條全長的 0.618 處，即 0.718 $[0.1+(1.1-0.1)\times 0.618]$；以紙條全長的中點為軸對摺，找出第一點的對稱點，即 0.482 C.C.，這是第二個實驗點 $[0.1+1.1-0.718]$；比較第一、二點，第一點死亡率 81%，第二點 47%，拋去 0.482 以下部分，找出保留點的對稱點，即 0.864 C.C.，這是第三個實驗點，比較第一、三點，第三點死亡率 87%，拋去 0.718 以下部分，再找出保留點的對稱點，即 0.954 C.C.，這是第四個實驗點，死亡率 94%，拋去 0.864 以下部分……一直做到找出最優點。可以看出，每次的保留點都是新長度的 0.618 點。

分數法與 0.618 法的基本原理一樣，首先要記住一串分數，1/2、2/3、3/5、5/8、8/13、13/21、21/34……後者的分子是前者的分母，後者的分母是前者分子、分母之和。具體操作時要根據實驗範圍選定分數，然後按 0.618 法的原則找試驗點。

⑵**對比法：**將參加實驗的樣本隨機地分為兩組，一組做對照，一組接受處理。分別求出每組的資料平均值，比較平均值以判斷處理的效果。

⑶**隨機區組法：**將參加實驗的樣本隨機地分為三或四個區組，區組內的不

同個體分別接受不同的處理，每個樣本究竟接受哪種處理是隨機的。這種設計可以運用區組內、區組間差異的比較，正確地估計出機率誤差的大小。

⑷**拉丁方陣設計：**是區組數與處理數相同的隨機區組試驗。如果以圖表示，可以排列成正方形，以A、B、C、D、E、F表示6種不同的處理。每種處理在每行中只出現一次，在每列中也只出現一次，沒有重複。

A	D	C	E	B	F
E	C	F	B	D	A
C	E	A	D	F	B
F	B	E	A	C	D
D	A	B	F	E	C
B	F	D	C	A	E

⑸**裂區設計：**此法適用於雙因素實驗。以田間實驗為例，在設計時，先將某一實驗因素各個處理分別置於不同的小區內，這些小區稱為主區，然後再將另一實驗因素的各個處理分別排列於每個主區內，主區內劃分成的小區稱為副區。要求在每個重複內的各個主區處理（以甲、乙、丙表示）做隨機排列，每個主區內的各個副區處理（以A、B、C、D表示）的位置也依隨機排列決定。

I

B	A	C	B	D	C
D	C	D	A	B	A
乙		丙		甲	

II

A	C	D	C	B	C
B	D	A	B	D	A
丙		甲		乙	

III

C	A	B	D	A	B
B	D	A	C	D	C
甲		乙		丙	

IV

D	B	A	D	C	A
A	C	C	B	B	D
乙		甲		丙	

主區、副區的確定，通常依下述的原則：把差異大、次要的因素放在主區；把差異不明顯，而又是本實驗重點考查的因素放在副區，這樣可以增加重複，容易比較出效果。

A＼B	B_1	B_2	B_3
A_1	A_1B_1	A_1B_2	A_1B_3
A_2	A_2B_1	A_2B_2	A_2B_3
A_3	A_3B_1	A_3B_2	A_3B_3

(6)**正交拉丁方陣設計：**也稱多因素優先法。例如，做一個四因素，每因素三個階層的實驗，要找到一個最佳的實驗方案，按一般辦法須做 $3^4=81$ 次實驗。這不僅實驗次數多得難以安排，而且結果也不好分析，諸因素在某種情況下誰將發揮主導作用就更不好分辨。對於這類多因素實驗的最好辦法就是採用正交實驗法。

要掌握這種方法，有些基本概念必須清楚。

①什麼是正交拉丁方陣？

如果只考慮兩個因素，A 和 B，全部實驗要做 9 次。

如果再考慮第三個因素 C，也可做到實驗次數不增加，而且因素間的安排均衡，即兩兩因素間的不同階層各碰一次，既沒有重複，又沒有遺漏。可以看出，表中的 C 因素不同階層數的排列正好是一個拉丁方陣。

A＼C＼B	B_1	B_2	B_3
A_1	$A_1B_1C_1$	$A_1B_2C_2$	$A_1B_3C_3$
A_2	$A_2B_1C_2$	$A_2B_2C_3$	$A_2B_3C_1$
A_3	$A_3B_1C_3$	$A_3B_2C_1$	$A_3B_3C_2$

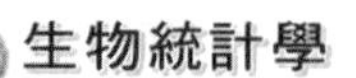

若還要考慮第四個因素 D，而且要保持實驗次數不增加，因素間安排仍要均衡，這就也要使 D 的三個階層構成拉丁方陣。D 的拉丁方陣與 C 的拉丁方陣不能一樣，否則 C、D 之間的搭配不均勻。按此原則，就有下列情況：可以發現 C 的 1、2、3 與 D 的①、②、③各碰一次，既無重複又無遺漏。

1	2	3
2	3	1
3	1	2

C

1①	2②	3③
2③	3①	1②
3②	1③	2①

①	②	③
③	①	②
②	③	①

D

綜合上述分析，我們提出，當把兩個同階拉丁方陣疊起來時，如果一個拉丁方陣的每個字母同另一拉丁方陣的每個字母一起出現一次，而且只出現一次，那麼，稱這兩個拉丁方陣互為正交，這樣疊合的方陣稱為正交拉丁方陣。現在已經知道，除 2×2、6×6 的拉丁方陣沒有找到正交拉丁方陣外，$t=3, 4, 5, 7, 8, 9$ 都找到了正交拉丁方陣的完全系，即存在 $t-1$ 個互為正交的 $t \times t$ 的拉丁方陣。

②如何用正交表來安排實驗？

用正交方陣安排實驗，通常是排列表格的形式，這個表格稱為正交表。由全套 $(t-1)$ 個邊長為 t 的互為正交的拉丁方陣，可以寫出一個 t 階層實驗用的 t^2 行，$t+1$ 列的正交表，它的代號是 $L_t^2(t^{t+1})$。例如：由下述正交方陣所構成的正交表為：

行號＼列號	1	2	3
1	1	2	3
2	2	3	1
3	3	1	2

$C(L_2)$

行號＼列號	1	2	3
1	1	2	3
2	3	1	2
3	2	3	1

$D(L_2)$

實驗號	行號	列號	L_1 號	L_2 號
1	1	1	1	1
2	1	2	2	2
3	1	3	3	3
4	2	1	2	3
5	2	2	3	1
6	2	3	1	2
7	3	1	3	2
8	3	2	1	3
9	3	3	2	1

實驗號 \ 列號	1	2	3	4	5
1	1	1	1	1	1
2	1	2	2	2	2
3	2	1	1	2	2
4	2	2	2	1	1
5	3	1	2	1	2
6	3	2	1	2	1
7	4	1	2	2	1
8	4	2	1	1	2

由正交方陣所構成的 $l_{tt}^{2}(t^{l+1})$ 型正交表，只是正交表的一個特例，如 $L_4(2^3)$、$L_9(3^2)$ 等。多數正交表則是正交方陣的自然推廣，如 $L_{64}(4^{21})$ 它是屬於 $L_T^u(q_0)$ 型表，字母 L 表示它是一個正交表，t^u 表示表的行數，說明用此表可安排做 t^u 個實驗，括弧內的 q 表示表的列數，安排實驗時，最多可以考慮 q 個因素；括弧內的 t 表示表中每列恰有 t 種數字，安排實驗時，被考慮的諸因素都要求是 t 個階層。

還有一種混合型正交表，用於安排階層數不同的實驗，如 $L_8(4\times2^4)$，此表有 8 行 5 列，其中第一列是 1、2、3、4 四種數字，後四列是 1、2 兩種數字，用它安排實驗時，要做 8 個實驗，最多可以考慮 5 個因素，其中一個四階層的因素，四個兩階層的因素。

可以從有關書上查到各種不同的正交表，具體應用時該選什麼表，這就要求做實驗的人首先根據實際情況，本著掌握主要因素的原則選定要考慮的因素數，再根據生產經驗或專業知識定出各因素的變化範圍，在此範圍內選定階層數。階層間隔要適當，對於重要因素而且是要求瞭解較為細微的因素，可定的階層數多一些。因素數和階層數確定後，就可選擇正交表了。與正交表相應的還有一張互動功能表。

對於多因素實驗，作用於同一樣本上的諸因素，它們除了發揮各自的功能之外，還會相互互動、相互依賴、相互影響。那麼，互動功能怎樣反映在正交表上呢？這要利用現成的二列間互動功能表，從表上可以查出任意二列的互動功能列。下面是一張 $L_8(2^7)$ 二列間的互動功能表。

列號	1	2	3	4	5	6	7
	(1)	3	2	5	4	7	6
		(2)	1	6	7	4	5
			(3)	7	6	5	4
				(4)	1	2	3
					(5)	3	2
						(6)	1

如須找(1)與(2)列兩因素的互動列，就是在互動功能表上先查到(1)和(2)，再分別過(1)作階層線，過(2)作垂直線，兩線的交叉點正好是「3」，就是說，如 A 因素排在第 1 列，B 因素排在第 2 列，A 與 B 的互動功能（一般用 A×B 表示）應放在第 3 列，C 因素就得往後挪一位放在第 4 列，以此類推。

最後是表頭設計：所謂表頭設計，就是因素及其互動功能在正交表的表頭上的某種排列方式。這種排列方式是根據互動功能表寫出來的。例如 $L_8(2^7)$ 的表頭設計：

<table>
<tr><th rowspan="2">因素數</th><th colspan="7">列號</th></tr>
<tr><th>1</th><th>2</th><th>3</th><th>4</th><th>5</th><th>6</th><th>7</th></tr>
<tr><td>3</td><td>A</td><td>B</td><td>AB</td><td>C</td><td>AC</td><td>BC</td><td></td></tr>
<tr><td>4</td><td>A</td><td>B</td><td>AB
CD</td><td>C</td><td>AC
BD</td><td>BC
AD</td><td>D</td></tr>
<tr><td>4</td><td>A</td><td>B
CD</td><td>AB</td><td>C
BD</td><td>AC</td><td>D
BC</td><td>AD</td></tr>
<tr><td>5</td><td>A
DE</td><td>B
CD</td><td>AB
CE</td><td>C
BD</td><td>AC
BE</td><td>D
AE
BC</td><td>E
AD</td></tr>
</table>

以 4 因素為例，表中第 1、2、3、7 列是主效應列，第 3、5、6 是互動功能列。正交表每行中主效應列對應的數字，就組成了一系列的實驗組合。有多少實驗號，就構成多少實驗組合，每一個實驗組合就是一個實驗項目。因此，只要表頭設計確定了，主效應列所占用的列序中的數字就組成了實驗方案。

從 $L_8(2^7)$ 的表頭設計中還可以看出，如果是三個因素的實驗，在 7 個列號中正好能安排下三個因素（主效應）和三個互動功能。如果是四個因素，既要安排四個因素，又要安排六個互動功能，不可避免地要出現在同一列號上排了兩個以上的因素（既有主效應，又有互動功能），這種現象叫作效應的混雜現象。效應的混雜會使判斷得不到明確的結論。所以，在表頭設計中，要盡量避免混雜，這也是表頭設計的一條重要原則。避免混雜的方法就是改換正交表，如改用 $L_{16}(2^{15})$，在 15 個列號中安排 10 個因素，但這是以增加實驗次數為代價的。

例 2-1 某微生物藥廠生產一種植物生長調節劑，為提高效益，降低成本，採用了正交實驗。選取的因素及各因素的階層如下表：

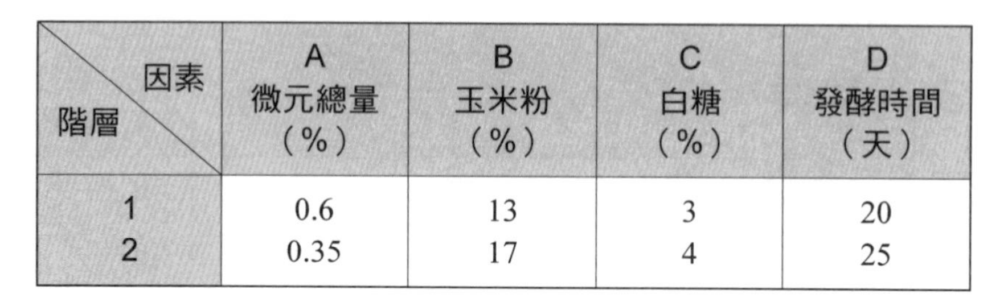

階層 ＼ 因素	A 微元總量（%）	B 玉米粉（%）	C 白糖（%）	D 發酵時間（天）
1	0.6	13	3	20
2	0.35	17	4	25

表中的微元即微量元素，包括硼粉、磷酸二氧鉀和碳酸鈣三種。兩個階層的具體組成如下表：

總量	硼粉	磷酸二氧鉀	碳酸鈣
0.6%	0.2%	0.3%	0.1%
0.35%	0.1%	0.2%	0.05%

根據過去的經驗，配方因素 A、B、C 之間可能存在著互動功能。實驗要考慮四個因素和三個互動功能，為避免效應的混雜，安排實驗時，表頭設計中至少要有 7 列。試用 $L_8(2^7)$ 來安排這個實驗。

實驗號 ＼ 列號	因素						
	1	2	3	4	5	6	7
	A	B	AB	C	AC	BC	D
1	1　0.6%	1　13%	1	1　3%	1	1	1　20 天
2	1　0.6%	1　13%	1	2　4%	2	2	2　25 天
3	1　0.6%	2　17%	2	1　3%	1	2	2　25 天
4	1　0.6%	2　17%	2	2　4%	2	1	1　20 天
5	2　0.35%	1　13%	2	1　3%	2	1	2　25 天
6	2　0.35%	1　13%	2	2　4%	1	2	1　20 天
7	2　0.35%	2　17%	1	1　3%	2	2	1　20 天
8	2　0.35%	2　17%	1	2　4%	1	1	2　25 天

主效應列為 1、2、4、7 列，因此就得到了簡明的設計方案。每一行代表一個實驗，如第一項實驗是採用微元總量 0.6%，玉米粉 13%，白糖 3%，發酵時間 20 天。以此類推。

2-1-3 實驗資料的整合

由實驗、調查或其他方法所蒐集到的原始資料，如果不加整合，會感到這些資料雜亂無章，彼此毫無關係。必須加以整合和分類才能清楚地顯示出這批資料所代表的事物的規律，其整合的步驟如下。

1.第一步：原始資料整列

例如：100 株小麥株高的記錄，按數值的大小，由小到大排列，得到如下的變數數列：

51	62	64	69	70	71	72	74	74	74
74	74	75	75	77	77	78	78	79	79
79	79	79	80	80	82	82	83	83	83
83	84	84	84	84	85	85	85	85	86
86	86	86	86	86	87	88	88	89	89
90	90	90	90	91	91	91	91	92	92
93	93	93	93	94	94	95	96	96	96
96	97	98	98	98	98	98	99	99	99
99	99	100	101	102	102	104	105	107	108
108	111	112	112	113	116	118	120	122	131

從整列後的變數數列可看出，株高在 86 公分處出現的次數最多，大體有向兩端遞減的趨勢。我們稱變數數列中出現次數最多的那個值為眾數，用 M_e 表示，正比例的 $M_e = 86$。為了表示實驗資料的集中趨勢，有時也以變數

數列中處於中間位置的那個值作為標誌，稱為中位數，以 M_e 表示。如果變數數列的容量 n 為奇數，則取第 $\frac{n+1}{2}$ 位置；若 n 為偶數，則取第 $\frac{n}{2}$ 及 $\frac{n}{2}+1$ 位置的均值作為中位數。此例的 $M_e=\frac{89+90}{2}=89.5$。

把變數數列中最大值與最小值之差稱為全距（range），用 R 來表示，此例的 $R=131-51=80$。全距的大小反映了被研究的現象或性狀在數量指標上的變異和分散程度。

2.第二步：資料的歸類、分組，繪製次數分配表

(1)求出全距：$R=80$

(2)按照樣本數目大小，提出約略組數。根據以往的經驗，我們認為：

當　N＝40～60 時，分 6～8 組

N＝60～100 時，分 7～10 組

N＝100～200 時，分 9～12 組

N＝200～500 時，分 12～17 組

也可按下面的經驗公式，求出約略組數

$$K=1+3.3\log N$$

(3)用約略組數除以全距，得約略組距：

$$r=\frac{R}{K}=\frac{80}{10}=8$$

(4)調整組距，原則是組距的確定要使得類區間中點（組中值）的有效數字的位數和原始資料一致。此例可調整為 9。

(5)確定類區間的端點（每組的上、下限），端點的選擇要避免觀測值落在區間端點的可能，因此，端點值要比原始資料多一位有效數字。如第一個類區間的端點為 50.5～59.5，這樣的選擇既避免了觀測值落在區間端點的可能，又使區間中點的有效數字的位數與原始資料一致。

(6)列出頻率分配表：

類區間	區間端點	區間中點	頻率 f_i	相對頻率$f_{i/n}$	累積頻率 F_i	累積相對頻率$F_{i/n}$
1	50.5～59.5	55	1	0.01	1	0.01
2	59.5～68.5	64	2	0.02	3	0.03
3	68.5～77.5	73	13	0.13	16	0.16
4	77.5～86.5	82	29	0.29	45	0.45
5	86.5～95.5	91	22	0.22	67	0.67
6	95.5～104.5	100	20	0.20	87	0.87
7	104.5～113.5	109	8	0.08	95	0.95
8	113.5～122.5	118	4	0.04	99	0.99
9	122.5～131.5	127	1	0.01	100	1.00
			100	1.00		

3.第三步：繪製直方圖、累積頻率圖

直方圖中的每個長方形面積和以它的底為類區間的頻率成正比，當然這個面積也和相對頻率成正比。而相對頻率正是一個觀測值在類區間中的機率的估計。

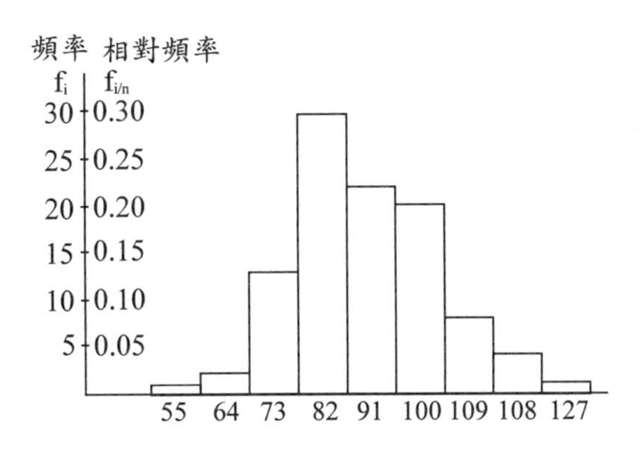

累積頻率圖是分配函數的一個估計。可以說，直方圖是累積頻率圖的微分（derivative），而累積頻率圖對應的函數正好是直方圖函數的積分。

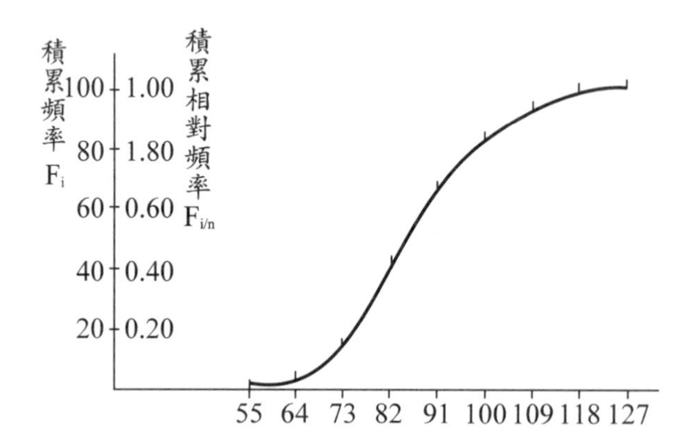

2-2 樣本平均值與標準差

雖然從資料的整合程序中對實驗資料所反映出來的問題有了一個初步印象，如眾數、中位數、全距、相對頻率（機率密度函數）、累積相對頻率（分配函數），但還不能確切地敘述資料的分布特徵。母體的 μ 和 σ^2 雖然得不到，但從獲得的資料可以求得樣本的平均值和標準差，分別用 $\bar{x}$ 和 S_x 表示，這兩個值是非常重要的統計特徵數。

2-2-1 樣本平均值

樣本平均值是表示一個變數數列中各變數分配的中心位置的一個數值，在平均數上下點的地方頻率最高，故平均數對一個變數數列具有較大的代表性。

樣本平均數的演算方法有幾種。

(1)當樣本容量少時，可按習慣的算術平均值求法求得：

$$\bar{x}=\frac{x_1+x_2+\ldots+x_n}{n}=\frac{\Sigma x_i}{n}$$

⑵對於分組資料，可按下式演算：

$$\bar{x}=\frac{1}{n}(f_1x_1+f_2x_2+...+f_kx_k)$$

$$=\frac{1}{n}\sum_{i=1}^{k}f_ix_i=\sum_{i=1}^{k}x_i(\frac{f_i}{n})$$

$x_1, x_2, ..., x_k$ 為分組後各組的組中值。

這最後一個表達式顯示了樣本平均值和離散型隨機變數數學期望值之間的相似，這裡的相對頻率相當於那裡的機率函數。

⑶單位進級法，當樣本數很大，分組又多，採用上式仍感麻煩，可改用單位進級法演算：

$$\bar{x}=A+\frac{\Sigma fd}{n}\times r$$

A 為假定平均數，一般選取接近中位的那個組的組中值，同時也要考慮頻率的大小，選頻率最大而又接近中位的那個組的組中值。f 為組的頻率。d 為每組的組中值與假定平均數以組距為單位的差數：

$$d=\frac{x_i-A}{r}$$

例如：

$$\bar{x}=A+\frac{\Sigma fd}{n}\times r=82+\frac{87}{100}\times 9$$

$$=82+7.83=89.8$$

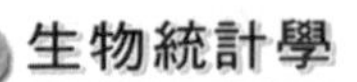

類區間	組中值	f_i	d	f_id
1	55	1	−3	−3
2	64	2	−2	−4
3	73	13	−1	−13
4	(A) 82	29	0	0
5	91	22	1	22
6	100	20	2	40
7	109	8	3	24
8	118	4	4	16
9	127	1	5	5
				87

2-2-2 樣本標準差

標準差是表示一變數數列離開平均數的偏離程度，是度量變數數列分散程度的指標，以 S_x 表示。

$$S_x = \sqrt{\frac{\Sigma (x_i - \bar{x})^2}{n}}$$

把各觀測值相對於平均值的偏差平方起來，這些平方值的總和是資料變化程度的一個刻畫。之所以先求平方，是因為平方後可以避免正負離差相互抵消的現象。然而，只有離均差平方和還不能充分反映個體的離散程度，因為離均差平方和與個體數的關係沒有表達出來。因此，還必須把個體數引入公式，以求得每個個體平均的離均差數值。為了使標準差與原始資料單位一致，因此最後還要做開方處理。

樣本標準差的演算方法也有幾種。

1.小樣本的標準差公式

$$S_x=\sqrt{\frac{\Sigma(x_i-\bar{x})^2}{n-1}}$$

n－1為自由度。

2.實際演算中常用的公式

$$S_x=\sqrt{\frac{\Sigma x_i^2-(\Sigma x_1)^2/n}{n-1}}$$

$$\begin{aligned}\Sigma(x_i-\bar{x})^2&=(x_1-\bar{x})^2+(x_2-\bar{x})^2+\ldots+(x_n-\bar{x})^2\\&=(x_1^2-2x_1\bar{x}+\bar{x}^2)+\ldots+(x_n^2-2x_n\bar{x}+\bar{x}^2)\\&=\Sigma x_i^2-2\bar{x}\Sigma x_i+n\bar{x}^2\\&=\Sigma x_i^2-2\bar{x}\Sigma x_i+\bar{x}n\cdot\frac{\Sigma x_i}{n}\\&=\Sigma x_i^2-\bar{x}\Sigma x_i\\&=\Sigma x_i^2-(\Sigma x_i)^2/n\end{aligned}$$

3.分組資料的標準差演算

$$S_x=\sqrt{\frac{\Sigma f_i(x_i-\bar{x})^2}{n-1}}=\sqrt{\frac{\Sigma f_i x_i^2-(\Sigma f_i x_i)^2/n}{n-1}}$$

4.單位進級法

$$S_x=\sqrt{\frac{\Sigma f_i d^2}{n}-(\frac{\Sigma f_i d}{n})^2}\times r$$

2-2-3 變異係數

標準差是測量變異的絕對常數，單位與原樣本的單位相同，當兩個變數數列的平均數相同時，可以直接根據兩者標準差的大小來確定變異程度的大小。如果有兩個平均數不同，或單位不同的變數數列，就不能用標準差的大小來判斷變異程度了，需要有一個相對指標，這個表示變異程度的相對指標

就是變異係數。

$$C=\frac{S_x}{x}$$

變異係數 C 的比較，說明變異程度的差別。

變異係數 C 的另一種功能，就是它可以部分地判斷某個實驗是否成功。一般來說，實驗都允許有變異的範圍，允許變異係數在 5%和 15%之間，如得到的變異係數超過了這個範圍，就可懷疑是否在演算中有錯誤，或者有什麼異常的隨機干擾。每一個取樣者都應知道自己所獲得資料的 C 值，在遇到大的偏離時就要加以懷疑，重新取樣。

2-2-4 偏斜度

有時會遇到一個大樣本，它的變化是規則的，但頻率分配是不對稱的，這時還需要使用另一些特徵數來彌補 $\bar{x}$ 和 S_x 的不足。其中之一是度量資料圍繞眾數呈不對稱的程度，即常被稱為偏斜度。

使用最廣泛的是三階中心矩，定義為：

$$M_3=\frac{\Sigma\,(x_i-\bar{x})^3}{n}$$

下面用 4、11、12、和 13 這四個數示意性地說明三階中心矩，並演算出 M_3。

當將離差立方後，其中有一個負數，它遠遠超過另外三個正數，其代數和為負數，因此 $m_3=\frac{\Sigma\,(-180)}{4}=-45$。負數說明在平均數的左側離差大於右側的離差，因此分配是不對稱的。

x	$x-\bar{x}$	$(x-\bar{x})^2$	$(x-\bar{x})^3$
4	−6	36	−216
11	1	1	1
12	2	4	8
13	3	9	27
40	0	50	−180

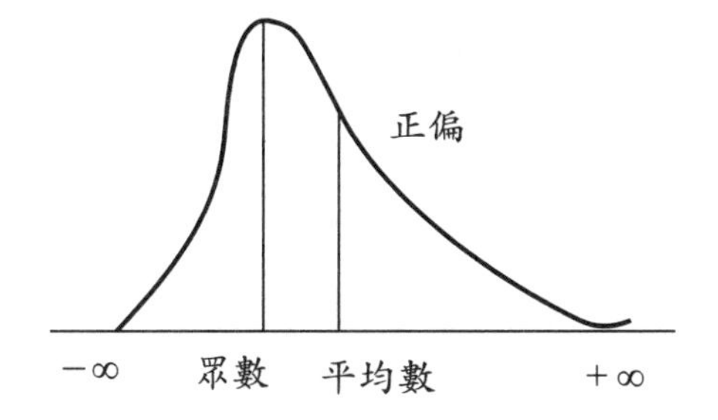

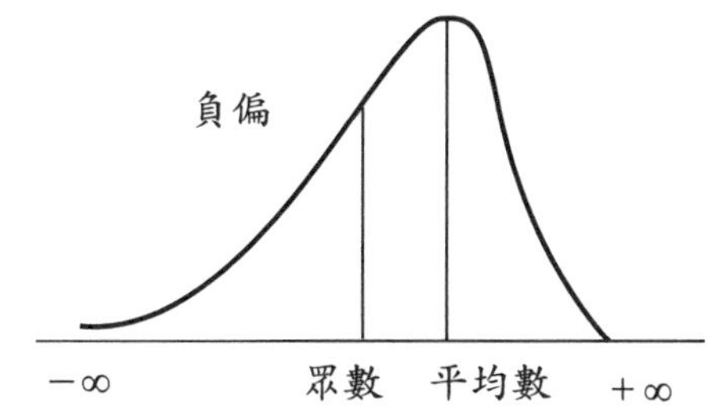

當 $m_3 > 0$ 時，分配是正偏的；當 $m_3 < 0$，分配是負偏的。

然而，m_3 有兩個嚴重的缺點：第一，它帶有立方的物理學單位，因此在不同類型資料之間不易比較；第二，因為它沒有演算資料變異的性質，因此沒有一個絕對的含義。為了解決這一問題，制定了一個沒有任何單位的量，它就是標準化的三階中心矩：

$$q_1 = \frac{m_3}{m_2^{3/2}}$$

它是一個純數，不帶有任何單位，它的大小說明曲線偏斜的程度。

2-2-5 峭度

峭度是度量曲線形狀的量，表達為：

$$q_2 = \frac{m_4}{m_2^2} - 3$$

當 $\frac{m_4}{m_2^2}$ 等於 3 時，$q_2 = 0$，可以認為資料是常態的；當 q_2 為正數時，曲線過於陡峭；當 q_2 為負數時，曲線過於平坦。

1. 什麼是次數分配表？什麼是次數分配圖？製表和繪圖的基本步驟有哪些？製表和繪圖時應注意些什麼？
2. 算術平均數與算術加權平均數形式上有何不同？為什麼說它們的實質是一致的？
3. 平均數與標準差在統計分析中有什麼用處？它們各有哪些特性？
4. 母體和樣本的平均數、標準差有什麼共同點？又有什麼關係和區別？
5. 某地 100 例 30 至 40 歲健康男子血清總膽固醇(mol・L^{-1})測定結果如下：

4.77	3.37	6.14	3.95	3.56	4.23	4.31	4.71	5.69	4.12
4.56	4.37	5.39	6.30	5.21	7.22	5.40	3.93	5.21	6.51
5.18	5.77	4.79	5.12	5.20	5.10	4.70	4.74	3.50	4.69
4.38	4.89	6.25	5.32	4.50	4.63	3.61	4.44	4.43	4.25
4.03	5.85	4.09	3.35	4.08	4.79	5.30	4.97	3.18	3.97
5.16	5.10	5.85	4.79	5.34	4.24	4.32	4.77	6.36	6.38
4.88	5.55	3.04	4.55	3.35	4.87	4.17	5.85	5.16	5.09
4.52	4.38	4.31	4.58	5.72	6.55	4.76	4.61	4.17	4.03
4.47	3.40	3.91	2.70	4.60	4.09	5.96	5.48	4.40	4.55
5.38	3.89	4.60	4.47	3.64	4.34	5.18	6.14	3.24	4.90

試根據所給資料編製次數分配表：
6. 根據習題5的次數分配表，繪製直方圖和多邊形圖，並簡述其分配特徵。
7. 根據習題 5 的資料，演算平均數、標準差和變異係數。
8. 根據習題 5 的資料，演算中位數，並與平均數進行比較。
9. 試演算下列兩個玉米品種的 10 個果穗長度（公分）的標準差和變異係數，並解釋所得結果。

24 號：19，21，20，20，18，19，22，21，21，19；

金皇后：16，21，24，15，26，18，20，19，22，19。

10. 某海水養殖場進行貽貝單養和貽貝與海帶混養的對比實驗，收穫時各隨機抽取50繩測其毛重（公斤），分別如下：

單養 50 繩重量資料：45，45，33，53，36，45，42，43，29，25，47，50，43，49，36，30，39，44，35，38，46，51，42，38，51，45，41，51，50，47，44，43，46，55，42，27，42，35，46，53，32，41，48，50，51，46，41，34，44，46；

混養 50 繩重量資料：51，48，58，42，55，48，48，54，39，58，50，54，53，44，45，50，51，57，43，67，48，44，58，57，46，57，50，48，41，62，51，58，48，53，47，57，51，53，48，64，52，59，55，57，48，69，52，54，53，50。

試從平均數、全距、標準差、變異係數幾個指標來評估單養與混養的效果，並給出分析結論。

7. $\bar{x}=4.7398$，$s=0.866$，$CV=18.27\%$

8. $M_d=4.63$

9. $\bar{x}_1=20$，$s_1=1.247$，$CV_1=6.0\%$

   $\bar{x}_2=20$，$s_2=3.400$，$CV_2=17.0\%$

10. $\bar{x}_1=42.7$，$R=7.080$，$CV_1=16.58\%$

   $\bar{x}_2=52.1$，$R=36$，$s_1=6.335$，$CV_2=12.16\%$

CHAPTER 3

統計推定與檢定

3-1 統計學的基本概念

前兩章中我們介紹了機率論的基本內容，包括古典概型的一些演算方法以及研究隨機現象的有力工具——隨機變數。從本章起，我們開始討論統計學的核心內容，即如何從一些包含有隨機誤差，又並不完全的資訊中得出科學的、盡可能正確的結論。

在一般情況下，上述資訊的載體就是從實驗或調查中得到的資料，這些資料顯然帶有一些我們既無法控制、也無法避免的誤差。換句話說，即使我們盡可能保持所有條件都不改變，當你把實驗重做一遍時，所得到結果總會或多或少有所不同，這就是隨機誤差的影響。至於資訊的不完全性，這主要是因為在一般情況下，我們不可能把所有感興趣的東西都拿來進行測定。例如要研究國人的體型或某種病的流行程度，我們不可能把全部國人每個人都測量一番，或對每個人進行體檢，只能是按照某種事先確定好實驗方案挑選一些人進行體檢和測量。再比如希望對一批產品是否合格做出判斷時，常常也不能對每個產品均做檢定，只能是抽查少數產品。在這些情況下，我們獲得的資訊顯然是不夠完整的。如何從這些不完整的資訊出發，對我們感興趣的事物整體做出盡可能正確的判斷呢？這就是統計學要解決的主要問題。

我們獲得的資訊所包含的不確定性，主要來自以下幾個方面：第一，測量程序引入的隨機誤差；第二，取樣隨機性所帶來的變化，即由於只取少數樣品測量，那麼取這一批樣品的測量結果與取另外一批當然會有差別；第三，我們所關心的性質確實發生了某種變化。顯然只有第三種改變才是我們所要檢測的。統計學的任務就是在前兩種干擾存在的情況下，對第三種改變是否存在給出一個科學的結論。

另外需要注意的一點是統計學是可能發生錯誤的。由於據以做出統計判斷的資訊是不完全的，有誤差的，我們也就無法保證統計學結論是百分之百地正確。這與它的系統性並不互相衝突，我們所面對的就是這樣一個並不完美的世界，我們對這個世界的認識也只能是一種相對正確的真理，我們只能在此基礎上做出盡可能正確的結論。同時，統計學一般不僅給出結論，而且給出這一結論的可靠性，即它是正確的可能性有多大。這樣，我們就可以對一旦犯錯誤所造成的損害進行某種控制，總之，對於需要從有誤差的實驗資料中得出結論的科學工作者來說，統計學是一種不可或缺的工具。

3-1-1 統計推斷的兩種途徑：假設檢定與母數估計

做出統計判斷的主要工具就是假設檢定，它的基本思路是這樣的：第一，根據需要判斷的目標建立一個統計假設，它的主要要求是一旦我們對這一假設是否成立做出了結論，就應該能夠對所要判斷的目標做出明確的回答；第二，根據所建立的統計假設，利用統計學知識建立起一個理論分配，根據這一理論分配必須能演算出我們觀察到的實驗結果出現的可能性有多大；第三，算出實驗結果出現的可能性後，把這可能性與人為規定的一個標準（一般取為 0.05，稱為顯著性水準 Significance Level）進行比較，如果可能性大於這一標準，則認為統計假設很可能是對，即接受統計假設；若可能性小於這一標準，說明在統計假設成立的條件下，觀測到這一實驗結果的可能性很小。一般來說，一個小機率事件在一次觀測中是不應出現的，而現在它竟然出現了，一個合理的解釋就是它實際上不是一個小機率事件，我們把它當作一個小機率事件是因為我們的統計假設不對，因此所算出來的它出現的機率也不對。在這種情況下，我們就應拒絕統計假設。這樣我們就根據實驗結果對統計假設是否成立做出了判斷，從而也對我們要解決的目標做出了明確的回答。根據統計假設的類型，我們可以把假設檢定進一步分為母數檢定和無母數檢定。

統計的另一個重要功能就是做出母數估計，在實際情況中，我們常常希望對某些母數給出估計值，例如農作物的產量、產品的合格率或使用壽命、人群中某種疾病的發病率，等等。統計學也可根據抽樣結果對這一類問題做出回答。答案一般有兩種類型，一種是給出該母數可能性最大的取值，這叫作點估計；另一種是給出一個區間，並給出指定母數落入這一區間的機率，這叫作區間估計；母數估計與假設檢定所依據的統計學理論其實是一樣的，它們的區別只是以不同形式給出結果而已。本章主要介紹統計推定的一般原理及對母體平均數和變異數進行統計推定的方法。

3-1-2 統計學常用術語

1.個體

可以單獨觀測和研究的一個物體，一定量的材料或服務。也指表示上述物體、材料或服務的一個定量或定性的特性值。

2.母體

一個統計問題中所涉及的個體的全體。

3.特性

所考查的定性或定量的性質或指標。

4.母體分配

當個體理解為定量特性值時，母體中的每一個個體可看成是某一確定的隨機變數的一個觀測值，稱這個隨機變數的分配為母體分配。

5.樣本

按一定程式從母體中抽取的一組（一個或多個）個體。

6.簡單隨機樣本

樣本中的每個個體都具有與母體相同的分配，且每個個體相互獨立。

7.樣本含量

樣本中所包含的個體數目。

8.觀測值

作為一次觀測結果而確定的特性值。

9.統計量

樣本觀測值的函數，它不依賴於未知母數。例如：

⑴**樣本平均數**

$$\bar{x}=\frac{1}{n}\sum_{i=1}^{n}x_i$$

⑵**樣本變異數**

$$S^2=\frac{1}{n-1}\sum_{i=1}^{n}(x_i-\bar{x})^2$$

⑶**樣本共變數**

$$\frac{1}{n-1}\sum_{i=1}^{n}(x_i-\bar{x})(y_i-\bar{y})$$

⑷**樣本 k 階原點矩**

$$\frac{1}{n}\sum_{i=1}^{n}x_i^k$$

⑸**樣本 k 階中心矩**

$$\frac{1}{n}\sum_{i=1}^{n}(x_i-\bar{x})^k$$

10.分位數

對隨機變數 X，滿足條件 $P(X\le x_p)\ge p$ 的最小實數 x_p 稱為 X 或其分配的 P 分位數。

幾點說明如下：

⑴對每次觀察來說，樣本是確定的一組數。但在不同的觀察中，它會取不同的值。因此作為一個母體，應把樣本視為隨機變數，也有自己的分配。樣本全部可能值的集合稱為樣本空間。

⑵樣本的任何函數，只要不含有未知母數，都可稱為統計量。例如 $x_1^2+x_2^2$、x_1-3 都是統計量，而 $\frac{x_1+x_2}{2}-\mu$、$\frac{x}{\sigma}$ 不是統計量，因為 μ、σ 是母體母

數，一般是未知數。建構統計量的目的，是把樣本中我們關心的資訊集中起來以便加以檢定，因此針對不同的問題需要建構成不同的統計量。

(3)為了使樣本能真正反映母體特色，我們要求它有代表性和隨機性，即要求樣本為簡單隨機樣本。有限母體無放回抽樣的樣本不是相互獨立的，但若母體中包含的個體數 N 很大，且樣本數 $n<0.1N$，則可近似認為是簡單隨機樣本。

3-1-3 抽樣分配

前已述及，統計檢定程序中要構造統計量，把樣本中我們關心的資訊集中起來，以便加以檢定；而這種檢定主要是透過演算統計量取到觀測值的可能性大小，並把這種可能性與指定標準（即顯著性階層）比較來進行的。為了演算這種可能性，我們就需要知道統計量所服從的理論分配。由於這些理論分配的推導需要較多的數學知識，同時它們的分配函數和密度函數的數學表達方式也很複雜，對於生命科學領域的讀者來說，掌握推導程序和這些表達方式也沒有什麼實際用途，因此本書略去了這一部分，有興趣的讀者可參考機率論或數理統計的教科書〔例如：*A First Course in Probability*（Sheldon Ross）〕。

下面我們就介紹一些常用統計量的理論分配，如無特別說明，假設所有樣本均抽自常態母體。

1.樣本線性函數的分配

若 $X_1, X_2, ..., X_n$ 為一簡單隨機樣本，其母體分配為 $N(\mu, a^2)$，統計量 μ 為：

$$u = a_1X_1 + a_2X_2 + ... + a_nX_n$$

其中 $a_1, a_2, ..., a_n$ 為常數，則 u 也為常態隨機變數，且

$$E(u) = \mu \sum_{i=1}^{n} a_i$$

$$D(u) = \sigma^2 \sum_{i=1}^{n} a_i^2 \qquad (3\text{-}1)$$

顯然，若取$a_i = 1/n$，$i = 1, 2, ..., n$，則$u = \overline{X}$為樣本平均數（averiu），此時有

$$E(\overline{X}) = \mu，D(\overline{X}) = \frac{1}{n}\sigma^2$$

2. x^2 分配

設$X_1, X_2, ..., X_n$相互獨立，且同服從$N(0, 1)$，則稱隨機變數。

$$Y = \sum_{i=1}^{n} X_i^2 \tag{3-2}$$

所服從的分配為x^2分配，記為$Y \sim x^2(n)$，n 稱為它的自由度。

3. t 分配

設$X \sim N(0, 1)$、$Y \sim x^2(n)$，且 X、Y 互相獨立，則稱隨機變數。

$$T = \frac{X}{\sqrt{Y/n}} \tag{3-3}$$

所服從的分配為 t 分配，記為$T \sim t(n)$，n 稱為它的自由度。

4. F 分配

設$X \sim x^2(m)$、$Y \sim x^2(n)$，且互相獨立，則稱隨機變數。

$$F = \frac{X/_m}{Y/_n} \tag{3-4}$$

所服從的分配為 F 分配，記為$F \sim F(m, n)$，(m, n)稱為它的自由度。

5.常態母體樣本平均數與變異數的分配

這一定理及它的推論構成了本章主要內容的理論基礎。

定理：若$X_1, X_2, ..., X_n$為抽自母體$N(\mu, \sigma^2)$的簡單隨機樣本，定義樣本平均數為：

$$\overline{X} = \frac{1}{n}\sum_{i=1}^{n} X_i$$

樣本變異數為：

$$S^2=\frac{1}{n-1}\sum_{i=1}^{n}(X_i-\overline{X})^2$$

則有：(1) $\overline{X}$ 與 S^2 相互獨立。

(2) $\overline{X}\sim N(\mu,\frac{1}{n}\sigma^2)$ （3-5）

(3) $(n-1)S^2/\sigma^2\sim x^2(n-1)$ （3-6）

推論1：統計量 $T=\frac{\overline{X}-\mu}{S/\sqrt{n}}\sim t(n-1)$ （3-7）

推論2：若 $X_1, X_2, ..., X_m$ 為取自母體 $N(\mu_1, \sigma_1^2)$ 的樣本，$Y_1, Y_2, ..., Y_n$ 為取自母體 $N(\mu_2, \sigma_2^2)$ 的樣本，且它們互相獨立，則

$$F=\frac{S_1^2}{S_2^2}\cdot\frac{\sigma_2^2}{\sigma_1^2}\sim F(m-1, n-1) \quad (3\text{-}8)$$

其中，S_1^2、S_2^2 分別為 $X_1, X_2, ..., X_m$、$Y_1, Y_2, ..., Y_n$ 的樣本變異數。

推論3：在推論 2 的條件下，若 $\sigma_1=\sigma_2$，則

$$T=\frac{(\overline{X}-\overline{Y})-(\mu_1-\mu_2)}{\sqrt{\frac{(m-1)S_1^2+(n-1)S_2^2}{(m-1)+(n-1)}(\frac{1}{m}+\frac{1}{n})}}\sim t(m+n-2) \quad (3\text{-}9)$$

幾點說明：

(1)有些書上樣本變異數定義為：

$$S_n^2=\frac{1}{n}\sum_{i=1}^{n}(X_i-\overline{X})^2$$

我們的定義為：

$$S^2=\frac{1}{n-1}\sum_{i=1}^{n}(X_i-\bar{x})^2$$

這是因為可證明 $E(S^2)=\sigma^2$，而 $E(S_n^2)=\frac{n-1}{n}\sigma^2$。

(2) $E(S^2)=\sigma^2$，但 $E(S)\neq\sigma$。這可用反證法證明如下：若 $E(S)=\sigma$，由變異數

定義，有

$$D(S)=E(S)^2-(E(S))^2=\sigma^2-\sigma^2=0$$

這意味著 S 是一個常數，永不改變，這顯然不可能。所以假設 $E(S)=\sigma$ 不成立。

(3)（3-3）式和（3-7）式中的 n 有不同的統計學意義。（3-3）式中的 n 是 Y 的自由度，而（3-7）式中的 S^2 表達式已將它的自由度 $n-1$ 除掉了，此地除以 $\sqrt{n}$ 是因為 S^2 是母體變異數估計值，而 $\overline{X}$ 的變異數為母體變異數的 $1/n$ 位，因此使用（3-7）式才能將 $\overline{X}$ 標準化。

3-2 假設檢定的基本方法與兩種類型的錯誤

現在我們從一道例題入手，看看假設檢定的基本作法和其中所涉及的一些理論性問題。

例 3-1 某地區 10 年前普查時，13 歲男孩子平均身高為 1.51 公尺，現抽查 200 個 12.5 歲至 13.5 歲男孩，身高平均數為 1.53 公尺，標準差 0.073 公尺，問 10 年來該地區男孩身高是否有明顯增長？

分析：從題目知 10 年前母體平均數 $\mu_1=1.51m$。現在抽取 200 個個體，得樣本平均數 $\overline{X}=1.53m$，樣本標準差 $S=0.073m$，現在母體平均數 μ 未知，題目要求判斷 $\mu>\mu_1$ 是否成立。

解決方法：先假設 $\mu=\mu_1=1.51m$，再看從這樣的一個母體中抽出一個 $n=200$、$\overline{X}=153$、$S=0.073$ 樣本的可能性有多大？如果這可能性很大，我們只能認為 μ 與 μ_1 差別不大，即 $\mu=\mu_1$ 很可能成立。反之若可能性很小，則說明在假設 $\mu=\mu_1$ 成立的條件下，抽出這樣一個樣本的事件是一個小機率事件。小機率事件在一次觀察中是不應發生的，但它現在發生了，一個合理的解釋就是它本不是小機率事件。是我們把機率算錯了。而算錯的原因就是我們在一開始就做了一個錯誤的假設$\mu=\mu_1$。換句話說，此時我們應該認為$\mu>\mu_1$，即男孩身高有明顯增長，這就是假設檢定的基本思路。

按這一思路解題，首先需要明確以下幾個問題：

1.假設的建立

(1)虛無假設：記為H_0，針對要考查的內容提出。本例中可為：$H_0:\mu=151$。它通常為一個數值，或一個半開半閉區間（例如可能為$H_0:\mu\leq 151$）。原則為：

①透過統計檢定決定接受或拒絕H_0後，可對問題做出明確回答。

②要能根據H_0建立統計量的理論分配。

(2)備擇假設：記為H_A，是除H_0外的一切可能值的集合，這裡強調一切可能值是因為檢定只能判斷H_0是否成立，若不成立則必須是H_A。H_A通常是一個區間，例如當H_0取為$\mu=151$時，H_A應取為$\mu\neq 151$，此時若有理由認為$\mu>151$或$\mu<151$不可能出現，也可只取H_A為可能出現的一半，即$\mu<151$或$\mu>151$，這樣可提高檢定精度（原因參見單側與雙側檢定）。當H_0取為$\mu\geq 151$或$\mu\leq 151$時，H_A則應相應取$\mu<151$或$\mu>151$。原則為：

①應包括除H_0外的一切可能值。

②如有可能，應縮小備擇假設範圍以提高檢定精度。

2.小機率原理

小機率事件在一次觀察中不應出現，這是一切統計檢定的理論基礎。

注意：小機率事件不是不可能事件。觀察次數多了，它遲早會出現，因此「一次」這個詞是重要的。

3.兩種類型的錯誤

統計量是隨機變數，它的取值受隨機誤差因素的影響，是可以變化的。我們根據它做出的決定也完全可能犯錯誤，這一點無法絕對避免，統計上犯的錯誤可分為以下兩類：

⑴第一類錯誤：H_0正確，卻被拒絕，又稱棄真。犯這種錯誤的機率記為 α。

⑵第二類錯誤：H_0錯誤，卻被接受，又稱存偽。犯這種錯誤的機率記為 β。

兩類錯誤的關係可用圖 3-1 說明：

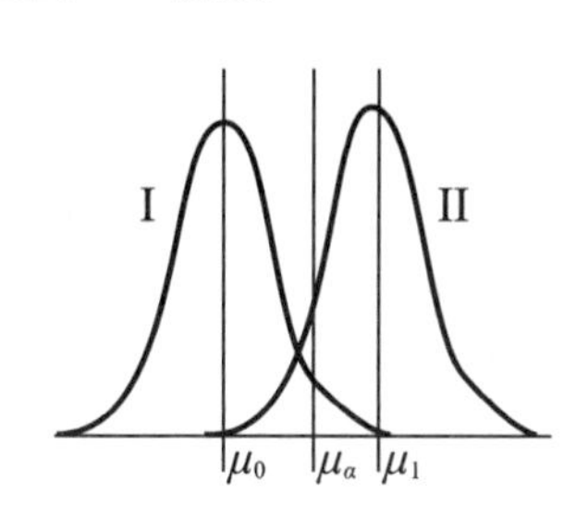

圖 3-1 **兩類錯誤及其關係**

設所檢定的母數為母體平均數，統計量服從常態分配，單側檢定。

μ_0：H_0中的母數值；μ_1：母體母數真值；u_α：查表所得分位數。

若H_0正確，即$\mu_0=\mu_1$，圖中兩曲線應重合為曲線 I 。由於統計量$u>u_\alpha$時我們拒絕H_0，因此犯第一類錯誤的機率$\alpha=P(u>u_\alpha)$，即圖中u_α豎線右邊陰影部分面積。若H_0錯誤，即$\mu_0\neq\mu_1$，統計量 u 的真正密度函數曲線為 II 。由於$u<u_\alpha$時我們接受H_0，所以犯第二類錯誤的機率$\beta=p(u<u_\alpha)$，為線左側曲線 II 下的面積。

從圖中可見：

⑴α與u_α是一一對應的。α也稱為顯著階層，因為它也可理解為真值與H_0中值的差異達到什麼階層才拒絕H_0。

⑵若μ_0與μ_1位置不變，u_α右移，則α減小，β加大；若u_α左移，則α增大，β減小，因此應根據犯了兩類錯誤後的危害大小來選取適當的α值。

⑶β不僅依賴於u_α，也依賴於$|\mu_0-\mu_1|$。若$|\mu_0-\mu_1|$很小，則即使α不小，β也會迅速增大。即若μ_0與μ_1差異不大，則弄假成真的可能就很大，但由於μ_1接近μ_0，犯了第二類錯誤也關係不大。

⑷若$|\mu_0-\mu_1|$已確定，又希望同時減小α和β，則只能增加樣本含量 n，此時由於統計量$\overline{X}$的變異數減小，曲線變尖，因此α、β可同時減小。

4.單側與雙側檢定

單側檢定：備擇假設為 $\mu > 151$ 或 $\mu < 151$。

雙側檢定：備擇假設為 $\mu \neq 151$

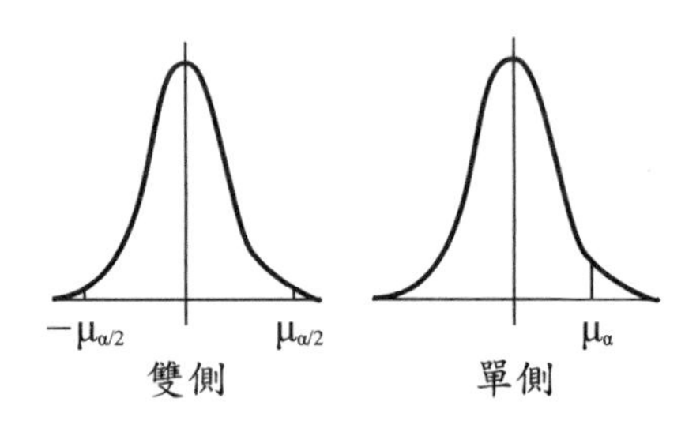

圖 3-2　雙側與單側檢定

雙側檢定時拒絕區域分為兩塊，但陰影部分總面積是與單側檢定相同的，因此 $|u_{\alpha/2}| > |u_{\alpha}|$，從而使 β 增大（參見本節中 3）。這樣在 α 相同時，單側檢定的 β 值小於雙側檢定，即單側檢定優於雙側檢定，這是因為我們使用了額外的知識排除了一種可能性。

5.顯著性水準的選擇

α 的選擇有很大任意性，選擇的主要依據是犯了兩類錯誤後的危害性大小。例如，若問題為藥品出廠檢定，H_0：合格，H_A：不合格，第一類錯誤為實際合格，判為不合格，藥廠承受經濟損失；第二類錯誤為實際不合格，判為合格，出廠後可能引起嚴重的索賠問題，權衡利弊，第二類錯誤危害大，因此應取較大的 α，以減小 β。反之，若檢定對象是鈕扣，則即使有些廢品率稍高的產品進入市場，也不會有多大關係，而報廢一批產品損失就很大，因此應減小 α。

α 的常用值為：0.05、0.01。個別情況下使用 0.1。

3-3 常態母體的假設檢定

本節開始介紹對常態母體進行假設檢定的具體方法。從常態分配的密度函數可知，常態母體只有兩個母數，這就是期望 μ 和變異數 σ^2，因此我們的檢定主要也是針對這兩個母數進行。

本節只討論兩種類型的假設檢定，那就是單樣本檢定和雙樣本檢定。所謂單樣本檢定就是全部樣品都有抽自一個母體，檢定的目的通常是 μ 或 σ 是否等於某一數值；雙樣本檢定則是有分別抽自不同母體的兩個樣本，檢定的目的是看這兩個母體的 μ 或 σ 是否相等。雙樣本檢定的最大優點是我們不必知道母體的母數究竟應該等於什麼數值，而只要看看它是否有變化就可以了，在生物學實驗中，我們常常採取設定對照的方法，如檢定某種藥物是否比安慰劑有更好的療效；或新品種農作物是否比舊品種產量更高等等，此時都應該採用雙樣本檢定的方法。如果我們需要考慮三個以上的母體，則應採用第四章介紹的變異數分析的方法。

3-3-1 單樣本檢定步驟

1.建立假設，包括 H_0 與 H_A

一般來說，H_0 取值有三種可能：$\mu=\mu_0$、$\mu \le \mu_0$ 或 $\mu \ge \mu_0$。這裡 μ_0 是一個具體數值。注意 H_0 的表達式中必須包含等號，因為我們實際上就是根據這個等號建立理論分配的。μ_0 數值的確定一般有三種可能的來源：第一，憑經驗我們知道 μ_0 應等於多少；第二，根據某種理論可以演算出 μ_0 應等於多少；第三，實際問題要求它等於多少，例如市場要求產品壽命不得小於 1000 小時等。至於 H_0 中是否包含大於或小於號，則主要看實際問題的要求。

對應於 H_0 的三種可能取值，H_A 也有相應三種：$\mu \ne \mu_0$、$\mu < \mu_0$ 或 $\mu > \mu_0$。當 H_0 取為 $\mu=\mu_0$，但由專業知識可知 $\mu > \mu_0$ 或 $\mu < \mu_0$ 中有一種不可能出現時，也可選擇另一種為 H_A，此時也相當於單側檢定。注意，H_A 應包括除 H_0 外的一切可能值。在有專業知識可依據的情況下，應優先選取單側檢定，因為這樣可提高檢定精度。需要強調的是選擇單尾的依據必須來自資料以外的專業知識或實踐要求，而不能來自資料本身。換句話說，不能看資料偏大就取上單尾檢定，偏小就取下單尾檢定。這是因為即使觀測資料偏大，它們也可能

來自一個平均數偏小的母體。

2.選擇顯著性階層 α

α最常用的數值是 0.05。當我們演算出統計量的觀測值出現的機率大於 0.05 時，我們稱之為「沒有顯著差異」，並接受 H_0；當小於 0.05 時，我們稱之為「差異顯著」，並拒絕 H_0。一般情況下，此時我們應進一步與 0.01 比較，若算出的機率也小於 0.01，則稱「差異極為顯著」，此時我們拒絕 H_0 就有了更大把握。在個別情況下，例如犯第二類錯誤後後果十分嚴重時，也可選用 0.1 或其他數值。需要特別強調的是我們一般都取 $\alpha = 0.05$，這只是一種約定俗成，理論上並沒有任何特殊意義。從這個角度看，當我們算出的機率等於 0.051 時就接受 H_0，等於 0.049 時就拒絕 H_0，這是沒有什麼道理的。在實際工作中，如果我們算出的機率十分接近 0.05，一般不應輕易下結論，而應增加樣本含量後再次進行檢定。

3.選擇統計量及其分配

檢定平均數一般選擇 $\overline{X}$ 為統計量，檢定變異數則選擇 S^2 為統計量。統計量服從什麼分配，則要由 3-1 節中的抽樣分配來決定。各種情況下的統計量理論分配如下：

⑴檢定平均數：可根據是否知道母體變異數分為以下兩種情況：

①母體變異數 σ^2 已知：根據（3-5）式應使用 u 檢定，統計量服從常態分配，即

$$u = \frac{\overline{X} - u_0}{\sigma / \sqrt{n}} \sim N(0, 1) \qquad (3\text{-}10)$$

注意，這裡分母上要除以 $\sqrt{n}$，這是因為 σ 是母體標準差，統計量 $\overline{X}$ 的標準差應為母體標準差的 $1/\sqrt{n}$，因此用上述公式才能將 $\overline{X}$ 標準化。

②母體變異數 σ^2 未知：根據（3-7）式，應使用 t 檢定，統計量服從 t 分配，即

$$t=\frac{\overline{X}-u_0}{S/\sqrt{n}}\sim t(n-1) \quad (3\text{-}11)$$

注意這裡分母上除以$\sqrt{n}$的原因與 u 檢定相同，n 不是S^2的自由度。S^2的自由度$n-1$已在它的表達式中除去了。參見 3-1 節最後的說明。

⑵檢定變異數：根據（3-6）式，使用x^2檢定，統計量服從x^2分配，即

$$x^2=\frac{(n-1)S^2}{\sigma_0^2}\sim x^2(n-1) \quad (3\text{-}12)$$

上述各式中$\overline{X}$為樣本平均數，S^2為樣本變異數，n 為樣本容量，μ_0與σ_0^2為H_0中母體平均數與變異數取值。

4.建立拒絕區域

根據統計假設確定是單側檢定還是雙側檢定，根據統計量的分配選取適當的表，再根據選定的α值查出分位數取值，從而建立拒絕區域。注意常態分配和 t 分配的密度函數關於 y 軸對稱，如果是雙側檢定可取絕對值與分位數比；如果是單側檢定則應區分下單尾是小於負分位數拒絕H_0，上單尾則是大於正分位數拒絕H_0。x^2分配則沒有對稱性，必須分別查下側分位數和上側分位數。

5.計算統計量，並對結果做出解釋

把樣本觀測值代入統計量公式，求得統計量取值，檢查是否落入拒絕區域。若沒落入則認為「並無顯著差異」，接受H_0；若落入$\alpha=0.05$的拒絕區域，則應進一步與$\alpha=0.01$的拒絕區域比較，若未落入，則認為「有顯著差異，但未達極顯著階層」，拒絕H_0；若也落入$\alpha=0.01$拒絕區域，則認為「有極為顯著差異」，拒絕H_0。最後，根據上述檢定結果對原問題做出明確回答。

現在我們來計算例 3-1。

例 3-1 某地區 10 年前普查時，13 歲男孩平均身高為 1.51 公尺，現抽查 200 個 12.5 歲至 13.5 歲男孩，身高平均數為 1.53 公尺，標準差$S=0.073$公尺，問 10 年來該地區男孩身高是否有明顯增長？

解：分析：由於生活階層提高，孩子身高只會增加，不會減少，同時，題目也是問身高是否有增長，因此可用單側檢定。

$H_0: \mu = 151$；$H_A: \mu > 151$

$$t = \frac{\overline{X} - 151}{S/\sqrt{n}} = \frac{1.53 - 1.51}{0.073/\sqrt{200}} = 3.87$$

查表，得 df=199，α=0.05 的 t 單側分位數為：

$t_{0.95}(199) \approx t_{0.95}(180) = 1.653$

α=0.01 的單側分位數為：

$t_{0.99}(199) \approx t_{0.99}(180) = 2.347$

$t > t_{0.99}$，∴有極顯著差異，拒絕 H_0，即應認為 10 年來該地區男孩身高有明顯增長。

當分配表中不能找到恰好相同的自由度時，可選取表中最接近的值代替，也可以取接近的幾個值進行插值計算得出近似值。

例 3-2 已知某種玉米平均穗重 $\mu_0 = 300$克，標準差 $\sigma = 9.5$克，噴藥後，隨機抽取 9 個果穗，重量分別為（單位為克）：308、305、311、298、315、300、321、294、320。問這種藥對果穗重量是否有影響？

解法 1：先檢定變異數是否變化，再決定是採用 u 檢定，還是 t 檢定。

(1)檢定穗重標準差是否改變：

$H_0: \sigma = 9.5$；$H_A: \sigma \neq 9.5$

$$S^2 = \frac{\sum_{i=1}^{9} x_i^2 - (\sum_{i=1}^{9} x_i)^2/9}{8} = 92.54$$

$S = 9.62$

$$x^2 = \frac{8S^2}{9.5^2} = 8.20$$

取 α=0.05，查 df=8 的 x^2 分配表，得

$x^2_{0.975}(8) = 17.5346$，$x^2_{0.025}(8) = 2.1797$

∵$x^2_{0.025}(8) < x^2 < x^2_{0.975}(8)$，∴無顯著差異，接受$H_0$，可認為噴藥不影響穗重標準，σ仍為9.5，因此可採用u檢定。

⑵檢定穗重平均數是否有變化：

$H_0: \mu = 300$；$H_A: \mu \neq 300$

$$\bar{x} = \frac{1}{9}\sum_{i=1}^{9} x_i = 308$$

$$U = \frac{308 - 300}{9.5/\sqrt{9}} = 2.53$$

查常態分配表，得

$U_{0.975} = 1.96$，$U_{0.995} = 2.58$

$U_{0.975} < U < U_{0.995}$

∴差異顯著，但未達極顯著階層，應拒絕H_0，可認為藥物對穗重有影響。

解法2：直接使用t檢定：$H_0: \mu = 300$；$H_A: \mu \neq 300$

$$\bar{X} = \frac{1}{9}\sum_{i=1}^{9} X_i = 308$$

$$S^2 = \frac{1}{8}\sum_{i=1}^{9} (x_i - 308)^2 92.54，S = 9.62$$

$$t = \frac{\bar{x} - \mu_0}{S/\sqrt{n}} = \frac{308 - 300}{9.62//\sqrt{9}} = 2.495$$

查t分配表，得

$t_{0.975}(8) = 2.306$，$t_{0.995}(8) = 5.841$

∴$t_{0.975} < t < t_{0.995}$，差異顯著，但未達極顯著階層，拒絕$H_0$，藥物對果穗重量有影響。

這道題雖然兩種解法結果都是差異顯著，但未達極顯著；比較它們的分位數可知，u 檢定統計量已接近極顯著階層，而 t 檢定則是接近顯著階層。這說明兩種解法還是有一定差異的，這樣就馬上引出一個問題：哪種解法更好？如果它們的結果不同，應採用哪一種？

這個問題問得很簡潔，也很直截了當，但卻沒有一個同樣簡潔、同樣直截了當的回答。仔細看一下 t 分配的分位數表，就可發現常態分配其實就是 t 分配自由度趨於 ∞ 的極限。再比較一下 u 檢定和 t 檢定的表達式，可見它們的差異就是用母體標準差 σ 還是用樣本標準差 S 做分母。t 分配的分位數比常態分配大，說明 t 檢定不如 u 檢定精確，原因就是 t 檢定中的 S 是根據一個小樣本估計的，它本身也有誤差；而 u 檢定中的 σ 是已知的母體母數，它是準確的，不再包含任何其他誤差了。考慮到 S 中誤差的影響，t 檢定的精度確實會有所下降，因此它的分位數才會比常態分配大，而且自由度愈小與常態分配的差別就愈大。從上述討論看，解法 1 似乎優於解法 2，但實際情況卻不那麼簡單。上述討論的前提是噴藥後果穗重量的變異數確實沒有改變，因此我們才有一個現成的 σ 可以用。這一點並不是由什麼專業知識來判斷，而是解法 1 中第一步檢定的結果。在本題中，這似乎問題不大，因為 x^2 統計量幾乎是在兩個分位數構成的接受區域的中點，說明變異數可能確實沒有改變；但如果情況不是這樣，而是 x^2 統計量接近於某個分位數，我們又該如何判斷呢？此時若我們仍用方法 1，雖然 u 檢定比較精確，但它的基礎卻有點不可靠，因為統計檢定的原則就是一般情況下都接受 H_0，只有差異實在是相當顯著，無法忽略了才拒絕，這樣雖然 x^2 檢定通過了，但實際情況很可能是變異數有所改變，只是變得不大而已。如果這是真的，那就相當於在 u 檢定中引入了一個額外誤差，大大降低了它的可靠性。

總結上述的討論，關於這兩種方法哪種好的回答應當是：如果像本題這樣 σ^2 沒有改變的可能性很大，最好用第一種方法；如果 x^2 檢定就拒絕了 H_0，即 σ^2 已有改變，那當然應用第二種方法；如果介於這二者之間，即 x^2 檢定的統計量接近某一側分位數，那就不太好說了，理論上使用哪種方法都可以，都不能說錯，不過我自己傾向於使用第二種方法。

3-3-2 雙樣本檢定的步驟

雙樣本檢定步驟與單樣本基本相同，只是H_0中的$\mu=\mu_0$要改為$\mu_1=\mu_2$，即現在不再是檢定母體母數是否等於某一數值，而是檢定兩處母體母數是否相等。再有就是統計量和分配都有所變化，下面我們著重介紹統計量及分配的變化；與單樣本檢定相同或變化不大的部分，如建立統計假設、選擇顯著性階層、建立拒絕區域、演算統計量並解釋結果等不再重複。

統計量的選擇方法如下：

1.檢定兩個變異數是否相等

採用 F 檢定，在$H_0:\sigma_1=\sigma_2$成立的條件下，根據（3-8）式，有

$$F=\frac{S_1^2}{S_2^2}\sim F(m-1,n-1) \tag{3-13}$$

其中S_1^2、S_2^2分別為兩樣本子樣變異數，m、n 分別為樣本含量。

請注意以下幾點：

(1)在多數情況下，我們檢定的主要目標是平均數是否相等，但除非兩母體變異數σ_1^2、σ_2^2已知，否則 F 檢定為雙樣本檢定中的第一步，應根據這一步檢定的結果來選擇下一步 t 檢定的統計量。

(2)檢定變異數是否相等的 F 檢定一般為雙側檢定，原因是我們常常可根據專業知識或實際要求判斷平均數應向大或小某一方向偏，而很少有機會能對變異數做出類似的判斷。

(3) F 分配表上一般只有上側分位數，即$F>1$的臨界值，因此演算 F 統計量時應把較大的S^2放在分子位置，並相應地把它的自由度也放在前邊。這樣只需要用上側分位數就夠了，若是雙側檢定查$F_{1-a/2}$，單側查F_{1-a}。注意表中分子分母自由度的位置，分子分母自由度顛倒後，F 的分位數值是不同的。

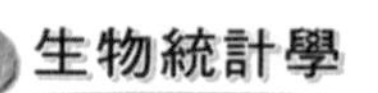

2.檢定兩個平均數是否相等

可分為以下三種情況：

⑴兩母體變異數 σ_1^2、σ_2^2 已知：u 檢定。根據常態分配性質，有

$$u=\frac{(\overline{X}_1-\overline{X}_2)-(\mu_1-\mu_2)}{\sqrt{\frac{\sigma_1^2}{m}+\frac{\sigma_2^2}{n}}}\sim N(0,1)$$

在 $H_0: \mu_1=\mu_2$ 成立的條件下，上式化為：

$$u=\frac{\overline{X}_1-\overline{X}_2}{\sqrt{\frac{\sigma_1^2}{m}+\frac{\sigma^2}{n}}}\sim N(0,1) \qquad (3\text{-}14)$$

⑵兩母體變異數 σ_1^2、σ_2^2 未知，但它們相等（相當於第一步 F 檢定已能通過的情況）：t 檢定。在 $H_0: \mu_1=\mu_2$ 成立的條件下，根據（3-9）式，有

$$t=\frac{\overline{X}_1-\overline{X}_2}{\sqrt{\frac{(m-1)S_1^2+(n-1)S_2^2}{m+n-2}\left(\frac{1}{m}+\frac{1}{n}\right)}}\sim t(m+n-2) \qquad (3\text{-}15)$$

n＝m 時，可簡化為：

$$t=\frac{\overline{X}_1-\overline{X}_2}{\sqrt{\frac{1}{n}(S_1^2+S_2^2)}}\sim t(2n-2) \qquad (3\text{-}16)$$

⑶兩母體變異數 σ_1^2、σ_2^2 未知，且不等（相當於第一步 F 檢查未通過的情況）：近似 t 檢定。此時上述統計量不再嚴格服從 t 分配，只能採用近似公式。最常用的為 Aspin-Welch 檢定法，即統計量：

$$t=\frac{\overline{X}_1-\overline{X}_2}{\sqrt{\frac{S_1^2}{m}+\frac{S_2^2}{n}}} \qquad (3\text{-}17)$$

近似服從 t 分配，其自由度為：

$$df=\left(\frac{k^2}{m-1}+\frac{(1-k)^2}{n-1}\right)^{-1}，k=\frac{S_1^2}{m}\Big/\left(\frac{S_1^2}{m}+\frac{S_2^2}{n}\right)$$

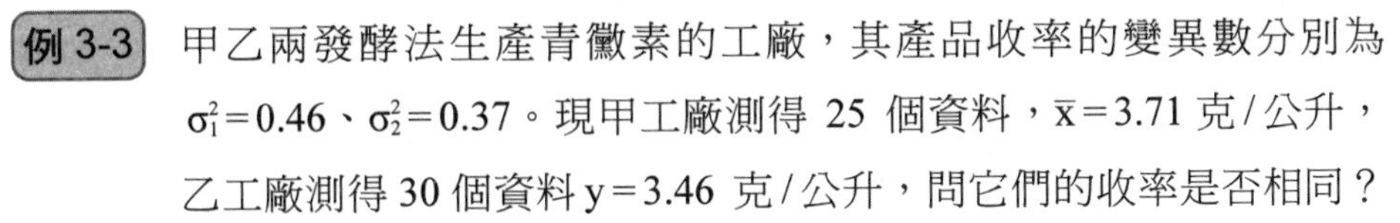

例 3-3 甲乙兩發酵法生產青黴素的工廠，其產品收率的變異數分別為 $\sigma_1^2=0.46$、$\sigma_2^2=0.37$。現甲工廠測得 25 個資料，$\bar{x}=3.71$ 克/公升，乙工廠測得 30 個資料 $y=3.46$ 克/公升，問它們的收率是否相同？

解： 分析：由於變異數已知，應採用 u 檢定，根據題意，應進行雙側檢定。

$H_0:\mu_1=\mu_y$；$H_A:\mu_x\neq\mu_y$

$$u=\frac{\bar{x}-\bar{y}}{\sqrt{\frac{\sigma_1^2}{m}+\frac{\sigma_2^2}{n}}}=\frac{3.71-3.46}{\sqrt{\frac{0.46}{25}+\frac{0.37}{30}}}=1.426$$

查常態分配表，得

$u_{0.975}=1.960>u$

∴差異不顯著，接受 H_0，應認為兩工廠收率相同。

例 3-4 新舊兩種小麥品種進行對比實驗，舊品種共收穫 25 個社區，平均產量為 $\bar{x}_1=36.75$ 公斤；樣本標準差 $S_1=2.77$ 公斤，新品種收穫 20 個社區，平均產量 $\bar{x}_2=40.35$ 公斤，$S_2=1.56$ 公斤，問新品種是否值得推廣？

解： 由於變異數未知，為了選擇統計量，首先須檢定變異數是否相等：

$H_0:\sigma_1^2=\sigma_2^2$；$H_A:\sigma_1^2\neq\sigma_2^2$

$$F=\frac{S_1^2}{S_2^2}=\frac{2.77^2}{1.56^2}=3.1529$$

查 F 分配表，得

$F_{0.975}(24,19)=2.45$，$F_{0.995}(24,19)=2.92$

$F>F_{0.995}$，∴差異極為顯著，拒絕 H_0，兩母體變異數不相等。

再檢定平均數是否相等：由於變異數不等，應使用近似 t 檢定，且新品種必須優於舊品種才值得推廣，因此應進行單側檢定。

$$\begin{cases} H_0: \mu_1 \geq \mu_2 \\ H_A: \mu_1 < \mu \end{cases}$$

$$t=\frac{\bar{x}_1-\bar{x}_2}{\sqrt{\frac{S_1^2}{m}+\frac{S_2^2}{n}}}=\frac{36.75-40.35}{\sqrt{\frac{2.77^2}{25}+\frac{1.56^2}{20}}}=\frac{-3.6}{\sqrt{0.3069+0.1217}}=-5.499$$

再求 t 的自由度：

$$k=\frac{S_1^2}{m}/(\frac{S_1^2}{m}+\frac{S_2^2}{n})=\frac{0.3069}{0.3069+0.1217}=\frac{0.3069}{0.4286}=0.7161$$

$$df=(\frac{0.7161^2}{24}+\frac{(1-0.7161)^2}{19})^{-1}$$

$$=(0.02137+0.00424)^{-1}=(0.02561)^{-1}\approx 39$$

查表，得

$t_{0.05}(39)\approx t_{0.05}(40)=-1.684$　　　$t_{0.01}(39)\approx t_{0.01}(40)=-2.423$

$t<t_{0.01}$，∴差異極顯著，拒絕 H_0，新品種平均產量明顯高於舊品種，值得推廣。

例 3-5 用兩種不同的配合飼料飼養肉雞，56 日後體重分別列於下表，問這兩種飼料效果是否有差異？

X/kg	2.56, 2.73, 3.05, 2.87, 2.46, 2.93, 2.41, 2.58, 2.89, 2.76
Y/kg	3.12, 3.03, 2.86, 2.53, 2.79, 2.80, 2.96, 2.68, 2.89

解： 代入公式後，得：$\bar{x}=2.724$，$S_x=0.2147$，$n_1=10$，$\bar{y}=2.851$，$S_y=0.1791$，$n_2=9$

檢定變異數是否相等：$H_0: \sigma_x=\sigma_y$；$H_A: \sigma_x \neq \sigma_y$

$$F=\frac{0.2147^2}{0.1791^2}=1.437$$

查表，得 $F_{0.975}(9, 8)=4.357>F$，∴接受 H_0，可認為變異數相等。

檢定平均數是否相等：$H_0: \mu_x = \mu_y$；$H_A: \mu_x \neq \mu_y$

$$t = \frac{2.851 - 2.724}{\sqrt{\frac{8 \times 0.1791^2 + 9 \times 0.2147^2}{17} \times (\frac{1}{10} + \frac{1}{9})}} = \frac{0.127}{0.09131} = 1.391$$

查表，得 $t_{0.975}(17) = 2.110 > t$，∴接受 H_0，兩種飼料效果無明顯差異。

3-3-3 配對資料檢定

以上介紹的雙樣本檢定又稱為成組資料檢定，兩個樣本間是相互獨立的，有時為提高檢定準確度，把實驗材料分成一些對子，每對材料各種條件盡可能一致，然後分別做不同處理，以檢定處理的效果，這樣的資料稱為配對資料。例如：同一個人服藥前後的資料，同一窩動物的不同處理，同樣體重、性別、年齡的一對對動物，等等。此時的檢定方法為取每對材料測量值的差為統計物件，進行單樣本檢定，即令

$$d_i = x_{1i} - x_{2i} \qquad (i = 1, 2, ..., n)$$

然後對 d_i 做單樣本檢定。H_0 取為 $\mu_d = 0$

配對法與成組法的比較：

$$\begin{aligned}(n-1)S_d^2 &= \sum_i [(x_{1i} - x_{2i}) - (\bar{x}_1 - \bar{x}_2)]^2 \\ &= \sum_i [(x_{1i} - \bar{x}_1) - (x_{2i} - \bar{x}_1)]^2 \\ &= \sum_i [(x_{1i} - \bar{x}_1)^2 + \sum_i (x_{2i} - \bar{x}_2)^2 - 2\sum_i (x_{1i} - \bar{x}_1)(x_{2i} - \bar{x}_2)]\end{aligned}$$

由於 $S_1^2 = \frac{1}{n-1} \sum_i (x_{1i} - \bar{x}_1)^2$

$$S_2^2 = \frac{1}{n-1} \sum_i (x_{2i} - \bar{x}_2)^2$$

$$S_{12} = \frac{1}{n-1} \sum_i (x_{1i} - \bar{x}_1)(x_{2i} - \bar{x}_2) = r\sqrt{S_1^2 S_2^2}$$

所以有

$$S_d^2 = S_1^2 + S_2^2 - 2r\sqrt{S_1^2 S_2^2}$$

其中 S_d^2 為差值的子樣變異數，S_1^2、S_2^2 分別為每對中做第一處理與第二處理材料的測量值的子樣變異數，S_{12} 是兩種處理測量值的子樣協變異數，r 是它們的相關係數。

顯然，若 $r>0$，則有 $S_d^2<S_1^2+S_2^2$，即差值的變異數小於兩組資料變異數的和，此時採用配對檢定可提高檢定精度；反之，若 $r<0$，則有 $S_d^2>S_1^2+S_2^2$，即差值的變異數反而大於兩組資料變異數的和，此時採用配對檢定會降低檢定精度。因此採用配對檢定時必須保證各對資料的正相關性。

需要特別注意的是我們實際要求的母體間的正相關性，這就意味著我們可以從專業知識保證這一點。例如同一個人服藥前後的某種指標測量值，精心挑選的一對對各方面都盡量相同的實驗動物，等等；要不就要經過相關性檢定，證實母體相關係數 ρ 確實大於 0。因此，如果實驗設計時未做任何特殊考慮，只是兩樣本含量相等，那麼即使演算出的樣本相關係數 $r>0$，也不能輕易使用配對檢定，因為此時 $r>0$ 完全可能是個偶然事件。

例 3-6 10 名病人服藥前 (x_i)、後 (y_i) 血紅蛋白含量如下表所示，問該藥是否引起血紅蛋白含量變化？

病人編號	1	2	3	4	5	6	7	8	9	10
x_i(g/L)	113	150	150	135	128	100	110	120	130	123
y_i(g/L)	140	138	140	135	135	120	147	114	138	120
$d_i=x_i-y_i$	−27	12	10	0	−07	−20	−37	06	−08	03

分析：由於是同一名病人服藥前後的血紅蛋白量測定值，它們應是正相關的，因此應使用配對檢定。題目中未說明是何藥物，也未說明這種藥物的作用是增加血紅蛋白還是減低含量，因此只能做雙側檢定。

解：算得 $\bar{d}=-6.8$，$S_d^2=270.8$

$H_0: \mu_d=0$；$H_A: \mu_d \neq 0$

$$t=\frac{\bar{d}}{\sqrt{S_d^2/n}}=\frac{-6.5}{5.204}=-1.307$$

查表，得 $t_{0.975}(9)=2.262$

$\because |t|<t_{0.975}(9)$，$\therefore$ 接受 H_0，該藥對血紅蛋白含量無明顯影響。

一般來說，若測量的資料是同一病人服藥前後的變化，則資料都應是正相關，也就都可以採用配對法進行統計檢定。但有時也會有例外的情況，例如現在有些藥物（特別是一些中藥）常常號稱能調節血壓或血脂等指標。如果這是真的，那就意味著血壓或血脂低的病人服藥後升高，而高的服後會降低。若病人中原來偏高偏低的都有，則服藥後的資料就不應是正相關，也就不能採用配對法檢定了。如果待測藥物真有這樣的調節作用，顯然就應把病人按偏低偏高分為兩組做檢定，只有這樣才能確定藥物是否有效。當然另一種可能的檢定方法，是檢定服藥後血壓或血脂值的變異數是否縮小。如果效果真是低的升高，高的降低，顯然服藥後測量值的變異數應減小。注意，此時還要要求病人中偏高偏低的都要有。總之，要抓住各種檢定方法所要求的核心條件（例如配對檢定最關鍵的就是要求資料正相關），然後結合所研究的具體問題進行細緻的分析，這樣才能保證正確地使用統計學這一有力工具。如果只是記住像「同一人服藥前後就應配對檢定」這一類例子而生搬硬套，很可能就會由於誤用方法而得不到正確結論。

3-3-4 百分數的檢定

實際工作中常常碰到這樣一些問題：檢定兩批種子發芽率是否相同；檢定兩種殺蟲劑造成的死亡率是否相同；檢定兩批產品合格率是否相同，等等。這一類問題的數學背景是相同的。實際都是檢定兩點分配母體中機率 P 是否相同。在生物學實驗中，像發芽率、死亡率等，常不難得到大樣本，對這一類大樣本我們可以進行如下的近似檢定。

前已證明，對兩點分配來說，$E(x)=p$，$D(x)=pq$。若從兩個母體中各抽取容量為 n_1、n_2 的樣本，其中有指定特色的個數為 x_1、x_2，則有（見例 3-7）

$$\hat{p}_1=\frac{x_1}{n_1}，\hat{p}_2=\frac{x_2}{n_2}$$

現欲檢定 $H_0: p_1=p_2$

由於 $\hat{p}_1$、$\hat{p}_2$ 實際是樣本平均數，若 n_1、n_2 足夠大，則由中央極限定理，它們均應近似服從常態分配，若 H_0 成立，它們母體的期望值變異數都相等，實際可視為同一母體，因此 $\hat{p}_1-\hat{p}_2$ 有近似服從

$$N[0, pq(\frac{1}{n_1}+\frac{1}{n_2})]$$

且 $\hat{p}=\frac{x_1+x_2}{n_1+n_2}，\hat{q}=1-\hat{p}$

因此在大樣本下，有統計量

$$u=\frac{\hat{p}_1-\hat{p}_2}{\sqrt{\hat{p}\hat{q}(\frac{1}{n_1}+\frac{1}{n_2})}} \quad (3\text{-}18)$$

近似服從 $N(0, 1)$。

例 3-7 殺蟲劑 A 在 600 頭蟲子中殺死 465 頭，殺蟲劑 B 在 500 頭中殺死 374 頭，問它們的效果是否相同？

解： 設 p 為死亡率。$H_0: p_A=p_B$；$H_A: p_A\neq p_B$

$$\hat{p}_A=\frac{465}{600}=0.775，\hat{p}_B=\frac{374}{500}=0.748$$

$$\hat{p}=\frac{465+374}{600+500}=0.763，\hat{q}=1-\hat{p}=0.237$$

$$u=\frac{\hat{p}_A-\hat{p}_B}{\sqrt{\hat{p}\hat{q}(\frac{1}{n_1}+\frac{1}{n_2})}}=\frac{0.775-0.748}{\sqrt{0.763\times0.237\times(\frac{1}{600}+\frac{1}{500})}}$$

$$=\frac{0.027}{\sqrt{0.000663}}=1.05$$

$\because |u| < u_{0.975} = 1.960$，

$\therefore$差異不顯著，接受 H_0，兩種殺蟲劑效果相同。

3-4 母數估計

本節中我們進一步介紹對母體分配中某些重要母數進行統計估計的方法。母數估計的方法主要適用於我們知道母體分配的類型，但其中一個或幾個重要母數未知的情況。這樣，只要我們透過抽取樣本得到了這幾個母數的估計值，也就確定了母體的分配。例如血球計數或水樣中細菌計數，我們知道它的分配應是普瓦松分配，因此問題就是要透過樣本確定其母數 λ，再比如我們要研究某一人群的身高，一般來說身高服從常態分配，因此我們就需要從樣本中確定兩個母數 μ 和 σ^2。當然也有些情況我們對母體究竟服從什麼分配不感興趣，只要知道它的一兩個重要母數如平均數、變異數就可以了，此時當然也可使用母數估計。

母數估計主要可分為兩種：第一，點估計，也就是利用樣本構造一個統計量，用它來作為母體母數的估計值。這樣，只要測定了一組樣本的取值，代入統計量公式中，就可得到母體母數的估計值。第二，區間估計，它是給出一個取值範圍，並給出我們所關心的母體母數落入這一範圍中的機率。這一取值範圍就稱為信賴區間，而母體母數落入這一區間中的機率稱為信賴階層。區間估計與上一節的假設檢定有密切的關係。

3-4-1 點估計

1.估計量所須滿足的條件

為進行母數估計所構造的統計量也可稱為估計量。顯然，為了估計同一個母數，可以構造出許多各不相同的估計量，例如估計平均數，就可能有算術平均、幾何平均、加權平均、調和平均等許多演算法。為了能從其中選出一種應用，我們必須對估計量建立一些評估的標準，這樣才能說我們的選擇是有道理的。這種標準主要有以下幾個。

⑴**無偏性**：即要求估計量的數學期望值應等於所求的母體母數。

⑵**有效性**：當樣本含量 n 相同時，變異數小的估計量稱為更有效。

⑶**一致性**：設 $T_n(x_1, x_2, ..., x_n)$ 為母數 θ 的估計量，若對任意 $\varepsilon>0$，有

$$\lim_{n\to\infty} P(\,|\,T_n-\theta\,|>\varepsilon)=0$$

則稱 T_n 為 θ 的一致估計量。

前兩條標準都容易瞭解，第三條標準實際是說隨著樣本含量 n 的增大，絕大多數 T_n 都離 θ 愈來愈近，剩下的不以 θ 為極限的 T_n 可以忽略不計（因為其出現機率為 0）。有時還會提出第四條標準，那就是均方誤差要小，均方誤差就是估計量對真值的偏離程度，定義為：$E(T_n-\theta)^2$。一般來說，在所有標準下都表現最優的估計量是很少見的，常常是在這個標準下這個估計量好，在另一個標準下是另一個估計量好。就拿前邊介紹過的以 $\bar{x}$ 估計 μ，以 S^2 估計 σ^2 來說，它們在前三條標準下都是最優的，但 S^2 的均方誤差就大於估計量 $S_n^2=\frac{1}{n}\sum_{i=1}^{n}(x_i-\bar{x})^2$，而 S_n^2 又不是無偏估計（見 3-1 節）。

2.點估計常用方法：矩估計與極大似然估計

⑴矩估計

在 2-5 節中，我們已經介紹過隨機變數的 k 階原點矩定義為：$m_k=E(x^k)$。在 3-1 節中，又介紹過樣本的 k 階原點矩為：

$$a_k=\frac{1}{n}\sum_{i=1}^{n}x_i^k$$

這樣，得到一個樣本 $x_1, x_2, ..., x_n$ 後，就可以演算各個 a_k。一個自然的想法就是我們可以用 a_k 來估計 m_k，從而可得到各母數的估計值。這種方法就稱為矩估計。具體方法為：如果我們知道隨機變數的分配類型，那就可把

$$m_k=E(x^k)=\int_{-\infty}^{\infty}x^k f(\theta_1, \theta_2, ..., \theta_r)\,dr$$

視為母數 $\theta_1, \theta_2, ..., \theta_r$ 的函數，設有 r 個要估計的母數，我們用前 r 階樣本

原點矩作為相應的母體原點矩的估計值，則有

$$\begin{cases} m_1(\theta_1, \theta_2, ..., \theta_r) = a_1 \\ m_2(\theta_1, \theta_2, ..., \theta_r) = a_2 \\ \cdots\cdots\cdots\cdots\cdots\cdots \\ m_r(\theta_1, \theta_2, ..., \theta_r) = a_r \end{cases} \quad (3\text{-}19)$$

這樣就得到了 r 個方程組成一個方程組，它的解 $\hat{\theta}_1, \hat{\theta}_2, ..., \hat{\theta}_r$ 就可以作為所求的 r 個母體母數的估計值。以上是對連續型分配進行推導，如果是離散型分配，只須將積分換為求和即可。另外，上述推導使用的是原點矩，全部換成中心矩也是可以的。這種方法就稱為矩法，所得估計值稱為矩估計值。

例 3-8 設母體 X 的期望值 μ 和變異數 σ^2 存在，$X_1, X_2, ..., X_n$ 為從這母體中抽取的簡單隨機樣本，求 μ 和 σ^2 的矩估計值。

解： 由於 μ 就是母體的一階原點矩，顯然有

$$\hat{\mu} = a_1 = \frac{1}{n}\sum_{i=1}^{n} x_i = \bar{x}$$

由變異數的性質，有

$$\sigma^2 = E(X^2) - [E(X)]^2 = m_2 - \mu^2$$

$$\therefore m_2 = \sigma^2 + \mu^2$$

根據矩法，有

$$\hat{m}_2 = a_2 = \frac{1}{n}\sum_{i=1}^{n} x_i^2$$

即

$$\hat{\sigma}^2 + \hat{\mu}^2 = \frac{1}{n}\sum_{i=1}^{n} x_i^2$$

把 $\hat{\mu}$ 的表達式代入，得

$$\hat{\sigma}^2 = \frac{1}{n}\sum_{i=1}^{n} x_i^2 - \left(\frac{1}{n}\sum_{i=1}^{n} x_i\right)^2$$

$$= \frac{1}{n}\sum_{i=1}^{n} (x_i - \bar{x})^2 = S_n^2$$

∴母體期望值的矩估計值為 $\bar{x}$，變異數的矩估計值為 S_n^2。

例 3-9 設 $x_1, x_2, ..., x_n$ 為抽自均勻分配

$$f(x, \theta_1, \theta_2) = \begin{cases} \dfrac{1}{\theta_1 - \theta_2} & \theta_1 \le x \le \theta_2 \\ 0 & \text{其他} \end{cases}$$

的簡單隨機樣本，試求 θ_1、θ_2 的矩估計。

解： 由原點矩定義，有

$$m_1 = \int_{-\infty}^{\infty} xf(x_1, \theta_1, \theta_2)\,dx = \int_{\theta_1}^{\theta_2} \frac{x}{\theta_2 - \theta_1}\,dx$$

$$= \frac{1}{2(\theta_2 - \theta_1)}(x^2 \mid_{\theta_1}^{\theta_2}) = \frac{1}{2}(\theta_2 + \theta_1)$$

$$m_2 = \int_{-\infty}^{\infty} x^2 f(x_1, \theta_1, \theta_2)\,dx = \int_{\theta_1}^{\theta_2} \frac{x^2}{\theta_2 - \theta_1}\,dx$$

$$= \frac{1}{3(\theta_2 - \theta_1)}(x^3 \mid_{\theta_1}^{\theta_2}) = \frac{(\theta_2^3 - \theta_1^3)}{3(\theta_2 - \theta_1)}$$

$$= \frac{1}{3}(\theta_2^2 + \theta_1\theta_2 + \theta_1^2)$$

令 $\bar{x}$、a_2 分別代表樣本一、二階原點，由矩法，有

$$\begin{cases} \dfrac{1}{2}(\hat{\theta}_1 + \hat{\theta}_2) = \bar{x} & (1) \\ \dfrac{1}{3}(\hat{\theta}_1)^2 + \hat{\theta}_1\hat{\theta}_2 + (\hat{\theta}_2)^2 = a_2 & (2) \end{cases}$$

解上述方程組，由(1)得

$$\hat{\theta}_1 = 2\bar{x} - \hat{\theta}_2 \qquad (3)$$

把(3)代入(2)得

$$(2\bar{x} - \hat{\theta}_2)^2 + (2\bar{x} - \hat{\theta}_2)\hat{\theta}_2 + \hat{\theta}_2^2 = 3a_2$$

$$4\bar{x}^2 - 4\bar{x}\hat{\theta}_2 + (\hat{\theta}_2)^2 + 2\bar{x}\hat{\theta}_2 - \hat{\theta}_2^2 + \hat{\theta}_2^2 = 3a_2$$

$$4\bar{x}^2 - 2\bar{x}\hat{\theta}_2 + \hat{\theta}_2^2 = 3a_2$$

$\therefore (\bar{x}-\hat{\theta}_2)^2=3a_2-3\bar{x}^2$

注意，$a_2-\bar{x}^2=\frac{1}{n}\sum_{i=1}^{n}x_i^2-(\frac{1}{n}\sum_{i=1}^{n}x_i)^2=\frac{1}{n}\sum_{i=1}^{n}(x_i-\bar{x})^2=S_n^2$，則有

$\bar{x}-\hat{\theta}_2=\pm\sqrt{3}S_n$，即 $\hat{\theta}_2=\bar{x}\pm\sqrt{3}S_n$ (4)

把(4)代入(3)，得

$\hat{\theta}_1=\bar{x}\pm\sqrt{3}S_n$

由題意 $\theta_2>\theta_1$，且 $S_n>0$，∴矩法估計值為：

$$\begin{cases}\hat{\theta}_1=\bar{x}-\sqrt{3}S_n\\ \hat{\theta}_2=\bar{x}+\sqrt{3}S_n\end{cases}$$

區間長度的估計值為：$\hat{\theta}_2-\hat{\theta}_1=2\sqrt{3}S_n$

(2)最大似然估計

所謂「最大似然」，從字面上看，應該是「看起來最像」、「最可能」之類的意思。那麼，從數學上又是怎樣來定義這個最大似然估計呢？我們可以這樣分析：

設母體 X 的分配密度為 $f(x,\theta)$，其中 θ 是需要估計的未知母數。對於從這個母體中抽取的樣本 $X_1,X_2,...,X_n$ 來說，$f(x_i,\theta)$ 代表了樣本中一個子樣取值為 x_i 的相對可能性，定義函數：

$$L(x_1,x_2,...,x_n;\theta)=f(x_1,\theta)f(x_2,\theta)...f(x_n,\theta)$$

為樣本似然函數，顯然它是 $x_1,x_2,...,x_n$ 和 θ 的函數。對於一組固定的樣本觀測值 $x_1,x_2,...,x_n$ 來說，L 就變成了 θ 的函數。這樣一組觀測值最可能來自哪個母體呢？顯然最可能來自那個能使 L 取值達到最大的母體，即選取這樣的一個 θ 作為 θ 的估計值，它所決定的母體分配使我們所觀察到的這組樣本取值 $x_1,x_2,...,x_n$ 出現的可能性達到最大。這就是最大似然估計的基本想法。

要選擇使 L 達到最大的 θ 在數學上不難做到，這樣的 θ 一定會滿足方程

$$\frac{dL(\theta)}{d\theta}=0 \tag{3-21}$$

自然對數 $\ln(x)$ 是 x 的單調函數，這就保證了 $\ln L(\theta)$ 的最大值一定也是 $L(\theta)$ 的最大值。由於 L 是連乘的形式，取對數後就變成了相加，有時會濃縮演算。因此求 θ 的最大似然估計常常可求解下述似然方程：

$$\frac{d\ln L(\theta)}{d\theta}=0 \tag{3-22}$$

如果要估計的母數不只一個，例如 r 個，則似然方程變為如下的方程組：

$$\begin{cases} \dfrac{\partial \ln L(\theta_1,\theta_2,...,\theta_r)}{\partial \theta_1}=0 \\ \dfrac{\partial \ln L(\theta_1,\theta_2,...,\theta_r)}{\partial \theta_2}=0 \\ \cdots\cdots\cdots\cdots\cdots\cdots\cdots\cdots \\ \dfrac{\partial \ln L(\theta_1,\theta_2,...,\theta_r)}{\partial \theta_r}=0 \end{cases} \tag{3-23}$$

它的解 $\hat{\theta}_1,\hat{\theta}_2,...,\hat{\theta}_r$ 就是我們所要求的最大似然估計。

以上討論是針對連續型分配，若為離散分配須解決 $L(\theta)$ 最大值的問題，因為離散型可能不能微分，但從整體上說，只要能求出 $L(\theta)$ 的最大值，最大似然估計的想法就仍可用。

例 3-10 取 n 粒種子做發芽實驗，其中有 m 粒發芽，求發芽率 p 的最大似然估計。

解： 每粒種子發芽與否可視為兩點分配：發芽，則 $X=1$，其機率為 p；不發芽，則 $X=0$，其機率為 $1-p$。

由似然函數構造，有

$$L(p)=P(X=x_1,p)\cdot P(X=x_2,p)\ldots P(X=x_n,p)$$

由於共有 m 粒發芽，$(n-m)$ 粒不發芽，$\therefore L(p)=p^m(1-p)^{n-m}$

$$\frac{dL(p)}{dp}=mp^{m-1}(1-p)^{n-m}+(n-m)(-1)p^m(1-p)^{n-m-1}$$

$=p^{m-1}(1-p)^{n-m-1}[m(1-p)-(n-m)p]$

令上式等於 0，由於 $p^{m-1}(1-p)^{n-m-1}\neq 0$，有

$m-m\hat{p}-n\hat{p}+m\hat{p}=0$

$\therefore \hat{p}=\frac{m}{n}$

即發芽率 p 的最大似然估計為 $\hat{p}=\frac{m}{n}$。

例 3-11 設 $x_1, x_2, ..., x_n$ 是取自常態母體 $N(\mu, \sigma^2)$ 的簡單隨機樣本，μ 與 σ^2 是未知母數，求 μ 和 σ 的最大似然估計。

解： 由於 $f(x, \mu, \sigma^2)=\frac{1}{\sqrt{2\pi}\sigma}\exp[-\frac{1}{2\sigma^2}(x-\mu)^2]$

故有似然函數

$$L(\mu, \sigma^2)=\frac{1}{(\sqrt{2\pi}\sigma)^n}\exp[-\frac{1}{2\sigma^2}\sum_{i=1}^{n}(x_i-\mu)^2]$$

取對數，有

$$\ln L(\mu, \sigma^2)=-\frac{n}{2}\ln(2\pi\sigma^2)-\frac{1}{2\sigma^2}\sum_{i=1}^{n}(x_i-\mu)^2$$

∴似然方程為

$$\begin{cases}\frac{\partial \ln L(\mu, \sigma^2)}{\partial \mu}=0-\frac{1}{2\sigma^2}(-2)\sum_{i=1}^{n}(x_i-\mu)=0 & (1)\\ \frac{\partial \ln L(\mu, \sigma^2)}{\partial \sigma^2}=-\frac{n}{2}\frac{2\pi}{2\pi\sigma^2}+\frac{1}{2\sigma^4}\sum_{i=1}^{n}(x_i-\mu)^2=0 & (2)\end{cases}$$

由(1)，解得

$$\sum_{i=1}^{n}(x_i-\mu)=0$$

$$\therefore \bar{\mu}=\frac{1}{n}\sum_{i=1}^{n}x_1=\bar{x}$$

代入(2)，得

$$\frac{1}{\sigma^2}\sum_{i=1}^{n}(x_1-\bar{x})^2=n$$

$$\overline{\sigma}^2=\frac{1}{n}\sum_{i=1}^{n}(x_1-\overline{x})^2==S_n^2$$

即 μ 和 σ^2 的最大似然估計分別為 $\overline{x}$ 和 S_n^2

例 3-12 設 $x_1, x_2, \ldots, x_n$ 為抽自均勻分配

$$f(x,\theta_1,\theta_2)=\begin{cases}\dfrac{1}{\theta_1-\theta_2} & \theta_1\le x\le\theta_2\\ 0 & \end{cases}$$

其他的簡單隨機樣本。求 θ_1、θ_2 的最大似然估計。

解： 此時每個取值為 x_i 之點的機率密度函數均為 $\dfrac{1}{\theta_1-\theta_2}$，因此似然函數為

$$L(\theta_1,\theta_2)=\frac{1}{(\theta_2-\theta_1)^n}$$

其中 θ_1、θ_2 的取值範圍為：$\theta_1\le\min x_i$，$\theta_2\ge\max x_i$

顯然，當 θ_1、θ_2 取任何有限值時，都不可能使 $L(\theta_1,\theta_2)$ 的導數為 0，這說明 $L(\theta_1,\theta_2)$ 沒有數學意義上的極值。但同樣明顯的是，θ_2 愈小，θ_1 愈大，則 $L(\theta_1,\theta_2)$ 的值也就愈大，由於它們的取值範圍為 $\theta_1\le\min\limits_i x_i$、$\theta_2\ge\max\limits_i x_i$，因此在它們可能的取值範圍內當 $\hat{\theta}_1=\min\limits_i x_i$、$\hat{\theta}_2=\max\limits_i x_i$ 時，$L(\theta_1,\theta_2)$ 有最大值，這也就是 θ_1、θ_2 的最大似然估計。

從這幾道例題可見，當我們採用不同的估計方法時，有時能得到相同的估計量（如常態分配的 μ、σ^2 的估計），有時得到不同的估計量（如均勻分配中 θ_1、θ_2 的估計），總的來說，矩估計是一種古老的方法，它使用較方便，但當樣本含量 n 較大時，它的估計精度一般不如最大似然估計高。最大似然估計法則較新，在大樣本的情況下，最大似然估計量一般是一致的，而且是有效的。因此從理論上看最大似然估計優於矩法估計。常用的點估計法除已介紹的幾種外，還有標記－重捕法中以 M_n/m 來估計 N 等（N：種群總數，M：標記個體數，n：重捕數，m：重捕樣本中有標記個體數）。

3-4-2 區間估計

點估計的最大缺點就是由於估計量也是統計量，它必然帶有一定誤差。換句話說，估計值不可能正好等於真值。但估計值與真值到底差多少，點估計中沒有給我們任何資訊。而區間估計正好彌補了這個缺點，它不只給出了真值的範圍，而且給出了真值落入這一範圍的機率。因此區間估計給出的資訊顯然多於點估計。

1.常態母體μ與σ^2信賴區間

我們主要針對常態分配討論μ與σ^2的信賴區間。這一方面是因為常態分配確實是最常見的分配，另一方面是因為中央極限定理（Central Limit Theorem, CLT）保證了當樣本足夠大時，不管母體服從什麼分配，我們都可以把$\bar{x}$看作近似服從常態分配。因此只有當樣本含量較小時，我們才需要對母體是否服從常態分配加以考慮。

求μ與σ^2的信賴區間時，選擇統計量和理論分配的方法與3-3節假設檢定中完全相同，然後根據所得到的接受區域對未知母數解不等式，即得到所求的信賴區間。若所選擇的顯著性水準為α，則該區間包含母體母數的機率即為$1-\alpha$，稱為信賴水準。

例 3-13 求σ已知時μ的95%信賴區間。

解：σ已知時$\frac{\bar{x}-\mu}{\sigma/\sqrt{n}} \sim N(0,1)$取$\alpha=0.05$，則

$$P(-1.96 \le \frac{\bar{x}-\mu}{\sigma/\sqrt{n}} \le 1.96)=0.95$$

解不等式，得

$$P(\bar{x}-1.96\frac{\sigma}{\sqrt{n}} \le \mu \le \bar{x}+1.96\frac{\sigma}{\sqrt{n}})=0.95$$

即μ的95%信賴區間為：$(\bar{x}-1.96\frac{\sigma}{\sqrt{n}}, \bar{x}+1.96\frac{\sigma}{\sqrt{n}})$。

例 3-14 求兩樣本，標準差 σ_i 未知但相等時 $\mu_1-\mu_2$ 的 $1-\alpha$ 信賴區間。

解： 兩樣本，標準差未知但相等時的統計量為：

$$t=\frac{\bar{x}_1-\bar{x}_2-(\mu_1-\mu_2)}{\sqrt{\frac{(m-1)S_1^2-(n-1)S_2^2}{m+n-2}(\frac{1}{m}+\frac{1}{n})}}\sim t(m+n-2)$$

顯著性水準為 α 的接受區域為：

$$t_{a/2}(m+n-2)\leq t\leq t_{1-a/2}(m+n-2)$$

把 t 算式代入，解得 $\mu_1-\mu_2$ 的 $1-\alpha$ 信賴區間

$$(\bar{x}_1-\bar{x}_2)\pm t\frac{\alpha}{2}(m+n-2)\sqrt{\frac{(m-1)S_1^2+(n-1)S_2^2}{m+n-2}(\frac{1}{m}+\frac{1}{n})}$$

例 3-15 求常態母體 σ^2 的 $1-\alpha$ 信賴區間。

解： 設樣本變異數為 S^2，根據（3-6）式，有

$$\frac{(n-1)S^2}{\sigma^2}\sim x^2(n-1)$$

$$\therefore P(x^2_{\frac{\alpha}{2}}(n-1)\leq\frac{(n-1)S^2}{\sigma^2}\leq x^2_{1-\frac{\alpha}{2}}(n-1))=1-\alpha$$

對未知母數 σ^2 解不等式，得

$$P(\frac{(n-1)S^2}{x^2_{1-\frac{\alpha}{2}}(n-1)}\leq\sigma^2\leq\frac{(n-1)S^2}{x^2_{1-\frac{\alpha}{2}}(n-1)})=1-\alpha$$

$\therefore$ σ^2 的 $1-\alpha$ 信賴區間為

$$\frac{(n-1)S^2}{x^2_{1-\frac{\alpha}{2}}(n-1)}\leq\sigma^2\leq\frac{(n-1)S^2}{x^2_{\frac{\alpha}{2}}(n-1)}$$

上述幾道題我們都只進行了公式的推導，而沒有代入具體的數字。當需要解決具體問題時，只須將數字代入即可。同時，我們並不希望讀者死記上述公式。而是要搞清楚在各種情況下什麼是接受區域，應當對哪個變數求解

不等式，這樣才能針對不同情況靈活使用公式。也有幾種情況例題中未涉及，如σ^2已知時的雙樣本 u 檢定、σ^2未知且不等的近似 t 檢定、兩變異數是否相等的 F 檢定等，讀者只要真正瞭解、掌握了上述幾道例題的想法與方法，這些問題是不難解決的，另外，在某些情況下也會要求單側信賴區間，此時只要用單側分位數代替雙側分位數即可。

2.二項分配中 P 的信賴區

二項分配的機率函數為：

$P(X=x \mid n,p)=C_x^n p^x(1-p)^{n-x}$，$x=0,1,2,\ldots,n$

母數 P 的點估計為：x/n（n：樣本含量。x：樣本中具有某種屬性的個體數）。

信賴區間的求法如下（P_u、P_L分別為區間上下限）：

(1)n<10時，信賴區間一般太寬，無實用價值。

(2)n ≥ 10時，採用下述公式：

$$P_L=\frac{\gamma_2}{\gamma_2+\gamma_1/F_{1-\frac{\alpha}{2}}(\gamma_1,\gamma_2)} \quad (3\text{-}24)$$

其中$\gamma_1=2(n-x+1)$，$\gamma_2=2x$

$$P_u=\frac{\gamma_2}{\gamma_2+\gamma_1/F_{1-\frac{\alpha}{2}}(\gamma_2,\gamma_1)} \quad (3\text{-}25)$$

其中$\gamma_1=2(n-x)$，$\gamma_2=2(x+1)$

例 3-16 取n=20，x=8，1－α=0.95，求上單側、下單側、雙側信賴區間。

解： (1)上單側：n=20，x=8，$\gamma_1=2(20-8)=24$，$\gamma_2=2(8+1)=18$

查 F 分配表，取$F_{0.95}(15,24)$與$F_{0.95}(20,24)$的平均數

$\frac{2.11+2.03}{2}=2.07$，並將其代入公式，得

$$P_u=\frac{18}{18+24/2.07}=0.608$$

∴所求區間為：$[0, 0.608)$

(2)下單側：$n=20$，$x=8$，$\gamma_1=2(20-8+1)=26$，$\gamma_2=2x=16$

查 F 分配表，取 $F_{0.95}(24, 16)$ 與 $F_{0.95}(30, 16)$ 的平均數

$\frac{2.24+2.19}{2}=2.215$，並將其代入公式，得

$$P_L=\frac{16}{16+26\times 2.215}=0.217$$

∴所求區間為：$(0.217, 1]$

(3)雙側：$n=20$，$x=8$

P_L：$\gamma_1=2(20-8+1)=26$，$\gamma_2=2\times 8=16$

查 F 分配表，取 $F_{0.975}(24, 16)$ 與 $F_{0.975}(30, 16)$ 的平均數

$\frac{2.63+2.57}{2}=2.60$，並將其代入公式，得

$$P_L=\frac{16}{16+26\times 2.6}=0.191$$

P_u：$\gamma_1=2(20-8)=24$，$\gamma_2=2\times(8+1)=18$

查表，取 $F_{0.975}(15, 24)$ 與 $F_{0.975}(20, 24)$ 的平均數 $\frac{2.44+2.33}{2}=2.385$，

並將其代入公式，得

$$P_u=\frac{18}{18+24/2.385}=0.641$$

∴所求區間為：$(0.191, 0.641)$

(3)$n>30$，且 $0.1<\frac{x}{n}<0.9$ 時，可使用下述近似公式：

$$P_L=P_1-u\sqrt{P_1(1-P_1)/(n+2d)} \quad (3\text{-}26)$$

$$P_u=P_2+u\sqrt{P_2(1-P_2)/(n+2d)} \quad (3\text{-}27)$$

式中 $P_1=\frac{x+d-0.5}{n+2d}$、$P_2=\frac{x+d+0.5}{n+2d}$，u 為常態分配的分位數，d 為常數，

取值見表 3-1。

表 3-1　d 與 u_α 的取值

信賴階層 $1-\alpha$	單側		雙側	
	u_α	d	u_α	d
0.90	1.282	0.7	1.645	1.0
0.95	1.645	1	1.960	1.5
0.99	2.326	2	2.576	2.5

例 3-17 取 $n=40$，$x=12$，$1-\alpha=0.95$，求雙側信賴區間 (P_L, P_u)。

解：　查表，得 $d=1.5$，$u_\alpha=1.960$ 代入公式，得

$$P_1=\frac{x+d-0.5}{n+2d}=\frac{12+1.5-0.5}{40+2\times 1.5}=0.3023$$

$$P_2=\frac{x+d+0.5}{n+2d}=\frac{12+1.5+0.5}{40+2\times 1.5}=0.3256$$

$$P_L=P_1-U_\alpha\sqrt{P_1(1-P_1)/(n+2d)}$$
$$=0.3023-1.96\times\sqrt{0.3023\times 0.6977/43}=0.1650$$

$$P_u=P_2+U_\alpha\sqrt{P_2(1-P_2)/(n+2d)}$$
$$=0.3256+1.96\times\sqrt{0.3256\times 0.6744/43}=0.4657$$

∴所求信賴區間為：(0.1650, 0.4657)

(4)當 $n>30$，且 $\frac{x}{n}\le 0.1$ 或 $\frac{x}{n}\ge 0.9$ 時，可採用普瓦松近似，近似公式為：

$$P_L=\begin{cases}\dfrac{2\lambda}{2n-x+1+\lambda} & \text{當}\dfrac{x}{n}\text{接近 0}\\ \dfrac{n+x-\lambda'}{n+x+\lambda'} & \text{當}\dfrac{x}{n}\text{接近 1}\end{cases} \qquad (3\text{-}28)$$

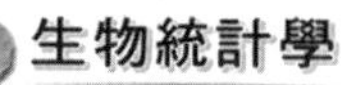

式中$\lambda=\frac{1}{2}x_b^2(2x)$，$\lambda'=\frac{1}{2}x_{1-b}^2[2(n-x)+2]$，$x_b^2$和$x_{1-b}^2$為$x^2$分配的分位數，依單側或雙側區間 b 可取值$\alpha$或$\frac{\alpha}{2}$。括弧中為自由度。

$$P_u=\begin{cases}\dfrac{2\lambda}{2n-x+\lambda} & \text{當}\dfrac{x}{n}\text{接近 }0\\[2ex] \dfrac{n+x+1-\lambda'}{n+x+1+\lambda'} & \text{當}\dfrac{x}{n}\text{接近 }1\end{cases}$$

式中$\lambda=\frac{1}{2}x_{1-b}^2(2x+2)$，$\lambda'=\frac{1}{2}x_b^2[2(n-x)]$，$x_b^2$和$x_{1-b}^2$同上。

例 3-18 取$n=50$，$x=5$，$1-\alpha=0.95$，求雙側信賴區間。

解： $\because\frac{x}{n}=0.1$，用接近於 0 公式。

$$P_L:\lambda=\frac{1}{2}x_{0.025}^2(10)=\frac{1}{2}\times3.247=1.6235$$

$$P_L=\frac{2\lambda}{2n-x+1+\lambda}=\frac{2\times1.6235}{2\times50-5+1+1.6235}=0.03396$$

$$P_u:\lambda=\frac{1}{2}x_{0.975}^2(12)=\frac{1}{2}\times23.337=11.6685$$

$$P_u=\frac{2\lambda}{2n-x+\lambda}=\frac{23.337}{2\times50-5+11.6685}=0.2188$$

$\therefore$所求信賴區間為$(0.03396, 0.2188)$。

3-4-3 常態母體區間估計與顯著性檢定的關係

⑴來自於同一不等式，結果是一致的。因此必要時也可使用信賴區間進行假設檢定：只要看看H_0中的理論值是否落在信賴區間就可以了。

⑵直觀上有一定差異。顯著性檢定是把$H_0:\mu=\mu_0$視為固定常數，依據它建立理論分配，再來判斷實際觀察值$\overline{X}$是否小機率事件；區間估計則是把觀察值$\overline{X}$視為最可能的μ的取值（點估計），再以它為中心建立一個區間，並給出母體母數μ落入這一區間的機率（信賴階層）。

3-5 無母數檢定 I：x^2 檢定

前邊我們介紹的假設檢定都屬於母數檢定，也就是說，檢定目標是判斷母體母數是否等於某一指定值，或兩個母體的某一母數是否相等。本節主要介紹另一類檢定，這就是無母數檢定。它檢定的目標一般與母數無關，而是母體分配的某種性質，例如是否服從某種指定的分配、兩個事件是否獨立等等。

x^2 檢定在無母數檢定中應用相當廣泛。在以前的檢定中我們也用過 x^2 分配，當時用於檢定母體的變異數 σ^2 是否等於某一指定值。而本節的用法與上述用法不同，它主要基於以下的皮爾遜定理。

皮爾遜定理：當 $(P_1, P_2, ..., P_r)$ 是母體的真實機率分配時，統計量

$$x^2 = \sum_{i=1}^{r} \frac{(n_i - np_i)^2}{np_i} \tag{3-30}$$

隨 n 的增加漸近於自由度為 r − 1 的 x^2 分配。

（3-30）式的統計量也被稱為皮爾遜統計量。其中 $P_1, P_2, ..., P_r$ 為 r 種不同屬性出現的機率，n 為樣本含量，n_i 為樣本中第 i 種屬性出現的次數。

由於 n_i 是樣本中第 i 種屬性出現的次數，是觀察值；而 p_i 是第 i 種屬性出現的機率，因此 np_i 可被看作理論上該樣本中第 i 種屬性應出現的次數，這樣我們就可以換一種寫法，把 n_i 視為觀察值 O_i，np_i 視為理論值 T_i，則（3-30）式可寫成：

$$x^2 = \sum_{i=1}^{r} \frac{(O_i - T_i)^2}{T_i} \tag{3-31}$$

這樣一來，可認為皮爾遜定理實際是說，如果樣本確實抽自由 $(P_1, P_2, ..., P_r)$ 代表的母體，O_i 和 T_i 之間的差異就只是隨機誤差，則皮爾遜統計量可視為服從 x^2 分配；反之若樣本不是抽自由 $(P_1, P_2, ..., P_r)$ 代表的母體，O_i 和 T_i 之間的差異就不只是隨機誤差，從而使演算出的統計量有偏大的趨

勢。因此對上述皮爾遜統計量進行上單尾檢定，可用於判斷離散型資料的觀察值與理論值是否吻合，此時統計假設為：

$H_0: E(O_i) = T_i$；$H_A: E(O_i) \neq T_i$

顯然，上述資料應滿足：

$\sum_{i=1}^{r} O_i = n$，$\sum_{i=1}^{r} P_i = 1$

另外，為了使皮爾遜統計量近似服從 $x^2(r-1)$ 分配，還要求：

⑴各理論值均大於 5，即 $T_i \geq 5$，$i = 1, 2, ..., r$。如果有一個或多個 $T_i < 5$，會使皮爾遜統計量明顯偏離 x^2 分配，可能導致錯誤檢定結果。

⑵若自由度為 1，則應做連續性矯正，即把統計量改為：

$$x^2 = \sum_{i=1}^{r} \frac{(|O_i - T_i| - 0.5)^2}{T_i} \tag{3-32}$$

還應注意，由於皮爾遜統計量的 H_0 為 $E(O_i) = T_i$，所以統計量值為 0，意味著 H_0 嚴格成立，即它不會有下側拒絕區域，永遠只用上單側檢定。

皮爾遜統計量的應用主要有以下兩個層面。

3-5-1 吻合度檢定

方法為：設給定分配函數為 F(x)，首先把 x 的值域分為 r 個不相重合的區間，並統計樣本含量為 n 的一次抽樣中，觀察值落入各區間的次數，把落入區間 i 的次數記為 O_i，$i = 1, 2, ..., r$；再算出在指定的分配下，x 落入每一區間的機率 P_i，$r = 1, 2, ..., r$，由於樣本含量為 n，因此理論上落入每一區間次數為 $T_i = np_i$，從而可用皮爾遜統計量進行檢定。

需要特別注意的是，在做吻合度檢定時，皮爾遜統計量的自由度可能發生變化。一般來說，如果給定的分配函數 F(x) 中不含有未知母數，則皮爾遜統計量的自由度就是 $r-1$；但如果 F(x) 中含有一個或幾個未知母數，需要用從樣本中計算出的估計量代替，則使用了幾個估計量，自由度一般就應在 $r-1$ 的基礎上再減去幾。如例 3-19，觀測值共分了 9 組，自由度本應為

$9-1=8$，但由於理論分配的 μ 和 σ^2 未知，使用估計量代替，因此自由度應為 $8-2=6$。

例 3-19 調查了某地 200 名男孩身高，得 $\bar{x}=139.5$，$S=7.42$，分組資料見下表，男孩身高是否符合常態分配？

解： 表中前三列是觀察資料，後三列是計算所得，計算公式為：設區間為 $[x_{i-1}, x_i)$，則

$$p_i = P(x_{i-1} \le x < x_i) = \Phi\left(\frac{x_i-\bar{x}}{S}\right) - \Phi\left(\frac{x_{i-1}-\bar{x}}{S}\right)$$

其中 Φ 為 $N(0,1)$ 的分配函數，可查表得到。

表 3-2　男孩身高分配表

組號	區間	O_i	P_i	T_i	$(O_i-T_i)^2/T_i$
1	$(-\infty, 126)$	8	0.0344	6.88	0.1806
2	$[126, 130)$	13	0.0658	13.16	0.0019
3	$[130, 134)$	17	0.1291	25.81	3.0081
4	$[134, 138)$	37	0.1906	38.12	0.0332
5	$[138, 142)$	55	0.2120	42.40	3.7420
6	$[142, 146)$	33	0.1776	35.51	0.1781
7	$[146, 150)$	18	0.1120	22.40	0.8637
8	$[150, 154)$	10	0.0532	10.64	0.0380
9	$[154, +\infty)$	9	0.0253	5.07	3.0506

$T_i = 200P_i$

$$x^2 = \sum_{i=1}^{r} \frac{(O_i-T_i)^2}{T_i} = 11.0963$$

自由度 $df=9-1-2=6$（∵用 $\bar{x}$、S^2 作為 μ、σ^2 的估計量，∴應再減去 2

個自由度）查 x^2 分配表，得

$$x^2_{0.95}(6)=12.592>x^2$$

故可認為男孩身高分配與常態分配並無明顯差異。

例 3-20 以紅米非糯稻和白米糯稻雜交，子二代檢測 179 株，資料如下表所示，問子二代分離是否符合 9：3：3：1 的規律？

屬性	紅米非糯(0)	紅米糯(1)	白米非糯(2)	白米糯(3)	合計
株數	96	37	31	15	179

解： 若符合 9：3：3：1 的規律，則應有

$$p(0)=\frac{9}{9+3+3+1}=\frac{9}{16}，p(1)=p(2)=\frac{3}{16}，p(3)=\frac{1}{16}$$

$$\therefore T_0=\frac{9}{16}\times 179=100.6875$$

$$T_1=T_2=\frac{3}{16}\times 179=33.5625$$

$$T_3=\frac{1}{16}\times 179=11.1875$$

$$\therefore x^2=\sum_{i=0}^{3}\frac{(O_i-T_i)^2}{T_i}$$

$$=\frac{(96-100.6875)^2}{100.6875}+\frac{(37-33.5625)^2}{33.5625}+\frac{(31-33.5625)^2}{33.5625}+\frac{(15-11.1875)^2}{11.1875}$$

$$=2.0651$$

查表 $x^2_{0.95}(3)=7.8147>x^2$，∴差異不顯著，接受 H_0，子二代分離規律符合 9：3：3：1

本題理論分配中沒有未知母數，因此 x^2 統計量自由度仍為 3。

例 3-21 用血球計數板計數每微升 (μL) 培養液中的酵母細胞，得資料如下表的前兩列。問此細胞計數資料是否符合普瓦松分配？

細胞數 i	出現次數 O_i	機率 p_i	T_i	$(O_i-T_i)^2/T_i$
0	213	0.5054	202.16	0.581
1	128	0.3449	137.96	0.719
2	37	0.1177	47.08	2.158
3	18	0.0268	10.72	
4	3	0.0046	1.84	6.613
5	1	0.0006	0.24	
合計	400	1	400	10.17

解：普瓦松分配的機率函數：$p(x=i)=\frac{\lambda^i}{i!}e^{-\lambda}$，$i=0, 1, 2,...$，其中只有唯一母數λ，既是期望值又是變異數，∴可用 $\bar{x}$ 估計。

$$\bar{x}=\frac{1}{n}\sum_{i=1}^{5} iO_i=\frac{1}{400}(128+2\times37+3\times18+4\times3+5)=0.6825$$

令 $\lambda=\bar{x}=0.6825$，代入機率函數可求出 $i=0, 1, ..., 5$ 的概率 p_i，填入表中第 3 列。

令 $T_i=np_i=400p_i$，填入表中第 4 列，由於 $i=4, 5$ 時 T_i 值太小，所以它們與 $i=3$ 合併，即令

$O_3=18+3+1=22$，$T_3=10.72+1.84+0.24=12.80$

計算 $\frac{(O_i-T_i)^2}{T_i}$，填入第 5 列。將第 5 列各數字相加，得

$x^2=10.71$

由於計算理論分配時使用了一個估計量，因此自由度 $df=4-2=2$。

查表：$x^2_{0.95}(2)=5.9915$，$x^2_{0.95}(2)=9.2103$，$x^2>x^2_{0.99}$，∴差異極顯著，拒絕 H_0，觀測資料不符合普瓦松分配。其前提條件就是各細胞之間既不能互相吸引，也不能互相排斥，必須是互不影響。本例中差異主要表現在出現 3 個以

上細胞的次數明顯偏多，也許說明細胞間有某種吸引力，有聚在一起的趨勢。

3-5-2 交叉分析表的獨立性檢定

交叉表獨立性檢定是皮爾遜統計量的又一重要應用，它主要用於檢定兩個事件是否獨立，例如處理方法和效果是否獨立，問題可以這樣提出：

設實驗中可採用 r 種處理方法，可能得到 c 種不同的實驗結果。一個常見的問題就是：這 r 種方法的效果是否相同？或改一種問法：方法與效果是否獨立？

例 3-22 表 3-3 列出對某種藥的實驗結果，問給藥方式對藥效果是否有影響？

表 3-3　給藥方式與藥效實驗結果

給藥方式	有效(A)	無效($\bar{A}$)	總數	有效率
口服(B)	58	40	98	59.2%
注射($\bar{B}$)	64	31	95	67.4%
總數	122	71	193	

分析：表中各行、各列總數分別為口服與注射、有效與無效的總數。若 A 代表有效，B 代表口服，則有：P(A)＝第一列總數／總數；P(B)＝第一行總數／總數。若保持表中各行各列總數不變，即保持口服與注射、有效與無效的總數不變，也就是保持了 P(A)、P(B) 等機率不變。在這樣的條件下，若再有 H_0 成立，即藥效與給藥方式無關，A 與 B 互相獨立，則有 P(AB)＝P(A)P(B)。此時總數 ×P(AB) 就應是口服且有效的理論值。與此類似，可用以下方法演算出各格的理論值 T_i：T_i＝（行總數×列總數）／總數，從而可使用皮爾遜統計量對 H_0：E(O)＝T（或 A 與 B 獨立）進行檢定。這種方法就稱為交叉表獨立性檢定。設表有 r 列 c 列，由於在這種方法中使用了各行、各列總數作為常數，自由度也應相應減少。若各行總數都確定

了，總數當然也就確定了；此時列總數只要確定 c－1 個即可，最後一個可用解方程的方法算出來，因此實際使用的常數不是 r+c 個，而是 r+c－1 個。這樣一來，自由度應為：

df=rc－r－c+1=(r－1)(c－1)=（總行數－1）×（總列數－1）

解：在保持各行、列總數不變，且 A 與 B 獨立的條件下，演算各格理論值 T_i（見下表）：

$df=(2-1)\times(2-1)=1$

$$x^2=\frac{(|58-61.95|-0.5)^2}{61.95}+\frac{(|40-36.05|-0.5)^2}{36.05}+\frac{(|64-60.05|-0.5)^2}{60.05}+\frac{(|31-34.95|-0.5)^2}{34.95}$$

$$=0.19213+0.33017+0.19821+0.34056=1.061$$

	有效(A)	無效(Ā)	行總數
口服(B)	$O_1=58$ $T_1=\frac{98\times122}{193}=61.95$	$O_2=40$ $T_2=\frac{98\times71}{193}=36.05$	98
注射(B̄)	$O_3=64$ $T_3=\frac{95\times122}{193}=60.05$	$O_4=31$ $T_4=\frac{95\times71}{193}=34.95$	95
列總數	122	71	總數：193

查 x^2 分配表，得：$x^2_{0.95}(1)=3.841$，$\because x^2<x^2_{0.95}(1)$，$\therefore$ 接受 H_0，給藥方式與藥效無關。

幾點說明：

(1)由於保持各列、行總數不變，相當每行、每列均加了一個約束，因此對 r 行 c 列列交叉表，自由度為 df=(r－1)(c－1)。

(2)由於 A 與 B 獨立，有：P(AB)=P(A)P(B)；這樣在保持各行各列總數不變的條件下，可得 T_1 的計算公式：

$$T_1 = nP_1 = nP(AB) = nP(A)P(B)$$

$$= 總數 \times \frac{第1行總數}{總數} \times \frac{第1列總數}{總數} = \frac{第1行總數 \times 第1列總數}{總數} \quad (3\text{-}33)$$

T_2、T_3、T_4 等可類似計算。

⑶由於常用的 2×2 交叉表自由度為 1，因此一般應加連續性矯正，即使用公式（3-32）代替（3-31）。

⑷對於 2×2 交叉表還可能有一種特殊的單側檢定。

例如在例 3-22 中，若已知該藥注射效果只會比口服好，不會比口服差，或問題改為：「問注射效果是否優於口服？」此時相當於專業知識或實際問題要求只檢定注射效果偏好的一個單側。前已述及，由於皮爾遜統計量自身的構造，它只能有上單尾檢定，現在卻又出來一個單側。關於這個問題，可進行如下分析：

2×2 交叉表自由度只有 1，在它的 4 個格中只要有一個格的值確定了，其他 3 個格的值也就都定下來。因此 O_i 偏離 T_i 的情況只有某格 O_i 偏大和偏小兩種。這裡所說的特殊的單側檢定，實際就是在這兩種中檢定一種。若行或列不只 2，則自由度多於 1，O_i 偏離 T_i 的情況就會複雜得多，不能只歸結為兩種了。

由於皮爾遜統計量的分子為 $(O_i - T_i)^2$，對某一個格來說，O_i 偏大偏小都會使統計量的值偏大。這說明在 x^2 上單尾的拒絕區域中，本來就包含了某一格偏大或偏小兩種情況，而且這兩種情況是對稱的，即它們出現的可能相等。在 2×2 交叉表中，又只有這兩種情況。這樣一來，我們可以認為原來上單尾包含的值為 α 的機率中，有 α/2 是屬於某格 O_i 偏大，α/2 屬於這一 O_i 偏小。具體到例 3-21，就是有 α/2 屬於注射優於口服，α/2 屬於注射劣於口服。因此此時皮爾遜統計量的上單尾檢定對注射效果來說，相當一種雙尾檢定；而如果要對注射效果進行單尾檢定，同時又要保持 α 不變的話，則查表時不應查 $x^2_{1-\alpha}$，而要查 $x^2_{1-2\alpha}$，即對 $\alpha = 0.05$ 來說，應查 $x^2_{0.90}$。此時拒絕區域對應的機率為 2α，但只有一半即 α 是屬於要檢定的單尾。要注意由於統計量不能區分 O_i 偏大還是偏小，因此演算統計量之前，應先檢查一下注射有效的資料是否大於相應的 T_i，如果不大於，則不必進行任何檢定，直接得出結論「注射不明顯優於口服」；若大於 T_i，再按上述方法與 $x^2_{1-2\alpha}$ 比較進行檢定。

例 3-23 為檢定某種血清預防感冒的作用，將用了血清的 500 人與未用血清的另 500 人在一年中的醫療記錄進行比較，統計他們是否曾患感冒，得下表中的資料，問這種血清對預防感冒是否有效？

	未感冒人數	曾感冒人數	合計
用血清的人數	254（236.5）	246（263.5）	500
未用血清的人數	219（236.5）	281（263.5）	500
合計	473	527	1,000

解： 由於血清不會使人更易患感冒，因此本題應為單側檢定。同時由於用血清的人未感冒的多，感冒的少，因此血清可能有效，應檢定。

按公式 $T_i=\dfrac{\text{行總數}\times\text{列總數}}{\text{總數}}=\dfrac{500\times\text{列總數}}{1000}=\dfrac{\text{列總數}}{2}$ 計算各格理論值，填於各格括弧中。再計算皮爾遜統計量：

$$x^2=\frac{(\mid 254-236.5\mid -0.5)^2}{236.5}+\frac{(\mid 219-236.5\mid -0.5)^2}{236.5}$$

$$+\frac{(\mid 246-236.5\mid -0.5)^2}{263.5}+\frac{(\mid 281-236.5\mid -0.5)^2}{263.5}$$

$$=(1.2220+1.0968)\times 2=4.6376$$

由於本題要求對血清有效這一單側進行檢定，對於 $\alpha=0.05$，應查分位數 $x^2_{0.90}(1)=2.7055$；對於 $\alpha=0.01$ 應查 $x^2_{0.98}(1)\approx x^2_{0.975}(1)=5.0239$。

$\because x^2_{0.9}<x^2<x^2_{0.98}$，$\therefore$差異顯著，但未達極顯著，即應拒絕 H_0，血清對預防感冒有效。

例 3-24 為檢測不同灌溉方式對水稻葉片衰老的影響，蒐集到表 3-4 中的資料，問葉片衰老是否與灌溉方式有關？

表 3-4　水稻葉片衰老情況

灌溉方式	綠葉數	黃葉數	枯葉數	總計
深水	146（140.69）	7（8.78）	7（10.53）	160
淺水	183（180.26）	9（11.24）	3（13.49）	205
濕潤	152（160.04）	14（9.98）	16（11.98）	182
總計	481	30	36	547

解：　根據公式 $T_i=\frac{\text{行總數}\times\text{列總數}}{\text{總數}}$ 計算各格理論值，放在相應格的括弧中。例如第 1 行第 1 列為：$\frac{160\times 481}{547}=140.69$，第 1 行第 2 列為：$\frac{30\times 160}{547}=8.78$，等等。

$$\therefore x^2=\frac{(146-140.69)^2}{140.69}+\frac{(7-8.78)^2}{8.78}+\frac{(7-10.53)^2}{10.53}+\frac{(183-180.26)^2}{180.26}$$

$$+\frac{(9-11.24)^2}{11.24}+\frac{(13-13.49)^2}{13.49}+\frac{(152-160.04)^2}{160.04}+\frac{(14-9.98)^2}{9.98}$$

$$+\frac{(16-11.98)^2}{11.98}$$

$$=5.62$$

由於該表有三行三列，∴自由度 $df=(3-1)\times(3-1)=4$，不須連續性矯正，查表：$x^2_{0.95}(4)=9.488>x^2$，∴差異不顯著，接受 H_0，葉片衰老與灌溉方式無關。

3-5-3 2×2 交叉分析表的精確檢定及離散分配的統計檢定

交叉表中某一格的理論數少於 5 時，不能用 x^2 檢定。對 2×2 交叉表來說，此時可使用精確檢定法，即用古典機率的方法求出尾區的機率，然後與給定的顯著性階層 α 相比，大於 α 則接受 H_0，反之則拒絕。

採用這種方法，需要解決兩個問題：用古典機率求 2×2 交叉表出現某一組數值的機率和離散分配尾區建立的方法。現在我們逐一討論。

1. 2×2 交叉表機率的計算方法

設 2×2 交叉表 4 個格的取值分別為：a、b、c、d，令 $N=a+b+c+d$，事件 E 為保持各行、列總數不變，事件 F 為合格取值為 a、b、c、d，在假設行變數與列變數獨立的條件下，則有

$$P(F/E)=\frac{P(EF)}{P(E)}=\frac{P(F)}{P(E)}=\frac{C_N^a C_{b+c+d}^b C_{c+d}^c}{C_N^{a+b} C_N^{a+c}}$$

$$=\frac{(a+b)!(c+d)!(a+c)!(b+d)!}{N!\ a!\ b!\ c!\ d!}$$

前已述及，保持各行、各列總數不變，實際是保持各種方法及各種結果的總數不變，即保證實驗的外部條件不變。上式中的分子是出現 a、b、c、d 的有利場合，分母是保持行、列總數不變的有利場合。因此上式是保持條件不變的前提下出現 a、b、c、d 的機率。

2.離散分配尾區建立原則

離散分配尾區機率計算方法：從實際觀察值開始，把對 H_0 成立不利的方向上的機率全加起來，作為尾區的機率。

為了更好地理解這一原則，我們可以回想一下常態母體尾區建立的方法：確定尾區邊界 U_α 以後，並不是以 $X=U_\alpha$ 為尾區，而是以 $X\geq U_\alpha$ 為尾區（上單尾）。$X\geq U_\alpha$ 的區域實際是遠離 $H_0:\mu=\mu_0$ 的區域，即 X 的取值比 U_α 更不利於 H_0 成立的區域。因此在離散分配中，我們也不能認為尾區中只有一個觀察值，而應包括整個取值比觀察值更不利於 H_0 成立的區域。這一建立尾區的原則適用於所有離散分配，如二項分配、普瓦松分配等。

3. 2×2 交叉表的精確檢定

尾區建立方法：若 a、b、c、d 中任何一個為 0，則可用上式算出的 p 值直接與 α 或 α/2 比較。這是因為該格理論值一定是大於 0 的，比 0 更小的值又不可能出現，因此這時的機率 p 就是尾區機率。若各格取值均不為 0，一般可取其中最接近於 0 的一個，求出它取值在 0 與當前值之間的所有機率 p，並把它們都加起來，用其和與 α 或 α/2 比較。這樣做的前提是該格的理論值比觀測值大，否則尾區的方向就不對了，例如：

80	10
15	6

這樣一個 2×2 交叉表，它的 d 格理論值為：$\frac{21\times16}{111}=3.03<5$，應使用精確檢定法。但若使 d 降到 0 建立尾區，總機率為 0.9877，這是因為 d 的理論值為 3，觀察值為 6，如果是雙側檢定，對理論值成立不利的方向應為 d 增加，而不是減小，所以應取 d=6～16 所有的機率之和為尾區。此時尾區機率為 0.0504。

例 3-25 觀察性別對某藥物的反應，結果如下表所示，問男女對該藥反應是否相同？

	有	無	合計
男	4	1	5
女	3	6	9
合計	7	7	14

解： b 的值為 1，在 4 個格中最小，如果 H_0 成立，b 的理論值應為：$5\times7/14=2.5$

從現在的值 1 出發，對 H_0 成立不利的方向應是離理論值而去，即尾區應包括 1 和 0，∴應求 $b=1$，$b=0$ 的機率：

$$p_1=p(b=1)=\frac{5!\ 9!\ 7!\ 7!}{14!\ 4!\ 1!\ 3!\ 6!}=0.122$$

若 $b=0$，行、列總和不變，則 a、b、c、d 的值分別為：5、0、2、7。

$$p_0=p(b=1)=\frac{5!\ 9!\ 7!\ 7!}{14!\ 5!\ 0!\ 2!\ 7!}=0.010$$

尾區機率 $p_t=p_1+p_0=0.122+0.010=0.132$

由於不知什麼性別對藥物反應強烈；∴應進行雙側檢定，即與 $\alpha/2=0.025$ 比較。

$\because p_t>\frac{\alpha}{2}=0.025$，∴接受 H_0 男女對該藥反應並無顯著不同。

本題中 $p_1=0.122$，顯然尾區機率 $p_t>p_1>\alpha$，∴也可不必計算 p_0。本題直觀上看應有差異，但檢定結果為沒有，主要原因是樣本量太少，應該繼續觀察。

4.離散分配的統計檢定

採用上述尾區建構方法，也可對二項分配、普瓦松分配等各種離散分配進行統計檢定。

例 3-26 某種產品廢品率 $p\le 0.05$ 為合格，抽檢 20 個樣品，發現 2 個廢品，該批產品是否合格？若發現 4 個廢品呢？

解： $H_0: p\ge 0.05$（合格）；$H_0: p\le 0.05$（不合格），由於廢品愈多時，H_A 成立愈有利，尾區應從觀察值向多的方向累加。

發現 2 個廢品，尾區機率為：

$$\begin{aligned}p_t&=p_2+p_3+\dots+p_{20}\\&=1-p_0-p_1\\&=1-0.95^{20}-C_{20}^{1}\times 0.95^{19}\times 0.05\end{aligned}$$

$=1-0.358-0.377$

$=0.265>\alpha=0.05$

∴接受 H_0，該批產品可認為合格。

若發現 4 個廢品，則尾區機率為：

$p_t=p_4+p_5+\ldots+p_{20}$

$=1-p_0-p_1-p_2-p_3$

$=1-0.358-0.377-0.189-0.060$

$=0.016<\alpha=0.05$

∴拒絕 H_0，該批產品可認為不合格。

例 3-27 若廢品率 $p<0.05$ 為合格，抽檢 20 個樣品中有 2 個廢品，該批產品是否合格？

解：$H_0: p\geq 0.05$（不合格）；$H_0: p\leq 0.05$（合格），此時尾區應從觀察值向下累加，尾區機率為：

$p_t=p_0+p_1+p_2=0.924>\alpha=0.05$

∴接受 H_0，產品應認為不合格。

實際上，$p_0=0.358>\alpha$，即 20 個樣品全合格也不能認為該批產品合格。此時應增加樣本量。當 $n=59$ 時，$0.95^{59}\approx 0.048$，即只有抽取 59 個樣品且都合格時才能拒絕 H_0，此時才可認為該批產品合格。

從這兩道例題可看出，合格標準為 ≤ 0.05 與 <0.05 是非常不同的。這是因為顯著性檢定是對 H_0 的「保護性」檢定，即只有當觀察到的樣本取值與 H_0 有相當顯著的差異時才會拒絕。拒絕時一般比較可靠，而且可以選擇犯第一類錯誤的機率。反之，犯第二類錯誤的機率 β 則不那麼容易確定，而且當 $|\mu-\mu_0|$ 較小時，β 常常是很大的。不過此時，真值 μ 接近於 H_0 中的假設值 μ_0，所以犯了第二類錯誤也不很嚴重。

3-6 無母數檢定 II

上節主要介紹了 x^2 檢定和與它有關的一些檢定法。本節介紹其他一些常用的無母數檢定，它們共同的特點是：不要求母體服從常態分配，以及常可用於定性資料。

3-6-1 秩和檢定

秩和檢定之用途為檢定兩組或多組資料平均數是否相等。與 t 檢定的不同點：不要求常態母體，只要求樣本互相獨立。

其方法為把全部資料放在一起，從小到大排列，每個資料的位置編號就稱為秩。若有兩個或多個資料相等，則它們的秩都等於其所占位置編號的平均數。然後再把資料按處理的不同分開，分別計算各處理的秩和，並以它為統計量。

1.兩母體秩和檢定

秩和檢定的 H_0 為：各處理效應相同。顯然此時各處理的秩和也應差不多，選用樣本數較小的處理的秩和為統計量。令 N 為總樣本數，n 為所選定的處理的樣本數。若 H_0 成立，則每個秩屬於各個處理的可能性均相等。根據古典機率，應有

$$P(n\text{ 個秩和為某值})=\frac{\text{秩和為該值的秩的組合數}}{\text{從 N 中選取 n 個的組合數}}$$

利用這個公式，可計算出給定 α 下的秩和 T 的上下限，結果已製成表備查（見附表 11）。

當 $n\rightarrow\infty$ 時，秩和統計量 T 漸近常態分配

$$N\left(\frac{n_1(n_1+n_2+1)}{2},\frac{n_1n_2(n_1+n_2+1)}{12}\right)$$

$\therefore n_1$、n_2 充分大時（通常要求有一個大於 10），可使用 u 檢定：

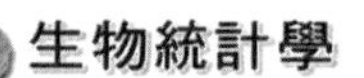

$$u=\frac{T-u}{\sigma}=\frac{T-\frac{n_1(n_1+n_2+1)}{2}}{\sqrt{\frac{n_1n_2(n_1+n_2+1)}{12}}}\sim N(0,1) \tag{3-35}$$

例 3-28 兩類 20 日齡小老鼠體重（克）分別為下表所示，它們的體重是否有差異？

A/克	B/克
55、60、49、66、53	61、58、70、63、55、59

解： 把體重從小到大排列：

49、53、55、55、58、59、60、61、63、66、70，秩：1(A)、2(A)、3.5(A)、3.5(B)、5(B)、6(B)、7(A)、8(B)、9(B)、10(A)、11(B)

由於 A 樣本數小，選它的秩和作為統計量：

$T_A=23.5$

查表 $n_1=5$，$n_2=6$，$\alpha=0.05$，得

$T_1=20$，$T_2=40$

$\because T_1<T_A<T_2$，$\therefore$ 接受 H_0，可以認為體重無顯著差異。

例 3-29 比較兩種肉雞飼料的效果，56 日齡（公斤）分別為下表所示。這兩種飼料效果是否有差異？

飼料 A	2.56, 2.73, 3.05, 2.87, 2.46, 2.93, 2.41, 2.58, 2.89, 2.76, 2.53
飼料 B	3.12, 3.03, 2.86, 2.53, 2.79, 2.80, 2.96, 2.68, 2.89, 3.10

解：對兩種飼料統一排序，得解：

A	2.41	2.46	2.53	2.56	2.58	2.73	2.76	2.87	2.89	2.93	3.05
秩	1	2	3.5	5	6	8	9	13	14.5	16	19
B	2.53	2.68	2.79	2.80	2.86	2.89	2.96	3.03	3.10	3.12	
秩	3.5	7	10	11	12	14.5	17	18	20	21	

$\therefore T_A = 97$，$n_1 = 11$，$n_2 = 10$，代入式（3-35），得

$$U = \frac{97 - \frac{11\times(11+10+1)}{2}}{\sqrt{\frac{11\times10\times(11+10+1)}{12}}} = \frac{-24}{14.2009} \approx -1.69$$

$\because |U| < U_{0.975} = 1.96$，$\therefore$ 接受 H_0，可認為兩種飼料無顯著差異。

注意，查表檢定時一定選取樣本數小的秩和為統計量，採用近似檢定時則可任意選。但須注意近似公式中 n_1、n_2 的地位是不對稱的，選定統計量後相應的樣本數必須是 n_1。

2.多母體秩和檢定

要求：每個母體的樣本數 $n_i > 5$，總樣本數 $N > 15$

H_0 各母體平均數無顯著差異。

統計量：

$$H = \frac{12}{N(N+1)} \sum_{i=1}^{k} T_i^2 / n_i - 3(N+1) \qquad (3\text{-}36)$$

其中，n_i、T_i 分別為各樣本數和秩和，k 為母體數，$N = \sum_{i=1}^{k} n_i$ 為總樣本數。

可證明，在上述條件 $(n_i > 5, N > 15)$ 下，H 近似服從自由度為 $(k-1)$ 的 x^2 分配。

例 3-30 四條河流含某種微量元素含量 (ppm, 10^{-6}) 如下表所示，問其含量是否有顯著差異？

a	0.54、0.70、0.71、0.52、0.75、0.78、0.61
b	0.75、0.80、0.72、0.71、0.56、0.68、0.66、0.61
c	0.63、0.61、0.59、0.56、0.42、0.40、0.53、0.55
d	0.85、0.87、0.72、0.78、0.63、0.90

解： 混合排序，得

a	0.52	0.54	0.61	0.70	0.71	0.75	0.78	
秩	3	5	11	17	18.5	22.5	24.5	
b	0.56	0.61	0.66	0.68	0.71	0.72	0.75	0.80
秩	7.5	11	15	16	18.5	20.5	22.5	26
c	0.40	0.42	0.53	0.55	0.56	0.59	0.61	0.63
秩	1	2	4	6	7.5	9	11	13.5
d	0.63	0.72	0.78	0.85	0.87	0.90		
秩	13.5	20.5	24.5	27	28	29		

四條河流分別賦予下標 1、2、3；n 為樣本，T 為秩和，得

$n_1=7$，$T_1=101.5$；$n_2=8$，$T_2=137$；$n_3=8$，$T_3=54$；

$n_4=6$，$T_4=142.5$

$N=\sum_{i=1}^{4} n_i=29$，代入（3-36）式，得

$$H=\frac{12}{29\times 30}\times(\frac{101.5^2}{7}+\frac{137^2}{8}+\frac{54^2}{8}+\frac{142.5^2}{6})-3\times 30$$

$$=104.37-90=14.37$$

$df=4-1=3$，查 x^2 分配表，得

$x^2_{0.95}(3)=7.815$，$x^2_{0.99}(3)=11.345$

$\because H>x^2_{0.95}(3)$，$\therefore$差異極顯著，拒絕 H_0，即四條河該種微量元素含量差異極顯著。

注意事項：

(1)若有幾個觀察值相同，它們的秩都應取為平均數，因此都相等。例如例 3-30 中的 0.56 有兩個，它們應排在第 7、8 位，因此秩都取為 7.5。

(2)一般來說，成組資料的 t 檢定和下面要學的用於多母體平均數檢定的變異數分析比秩和檢定更準確，這是因為秩和檢定只利用了部分資訊，即只利用了排序的位置，沒有利用差值的大小。但秩和檢定可用於更廣的範圍，如母體非常態、定性資料等。

3-6-2 符號檢定

本檢定相當於對配對資料的檢定，但只考慮每對資料差值的符號，而不管其絕對值大小。H_0：兩處理無差異。顯然若 H_0 成立，則「＋」與「－」出現機率均為 1/2，令 n_+、n_- 分別代表「＋」與「－」出現次數，則 n_+、n_- 均應服從 $p=0.5$ 的二項分配。

令 $k=\min(n_+,n_-)$，則尾區機率應為

$$p_t=p(i\le k)=\sum_{i=0}^{k}p(i)=\sum_{i=0}^{k}C_i^n(\frac{1}{2})^n$$

其中 $n=n_+,n_-$，將尾區機率 p_t 與 α 或 $\alpha/2$ 相比，可做出統計推斷。

n 較小時，符號檢定的分位數也有專門表格（見附表 12）可查；n 較大時，k 漸近常態分配：$N(np,npq)$，由於 $p=q=1/2$，有

$$u=\frac{k-u}{\sigma}=\frac{2k-n}{\sqrt{n}}-N(0,1)$$

符合檢定的優點與秩和檢定類似，主要是不要求母體服從常態分配，可用定性資料，計算簡單。缺點是利用資訊較少，不夠準確。

注意事項：

⑴若有差值為 0 則捨去，樣本數 n 相應減 1。

⑵$n \le 4$時，由於，$(1/2)^4 > 0.05$ 永無拒絕 H_0 的可能，此時不能用符號檢定。

例 3-31 用兩種方法處理後污水中硝酸含量如表 3-5 所示，問處理效果是否相同？

表 3-5 兩種方法處理後污水中硝酸含量 (ppm, 10^{-6})

A 方法	11.34	10.21	9.17	7.67	11.14	12.03	8.91	9.72
B 方法	10.56	11.13	9.23	7.21	10.59	10.15	8.45	9.03
差值符號	+	−	−	+	+	+	+	+
A 方法	9.85	10.30	10.38	10.22	9.11	10.51	11.01	
B 方法	9.33	10.45	10.26	9.40	9.04	8.68	10.05	
差值符號	+	−	+	+	+	+	+	

解：⑴用符號 t 檢定

$n_+ = 12$，$n_- = 3$

查表，$n = 15$，$\alpha = 0.05$，雙側檢定臨界值為 3；$\alpha = 0.01$，雙側檢定臨界為 2。本題中 $n = 3$。

∴差異顯著，但未達極顯著階層，應拒絕 H_0，可以認為兩種方法效果明顯差異。

⑵用配對資料 t 檢定

差值 d：0.78、−0.92、−0.06、0.46、0.55、1.88、0.46、0.69、0.52、0.15、0.08、0.82、0.07、1.83、0.96。

$\bar{d} = 0.53133$，$s = 0.71748$，$n = 15$

$$t = \frac{0.53133}{0.71748/\sqrt{15}} = 2.868$$

查表，$t_{0.975}(14) = 2.145$，$t_{0.995}(14) = 2.977$，$\therefore t_{0.975} < t < t_{0.995}$ 差異顯著，但未達極顯著階層，結論與符號檢定相同。

但若把第 11 組資料交換一下：A：10.26，B：10.38，則 $n=4$，符號檢定結果為接受 H_0，而 t 檢定結果為：

$\bar{d}=0.5207$，$s=0.7258$，$n=15$

$$t=\frac{0.5207}{0.7257/\sqrt{15}}=2.778$$

差異仍為顯著但未達極顯著。若此資料服從常態分配，則顯然 t 檢定的結果更可靠。

3-6-3 遊程檢定

當用樣本對母體進行估計時，樣本必須是隨機的。如何檢定樣本的隨機性呢？遊程檢定就是常用的方法之一。

所謂遊程，就是我們用某種標準把樣本分為兩類，一類記為 a，一類記為 b。把它們按出現的循序排列，連續出現的同一種觀察值（一串 a 或一串 b）就稱為一個遊程。每個遊程內包含的觀察值個數稱為遊程長度，遊程個數稱為遊程總數，當然 aa…abb…b 和 abab…ab 都不太可能是隨機樣本。因此遊程數太多太少都應否定隨機性。

以 R_a 記 a 的遊程個數，n_a、n_b 分別表示序列中 a、b 的個數，則可證明 R_a 服從超幾何分配。當 $N=n_a+n_b$ 不太大時，可查表（見附表 13）得到臨界值（注意，查表時用的是總遊程 $R=R_a+R_b$，不是 R_a）。若 N 很大，則可用常態分配來近似：

$$E(R_a)=\frac{n_a(n_b+1)}{n_a+n_b}$$

$$D(R_a)=\frac{n_a(n_b+1)n_b(n_a-1)}{(n_a+n_b)^2(n_a+n_b-1)} \qquad (3\text{-}38)$$

$$\therefore U=\frac{R_a-\dfrac{n_a(n_b+1)}{n_a+n_b}}{\sqrt{\dfrac{n_a(n_a-1)n_b(n_b+1)}{(n_a+n_b)^2(n_a+n_b-1)}}}\sim N(0,1)$$

（注意，此時用的統計量為 R_a，期望值和變異數表達式中 n_a 和 n_b 的地位不是對稱的。）

例 3-32 判斷下列序列的隨機性：

(1) $n_a=12$，$n_b=15$，$R=8$

(2) $n_a=n_b=18$，$R=20$

(3) $n_a=25$，$n_b=22$，$R_a=10$，$R_b=9$

解：(1)查表，得 $R_1=9$，$R_2=19$，$\because R=R_1$，$\therefore$ 拒絕 H_0，不能認為該序列是隨機的。

(2)查表，$n_1=n_2=18$，得 $R_1=13$，$R_2=25$，$\because R_1<R<R_2$，$\therefore$ 接受 H_0，可認為該序列是隨機的。

(3)用近似檢定

$$E(R_a)=\frac{25(22+1)}{25+22}=12.234$$

$$D(R_a)=\frac{25\times(22+1)\times22\times(25-1)}{(25+22)^2\times(25+22-1)}=2.9878$$

$$U=\frac{10-12.234}{\sqrt{2.9878}}=-1.2924$$

$\because |U|<U_{0.975}=1.960$，$\therefore$ 接受 H_0，可認為是隨機序列。

如果原始資料是定量資料，那麼在未用遊程檢定之前必須進行變換，把它變成一串 ab 序列。常用的變換方法為把全部資料從小到大排列，把前一半換成 a，後一半換成 b，再換回原來的位置，即可進行遊程檢定。如果樣式容量 n 為奇數，則可把中間一數捨棄。

例 3-33 檢定下面給出的一組資料的隨機性：

2.56、2.73、3.05、2.87、2.46、2.93、2.41、2.58、2.89、2.76、3.12、3.03、2.86、2.53、2.79、2.80、2.96、2.68、2.89

解：將全部數據從小到大排列，得

2.41、2.46、2.53、2.53、2.56、2.68、2.73、2.76、2.79、2.80、

2.86、2.87、2.89、2.89、2.93、2.96、3.03、3.05、3.12

捨去中間一個2.80，上排數以a表示，下排數以b表示，放回原位，得

a a b b a b a a b a b b b a a b a b

共18個資料，$n_1=n_2=9$，總遊程數$R=12$。

查表，得$\alpha=0.05$時，$R_1=6$，$R_2=14$，$\because R_1<R<R_2$可認為資料隨機。

遊程檢定也可用於其他目的，例如可檢定兩樣本是否抽自同一母體。方法為把它們混合排序，若抽自同一母體，序列應為隨機的；若期望值不同或變異數不同，遊程數都有減少的趨勢，因此可做統計檢定。

3-6-4 秩相關檢定

本方法用於檢定兩個指標間相關性。例如抽取容量為n的樣本，每一個體測定X、Y兩個指標，要檢定X、Y間的相關性。

方法：把X、Y指標分別從小到大排序，對每一個體可得它的兩個指標的秩值，記為x'_i和y'_i。令

$$r_3=1-\frac{6\sum_{i=1}^{n}(x'_i-y'_i)^2}{n(n^2-1)} \qquad (3\text{-}39)$$

如果資料中有許多相同的值，則它們的秩應相同，都取為它們秩的平均數。這種秩相同的情況對檢定結果是會有影響的。如果秩相同的較多，則應加修正：對每次涉及m個秩相同，令

$$t=\frac{m^3-m}{12}$$

然後分別對兩個變數中的t值求和，記為Σt_x和Σt_y，令

$$T_x=\frac{n^3-n}{12}-\Sigma t_x$$

$$T_y=\frac{n^3-n}{12}-\Sigma t_y \qquad (3\text{-}41)$$

計算r_s的修正公式為：

$$r_s=\frac{T_x+T_y-\sum_{i=1}^{n}(x_i^{'}-y_i^{'})^2}{2\sqrt{T_xT_y}} \quad (3\text{-}42)$$

r_s稱為秩相關係數，可用它查秩相關係數表進行統計檢定，當樣本量較大時，也可採用 t 檢定：

$$t_s=r_s\sqrt{\frac{n-2}{1-r_s^2}}\sim t(n-2) \quad (3\text{-}43)$$

對普通相關係數來說，樣本抽自常態母體是非常重要的，否則很可能得到完全錯誤的結論。如果已知母體非常態，又沒有適當的變換方法可使它成為常態，則應使用秩相關的檢定方法。

例 3-34 調查得幾個地區大氣污染綜合指數（PI）與肺癌發病率如表 3-6 所示。問 PI 與肺癌發病率是否相關？

表 3-6 大氣污染綜合指數與肺癌發病率

地區號	1	2	3	4	5	6	7
PI	2.9	2.2	2.1	2.6	1.7	1.2	1.4
肺癌發病率	54.35	50.46	43.46	40.50	30.30	10.00	9.00

解： 把表 3-6 中資料換為相應的秩

地區號	1	2	3	4	5	6	7
PI	7	5	4	6	3	1	2
肺癌發病率	7	6	5	4	3	2	1

代入（3-39）式，得

$$r_s=1-\frac{6\times(0^2+1^2+1^2+2^2+0^2+1^2+1^2)}{7\times(7^2-1)}$$

$$=1-\frac{6\times8}{7\times48}=0.8571$$

查表，得

$r_{0.05}(7)=0.786$，$r_{0.01}(7)=0.929$

$\therefore r_{0.05}(7)<r_s<r_{0.01}(7)$

拒絕 H_0，差異顯著，但未達到極顯著。可以認為大氣污染綜合指數 PI 與肺癌罹患率有關。

總的來說，本節所介紹的各種無母數檢定方法精度都不高，如果原始資料是連續的定量資料的話，它們都不能充分利用原始資料中的資訊。而且除遊程檢定外，它們都有與之對應的母數檢定，這些母數檢定都能更充分地利用連續定量資料中的資訊。即使這樣，無母數檢定在統計學中仍占有一定位置，主要原因就是它們對母體分配沒有特別要求；而那些母數檢定一般都要求樣本抽自常態母體。如果樣本數很大，有近百或數百之多，則對母體為常態的要求不是一個太大問題，因為此時中心極限定理保證了其平均數近似服從常態分配；但如果是小樣本，又不是常態分配，強行使用母數檢定則很可能得出錯誤的結論。此時一般要求對資料進行交換，但在樣本數小，對真實母體分配又瞭解不多的情況下，選擇正確的變換方法也是困難的。在這種情況下，無母數檢定就成了較好的替代方案。因此這些無母數檢定主要用於小樣本，非常態母體的情況下。

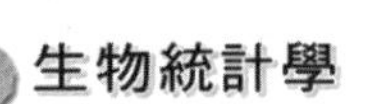

思考練習

1. 什麼是統計假設？統計假設有哪兩種？其含義各是什麼？
2. 什麼是小機率原理？它在假設檢定中有何作用？
3. 假設檢定中的兩類錯誤是什麼？如何才能少犯兩類錯誤？
4. 什麼叫區間估計？什麼叫點估計？信賴度與區間估計有什麼關係？
5. 某養殖場以往都用鮮活餌料餵養對蝦，經多年的觀測資料得知，成蝦平均體重21克，標準差為1.2克。現改用鮮活與人工配合餌料各半餵養對蝦，隨機抽取成蝦100尾，測得平均體重為20克，試問改變餌料後，對蝦體重有無顯著變化，並估計對蝦體重的95%信賴區間。
6. 桃樹枝條的常規含氮量為2.40%，現對一桃樹新品種枝條的含氮量進行了10次測定，其結果為：2.38%、2.38%、2.41%、2.50%，2.47%、2.41%、2.38%、2.26%、2.32%，2.41%，試問該測定結果與常規枝條含氮量有無差別。
7. 檢查三化螟各世代每卵塊的卵數，檢查第一代128個卵塊，其平均數為47.3粒，標準差為25.4粒；檢查第二代69個卵塊，其平均數為74.9粒，標準差為46.8粒。試檢定兩代每卵塊的卵數有無顯著差異。
8. 假說：「北方動物比南方動物具有較短的附肢。」為驗證這一假說，調查了如下鳥翅長（公釐）資料：北方的：120、113、125、118、116、114、119；南方的：116、117、121、114、116、118、123、120。試檢定這一假說。
9. 用中草藥青木香治療高血壓，記錄了13個病歷，所測定的舒張壓（公釐水銀柱）資料如下：

序號	1	2	3	4	5	6	7	8	9	10	11	12	13
治療前	110	115	133	133	126	108	110	110	140	104	160	120	120
治療後	90	116	101	103	110	88	92	104	126	86	114	88	112

試檢定該藥是否具有降低血壓的功能。

10. 為測定 A、B 兩種病毒對煙草的致病力，取 8 株煙草，每一株皆半葉接種 A 病毒，另半葉接種 B 病毒，以葉面出現枯斑病的多少作為致病力強弱的指標，得結果如下：

株號	1	2	3	4	5	6	7	8
病毒 A	9	17	31	18	7	8	20	10
病毒 B	10	11	18	14	6	7	17	5

試檢定兩種病毒的致病能力是否有顯著差異。

11. 有一批棉花種子，規定發芽率 $P \geq 80\%$ 為合格，現隨機抽取 100 粒進行發芽實驗，有 77 粒發芽，試估計：(1)該批棉花種子是否合格？(2)該批棉花種子發芽率所屬母體的 95%信賴區間。

12. 調查了甲、乙兩醫院乳腺癌手術後 5 年的生存情況，甲醫院共有 755 例，生存數為 485 人，乙醫院共有 383 例，生存數為 257 人，問兩醫院乳腺癌手術後 5 年的生存率有無顯著差別。

13. 用三種不同的餌料餵養同一品種魚，一段時間後，測得每小池魚的體重增加量（克）如下：A 餌料：130.5、128.9、133.8；B 餌料：147.2、149.3、150.2、151.4；C 餌料：190.4、185.3、188.4、190.6。試檢定各餌料間方差的同質性。

14. 製造上要求棉纖維的斷裂強度為 5.5 克，現對一新品種的斷裂強度測定 8 次，得結果為：5.5、4.4、4.9、5.4、5.3、5.3、5.6、5.1（克）。問此新品種的斷裂強度是否符合製造要求？試用符號檢定法進行檢定。

15. 測定兩個馬鈴薯品種的澱粉含量（%）各 5 次，得 A 品種為，12.6、12.4、11.9、12.8、13.0；B 品種為：13.4、13.1、13.5、12.7、13.6，試用秩和檢定法檢定兩品種澱粉含量的差異顯著性。

答案

5. $u=-8.33$，否定 $H_0:\mu=\mu_0=21g$，接受 $H_A:\mu\neq\mu_0$；95%信賴區間（19.1648、20.2352）
6. $t=-0.372$，接受 $H_0:\mu=\mu_0=2.40\%$
7. $u=4.55$，否定 $H_0:\mu=\mu_1=\mu_2$，接受 $H_A:\mu_1\neq\mu_2$
8. $t=0.147$，接受 $H_0:\mu_1=\mu_2$
9. $t=3.515$，否定 $H_0:\mu_1=\mu_2$，接受 $H_A:\mu_1\neq\mu_2$
10. $t=0.851$，接受 $H_0:\mu_1=\mu_2$
11. ⑴ $u=0.594$，接受 $H_0:p<p_0$

    ⑵ 95%信賴區間：（0.7007、0.8393）
12. $u=0.9596$，接受 $H_0:p_1<p_2$
13. $x^2=0.3234$，接受 $H_0:\sigma_1^2=\sigma_2^2=\sigma_3^2$
14. $P(n_+\neq 4)=0.7255$，接受 $H_0:M_d=5.5$ 克
15. $T=17$，$T<T_1=19$，否定 H_0，接受 H_A：兩品種澱粉含量有顯著差異

CHAPTER 4 變異數分析

變異數分析是一種特殊的假設檢定，是判斷多組資料之間平均數差異是否顯著。對多組資料若仍用前一章中的 t 檢定一對對比較，會大大增加犯第一類錯誤的機率。例如若有 5 組資料要比較，則共須比 $C_2^5=(5\times4)/2=10$ 次。若 H_0 正確，每次接受的機率為 $1-\alpha=0.95$，10 次都接受為 $0.95^{10}\approx0.60$，因此 $\alpha'=1-0.60=0.40$，即全部比較中至少犯一次第一類錯誤的機率為 0.40，這顯然是不能接受的。變異數分析則把所有這些組資料放在一起，一次比較就對所有各組間是否有差異做出判斷。如果沒有顯著差異，則認為它們都是相同的；如發現有差異，再進一步比較是哪組資料與其他資料不同。這樣，就避免了使 α 大大增加的弊病。下面我們先介紹一些變異數分析中要用到的術語。

1.因素

可能影響實驗結果，且在實驗中被考查的原因或原因組合。有時也可稱為因數。例如溫度、濕度、藥物種類等。

(1)**固定因素**：該因素的階層可準確控制，且階層固定後，其效應也固定。例如溫度、化學藥物的濃度、動植物的品系等等。

(2)**隨機因素**：該因素的階層不能嚴格控制，或雖階層能控制，但其效應仍為隨機變數。例如動物的窩別（遺傳因素的組合）、農家肥料的效果等等。

2.階層

因素在實驗或觀測中所處的狀態。例如溫度的不同值、藥物的不同濃度等。

3.主效應

反映一個因素各階層的平均效應之差異的一種度量。一個因素第 i 階層上所有資料的平均與全部資料的平均之差，稱為該因素第 i 階層的主效應。

4.互動效應

由兩個或更多因素之間階層搭配而產生的差異的一種度量。

5.處理

實驗中實施的因素階層的一個組合。

6.誤差

除了實驗中所考慮的因素之外，其他原因所引起的實驗結果的變化。它可分系統誤差和隨機誤差：

(1)**系統誤差**：誤差的組成部分，在對同一被測量的多次測試中，它保持不變或按某種規律變化。其原因可為已知，也可為未知，但均應盡量消除。

(2)**隨機誤差**：誤差的組成部分，在對同一被測量的多次測試中，它受偶然因素的影響而以不可預知的方式變化。它無法消除或修正。

4-1 單因素變異數分析

單因素變異數分析是指我們需要研究的因素只有一個，這一因素可以有幾個不同的階層，我們的目標就是要看看這些階層的影響是否相同。為了在有隨機誤差的情況下進行比較，各階層都應有一定數量的重複現象。

為方便表述，下表中給出一種對資料固定的表示法。

符號*	文字敘述
a	因素的階層數
n	每一階層的重複數
x_{ij}	第 i 階層的第 j 次觀察 $(1 \le i \le a, 1 \le j \le n)$
$x_{i.} = \sum_{i=1}^{n} x_{ij}$	第 i 階層所有觀察值的和
$\bar{x}_{i.} = \frac{1}{n} x_{ij}$	第 i 階層平均數
$x_{..} = \sum_{i=1}^{a}\sum_{i=1}^{n} x_{ij}$	全部觀察值的和
$\bar{x}_{..} = \frac{1}{an} x_{..}$	總平均數
$S^2_{i.} = \frac{1}{n-1}\sum_{i=1}^{n} x_{ij}(x_{ij} - \bar{x}_{i.})^2$	第 i 階層上的樣本變異數

*符號中某個下標換為“.”，一般表示對該下標求和。為避免與句號混淆，在必須於符號後使用句號時將在句號前加一空格。

變異數分析中，我們用以下的線性統計模型描述每一觀察值：

$$x_{ij}=\mu+\alpha_i+\varepsilon_{ij}\,(i=1,2\ldots a, j=1,2,\ldots n) \qquad (4\text{-}1)$$

其中 μ 為總平均數；a_i 為 i 階層主效應；ε_{ij} 為隨機誤差。為進行統計檢定，要求 $\varepsilon_{ij}\sim N(0,\sigma^2)$，且互相獨立，注意，這裡要求各階層有共同的變異數 σ^2。

單因素變異數分析的目的就是檢定各 a_i 是否均相同。由於因素可分為固定因素和隨機因素，它們會對變異數分析的程序產生不同的影響，我們分別討論。

4-1-1 固定因素模型

1.理論分析

下面結合例題說明變異數分析的理論。

例 4-1 用 A、B、C、D 四種不同的配合飼料飼養 30 日齡的小雞，10 天後計算平均日增重，得到表 4-1 中的資料，問 4 種飼料的效果是否相同？

表 4-1 不同飼料日增重資料

飼料	日增重 x_{ij}/g
A	55 49 62 45 51
B	61 58 52 68 70
C	71 65 56 73 59
D	85 90 76 78 69

例 4-1 固定因素模型，因為在配合飼料中，每種飼料的營養成分是固定的，它的效果也應是固定的，反映到線性模型中，就是 a_i 是常數，且可要求

$$\sum_{i=1}^{a}\alpha_i=0 \qquad (4\text{-}2)$$

這種對 α_i 的限制並沒有失去一般性，這是因為根據（4-1）式，如果各 α_i 之和 H 不為 0，則我們可把其和數移到總平均數 μ 中去，即令 $\alpha'_i=\alpha_i-H$，從而使新的 α'_i 之和為 0。同時，也只有新的 α'_i 才符合前述主效應的定義。

固定因素模型的統計假設為：

$H_0:\alpha_i=0\,(i=1,2,...,a)$

$H_A:\alpha_i\neq0$（至少對某一 i）

變異數分析的基本方法，就是將總變差分解為各組成部分之和，然後對它們做統計檢定。總變差為：

$$\sum_{i=1}^{a}\sum_{i=1}^{n}(x_{ij}-\overline{x..})^2$$

$$=\sum_{i=1}^{a}\sum_{j=1}^{n}(x_{ij}-\bar{x}_i.+\bar{x}_i-\bar{x}..)^2$$

$$=\sum_{i=1}^{a}\sum_{j=1}^{n}[(x_{ij}-\bar{x}_i.)^2+2(x_{ij}-\bar{x}_i.)(\bar{x}_i.-\bar{x}.)+(\bar{x}_i.-\bar{x}..)^2]$$

$$=\sum_{i=1}^{a}\sum_{j=1}^{n}(x_{ij}-\bar{x}_i.)^2+\sum_{i=1}^{a}\sum_{j=1}^{n}(\bar{x}_i.-\bar{x}..)^2+2\sum_{i=1}^{a}\sum_{j=1}^{n}(x_{ij}-\bar{x}_i.)(\bar{x}_i.-\bar{x}..)$$

由於 $\sum_{i=1}^{a}\sum_{j=1}^{n}(x_{ij}-\bar{x}_i.)(\bar{x}_i.-\bar{x}..)$

$$=\sum_{i=1}^{a}[(\bar{x}_i.-\bar{x}..)\sum_{j=1}^{n}(x_{ij}-\bar{x}_i.)]$$

$$=\sum_{i=1}^{a}(\bar{x}_i.-\bar{x}..)[(x_i.-x_i.)]$$

$$=0$$

$$\therefore\sum_{i=1}^{a}\sum_{j=1}^{n}(x_{ij}-\bar{x}..)^2=n\sum_{i=1}^{a}(\bar{x}_i.-\bar{x}..)^2+\sum_{i=1}^{a}\sum_{j=1}^{n}(x_{ij}-\bar{x}_i.)^2 \qquad (4\text{-}3)$$

用符號表示，上式可寫成：

$$SS_T=SS_A+SS_e \qquad (4\text{-}4)$$

其中符號的意義為：SS_T：總平方和；SS_A：處理間平方和；SS_e：誤差平方和，或處理內平方和。

它們的自由度分別為 $an-1$、$a-1$ 和 $a(n-1)$，即自由度也做了相應分解：

$$an-1=a-1+a(n-1)$$

令 $MS_e=\frac{SS_e}{a(n-1)}$ 稱為誤差均方；$MS_A=\frac{SS_A}{a-1}$ 稱為處理間均方；則它們的數學期望值分別為：

$$
\begin{aligned}
E(MS_e) &= \frac{1}{na-a}E(SS_e) \\
&= \frac{1}{an-a}E[\sum_{i=1}^{a}\sum_{j=1}^{n}(x_{ij}-\bar{x}_{i}.)^2] \\
&= \frac{1}{an-a}E[\sum_{i=1}^{a}\sum_{j=1}^{n}(\mu+a_1+\varepsilon_{ij}-\mu-a_i-\varepsilon_{i}.)^2] \\
&= \frac{1}{an-a}E[\sum_{i=1}^{a}\sum_{j=1}^{n}(\varepsilon_{ij}-\bar{\varepsilon}_{i}.)^2] \\
&= \frac{1}{an-a}E[\sum_{i=1}^{a}\sum_{j=1}^{n}(\varepsilon_{ij}^2-2\varepsilon_{ij}\bar{\varepsilon}_i+\bar{\varepsilon}_{i}^2.)] \\
&= \frac{1}{an-a}E[\sum_{i=1}^{a}\sum_{j=1}^{n}\varepsilon_{ij}^2-2\sum_{i=1}^{a}\varepsilon_{i}.\sum_{j=1}^{n}\varepsilon_{ij}+n\sum_{i=1}^{a}\bar{\varepsilon}_{i}^2.] \\
&= \frac{1}{an-a}E[\sum_{i=1}^{a}\sum_{j=1}^{n}\varepsilon_{ij}^2-n\sum_{i=1}^{a}\varepsilon_{i}^2.]
\end{aligned}
$$

$(\because E(\varepsilon_{ij})=0，\therefore E(\varepsilon_{ij}^2)=\sigma^2)$

$$
\begin{aligned}
&= \frac{1}{an-a}(an\sigma^2-na\frac{\sigma^2}{n}) \\
&= \sigma^2
\end{aligned}
$$

$$
\begin{aligned}
E(MS_A) &= \frac{1}{a-1}E(SS_A) \\
&= \frac{1}{a-1}E[\sum_{i=1}^{a}\sum_{j=1}^{n}(\bar{x}_{i}.-\bar{x}..)^2] \\
&= \frac{1}{a-1}E[n\sum_{i=1}^{a}(\mu+\alpha_1+\varepsilon_{i}.-\mu-\bar{\alpha}-\varepsilon..)^2]
\end{aligned}
$$

$$=\frac{n}{a-1}E[\sum_{i=1}^{a}[(\bar{\varepsilon}_{i}.-\bar{\varepsilon}..)+(\alpha_i-\bar{a})]]^2$$

$$=\frac{n}{a-1}E[\sum_{i=1}^{a}(\bar{\varepsilon}_{i}.-\bar{\varepsilon}..)^2+2\sum_{i=1}^{a}(\bar{\varepsilon}_{i}.-\bar{\varepsilon}..)(a_i-\bar{a})+\sum_{i=1}^{a}(a_i-\bar{a})^2]$$

由於 $E(\varepsilon_{ij})=0$，a_i 為常數，且 $\sum_{i=1}^{a}a_i=0$，則

$$原式=\frac{n}{a-1}E[\sum_{i=1}^{a}(\bar{\varepsilon}_{i}^{2}.-2\bar{\varepsilon}_{i}.\bar{\varepsilon}..+\bar{\varepsilon}^{2}..)]+\frac{n}{a-1}\sum_{i=1}^{a}a_i^2$$

$$=\frac{n}{a-1}[E\sum_{i=1}^{a}(\bar{\varepsilon}_{i}.)^2-aE(\bar{\varepsilon}^{2}..)]+\frac{n}{a-1}\sum_{i=1}^{a}a_i^2$$

$$=\frac{n}{a-1}(a\frac{\sigma^2}{n}-a\frac{\sigma^2}{na})+\frac{n}{a-1}\sum_{i=1}^{a}a_i^2$$

$$=\sigma^2+\frac{n}{a-1}\sum_{i=1}^{a}a_i^2$$

從這兩個數學期望值來看，我們給 MS_e 和 MS_A 起的名字是有道理的，MS_e 的期望值是 σ^2，即隨機誤差 ε 的變異數，說明它就是隨機誤差的一個估計量；而 MS_A 的期望值是 $\sigma^2+\frac{n}{a-1}\sum_{i=1}^{a}a_i^2$，除了有代表隨機誤差的 σ^2 外，還有一項是各階層主效應的平方和，即它代表了各處理間差異的大小。

若 H_0 成立，則有：$\alpha_i=0$，$i=1,2,...,a$；此時 $E(MS_A)=\sigma^2$；若 H_0 不成立，則 $E(MS_A)>\sigma_2$。令

$$F=\frac{MS_A}{MS_e} \qquad (4\text{-}5)$$

則當 H_0 成立時，$F\sim F(a-1,na-a)$；否則，F 值有偏大的趨勢。因此可用 F 分配表對 H_0 是否成立進行上單尾檢定。

2.統計計算

變異數分析的計算比較繁雜，因此常使用電腦處理。公式為：

$$SS_T=\sum_{i=1}^{a}\sum_{j=1}^{n}x_{ij}^2-\frac{x^2..}{na} \qquad (4\text{-}6)$$

$$SS_A = \frac{1}{n}\sum_{i=1}^{a} x_{i\cdot}^2 - \frac{x_{\cdot\cdot}^2}{na} \tag{4-7}$$

$$SS_e = SS_T - SS_A$$

現在的計算器常有統計功能，利用這樣的計算器也可大大簡化計算，步驟為：

⑴把每一個階層視為一個小樣本，先求出 $\bar{x}_{i\cdot}$ 和 $S_{i\cdot}^2$，即它們的樣本平均數和樣本變異數。

⑵把所有 $\bar{x}_{i\cdot}$ 視為一個樣本，求出它的樣本變異數 $S_{i\cdot}^2$，則

$$MS_A = nS_{\bar{x}}^2 \tag{4-8}$$

⑶ $SS_e = (n-1)\sum_{i=1}^{a} S_{i\cdot}^2$ 或 $MS_e = \frac{1}{a}\sum_{i=1}^{a} S_{i\cdot}^2$ （4-9）

現在我們來計算例 4-1（使用帶統計功能的計算器）。

解： 用計算器求出各處理的平均數和樣本變異數及平均數的樣本變異數：

飼料	1	2	3	4	$S_{\bar{x}}^2$	$\sum_{i=1}^{a} S_{i\cdot}^2$
$\bar{x}_{i\cdot}$	52.4	61.8	64.8	79.6	127.24	
$S_{i\cdot}^2$	41.8	54.2	54.2	66.3		216.5

將表中資料代入（4-8）、（4-9）式，得

$MS_A = 5 \times 127.24 = 636.2$

$MS_e = 216.5 / 4 = 54.125$

$F = \frac{MS_A}{MS_e} = 11.754$

查 F 分配表，得：$F_{0.95}(3, 16) = 3.24$，$F_{0.99}(3, 16) = 5.29$

$\because F > F_{0.99}$，$\therefore$ 拒絕 H_0，差異極為顯著，4 種飼料的增重效果差異極為顯著。

這就是變異數中最簡單的單因素固定模型的分析方法。對固定模型來說，如果結果是差異顯著，一般還應進行多重比較，具體方法稍後介紹。從

這一分析程序中可以很清楚地看到變異數分析的基本方法，那就是對資料進行一對對的比較，而是對母體的變異數進行分解，首先分解出隨機誤差所導致的變差，然後再將處理所引起的變差與它相比較，如果處理的變差明顯大於隨機誤差，則說明各階層間的差異不能用隨機誤差解釋，應認為各階層間有明顯差異；否則則說明各階層間的不同可以認為是隨機誤差引起，即各階層間沒有差異。這樣就對多組實驗之間的差異一次完成了檢定，從而避免了多次檢定引起的犯錯誤可能大大升高的問題。下面我們再來看看如果因素的效果是隨機的，對變異數分析的程序將產生什麼影響。

4-1-2 隨機因素模型

例 4-2 隨機選取 A～D 四類動物，每類均有 4 隻小動物，其出生時的體重見表 4-2，不同類出生的小動物體重差異是否顯著？

表 4-2　小動物出生體重

類別	出生體重 (x_{ij}/g)			
A	34.7	33.3	26.2	31.6
B	33.2	26.0	28.6	32.3
C	27.1	23.3	27.8	26.7
D	32.9	31.4	25.7	28.0

例 4-2 是隨機因素模型，因為動物的類別是無法控制的，也無法重複，它的效果是無法預料的，隨機因素的影響首先出現在線性統計模型中，它的算式仍為：

$$x_{ij}=\mu+a_i+\varepsilon_{ij}\,(i=1,2,...,a;j=1,2,...,n)$$

但由於各階層的效應無法預料，現在 a_i 不再能視為常數，而是隨機變數了。

即

$\alpha_i \sim NID(0, \sigma_a^2)$，$e_{ij} \sim NID(0, \sigma^2)$　　　（NID）意為獨立常態分配

此時一般 $\Sigma a_i = 0$ 不再成立，統計假設相應變為：

$H_0 : \sigma_a^2 = 0$；$H_A : \sigma_a^2 > 0$

這樣，當 H_0 成立時，自然有 $a_i = 0$，$i = 1, 2, ..., a$；若不成立，則作為從 $N(0, \sigma_a^2)$ 中抽取的樣本，各 a_i 不可能都相同，當然也不可能均為 0，因此它們的和一般也不會是 0。

對於隨機模型，總平方和與自由度的分解與固定模型是相同的，因為在證明平方和分解的程序中沒有用到線性統計模型，因此因素類型的變化不會影響總平方和的分解。MS_e 的期望值（Expectation）也沒有改變，因為這些推導程序中也沒有使用 a_i 的性質。但 MS_A 的期望值變了，因為 a_i 不再是常數，$\bar{a}$ 也不再為 0。

$$E(MS_A) = \frac{1}{a-1} E(SS_A) = \frac{n}{a-1} E[\sum_{i=1}^{a} (\bar{x}_{i.} - \bar{x}_{..})^2]$$

$$= \frac{n}{a-1} E \sum_{i=1}^{a} [(\bar{\varepsilon}_{i.} - \bar{\varepsilon}_{..}) + (\alpha_i - \bar{a})]^2$$

$$= \frac{n}{a-1} E[\sum_{i=1}^{a} (\bar{\varepsilon}_{i.} - \bar{\varepsilon}_{..})^2 + 2\sum_{i=1}^{a} (\bar{\varepsilon}_{i..} - \bar{\varepsilon}_{..})(\alpha_i - \bar{a})] + \sum_{i=1}^{a} (a_i - \bar{a})^2$$

由於各 a_i 與各 ε_{ij} 相互獨立，且期望值均為 0，因此上式的交叉項期望值為 0，即

$$原式 = \frac{n}{a-1} [E \sum_{i=1}^{a} (\bar{\varepsilon}_{i.} - \bar{\varepsilon}_{..})^2 + E \sum_{i=1}^{a} (a_i - \bar{a})^2]$$

$$= \frac{n}{a-1} E[\sum_{i=1}^{a} \bar{\varepsilon}_{i.}^2 - a\bar{\varepsilon}_{..}^2] + \frac{n}{a-1} E[\sum_{i=1}^{a} a_i^2 - a\bar{\alpha}^2]$$

$$= \frac{n}{a-1} (a\frac{\sigma^2}{n} - a\frac{\sigma^2}{an}) + \frac{n}{a-1} (a\sigma_\alpha^2 - a\frac{\sigma_\alpha^2}{a})$$

$$= \sigma^2 + n\sigma_a^2$$

從上述均方期望值可看出，若 H_0 成立，仍有：

$$F=\frac{MS_A}{MS_e}\sim F(a-1,a(n-1))$$

而當 H_A 成立時，F 值仍有偏大的趨勢，因此仍可用 F 分配表做上單尾檢定。但這時對結果的解釋卻不同了，結論只適用於檢查的那幾個階層。而在隨機模型中由於是 $\sigma_a^2=0$，因此結論可推廣到這一因素的一切階層。

現在來計算例 4-2。

解： 計算各處理平均數和變異數，以及平均數的變異數，填入下表：

窩別	A	B	C	D	$S\frac{2}{x}$	$\Sigma S_i^2.$
$x_{ij}.$ /g $S_{ij}.$ /g	31.45 13.86	30.025 11.16	26.225 4.01	29.50 10.62	4.88	 39.65

將表中資料代入（4-8）、（4-9）式，得

$$MS_A=nS\frac{2}{x}=4\times4.88=19.52$$

$$MS_e=\frac{1}{a}\sum_{i=1}^{a}S_i^2.=\frac{39.65}{4}=9.913$$

$$F=\frac{MS_A}{MS_e}=1.969$$

查 F 分配表，得

$$F_{0.95}(3,12)=3.490$$

$\because F<F_{0.95}$，$\therefore$接受 H_0，可認為出生體重無顯著差異。

從上述分析程序可知，當因素從固定變為隨機後，其影響主要表現在改變了統計模型中母數 α_i 的性質，使它從常數變成了隨機變數。這樣一來，所有涉及 α_i 的地方都有了明顯改變，包括統計假設 H_0 和 H_A，均方期望值 $E(MS_A)$，以及最後的解釋，對單因素變異數分析來說，因素類型的變化沒有影響統計量的計算與檢定程序，這是與兩個及更多因素變異數分析不同之處。另外，由於隨機因素的階層不能重複，因此多重比較也就變成沒有意義的了。

4-1-3 不等重複時的情況

變異數分析的資料都是按照精心設計的實驗方案蒐集來的，一般來說各階層應有相同的重複數。但若實驗程序中由於某種原因丟失了一個或幾個資料，又無法重做實驗彌補，此時就變成各階層有不同的重複數了，在這種情況下，上述變異數分析的方法仍然可用，但計算公式及自由度都要做相應變化。令 $N=\sum_{i=1}^{a} n_i$，則總自由度可表示為 $N-1$，SS_A 的自由度仍為 $a-1$，SS_e 的自由度變為 $N-a$，（4-6）及（4-7）式相應變為

$$SS_T=\sum_{i=1}^{a}\sum_{j=1}^{n_i} x_{ij}^2-\frac{x_{..}^2}{N} \quad (4\text{-}10)$$

$$SS_e=\sum_{i=1}^{a}\frac{x_{i}^2}{n_i}-\frac{x_{..}^2}{N} \quad (4\text{-}11)$$

用計算器的計算方法也應改為：

⑴計算每一處理的樣本變異數 $S_{i.}^2$。

⑵全部樣本放在一起，計算總樣本變異數 S^2。

⑶$SS_T=(N-1)S^2$

⑷$SS_e=\sum_{i=1}^{a}(n_i-1)S_i^2$ （4-12）

⑸$SS_A=SS_T-SS_e$ （4-13）

4-1-4 多重比較

固定模型拒絕 H_0 時，並不意味著所有處理間均存在差異，為弄清楚哪些處理問題有差異，須對所有階層做一對一的比較，即多重比較。常用的多重比較方法有以下幾種：

1.最小顯著差數（LSD）法

實際就是用 t 檢定對所有平均數做一對一的檢定。一般情況下各階層重複數 n 相等，用 MS_e 作為 σ^2 的估計量，可得

$$S(\bar{x}_i - \bar{x}_j) = \sqrt{MS_e(\frac{1}{n_i} + \frac{1}{n_j})} = \sqrt{\frac{2MS_e}{n}}$$

統計量為：

$$t = \frac{|\ \bar{x}_i - \bar{x}_j\ |}{\sqrt{2MS_e / n}} \sim t(an - a)$$

因此當

$$|\ \bar{x}_i - \bar{x}_j\ | > t_{0.975}\sqrt{2MS_e / n} \qquad (4\text{-}14)$$

時，差異顯著，t 分位數的自由度 $df = a(n-1)$。

$t_{0.975}\sqrt{2MS_e / n}$即為最小顯著差數，記為 LSD。所有比較僅須計算一個 LSD，應用很方便。但由於又回到了多次重複使用 t 檢定的方法，會大大增加犯第一類錯誤的機率。為了克服這一缺點，人們提出了多重範圍檢定的思想：即把平均數按大小排列後，對離得遠的平均數採用較大的臨界值 R。這一類的方法主要有 Duncan 法和 Newman-Q 法。後者又稱為 q 法。現介紹如下。

2. Duncan 法

Duncan 法步驟如下：

(1)把須比較的 a 個平均數從大到小排好，即

$$\bar{x}_1 \geq \bar{x}_2 \geq \ldots \geq \bar{x}_a$$

(2)求出各對差值，並列成表 4-3。

表 4-3　a 個平均數間的差值表

	a	a−1	…	3	2
1	$\bar{x}_1-\bar{x}_a$	$\bar{x}_1-\bar{x}_a-1$	…	$\bar{x}_1-\bar{x}_3$	$\bar{x}_1-\bar{x}_2$
2	$\bar{x}_2-\bar{x}_a$	$\bar{x}_2-\bar{x}_a-1$	…	$\bar{x}_2-\bar{x}_3$	
…	…	…	…		
a−2	$\bar{x}_{a-2}-\bar{x}_a$	$\bar{x}_{a-2}-\bar{x}_a-1$			
a−1	$\bar{x}_{a-1}-\bar{x}_a$				

(3)求臨界值

$$R_{k,a}=r_a(k,df)\sqrt{MS_e/n}\quad(k=2,3,...,a) \tag{4-15}$$

其中 $a=0.05$ 或 0.01，k 表示兩平均數在位次上的差別，即若差為 $\bar{x}_i-\bar{x}_j$，則 $k=j-i+1$。因此相鄰二平均數 k 值為 2，隔一個為 3，餘類推。$\sqrt{MS_e/n}$ 是各平均數的樣本標準差，df 為 MS_e 的自由度，$r_a(k,df)$ 的值須查專門表格（見附表 6），最後把求得的臨界 $R_{k,a}$ 列成表 4-4。

表 4-4　多重檢定臨界值表

k	$r_{0.05}$	$R_{0.05}$	$r_{0.01}$	$R_{0.01}$
2	$r_{0.05}(2,df)$	$R_{2,0.05}$	$r_{0.01}(2,df)$	$R_{2,0.01}$
3	$r_{0.05}(3,df)$	$R_{3,0.05}$	$r_{0.01}(3,df)$	$R_{3,0.01}$
…	…	…	…	…
a	$r_{0.05}(a,df)$	$R_{a,0.05}$	$r_{0.01}(a,df)$	$R_{a,0.01}$

(4)對差值表採用適當的 R 進行比較。差值表中每條對角線上的 k 值是相同的，可使用同一個臨界值 R。差值大於 $R_{0.05}$，標以"*"；大於 $R_{0.01}$ 則標"**"。若比較的兩個階層重複數不等，設為 n_i、n_j，則可用它們的

調和平均數 n_{ij} 代替 n，即

$$\frac{1}{n_{ij}}=\frac{1}{2}(\frac{1}{n_i}+\frac{1}{n_j})$$

此時

$$R_{k,a}=r_a(k,df)\sqrt{\frac{MS_e}{2}(\frac{1}{n_i}+\frac{1}{n_j})} \quad (4\text{-}16)$$

3.Newman-Q 法

又稱多重範圍 q 檢定，它的檢定方法與 Duncan 法完全相同，只是要查不同的係數表，即 q 值表。

4.三種方法的比較

比較 Duncan 的 r 值表與 q 值表，可知當 k＝2 時，有

$$r_a=q_a=t_{1-\frac{a}{2}}\sqrt{2MS_e/n}$$

此時三種檢定法是相同的。當 k ≥ 3 時，三種方法臨界值不同，其中 LSD 最小，Duncan 法次之，Newman-Q 法最大，因此 LSD 法犯第一類錯誤機率最大，Duncan 法次之，Newman-Q 法最小，可按照犯兩類錯誤危害性大小選擇適當的方法。一般來說，Duncan 法最常用；若各階層平均數只須與對照比較，由於比較次數較少，可考慮選用 LSD 法。另外，只有 F 檢定確認各平均數間有顯著差異後，才可進行 LSD 法檢定，而另兩種方法則不一定，有時它們的結果也可能與 F 檢定不一致。

例 4-3 對例 4-1 進行多重比較。

解： 前已算出：$\bar{x}_1.=52.4$，$\bar{x}_2.=61.8$，$\bar{x}_3.=64.8$，$\bar{x}_4.=79.6$

$MS_e=54.125$，$df=4\times(5-1)=16$

(1)最小顯著差數法

查表，得

$t_{0.975}(16)=2.1199$，$t_{0.995}(16)=2.9208$

$$\therefore LSD_{0.05}=t_{0.975}(16)\sqrt{2MS_e/n}$$
$$=2.1199\times\sqrt{2\times 54.125/5}$$
$$=2.1199\times 4.6530$$
$$=9.8639$$

$LSD_{0.01}=2.9208\times 4.6530=13.5905$

列出各階層平均數的差值表（平均數已從小到大排列，不必再排）：

	4	3	2
1	27.2**	12.4*	9.4
2	17.8**	3.0	
3	14.8**		

將各差值分別與 $LSD_{0.05}$ 和 $LSD_{0.01}$ 比較，大於 $LSD_{0.05}$ 的標 “*” ，大於 $LSD_{0.01}$ 的標 “**” 。得：$\bar{x}_4.$ 與其他 3 個平均數差異極為顯著，$\bar{x}_3.$ 與 $\bar{x}_1.$ 差異顯著。

⑵ Duncan 法

$S_{\bar{x}}=\sqrt{MS_e/n}=\sqrt{54.125/5}=3.290$，df = 16

利用公式 $R_{k,a}=r_a(k, df)\,S_{\bar{x}}$ 求各臨界值：

表 4-5　Duncan 多重檢定臨界值表

k	$r_{0.05}$(k, 16)	$R_{0.05}$	$r_{0.01}$(k, 16)	$R_{0.01}$
2	3.00	9.87	4.13	13.59
3	3.15	10.36	4.34	14.28
4	3.23	10.63	4.45	14.64

列出差值表，並與臨界值表中的數值進行比較：

	4	3	2
1	27.2**	12.4*	9.4
2	17.8**	3.0	
3	14.8**		

最長的對角線上應使用 $k=2$ 的臨界值，因此首先與 $\alpha=0.05$ 的臨界值 9.87 比較，大於 9.87 的則標一個 "*" 號；再與 $\alpha=0.01$ 的臨界值 13.59 比較，大於 13.59 則再加一個 "*" 號。次長對角線應使用 $k=3$ 的臨界值，因此應先後與 10.36、14.28 比較，大於前者加一個 "*"，大於後者再加一個 "*"。第三條對角線上只有一個數 27.2，它應與 $k=4$ 的臨界值，即 10.63 和 14.64 比較，顯然它比這兩個臨界值都大，因此也應標上兩個 "*" 號。這樣就完成了多重比較，把這一差值表與前邊最小顯著差數法的差值表進行比較，可以看到它們的結果是相同的，但若比較一下兩種方法的臨界值，就可以發現 Duncan 法，$k=2$ 的臨界值就是最小顯著差數法的臨界值，而 $k>2$ 的 Duncan 法臨界值變大，但對本題來說，這種變大尚不足以改變最終的結果。

(3) Newman-Q 法

仍有：$S_{\bar{x}}=\sqrt{MS_e/n}=\sqrt{54.125/5}=3.290$，$df=16$

利用公式 $Q_{k,a}=q_a(k,df)\,S_{\bar{x}}$ 求各臨界值，結果列於表 4-6。

表 4-6　Newman-Q 法臨界值表

k	$q_{0.05}(k, 16)$	$Q_{0.05}$	$q_{0.01}(k, 16)$	$Q_{0.01}$
2	3.00	9.87	4.13	13.59
3	3.65	12.01	4.79	15.76
4	4.05	13.32	5.19	17.08

列出差值表，並與相應臨界值比較：

	4	3	2
1	27.2**	12.4*	9.4
2	17.8**	3.0	
3	14.8**		

與 Duncan 法同樣，最長的對角線使用 $k=2$ 的兩個臨界值，即 9.87 和 13.59 比較，大於前者加“*”，大於後者再加一個“*”；右上次長對角線用 $k=3$，即臨界值 12.01 和 15.76；最後一條用 $k=4$，即 13.32 和 17.08 比較，最終結果與前兩種方法仍相同，但 $\bar{x}_3.$ 與 $\bar{x}_1.$ 的差 12.4 已接近臨界值 12.01。

比較三種方法，當 $k=2$ 時臨界值均相同，當 $k>2$ 時臨界值依次增大；但對本例題來說，這種增大還不足以影響最終結果。

1. 變異數分析的基本理論是什麼？進行變異數分析一般有哪些步驟？
2. 什麼是多重比較？多重比較有哪些方法？多重比較的結果如何表示？
3. 變異數分析有哪些基本假定？為什麼有些資料須經過轉換後才能進行變異數分析？
4. 測定 4 種密度[萬株·$(hm^2)^{-1}$]下「金皇后」玉米的千粒重（克）各 4 次，得下表結果。試做變異數分析，並以 SSR 法做多重比較。

3 萬株·$(hm^2)^{-1}$	6 萬株·$(hm^2)^{-1}$	9 萬株·$(hm^2)^{-1}$	12 萬株·$(hm^2)^{-1}$
247	238	214	210
258	244	227	204
256	246	221	200
251	236	218	210

5. 為研究氟對種子發芽的影響，分別用 0μg·g^{-1}（對照），10μg·g^{-1}、50μg·g^{-1}、50μg·g^{-1}、100μg·g^{-1} 四種不同濃度的氟化鈉溶液處理種子（浸種），每一種濃度處理的種子用培養皿進行發芽實驗（每盆 50 粒，每處理重複三次）。觀察它們的發芽情況，測得芽長資料如下表。試做變異數分析，並用 LSD 法、SSR 法和 q 法分別進行多重比較。

處理	1	2	3
0μg·g^{-1}（對照）	8.9	8.4	8.6
10μg·g^{-1}	8.2	7.9	7.5
50μg·g^{-1}	7.0	5.5	6.1
100μg·g^{-1}	5.0	6.3	4.1

6. 用同一公豬對三頭母豬進行配種實驗，所產各頭小豬斷奶時的體重

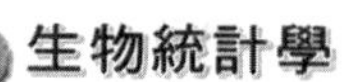

（公斤）資料如下：

No.1：24.0，22.5，24.0，20.0，22.0，23.0，22.0，22.5；

No.2：19.0，19.5，20.0，23.5，19.0，21.0，16.5；

No.3：16.0，16.0，15.5，20.5，14.0，17.5，14.5，15.5，19.0。

試分析母豬對小豬體重效應的差異顯著性。

7. 測定了小麥4個新品種A_1、A_2、A_3和A_4的籽粒蛋白質含量（%），結果如下：

A_1：ll.1，10.8，13.1，12.3，12.5，13.1；

A_2：12.3，13.2，12.8，13.4，12.1；

A_3：10.3，10.3，11.2，11.8，12.1，10.5，11.8，11.2；

A_4：11.2，12.1，12.4，11.8，12.8。

試檢定其蛋白質含量的差異顯著性。

8. 分析A、B、C、D、E等5個水稻品種稻米中的含氮量（毫克），有甲、乙、丙、丁四個學生，每學生對每一樣種各分析一次，得下表結果。試做變異數分析，並以SSR進行多重比較。

品種	學生			
	甲	乙	丙	丁
A	2.4	2.6	2.1	2.4
B	2.5	2.2	2.7	2.7
C	3.2	3.2	3.5	3.1
D	3.4	3.5	3.8	3.2
E	2.0	1.8	1.8	2.3

9. 對A、B、C、D、E等5個雜優水稻品種的乾物質積累程序進行了系統的測定，每次每品種隨機取兩個樣點，結果如下表。試做變異數分析，並用LSD法進行多重比較。

品種	樣點	乾物質量（g·株$^{-1}$）				
A	I	7.8	8.9	9.2	11.4	10.5
	II	12.1	10.6	8.7	9.9	10.1
B	I	7.4	8.8	8.9	7.8	9.8
	II	6.2	6.6	5.3	5.3	7.5
C	I	12.6	10.2	11.4	11.8	12.1
	II	15.2	15.1	12.3	12.5	12.9
D	I	5.8	4.7	6.6	7.4	7.9
	II	6.4	6.8	8.1	7.2	7.9
E	I	13.8	15.1	13.4	12.6	16.6
	II	11.7	17.2	15.6	15.1	15.8

10. 四個品種的兔子，每一種用兔7隻，測定其不同室溫下糖值，以每100毫克血中含葡萄糖的毫克數表示，問各種兔子正常血糖值間有無差異？室溫對兔子的血糖有無影響？實驗資料見下表。

品種	室溫						
	35℃	30℃	25℃	20℃	15℃	10℃	5℃
I	140	120	110	82	82	110	130
II	160	140	100	83	110	130	120
III	160	120	120	110	100	140	150
IV	130	110	100	82	74	100	120

11. 為了從三種不同原料和三種不同發酵溫度中選出最適宜的條件，設計了一個二因素實驗，並得到結果如下表所示，請對該資料進行變異數分析。

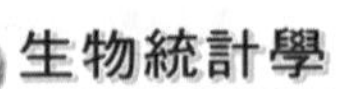

原料 A	溫度 B		
	B_1(30℃)	B_2(35℃)	B_3(40℃)
A_1	41 49 23 25	11 13 25 24	6 22 26 18
A_2	47 59 50 40	43 38 33 36	8 22 18 14
A_3	43 35 53 50	55 38 47 44	30 33 26 19

12. 在藥物處理大豆種子實驗中，使用了大、中、小粒三種類型種子，分別用五種濃度，兩種處理時間進行實驗處理，播種後 45 天對每種處理各取兩個樣本，每個樣本取 10 株測定其乾物重（克），求其平均數，結果如下表。試進行變異數分析。

處理時間 A	種子類型 C	濃度 B				
		B_1(0μg・g^{-1})	B_2(10μg・g^{-1})	B_3(20μg・g^{-1})	B_4(30μg・g^{-1})	B_5(40μg・g^{-1})
A_1 (12h)	C_1（小粒）	7.0	12.8	22.0	21.3	24.2
		6.5	11.4	21.8	20.3	23.2
	C_2（中粒）	13.5	13.2	20.8	19.0	24.6
		13.8	14.2	21.4	19.6	23.8
	C_3（大粒）	10.7	12.4	22.6	21.3	24.5
		10.3	13.2	21.8	22.4	24.2
A_2 (24h)	C_1（小粒）	3.6	10.7	4.7	12.4	13.6
		1.5	8.8	3.4	10.5	13.7
	C_2（中粒）	4.7	9.8	2.7	12.4	14.0
		4.9	10.5	4.2	13.2	14.2
	C_3（大粒）	8.7	9.6	3.4	13.0	14.8
		3.5	9.7	4.2	12.7	12.6

4. F = 69.76**，$s_{\bar{x}}$ = 2.5166
5. F = 15.226**，$s_{\bar{x}_1-\bar{x}_2}$ = 0.574，$s_{\bar{x}}$ = 0.406
6. F = 21.514**，$s_{\bar{x}_1-\bar{x}_2}$ = 0.944
7. F = 5.133**，$s_{\bar{x}_1-\bar{x}_2}$ = 0.433
8. 品種間 F = 26.948**，學生間 F = 0.230，$s_{\bar{x}}$ = 0.120
9. 樣點間(A) F = 3.033，品種間(B) F = 37.55**，A×B 的 F = 1.765，$s_{\bar{x}_1-\bar{x}_2}$ = 0.530
10. 品種間 F = 10.02**，室溫間 F = 19.12**
11. 原料間(A) F = 12.67**，溫度間(B) F = 25.68**，A×B 的 F = 3.30*
12. 時間間(A) F = 1257.7874**，濃度間(B) F = 248.180**，籽粒類型間(C) F = 7.980**，A×B 的 F = 106.166**，A×C 的 F = 0.423**，A×B×C 的 F = 2.433**

NOTE

CHAPTER 5

迴歸分析

5-1 一元線性迴歸

5-2 一元非線性迴歸

5-3 多元線性迴歸分析

5-4 逐步迴歸分析

自然現象中，常常是幾個變數互相交互影響。因此，在實驗中經常碰到處理變數與變數之間關係的問題。

變數之間的關係一般分為兩類：一種是確定性的關係，如電路中著名的歐姆定律，具有一定電阻 R 的電路中的電流 I 與加在這電路兩端的電壓 V 之間的關係是：

$$I = \frac{V}{R}$$

這就是說，三個變數中只要已知兩個，另一個就可由上式完全確定。這一類變數之間的關係，就是我們所熟悉的函數關係。

然而，實際生活中，絕大多數情況下，變數之間的關係沒有這麼簡單，如某種春季農作物的產量與當年春季雨量、氣溫的關係，由於偶然性因素的綜合作用，造成了變數之間關係的不確定性。對應於一個變數的某個數值，另一個變數不是以一個完全確定的數值與之對應，而是可能取到許多不同的數值，這顯然不是一種函數關係，我們稱這類變數之間的關係為相關關係。

迴歸分析和相關分析正是研究變數的相關關係的一種數學工具。為了簡單起見，我們不區分迴歸分析和相關分析，通稱為迴歸分析。

兩個隨機變數之間所以有相關關係，原因多樣化，可能是一個變數直接受另一個變數的影響，或者是兩個變數相互作用，也可能是兩個變數之間無直接關係但同受第三個變數的影響。

研究隨機變數之間相關關係的目的在於：

⑴確定幾個特定的變數之間是否存在相關關係，如果存在，找出它們之間關係的合適的數學表達式，即是線性關係還是非線性關係。

⑵確定變數之間相關關係的性質，即是正相關還是負相關。

⑶確定變數之間相關關係的密切程度，做相關的顯著性檢定。

⑷如何利用這種關係去預測或控制另一個變數的取值，並且要知道這種預測或控制可達到什麼樣的精確度。

⑸進行因素分析，在共同影響一個變數的許多因素之間，找出哪些是重要因素，哪些是次要因素，這些因素之間又有什麼關係。

5-1 一元線性迴歸

5-1-1 迴歸直線的求法

用實例來說明迴歸直線的求法。

例 5-1 為了研究土壤無機磷含量與植物含磷量的關係，製備了具有不同無機磷含量的土壤樣品，把種在不同土壤樣品中的玉米植株經 38 天後收穫，並分別分析其含磷量。

土壤中無機磷（百萬分之一）	1	4	5	9	11	13	23	23	28
植物含磷量（百萬分之一）	64	71	54	81	76	93	77	95	109

解： ⑴作散點圖：以土壤無機磷量作為因變數 x，以植物含磷量為應變數 y，在座標紙上作圖，每組資料 (x_i, y_i) 在圖中以一個叉點表示，這種圖叫作散點圖。

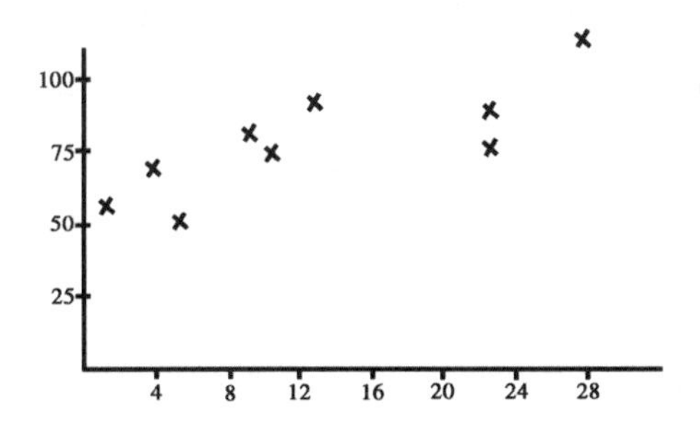

從散點圖可直觀地看出兩個變數之間的大致關係，但很不確切，需要有更明確的定量表達。

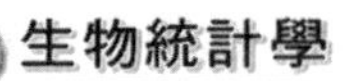

⑵根據散點圖，初步確定兩個變數之間的關係形式。如假定它們有線性關係，於是就會想到可以用一條直線來表示兩者的關係：$y=a+bx$，求這條直線方程。

上述方程是 y 對 x 的迴歸方程，由此方程得到的直線就是 y 對 x 的迴歸線。x 為因變數，y 為應變數的估計量，a 直線方程的常數項，迴歸直線的斜率 b 稱為迴歸係數，它表示當 x 增加一個單位時，y 平均增加的數量。a、b 都為待定係數。因為平面上的直線有無窮多條，究竟哪一條直線是代表散點圖所表示的兩個變數之間的關係呢？當然應該選最接近所有實驗點的直線，也就是說，以這條直線來代表 x 與 y 的關係與實際資料的誤差，比任何其他直線都要小，因此迴歸直線是代表 x 與 y 之間關係的最為合理的一條直線。那麼具體的迴歸直線與迴歸分析究竟如何確定呢？這要求助於最小二乘法原理。

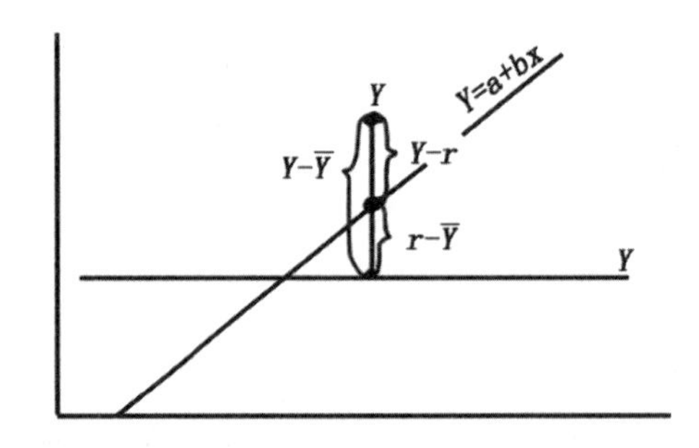

當因變數 x 取某個值 x_i 時 $(i=1, 2, ...)$，測得的 y 值為 y_i。用迴歸直線方程計算得到的應變數（dependent variable）的估計量為 $\hat{y}=a+bx_i$。從座標圖上可看出，實測值 y_i 與估計值 $\hat{y}$ 之間有個誤差，以表示：$\delta_i=\hat{y}_i-\hat{y}$ $=y_i-a-bx_i$，如果觀測 N 次，就會得到 N 個 δ_i，總誤差為：

$$\sum_{i=1}^{N}\delta_i=\delta_1+\delta_2+...+\delta_N$$

因為這些誤差中有正有負，所以單純地相加會由於正負抵消而不能代表真正的誤差，為了數學處理上的方便，可採用每個誤差的平方和作為總誤差：

$$Q=\sum_{i=1}^{N}\delta_i^2=\sum_{i=1}^{N}(y_i-a-bx_i)^2$$

由此看來，迴歸直線就是所有直線中誤差平方和 Q 最小的一條。換句話說，迴歸直線的係數 b 及常數項 a 使 Q 達到極小值。

根據數學分析中的極值原理，要使 Q 達到極小值，只須在誤差平方和的公式中分別對 a、b 求偏微分，令它們等於零，於是 a、b 滿足：

$$\frac{\partial Q}{\partial a}=-\sum_{i=1}^{N}(y_i-a-bx_i)=0$$

$$\frac{\partial Q}{\partial b}=-\sum_{i=1}^{N}(y_i-a-bx_i)\,x_i=0$$

以 2 除之，並移項簡化：

$$\begin{cases} N_a=\sum_{i=1}^{N}y_i-b\sum_{i=1}^{N}x_i & (1) \\ b\sum_{i=1}^{N}x_i^2=-a\sum_{i=1}^{N}x_i+\sum_{i=1}^{N}x_iy_i & (2) \end{cases}$$

由(1)式可得 $a=\sum_{i=1}^{N}y_i/n-b\sum_{i=1}^{N}x_i/n=\overline{y}-b\overline{x}$ (3)

將(3)式代入(2)式，得：

$$b\sum_{i=1}^{N}x_i^2=-(\sum_{i=1}^{N}y_i/N-b\sum_{i=1}^{N}x_i/N)\sum_{i=1}^{N}x_i+\sum_{i=1}^{N}x_iy_i$$

$$=-\frac{1}{N}\sum_{i=1}^{N}x_i\sum_{i=1}^{N}y_i+b\cdot\frac{1}{N}(\sum_{i=1}^{N}x_i)^2+\sum_{i=1}^{N}x_iy_ib\sum_{i=1}^{N}x^2-b\cdot\frac{1}{N}(\sum_{i=1}^{N}x_i)^2$$

$$=-\frac{1}{N}\sum_{i=1}^{N}x_i\sum_{i=1}^{N}y_i+\sum_{i=1}^{N}x_iy_i$$

$$b=\frac{\sum_{i=1}^{N}x_iy_i-(\sum_{i=1}^{N}x_i\cdot\sum_{i=1}^{N}y_i)/N}{\sum_{i=1}^{N}x_i^2-((\sum_{i=1}^{N}x_i)^2)/N}=\frac{\sum_{i=1}^{N}(x_i-\overline{x})(y_i-\overline{y})}{\sum_{i=1}^{N}(x_i-\overline{x})^2}$$

$$=\frac{L_{xy}}{L_{xx}}$$

編號	x	y	x^2	y^2	xy
1	1	64	1	4096	64
2	4	71	16	5041	284
3	5	54	25	2916	270
4	9	81	81	6561	729
5	11	76	121	5776	836
6	13	93	169	8649	1109
7	23	77	529	5929	1771
8	23	95	529	9025	2185
9	28	109	784	11881	3052
Σ	117	720	2255	59874	10302

$$\bar{x}=\frac{1}{N}\Sigma x_i=\frac{1}{9}\times 117=13$$

$$\bar{y}=\frac{1}{N}\Sigma x_i=\frac{1}{9}\times 720=80$$

$$b=\frac{\Sigma xy-\Sigma x\Sigma y/N}{\Sigma x^2-(\Sigma x)^2/N}=\frac{10302-117\times 720/9}{2255-117^2/9}=\frac{940}{734}=1.283$$

$$a=\bar{y}-b\bar{x}=80-1.283\times 13=63.321$$

因此，迴歸直線方程為：

$$\hat{y}=63.321+1.283x$$

5-1-2 相關係數及其顯著性檢定

在求迴歸方程的計算程序中，並不需要事先假定兩個變數之間一定要有相關關係。這就是說，對於任何兩個變數 x 和 y 的一組實驗資料 $(x_i, y_i), i=1, 2, ..., n$，都可以按上述計算步驟配出一條直線，而實際上，只有當 x 和 y 之間確實存在某種線性關係時，配出的直線才有意義。那麼，對於已經配出的直線，如何去檢定它有無意義呢？主要靠專業知識去判斷，但在數學上也給出了一種輔助辦法，引進一個叫相關係數的量，用來闡述兩個變數線性關係的密切程度，通常用字母 r 表示，計算公式為：

$$r=\frac{\Sigma(x-\bar{x})(y-\bar{y})}{\sqrt{\Sigma(x-\bar{x})^2\cdot\Sigma(y-\bar{y})^2}}=\frac{L_{xy}}{\sqrt{L_{xx}\cdot L_{yy}}}$$

r 的取值範圍是 $0\leq|r|\leq 1$。下面利用散點圖說明當 r 取各種不同數值時的情況。

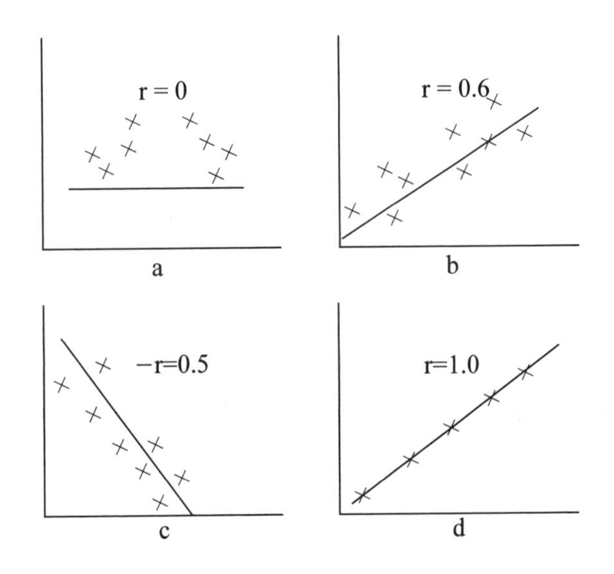

(a)r = 0，此時 $L_{xy}=0$，因此 b = 0，即根據最小二乘法確定的迴歸直線平行於 x 軸，這說明 y 的變化與 x 無關，散點的分配是不規則的。

(b)當 1 > r > 0 時，b > 0，散點有 y 隨著 x 增加而增加的趨勢，此時稱 x 與 y 正相關。

(c)當 0 > r > −1 時，b < 0，散點呈 y 隨 x 的增加而減小的趨勢，此時稱 x 與 y 負相關。

(d)|r| = 1，所有的點都在迴歸直線上，此時稱 x 與 y 完全線性相關。當 r = +1 時，為完全正相關，當 r = −1 時，為完全負相關。

例 5-1 的相關係數為：

$$r=\frac{940}{\sqrt{734\times2274}}=\frac{940}{1292}=0.727$$

只求出相關係數，還不能最後決定迴歸直線有無意義，還需要對相關係數做顯著性測驗，即 r 值與相關係數檢定表（附表 8）中同自由度下的 $r_{0.05}$ 比較。如果 $r>r_{0.05}$，則相關係數顯著，說明可用迴歸直線來近似地表示 x 與 y 的關係，如果 $r<r_{0.05}$，則相關係數不顯著，說明在此情況下配的迴歸直線沒有意義，稱 x 與 y 之間線性不相關。

就本例而言　因 $N=9$　　$df=N-2=7$　　$r_{0.05}(7)=0.666$

因 $r=0.727>0.666=r_{0.05}(7)$

所以 x 與 y 有顯著的相關關係，迴歸直線方程 $\hat{y}=63.321+1.283x$ 有意義。

有一點值得注意，當樣本配對數夠大時，樣本 r 值易於接近母體 p 值，r 分配就容易對稱，$r_{0.05}(df)$ 就可從 $p=0$ 的臨界值表中查出（當 $p=0$ 時，r 圍繞 0 變異，範圍在 −1 至 +1，分配對稱）。當 $p\neq0$，而且因 N（配對數）很少時，r 的分配不對稱，因此不能應用臨界值表，必須將 r 轉變為 Z 值，進而做 t 檢定（見附表 3）。

$$Z=\ln\sqrt{\frac{1+r}{1-r}}=\frac{1}{2}[\ln(1+r)-\ln(1-r)]$$

$$=\frac{2.3026}{2}[\log\frac{1+r}{1-r}]$$

$$=1.1513[\log\frac{1+r}{1-r}]$$

Z 的標準誤差為 $S_Z=\frac{1}{\sqrt{N-3}}$

就上例而言

$Z = 1.1513\,(\log \frac{1+0.727}{1-0.727}) = 0.92$

$S_Z = \frac{1}{\sqrt{9-3}} = 0.41$

$t = \frac{0.92}{0.41} = 2.24$

$t_{0.05}(6) = 2.447$

因 $t = 2.24 < 2.447 = t_{0.05}(6)$

所以：相關不顯著

此結論與 r 顯著性檢定的結論有矛盾，這說明，因為本實驗的 N 較小，用 Z 檢定更為準確。

5-1-3 迴歸直線方程效果的檢定

迴歸直線方程在一定程度上顯示了兩個相關變數 x、y 之間的關係，但它的求得並不是我們唯一的目的。在求得一個迴歸方程後，它的效果如何，方程所顯示的規律性強不強，如何利用它根據因變數 x（Independent Variable）的值來預報或控制應變數 y（dependent Variable）的取值，預報的精確程度如何等等，都是我們所關心的問題。為此需要對每個迴歸問題做進一步的分析。

首先來研究應變數 y 值的變化規律。既然稱為變數，那就是說，y 的取值不可能是完全固定的，而是有變化的。例如，根據迴歸方程畫出的迴歸直線，由於隨機誤差，實際觀測到的各點，雖然總的說來是分散在直線附近，但大多數並不是正好在直線上。y 取值的這種波動現象稱為變差。對每次觀測值來說，變差的大小可以透過該次實際觀測值 y 與平均數 $\bar{y}$ 的差 $y-\bar{y}$ 來表示。而全部 N 次觀測值的總變差可由這些離差的平方和表示，它稱為 y 總的離差平方和。

$L_{xy} = \Sigma\,(y-\bar{y})^2$

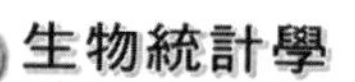

因為每個觀測點的離差 $y-\bar{y}$ 都可以分解成：

$$y-\bar{y}=(y-\hat{y})+(\hat{y}-\bar{y})$$

將式子的兩邊平方，然後對所有 N 點求和。則有：

$$\Sigma(y-\bar{y})^2=\Sigma[(y-\hat{y})+(\hat{y}-\bar{y})]^2$$

$$=\Sigma(y-\hat{y})^2+\Sigma(\hat{y}-\bar{y})^2+2\Sigma(y-\hat{y})(\hat{y}-\bar{y})$$

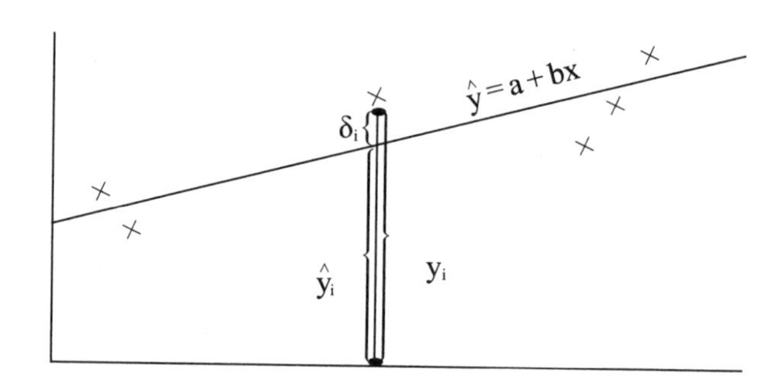

上式右邊的第二項 $\Sigma(\hat{y}-\bar{y})^2$ 反映了在 y 總的變差中，由於 x 與 y 的線性關係而引起 y 變化的部分，我們稱它為迴歸平方和，以 U 表示：

$$U=\Sigma(\hat{y}-\bar{y})^2$$

$$=\Sigma(a+bx-a-b\bar{x})^2$$

$$=b^2\Sigma(x-\bar{x})^2$$

$$=b\Sigma(x-\bar{x})(y-\bar{y})$$

$$=bL_{xy}$$

因此，有了迴歸係數 b，迴歸平方和就可按上式求得。

上式右邊的第一項 $\Sigma(y-\hat{y})^2$ 正是所有觀測點距迴歸直線的殘差 $\delta_i=y_i-\hat{y}_i$ 的平方和。根據最小二乘法原理，這個量是在所有類似的直線中與觀測點距離平方和最小的一個，它是除了 x 對 y 的線性影響之外的一切因素（包括 x 對 y 的非線性影響及測量誤差等）對 y 變差的作用，我們稱它為剩餘平方和（或殘差平方和）。它可按下面的公式求得：

$$Q=\Sigma(y-\hat{y})^2$$
$$=\Sigma(y-\bar{y})^2-\Sigma(\hat{y}-\bar{y})^2$$
$$=L_{yy}-bL_{xy}$$

從迴歸平方和與剩餘平方和的意義可知，一個迴歸效果的好壞取決於 U 及 Q 的大小，或者說取決於 U 在 L_{yy} 中的比例，這個比例愈大，迴歸的效果就愈好。

$$U/L_{yy}=bL_{xy}/L_{yy}=\frac{L_{xy}}{L_{xx}}\cdot L_{xy}/L_{yy}=\frac{L_{xy}^2}{L_{xx}L_{xy}}=r^2$$

從而有 $U=r^2L_{yy}$

$$Q=L_{yy}-r^2L_{yy}=(1-r^2)L_{yy}$$

對每個平方和都有一個「自由度」與它相聯繫。對一元迴歸來說，總和的自由度等於實驗的總次數減 1；迴歸平方和的自由度是對應於因變數的個數，因此在這裡是 1；剩餘平方和的自由度等於 N－2。

Q 除以 N－2 所得的商 $S_e^2=\frac{Q}{N-2}$ 稱為剩餘變異數，它可以看作在排除了 x 對 y 的線性影響後，衡量 y 隨機波動大小的一個估計量。剩餘標準差 $S_e=\sqrt{Q/N-2}$ 則用來衡量所有隨機因素對 y 的一次觀測值的平均變差的大小。

下面列出一個因變數線性迴歸的變異數分析表：

變差來源	平方和	df	S^2
迴歸	$\Sigma(\hat{y}-\bar{y})^2=bL_{xy}$	1	$Q/N-2$
剩餘	$\Sigma(y-\hat{y})^2=L_{yy}-bL_{xy}$	N－2	
總計	$L_{yy}=\Sigma(y-\bar{y})^2$	N－1	

剩餘平方和對迴歸平方和做 F 檢定，如果顯著，說明迴歸方程所揭示的規律性強；如果不顯著，說明迴歸方程揭示的規律不強。

就例 5-1 的資料而言：

$$L_{yy} = \Sigma y^2 - (\Sigma y)^2 / N$$
$$= 59874 - 720^2 / 9 = 2274$$

$$U = bL_{xy} = b[\Sigma xy - (\Sigma x \Sigma y)/N]$$
$$= 1.283[10302 - (117 \times 720)/9]$$
$$= 1.283(10302 - 9360) = 1208.59$$

$$Q = L_{yy} - bL_{xy}$$
$$= 2274 - 1208.59 = 1065.41$$

$$S_e^2 = \frac{Q}{N-2} = \frac{1065.41}{9-2} = 152.2$$

列出變異數分析表：

變差來源	平方和	df	S^2	F	$F_{0.05}(1.7)$
U	1208.59	1	1208.59	7.94*	5.59
Q	1065.41	7	152.2		
總計	2274	8			

說明土壤中無機磷的含量與植物含磷量之間有顯著的迴歸關係，即可以根據因變數 x 的值來預報或控制應變數 y 的取值。

對應變數 y 進行了變異數分析後，迴歸方程所揭示的規律性強不強也就清楚了，從而也就可以利用 x 值預報 y 的取值，然而預報的精度如何？

一般地說，服從常態分配的變數，對於每個確定的 $x = x_0$，則 y 的取值也服從常態分配，它的平均數即是當 $x = x_0$ 時迴歸方程相應值 $\hat{y}_0 = a + bx_0$，其變異數可用剩餘變異數 S_e^2 來估計。於是，根據常態分配的性質，對於固定的 $x = x_0$，y 的取值是以 $\hat{y}_0$ 為中心而對稱分配的，愈靠近 $\hat{y}_0$ 的地方出現的機會愈大，而離 $\hat{y}_0$ 較遠的地方出現的機會就愈小，且與剩餘標準差 S_e 之間有下述的關係：

落在 $\hat{y}_0 \pm 0.5S_e$ 的區間內約占 38%

落在 $\hat{y}_0 \pm S_e$ 的區間內約占 68%

落在 $\hat{y}_0 \pm 2S_e$ 的區間內約占 95%

落在 $\hat{y}_0 \pm 3S_e$ 的區間內約占 99.7%

由此可見，若 S_e 愈小，則從迴歸方程預報 y 的值就愈精確，因此我們可以把剩餘標準差作為預報精確度的標誌。

95%的可信區間為：大樣本　$(a+bx_0) \pm 2S_e$

小樣本　$(a+bx_0) \pm t_{0.05}(N-2)\,S_e$

除用 F 檢定判斷迴歸方程的效果外，還可用檢定迴歸係數 b 的方法來判斷迴歸方程的效果。迴歸係數 b 的顯著性檢定須用 t 檢定。

$$t=\frac{b}{S_b} \qquad S_b=\sqrt{\frac{S_e^2}{L_{xx}}}$$

就例 5.1 的資料而言

$$S_b=\sqrt{\frac{152.2}{734}}=0.46$$

$$t=\frac{1.283}{0.46}=2.79$$

$$t_{0.05}(7)=2.365$$

結論是迴歸係數 b 顯著，這與 F 檢定的結果是一致的。

5-1-4 兩條迴歸直線的比較

迴歸的計算與分析都是從實際觀測資料出發的，因此計算所得的結果與分析都依賴於這些觀測資料。對不同次觀測資料，迴歸分析的結果必然不同。

第一種情況：在除 x 外其他實驗條件基本不變的情況下，在不同的幾批觀測中，由於各種隨機因素的作用，所得的觀測值也會有差別，因此得到的迴歸方程的係數 b 及常數項 a 就會有波動，波動程度小，迴歸方程穩定；波動程度大，迴歸方程不穩定。在實際使用時，方程愈穩定愈好。

迴歸係數 b 的波動大小可用它的標準差 S_b 來表示，S_b 愈大，b 的波動程度就大；S_b 愈小，b 的波動程度就小。

第二種情況：如果實驗條件改變了，此時結果的改變反映了在不同條件下兩個變數關係的變化。對於這種情況有兩種檢定方法。

(1)檢定兩個相關係數的差異是否顯著。

要注意的是，當檢定兩個相關係數差異性而配對數又較少時，亦須將 r 值轉換成 Z 值，然後做 t 檢定，$df=(n_1-3)+(n_2-3)$

$$t=\frac{Z_1-Z_2}{S_{Z_1-Z_2}}$$

$$S_{Z_1-Z_2}=\sqrt{\frac{1}{n_1-3}\cdot\frac{1}{n_2-3}}$$

(2)可檢定兩個迴歸係數的差異是否顯著。

例 5-2 在優質育種工作中，為了快速篩選優良原始材料，採用染料結合法（DBC），測定種子的鹼性氨基酸的含量。它的原理是，一種染料 orangeG 與鹼性氨基酸結合，使原來染料濃度降低。測定染料減少的量，來估計鹼性氨基酸的含量。已經計算出鹼性氨基酸與 DBC 之間有顯著迴歸，實驗測定了大麥和黑麥每公斤試樣的染料結合力（DBC）與鹼性氨基酸含量，結果如下：

大麥：	x	91	93	94	96	98	102	105	108
	y	66	68	69	71	73	78	82	85
黑麥：	x	80	82	85	87	89	91	95	
	y	55	57	60	62	64	67	71	

	大麥	黑麥
n	8	7
$\bar{x}$	98.4	87.0
$\bar{y}$	74.0	62.3
L_{xx}	257.9	162.0
L_{yy}	336.0	187.4
L_{xy}	274	174.0
$\hat{y}$	$-38.06+1.14x$	$-31.16+1.07x$
S_e^2	0.140	0.244

解：

$$t=\frac{|b_1-b_2|}{S_{b_1-b_2}}$$

$$S_{b_1-b_2}=\sqrt{\frac{Q_1+Q_2}{N_1+N_2-4}(\frac{1}{L_{x_1x_1}}+\frac{1}{L_{x_2x_2}})}$$

$$=\sqrt{\frac{(N_1-2)S_1^2+(N_2-2)S_2^2}{N_1+N_2-4}(\frac{1}{L_{x_1x_1}}+\frac{1}{L_{x_2x_2}})}$$

$$=\sqrt{\frac{6(0.140)+5(0.244)S_2^2}{11}(\frac{1}{257.9}+\frac{1}{162.0})}$$

$$=\sqrt{0.187\times0.01}=0.043$$

$$t=\frac{1.14-1.07}{0.043}=1.63$$

$$t_{0.05}(11)=2.201$$

結論：表明 b_1 與 b_2 的差異顯著，則說明這兩條迴歸直線中 x 對 y 的影響規律是有差別的，且這個差別是由於實驗條件或其他方面的改造的。反之，若 t 檢定的結果不顯著，那麼就可以對這兩條迴歸直線求一個公共的迴歸係數 b，它等於 b_1、b_2 按 $L_{x_1x_2}$、$L_{x_2x_2}$ 的加權平均數：

$$b=\frac{b_1L_{x_1x_1}+b_2L_{x_2x_2}}{L_{x_1x_1}+L_{x_2x_2}}=\frac{257.9\times1.14+162.0\times1.07}{257.9+162.0}=1.10$$

$$\bar{x}=\frac{n_1\bar{x}_1+n_2\bar{x}_2}{n_1+n_2}=\frac{8\times98.4+7\times87.0}{8+7}=93.08$$

$$\bar{y}=\frac{n_1\bar{y}_1+n_2\bar{y}_2}{n_1+n_2}=\frac{8\times74+7\times62.3}{8+7}=68.54$$

$$a=68.54-1.10\times93.08=68.54-102.395=-33.85$$

$$\hat{y}=-33.85+1.1x$$

上述就是合併後的迴歸方程。

第三種情況：n 個相關係數的比較。

必須將各 r 值換算成 Z 值間，而後做幾個 Z 值間的顯著性測驗。

例 5-3 從一個個體上取得三個變數

A	49	44	32	42	32	53	36	39	37	45	41	48	45	39	40	34	37	35
B	27	24	12	22	13	29	14	20	16	21	22	25	23	18	20	15	20	13
C	19	16	12	17	10	19	15	14	15	21	14	22	22	15	14	15	15	16

計算 A 與 B、A 與 C、B 與 C 之間的相關係數。

比較兩兩相關係數的差異顯著性。

A	B	C	A^2	B^2	C^2	AB	AC	BC
49	27	19	2401	729	361	1323	931	513
44	24	26	1936	576	256	1056	704	384
32	12	12	1024	144	144	384	384	144
42	22	17	1764	484	289	924	714	374
32	13	10	1024	169	100	416	320	130
53	29	19	2809	841	361	1537	1007	551
36	14	15	1296	196	225	504	540	210
39	20	14	1521	400	196	780	546	280
37	16	15	1369	256	225	592	555	240
45	21	21	2025	441	441	945	945	441
41	22	14	1681	484	196	902	574	308
48	25	22	2304	625	484	1200	1056	550
45	23	22	2025	529	484	1035	990	506
39	18	15	1521	324	225	702	585	270
40	20	14	1600	400	196	800	560	280
34	15	15	1156	225	225	510	510	225
37	20	15	1369	400	225	740	555	300
35	13	16	1225	169	256	455	560	208
728	354	291	30050	7392	4889	14805	12036	5914

解： 有關資料計算如下：

$$r_{AB}=\frac{14805-728\times 354/18}{\sqrt{(30050-728^2/18)(7392-354^2/18)}}=\frac{487.63}{510.64}=0.955$$

$$r_{AC}=\frac{12036-728\times291/18}{\sqrt{(30050-728^2/18)(4889-291^2/18)}}=\frac{266.67}{334.49}=0.797$$

$$r_{BC}=\frac{5914-354\times291/18}{\sqrt{(7329-354^2/18)(4889-291^2/18)}}=\frac{191}{281.66}=0.678$$

$$Z_1=1.1513\,(\log\frac{1+0.955}{1-0.955})=1.8858$$

$$Z_2=1.1513\,(\log\frac{1+0.797}{1-0.797})=1.0903$$

$$Z_3=1.1513\,(\log\frac{1+0.678}{1-0.678})=0.8254$$

$$S_{Z_1-Z_2}=\sqrt{\frac{1}{n_1-3}\times\frac{1}{n_2-3}}=\sqrt{\frac{1}{15}\times\frac{1}{15}}=0.067$$

$$t_1=\frac{1.8858-1.0903}{0.067}=11.87$$

$$t_2=\frac{1.8858-0.8254}{0.067}=15.83$$

$$t_3=\frac{1.0903-0.8254}{0.067}=3.95$$

$$df=15+15=30$$

$t_{0.05}(30)=2.042$　　　$t_{0.01}(30)=2.750$

結論：相關係數的差異顯著。

5-2 一元非線性迴歸

在實際問題中，有時兩個變數之間的內在關係並不是線性關係，這時選擇恰當類型的曲線比配直線更符合實際情況，一般地說，對實驗資料配曲線可分以下兩個步驟進行。

第一，確定 x 與 y 之間內在關係的函數類型。這裡又有兩種情況，一是根據專業知識（從理論上推導或根據以往累積的實際經驗）可以確定兩個變數之間的函數類型。例如在細菌培養實驗中，每一時刻的總量 y 與時間 x 有指數關係，即 $y = ae^{bx}$。另一種情況是根據理論或經驗無法推知 x 與 y 關係的函數類型，此時就需要根據實驗資料，從散點圖的分配形狀及特點選擇恰當的曲線來撮合這些實驗資料。

第二，確定 x 與 y 相關函數中的未知母數。如在上述的細菌培養實驗中，確定了 x 與 y 的關係遵循指數關係後，就須進一步根據實驗資料確定其中 a 與 b 這兩個母數。

確定未知母數最常用的辦法仍是最小二乘法。對於許多函數類別都是先運用變數變換，把非線性的函數關係化成線性關係，也就是說，對因變數或應變數（或同時對二者）進行適當的變數變換，把曲線方程化成直線方程。求出直線方程後，經相關係數檢定顯著，再把直線方程返回到曲線方程，此時根據變換關係，曲線方程中的 a 與 b 自然就會求得。

曲線方程化成直線方程的變換方法有數種，採用哪種適合，要看具體問題而定。通常是根據散點圖的形狀再結合一些已知函數的圖形試選一種基本趨勢相符的曲線，然後按不同的函數類型採用不同的變換方法。

例如：對雙曲線 $\frac{1}{y} = a + \frac{b}{x}$

令 $y' = \frac{1}{y}$，$x' = \frac{1}{x}$　　則有 $\hat{y}' = a + bx$

冪函數　$y = ax^b$

令 $y' = \log y$，$x' = \log x$，$a' = \log a$　　則有 $\hat{y}' = a + bx'$

指數函數　$y = ae^{bx}$

令 $y' = \ln y$，$a' = \ln a$　　則有 $\hat{y}' = a' + bx$

分數指數函數　$y = ae^{\frac{b}{x}}$

令 $y' = \ln y$，$x' = \frac{1}{x}$，$a' = \ln a$　　則有 $\hat{y}' = a' + bx'$

對數函數　　$y = a + b\log x$

令 $x' = \log x$　　則有 $\hat{y} = a + bx'$

S 線曲線　　$y = \frac{1}{a + be^{-x}}$

令 $x' = e^{-x}$，$y' = \frac{1}{y}$　　則有 $\hat{y}' = a + bx'$

選擇變換方法的原則可以整合為：

- 雙曲線採用倒數變換。
- 冪函數採用平方根變換。
- 指數曲線採用對數變換。
- S 型曲線採用機率座標變換。

下面運用例題來說明曲線方程的求法。

例 5-4　記錄了日齡 6 至 16 天內雞胚胎的重量資料，分析時間與重量之間的關係。

解：(1)作散點圖：

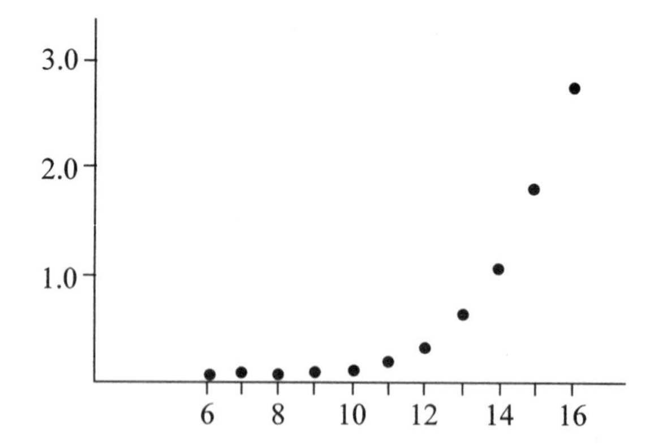

散點圖呈現的曲線與指數曲線相近，於是決定對此曲線做對數變換。

(2)求變換後的直線方程：

選定的指數方程為：$W=AB^x$

變換後的直線方程為：

$\log W=\log A+(\log B)x$

日齡 x	乾重 W（克）	$y'=\log W$	x^2	y^2	xy'
6	0.029	−1.538	36	2.365444	−9.228
7	0.052	−1.284	49	1.648656	−8.988
8	0.079	−1.102	64	1.214404	−8.816
9	0.125	−0.903	81	0.815409	−8.127
10	0.181	−0.742	100	0.550564	−7.420
11	0.261	−0.583	121	0.339889	−6.413
12	0.425	−0.372	144	0.138384	−4.464
13	0.738	−0.132	169	0.017424	−1.716
14	1.130	0.053	196	0.002809	0.742
15	1.882	0.275	225	0.075625	4.125
16	2.812	0.449	256	0.201601	7.184
$\Sigma x=121$	7.714	−5.879	1441	7.370209	−43.119

$N=11$

$\bar{x}=\dfrac{121}{11}=11$

$\bar{y}'=\dfrac{-5.879}{11}=-0.534$

$I'_{xx}=\Sigma x^2-(\Sigma x)^2/N=1441-121^2/11=110$

$$L_{xy'} = \Sigma xy' - \Sigma x \Sigma y'/N = -43.119 - 121 \times (-5.879)/11 = 21.55$$

因此 $b = \frac{L_{xy}}{L_{xx}} = \frac{21.55}{110} = 0.196$

$a = \bar{y}' - b\bar{x} = -0.534 - 0.196 \times 11 = -2.690$

直線迴歸方程為：

$\hat{y}' = -2.690 + 0.196x$

(3)檢定直線方程：

$$r = \frac{L_{xy}}{\sqrt{L_{xx} \cdot L_{yy}}} = \frac{21.55}{\sqrt{110 \times 4.228}} = 0.9992$$

說明在 x、y' 之間適配迴歸直線是合理的，而且因為 γ 的絕對值十分接近 1，表示迴歸的效果很好。

(4)直線方程返回曲線方程：

根據前面的變換關係，現在已計算出 a 和 b 這兩個母數，因此不難算出 A、B。

因為 $3.310 = -2.690 = a = \log A$

所以 $A = 0.002046$

又因 $0.196 = b = \log B$

所以 $B = 1.57$

因此 x 與 W 之間滿足關係

$\hat{y} = 0.002046\,(1.57)^x$

(5)檢定曲線方程：

這裡給出一個衡量適配曲線效果好壞的指標，記作 R^2，稱為相關指數。

$$R^2 = \frac{\Sigma(\hat{y} - \bar{y})^2}{\Sigma(y - \bar{y})^2} = 1 - \frac{\Sigma(y - \hat{y})^2}{\Sigma(y - \bar{y})^2}$$

式中的剩餘平方和必須直接根據每個觀測值的殘差 $W - \hat{y}$ 來計算。

x	W	W^2	$\hat{y}'$	$\hat{y}=\log^{-1}\hat{y}'$	$\delta=W-\hat{y}$	δ^2
6	0.029	0.000841	−1.514	0.031	−0.002	0.000002
7	0.052	0.002704	−1.318	0.048	0.004	0.000016
8	0.097	0.006241	−1.122	0.076	0.003	0.000009
9	0.125	0.015625	−0.926	0.119	0.006	0.000036
10	0.181	0.032761	−0.730	0.186	−0.005	0.000025
11	0.261	0.068121	−0.534	0.292	−0.031	0.000961
12	0.425	0.180625	−0.338	0.459	−0.034	0.001156
13	0.738	0.544644	−0.142	0.721	0.017	0.000289
14	1.130	1.276900	0.054	1.132	−0.002	0.000004
15	1.882	3.541924	0.250	1.778	0.104	0.010816
16	2.817	7.935489	0.446	2.973	0.019	0.000361
Σ	7.714	13.605875			0.079	0.013675

剩餘標準差　$S_e=\sqrt{\dfrac{\Sigma(W-\hat{y})^2}{N-2}}=\sqrt{\dfrac{0.013675}{9}}=0.039$

總平方

$=\Sigma(W-\hat{y})^2=\Sigma W^2-(\Sigma W)^2/N$

$=13.605875-7.714^2/11=8.196258$

故　相關指數 $R^2=1-\dfrac{0.013675}{8.196258}=0.9984$

說明對日齡與重量所適配的曲線方程的實際效果是很好的。

有一個特殊的應用問題要講一下。半數有效量亦稱致死中量或半數致死量，它表示能夠毒死一半實驗動物的劑量。

第一，它既是反映藥物毒性的重要資料之一，又可為研究工作提供其他方面的必要資料。第二，測定致死中量可以為殺滅某種蟲害、獸害確定初步可能使用的濃度，在滅鼠工作就有這樣的經驗算式：滅老鼠的毒餌含藥量（%）＝致死中量×0.04；滅野鼠的毒餌含量（%）＝致死中量×0.02。第三，致死中量的測定還可用來比較兩種藥或不同規格的同種藥的毒力和個體差。第四，先投次致死中量，再給致死中量，可確定實驗動物能否產生耐藥性。第五，服某種藥後測量另一種藥的致死中量，與未服前種藥的對比，可確定有無協同、拮抗以至解毒作用。

半數致死量的測定已有很多專門的方法，在這裡只介紹利用迴歸方程計算致死中量。

例 5-5 今有小白鼠服某種藥物的劑量與死亡率的資料如下。由於藥物和生物製品的劑量與死亡率之間的迴歸關係，往往是反乙字長尾曲線，在實際應用時，將劑量變換成對數值，使曲線尾部縮短，曲線變成對稱的反乙字曲線。為了進一步將劑量與死亡率的關係變成直線，可以將死亡率變換成機率單位。

實驗結果		變換後的資料	
x 劑量（毫克／公斤）	死亡率 p（%）	對數劑量 x'	機率單位 y'
100	2	2.00	2.95
200	25	2.30	4.33
300	70	2.48	5.52
400	85	2.60	6.04
600	98	2.78	7.09
800	99	2.90	7.33
		Σ 15.06	33.27

解： 根據上表，按直線迴歸的方法，以劑量的對數 x'死亡率的機率單位 y'進行計算。

⑴計算基本資料：

$\overline{x'}=\frac{15.06}{6}=2.510$　　　$\overline{y'}=\frac{33.27}{6}=5.542$

$\Sigma x'2=38.3388$　　　$\Sigma y'2=198.3954$

$\Sigma x'y'=86.2198$

$\frac{(\Sigma x')^2}{N}=37.8006$　　　$\frac{(\Sigma y')^2}{N}=184.4822$

$\frac{(\Sigma x')(\Sigma y')}{N}=83.5077$

$$\Sigma(x'-\overline{x})^2=\Sigma(x')^2-(\Sigma x')^2/N$$
$$=38.3388-37.8006$$
$$=0.5382$$

$$\Sigma(y'-\overline{y})^2=\Sigma y'^2-(\Sigma y')^2/N$$
$$=198.3954-184.4822$$
$$=13.9132$$

$$\Sigma(x'-\overline{x})(y'-\overline{y})=\Sigma x'y'-\frac{(\Sigma x')(\Sigma y')}{N}$$
$$=86.2198-83.5077=2.7121$$

⑵計算 b 和 a，求出迴歸方程：

$$b=\frac{\Sigma(x'-\overline{x})(y'-\overline{y'})}{\sqrt{\Sigma(x'-\overline{x})^2}}=\frac{2.7121}{0.5382}=5.0392$$

$$a=\overline{y}-b\overline{x'}=5.542-5.01392\times 2.510=-7.1064$$

故迴歸方程為：

$$\hat{y}'=-7.1064+5.0392x'$$

⑶檢定迴歸方程：

$$r=\frac{\Sigma(x'-\overline{x'})(y'-\overline{y'})}{\sqrt{\Sigma(x'-\overline{x'})^2\cdot\Sigma(y'-\overline{y'})^2}}$$

$$=\frac{2.7121}{\sqrt{0.5382\times 13.9132}}=\frac{2.7121}{2.7364}=0.991$$

$df=N-2=6-2=4$

$r_{0.05}(4)=0.811$ $r_{0.01}(4)=0.917$

因 $r>r_{0.05}(4)=0.811$ $r>r_{0.01}(4)$

說明經過變數變換後的迴歸方程是有意義的。

(4)得用迴歸方程計算半數致死量(LD_{50})

由於死亡率為50%時，機率單位為5.00，半數致死量的對數即為：$\hat{y}'=5$時的 x 值，將 $\hat{y}'$ 與 5 代入到已求出的迴歸方程中：

$5=-7.1064+5.0392x'$

$5.0392x=12.1064$

$x'=\frac{12.1064}{5.0392}=2.402$

即 $x'=\log LD_{50}=2.402$

所以 $LD_{50}=\log^{-1}2.402=252$（毫克／公斤）

5-3 多元線性迴歸分析

在迴歸問題中，一個量只受一種因素影響的情況是較少的，往往是很多因素共同影響一個量，我們稱這類迴歸問題為多元迴歸分析。因為多元線性迴歸分析的原理與一元線性迴歸分析完全相同，只是在計算上複雜得多。我們可以先運用一個二元的例子說明問題，然後再引出多元迴歸計算的一般公式。

例 5-6 小麥單株產量不僅與單穗重有關，而且與有效蘖有關，下表中的資料是在做小麥性狀調查時的一部分記錄。主穗重與有效蘖數為因變數，單株產量為應變數，求二元迴歸方程。

主穗重			有效孽數			單株產量			交叉乘積		
x_1	$x'=x-2$	x'^2	x_2	$x'_2=x_2-5$	x'^2_2	y	$y'=y-5$	y'^2	x'_1y'	x'_2y'	$x'_1x'_2$
2.6	0.6	0.36	9	4	16	7.8	2.8	7.84	1.68	11.2	2.4
1.6	−0.4	0.16	1	−4	16	2.8	−2.2	4.84	0.88	8.8	1.6
1.8	−0.2	0.04	1	−4	16	3.2	−1.8	3.24	0.36	7.2	0.8
2.7	0.7	0.49	6	1	1	10.7	5.7	32.49	3.99	5.7	0.7
2.2	0.2	0.04	4	−1	1	5.0	0.0	0.00	0.00	0.0	−0.2
2.0	0.0	0.00	7	2	4	9.1	4.1	16.81	0.00	8.2	0.0
2.5	0.5	0.25	3	−2	4	6.3	1.3	1.69	0.65	−2.6	−1.0
1.8	−0.2	0.04	6	1	1	8.6	3.6	12.96	−0.72	3.6	−0.2
1.8	−0.2	0.04	2	−3	9	4.1	−0.9	0.81	0.18	2.7	0.6
1.5	−0.5	0.25	4	−1	1	6.8	1.8	3.24	−0.90	−1.8	0.5
2.5	0.5	0.25	5	0	0	6.8	1.8	3.24	−0.90	0.0	0.0
2.3	0.3	0.09	1	−4	16	3.7	−1.3	1.69	−0.39	5.2	−1.2
1.6	−0.4	0.16	0	−5	25	1.6	−3.4	11.56	1.36	17.0	2.0
2.2	0.2	0.04	0	−5	25	2.2	−2.8	7.84	−0.56	14.0	−1.0
1.7	−0.3	0.09	3	−2	4	2.4	−2.6	6.76	0.78	5.2	0.6
Σ	0.8	2.30		−23	139		6.1	115.01	8.21	84.4	5.6
$\bar{x}_1$ 2.053			3.47			5.407					

解：(1)計算有關資料：

$$L_{11}=\Sigma x'^2_1-(\Sigma x'_1)^2/n=2.30-0.8^2/15=2.257$$

$$L_{22}=\Sigma x'^2_2-(\Sigma x'_2)^2/n=139-23^2/15=103.730$$

$$L_{12}=L_{21}=\Sigma(x'_1-\overline{x'_1})(x'_2-\overline{x'_2})$$

$$=\Sigma x'_1x'_2-\Sigma x'_1\Sigma x'_2/n$$

$$=5.6-\frac{0.8\times(-23)}{15}=6.827$$

$$L_{1y}=\Sigma x'_1y'-\Sigma x'_1\Sigma y'/n$$

$$=8.21-\frac{0.8\times 6.1}{15}=7.885$$

$$L_{2y}=\Sigma x'_2y'-\Sigma x'_2\Sigma y'/n$$

$$=84.4-\frac{(-23)\times 6.1}{15}=93.753$$

⑵求二元迴歸方程：

應用最小二乘法原理，推出 b_1、b_2 必須滿足的方程組。即選取這樣的 a、b_1、b_2 使殘差平方和達到極小值。

$$\Sigma(y-\hat{y})^2=\Sigma(y-a-b_1x_1-b_2x_2)^2$$

仍用求偏微分（Partial Derivative）的方法可得出 b_1、b_2 必須滿足下面的線性方程組：

$$\begin{cases}\Sigma(x_1-\bar{x}_1)^2b_1+\Sigma(x_1-\bar{x}_1)(x_2-\bar{x}_2)b_2=\Sigma(x_1-\bar{x}_1)(y-\bar{y})\\ \Sigma(x_1-\bar{x}_1)(x_2-\bar{x}_2)b_1+\Sigma(x_2-\bar{x}_2)^2b_2=\Sigma(x_2-\bar{x}_2)(y-\bar{y})\end{cases}$$

稱這種確定迴歸係數的方程組為正規方程（Normal Equation），則正規方程可寫成：

$$\begin{cases}L_{11}b_1+L_{12}b_2=L_{1y}\\ L_{21}b_1+L_{22}b_2=L_{2y}\end{cases}$$

於是

$$b_1=\frac{L_{1y}L_{22}-L_{2y}L_{12}}{L_{11}L_{22}-L_{12}^2}$$

$$b_2=\frac{L_{2y}L_{11}-L_{1y}L_{21}}{L_{11}L_{22}-L_{12}^2}$$

常數項 a 由下式確定：

$$a=\bar{y}-b_1\bar{x}_1-b_2\bar{x}_2$$

對本例而言，方程組為：

$$\begin{cases}2.257b_1+6.827b_2=7.885\\ 6.827b_1+103.730b_2=93.753\end{cases}$$

$$b_1=\frac{7.885\times103.73-93.753\times6.827}{2.257\times103.73-6.827^2}=\frac{817.91-640.05}{234.12-46.61}=\frac{177.86}{187.51}=0.949$$

$$b_2=\frac{93.753\times2.257-7.885\times6.827}{2.257\times103.73-6.827^2}=\frac{211.60-53.83}{234.12-46.61}=\frac{157.77}{187.51}=0.841$$

$$a=5.407-1.948-2.918=0.541$$

於是得出二元迴歸方程：

$\hat{y}=0.541+0.949x_1+0.841x_2$

求二元線性迴歸方程的方法很容易推廣到多個因變數的情況。設影響應變數 y 的因變數共有 k 個：$x_1, x_2, ..., x_k$，根據這些資料，在 y 於 $x_1, x_2, ..., x_k$ 之間欲配線性迴歸方程：

$$\hat{y}=a+b_1x_1+b_2x_2+...+b_kx_k$$

根據最小二乘法原理，要選擇這樣的 a，$b_1, b_2, ..., b_k$，使

$$\Sigma(y-\hat{y})^2=\Sigma[y-(a+b_1x_1+b_2x_2+...+b_kx_k)]^2$$

達到極小。為此將上式分別對 a，$b_1, b_2, ..., b_k$，求偏微分，令其等於 0，經化簡整理最後可得 a，$b_1, b_2, ..., b_k$，必須滿足下面的正規方程：

$$\begin{cases} L_{11}b_1+L_{12}b_2+...+L_{1k}b_k=L_{1y} \\ L_{21}b_1+L_{22}b_2+...+L_{2k}b_k=L_{2y} \\ \cdots\cdots\cdots\cdots\cdots\cdots \\ L_{k1}b_1+L_{k2}b_2+...+L_{kk}b_k=L_{ky} \end{cases}$$

解線性方程組即可求得各迴歸係數 b_i。線性方程組的具體解法很多，其中有行列式法、消元法、矩陣求解。

5-3-1 多元線性迴歸方程的顯著性檢定

要判斷迴歸方程的效果，還須做變異數分析。首先，y 總離差平方和 L_{yy} 仍分解成迴歸平方和與剩餘平方和兩部分：

$$L_{yy}=\Sigma(y-\bar{y})^2=\Sigma(y-\hat{y})^2+\Sigma(\hat{y}-y)^2$$

此處迴歸估計量 $\hat{y}$ 按下面的方程計算：

$$\hat{y}=a+b_1x_1+b_2x_2+...+b_kx_k$$

在多元線性迴歸中，迴歸平方和表示的是所有 k 個因變數對 y 的變差的總影響，在具體計算中可按下式計算：

$$U=\Sigma(\hat{y}-\bar{y})^2=\Sigma b_iL_{iy}=b_1L_{1y}+b_2L_{2y}+...+b_kL_{ky}$$

而剩餘平方和則是除這些因變數外，其他隨機因素對 y 的影響，它等於：

$$Q = \Sigma (y - \hat{y})^2 = L_{yy} - U$$

與一個因變數的情形完全一樣，U 愈大（或 Q 愈小）則表示 y 與這些因變數的線性關係愈密切，迴歸的規律性愈強，效果也就愈好。

在多元迴歸中，總平方和 L_{yy} 的自由度仍為 N − 1；迴歸平方和的自由度等於因變數的個體 k；而剩餘平方和的自由度等於 N − 1 − k。

剩餘變數為：$S_e^2 = \frac{Q}{N-k-1}$

剩餘標準差為：$S_e = \sqrt{\frac{Q}{N-k-1}}$

就本例資料而言：

$U = 0.949 \times 7.885 + 0.841 \times 93.753$

$= 7.483 + 78.846 = 86$

$yy = \Sigma y^2 - (\Sigma y)^2 / n$

$= 115.01 - 6.1^2 / 15 = 115.01 - 2.48$

$= 112.53$

$Q = 112.53 - 86.329 = 26.201$

變差來源	平方和	df	S^2	F	$F_{0.05}(2.12)$	$F_{0.01}$
迴歸	86.329	2	43.165	19.77	3.885	6.927
剩餘	26.201	12	2.183			
總計	112.53	14				

從表中資料可看出，迴歸顯著。

5-3-2 迴歸係數的顯著性檢定

在前面求出的二元迴歸方程中，$b_1 = 0.949$、$b_2 = 0.841$，這都稱為偏迴歸係數，0.949 表示在有效蘖數都相同的情況下，主穗重每改變一個單位，單株穗重平均改變 0.949 個單位。同樣，0.841 表示在主穗重都相同的情況下，有效蘖數每改變一個單位，所引起單株重平均改變的單位數。由此可見，偏迴歸係數是指在其因變數都固定時，其中一個因變數對應變數的影響。在多個因變數同時影響一個應變數的情況下，需要確定在一個迴歸方程中，哪些因素是主要的，哪些因素是次要的，為此要做迴歸係數的顯著性檢定。這裡只介紹兩種檢定的解法。

⑴在各因變數之間相關不顯著時（因變數之間的相關在後面要講到），一個簡單直觀的方法是比較各迴歸係數的絕對值，絕對值愈大愈重要。

⑵在各因變數的單位不一致時，不能直接比較，可以採用標準迴歸係數來消除這種影響。標準迴歸係數 b'_i 與迴歸係數 b_i 之間有如下關係：

$$b'_i = b_i \sqrt{\frac{L_{xx}}{L_{yy}}}$$

以例 5-6 的資料而言：

$$b'_1 = 0.949 \sqrt{\frac{2.257}{112.53}} = 0.1344$$

$$b'_2 = 0.841 \sqrt{\frac{103.73}{112.53}} = 0.8074$$

比較的結果說明，有效蘖數對單株產量的貢獻比主穗重對單株產量的貢獻要大。

5-3-3 複相關係數和偏相關係數

在一元迴歸中，迴歸的顯著程度可用相關係數來表示，同樣，在多元迴歸問題中，可以用複相關係數表示。複相關係數由下式給出：

$$R_{\cdot y \cdot 1,2,\ldots k} = \sqrt{\frac{U}{L_{yy}}} = \sqrt{1 - \frac{Q}{L_{yy}}}$$

就例 5-6 的資料而言：

$$R_{\cdot y\cdot 1,2}=\sqrt{\frac{86.329}{112.53}}=0.8759$$

從附表中查出 $R_{0.05}(k=2, df=12)=0.627$

因　$R_{y,1,2}=0.8759>0.627=R_{0.05}$

則 y 與 x_i 之間存在著顯著相關。

複相關係數反映了 y 與所有因變數之間迴歸關係密切的程度。在多元迴歸中，還經常希望瞭解 y 與各個因變數兩兩之間的關係，或兩個因變數間的關係。在多變數問題中，變數之間的關係是很複雜的，每兩個變數間都可能存在相關。因此，計算兩變數間的簡單相關係數，往往不能反映兩變數間的真正關係。為了反映兩變數間的真正關係，就要保證在其他變數都保持不變的情況下，計算它們的相關係數，這時的相關係數稱為偏相關係數。

需要利用矩陣求偏相關係數，仍以例 5-6 的資料為例。為了方便，將 y 作為 x_3，於是三個偏相關係數分別表示為 $r_{13\cdot 2}$、$r_{23\cdot 1}$、$r_{12\cdot 3}$

x_1、x_2、x_3 的相關矩陣為：

$$R=\begin{bmatrix}1 & 0.4432 & 0.4948\\ & & 0.8678\\ & & 1\end{bmatrix}=r_{ii}$$

相關矩陣的逆矩陣為：

$$C'=\begin{bmatrix}1.326210305 & -0.090299312 & -0.577847115\\ & 4.055991196 & -3.475109063\\ & & 4.301618401\end{bmatrix}$$

$$r_{13\cdot 2}=\frac{-C'_{13}}{\sqrt{C'_{11}C'_{33}}}=\frac{0.577847115}{\sqrt{1.326210305\times 4.301618401}}=0.2419$$

$$r_{23\cdot 1}=\frac{-C'_{23}}{\sqrt{C'_{22}C'_{33}}}=\frac{3.475109063}{\sqrt{4.055991196\times 4.301618401}}=0.8320$$

$$r_{12\cdot 3}=\frac{-C'_{12}}{\sqrt{C'_{11}C'_{22}}}=\frac{0.090299312}{\sqrt{1.326210305\times 4.055991196}}=0.0389$$

各偏相關係數也可根據下式求得：

$$r_{13\cdot 2}=\frac{r_{13}-r_{12}r_{32}}{\sqrt{(1-r_{12}^2)(1-r_{32}^2)}}=\frac{0.4948-0.4462\times 0.8687}{\sqrt{(1-0.4462^2)(1-0.8687^2)}}=0.2419$$

$$r_{23\cdot 1}=\frac{r_{23}-r_{21}r_{31}}{\sqrt{(1-r_{21}^2)(1-r_{31}^2)}}=\frac{0.8687-0.4462\times 0.4948}{\sqrt{(1-0.4462^2)(1-0.4948^2)}}=0.8320$$

$$r_{12\cdot 3}=\frac{r_{12}-r_{13}r_{23}}{\sqrt{(1-r_{13}^2)(1-r_{23}^2)}}=\frac{0.4462-0.4948\times 0.8687}{\sqrt{(1-0.4948^2)(1-0.8687^2)}}=0.0389$$

由偏相關係數可見，主穗重與有效蘖數的相關是微乎其微的，而有效蘖數對單株產量的影響遠大於主穗重對單株產量的影響。

5-4 逐步迴歸分析

5-4-1 最佳迴歸方程的選擇

用多元迴歸方程做預報時，應當是最佳的迴歸方程。所謂最佳迴歸方程應當包含全部對 y 顯著的變數，而不包含對 y 不顯著的變數。可以運用以下方式選擇最佳迴歸方程。

⑴從全部變數可能組合的迴歸方程中，選出最佳者。在例 5-6 中全部可能組合的迴歸方程共有 3 種，即包括兩個一元迴歸方程，一個二元迴歸方程。對每一個方程的每一個迴歸係數做顯著性檢定，並計算每一個方程的剩餘平方和及剩餘變異數，從中選出包含的全部變數均為顯著因素且剩餘變異數又較小的方程，這就是全部方程中的最佳方程。用這種方法選最佳方程，一定能夠成功地選擇出來。當因素比較少時是可行的，但當因素較多時則行不通。例如，當有 10 個因素時，可能有 $2^{10}-1=1023$ 個方程，計算這麼多方程，並對每一迴歸係數做檢定，實際上非常困難。

⑵從含全部變數的迴歸方程中，逐次剔除不顯著因素，直到方程中剩餘的全都是顯著因素時為止。此法與上述的方法有同樣的問題，因為每剔除一個不顯著因素之後，都須重新建立迴歸方程，當不顯著因素較多時，

計算工作量是相當大的。

⑶從一個因變數開始，把變數逐個引入迴歸方程。此法的計算工作量仍然很大。

⑷逐步迴歸方法。它是由上述方法⑶並吸收了方法⑵的一些作法，經改進而成。逐步迴歸也是從一個因變數開始，按因變數對 y 的作用的顯著程度，逐個地引入迴歸方程中。它與方法⑶的不同點是，當先引入的變數由於後引進的變數的影響而變得不顯著時，則隨時將它們從方程中剔除，從而保證在每引入新的變數之前，迴歸方程中均為顯著變數，直到沒有顯著變數可引入時為止。

5-4-2 逐步迴歸的計算方法

逐步迴歸的基本作法是：在所考慮的全部因素中，按對 y 作用顯著程度的大小，由大到小逐個引入迴歸方程中。在已引入迴歸方程的變數中，找出偏迴歸平方和中最小的一個，在給定 F 階層下做顯著性檢定，以決定是否從方程中剔除。在剔除了所有不顯著變數之後，從那些不在迴歸方程的變數中，選擇在引入迴歸方程後，使迴歸平方和增加最多的那個變數，並在給定的 F 階層下做檢定。若是顯著的，則引入迴歸方程中。引入之後，再對迴歸方程做檢定，並剔除方程中不顯著因素。如此進行，直到迴歸方程中全部變數均不能剔除，又沒有新變數可以引入時為止。逐步迴歸分析並沒有許多新內容，主要程序是求解正規方程和係數矩陣的逆矩陣，並對每一程序做變異數分析和 F 檢定。逐步迴歸分析方法，只是運用一套比較完整的計算程序，巧妙地安排計算程式，從而大大減少計算工作量。

例 5-7 肺活量一般與身高、體重及胸圍均有關。為了能用較少的變數估計肺活量，就須從身高、體重和胸圍中，選出影響肺活量的重要因素。以下是從 174 名我國青年男子的調查資料中計算出的平均數、平方和及交叉乘積和：

體重（公斤）x_1：　$\bar{x}_1 = 47.2$　　$L_{11} = 1295.34$

身高（釐米）x_2：　$\bar{x}_2 = 162.25$　　$L_{22} = 1520.72$

胸圍（釐米）x_3：　$\bar{x}_3 = 74.95$　　$L_{33} = 535.91$

肺活量（釐米）y：　　$y = 31.03$　　$L_{yy} = 912.86$

$L_{12} = 905.41$　　$L_{13} = 689.37$　　$L_{1y} = 615.47$

$L_{23} = 425.47$　　$L_{2y} = 650.85$　　$L_{3y} = 465.12$

解：令 $y = x_4$，根據以上資料，可以得到正規方程係數矩陣，並將 L_{iy} 列加到係數矩陣的最後一列，這一矩陣稱為係數矩陣的增廣矩陣：

$$S = \begin{bmatrix} 1295.34 & 905.41 & 689.37 & 615.47 \\ & 1520.72 & 425.47 & 650.85 \\ & & 535.91 & 465.12 \\ & & & 912.86 \end{bmatrix}$$

在做逐步迴歸分析時，須使用標準化的量，這時由 L_{iy} 組成的矩陣，成為由相關係數 r_{iy} 組成的相關矩陣。相關矩陣為一對稱的方陣：

$$R^{\circ} = \begin{bmatrix} r_{11}^{(\cdot)} & r_{12}^{(\cdot)} & r_{13}^{(\cdot)} & r_{14}^{(\cdot)} \\ r_{21}^{(\cdot)} & r_{22}^{(\cdot)} & r_{23}^{(\cdot)} & r_{24}^{(\cdot)} \\ r_{31}^{(\cdot)} & r_{32}^{(\cdot)} & r_{33}^{(\cdot)} & r_{34}^{(\cdot)} \\ r_{41}^{(\cdot)} & r_{42}^{(\cdot)} & r_{43}^{(\cdot)} & r_{44}^{(\cdot)} \end{bmatrix} = \begin{bmatrix} 1 & 0.645103 & 0.827398 & 0.565995 \\ 0.645103 & 1 & 0.471301 & 0.552401 \\ 0.827398 & 0.471301 & 1 & 0.664993 \\ 0.565995 & 0.552401 & 0.664993 & 1 \end{bmatrix}$$

矩陣 $R^{(\cdot)}$ 中的元素 r_{ij} 的右上角均標以 (•)，表示它為起始時的矩陣，以後每變換一次數字便增加 1。

在正式分析之前，還應確定一個 F 檢定的顯著階層。在逐步迴歸分析時，並不是根據 α 確定 F 值，而是指定一個 F 值作為選入或剔除因變數的標準。為了使因變數不致引入太少，F 值不宜取得過高。在實際應用時，常常是用不同的 F 值各運算一次，選出引入因變數數目比較適宜的方程。本例是為了證明逐步迴歸方法，所以只採用 F = 7 運算一次，其他的 F 值從略。

1.第 I 步

⑴選擇第一個變數進入迴歸方程，首先計算上述四個變數的偏迴歸平方

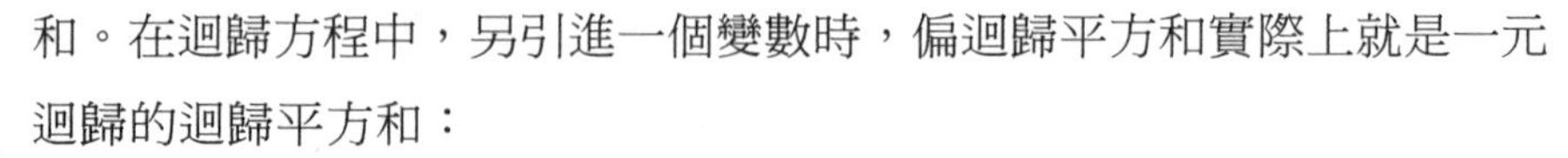

和。在迴歸方程中，另引進一個變數時，偏迴歸平方和實際上就是一元迴歸的迴歸平方和：

$$UP_j = \frac{r_{jy}^2}{r_{jj}} \qquad j = 1, 2, ..., k$$

於是

$$UP_1^{(1)} = \frac{[r_{14}^{(\cdot)}]^2}{r_{11}^{(\cdot)}} = 0.320350$$

$$UP_2^{(1)} = \frac{[r_{24}^{(\cdot)}]^2}{r_{22}^{(\cdot)}} = 0.305147$$

$$UP_3^{(1)} = \frac{[r_{34}^{(\cdot)}]^2}{r_{33}^{(\cdot)}} = 0.442216$$

選取偏迴歸平方和最大者 UP_3，按下式計算 F 值，做顯著性檢定：

$$F_j^{(1)} = \frac{UP_j^{(1)}}{\frac{Q}{n-2}} = \frac{(n-2)\,UP_j^{(1)}}{1 - UP_j^{(1)}}$$

因此 $F_3^{(1)} = \dfrac{(172) \times (0.442216)}{1 - 0.442216} = 136.363$

$F_3^{(1)} > 7$，變數 x_3 引入方程後，對 y 有顯著影響，所以 x_3 應引入方程。

⑵為了得到 x_3，引進方程後的結果，矩陣 $R^{(\cdot)}$ 應按以下公式變換，變換後的矩陣為 $R^{(1)}$，其元素為 $r_{ij}^{(1)}$：

$$\begin{cases} r_{ij}^{(1)} = r_{ij}^{0} - \dfrac{r_{i3}^{(0)} r_{3j}^{(0)}}{r_{33}^{0}} & (i \neq 3,\ j \neq 3) \\ r_{i3}^{(1)} = -\dfrac{r_{i3}^{(0)}}{r_{33}^{(0)}} & (i \neq 3,\ j = 3) \\ r_{3j}^{(1)} = \dfrac{r_{3j}^{(0)}}{r_{33}^{(0)}} & (i = 3,\ j \neq 3) \\ r_{33}^{(1)} = \dfrac{1}{r_{33}^{(0)}} & (i = 3,\ j = 3) \end{cases}$$

按以上各式變換的新矩陣為：

$$R^{(1)}\begin{bmatrix}0.315413 & 0.255149 & -0.827398 & 0.015781\\0.255149 & 0.777875 & -0.471301 & 0.238989\\0.827398 & 0.471301 & 1 & 0.664993\\0.015781 & 0.238989 & -0.664993 & 0.557784\end{bmatrix}$$

(3)將 x_3 引入方程後的主要結果：

迴歸方程中包含的變數：x_3

迴歸係數：$b_3^{(1)}=r_{34}^{(1)}=0.664993$

剩餘平方和：$SS_e=r_{44}^{(1)}=0.557784$

變異數分析表：

變差來源	平方和	df	S^2	F
迴歸	0.442216	1	0.442216	136.363
剩餘	0.557784	172	0.003243	
總和	1	173		

2.第 II 步

(1)對引進方程中的變數，判斷是否應從方程中刪除，由於此方程中只包含 x_3 一個變數，它是上一步經顯著性檢定剛剛被引進的變數，不必剔除。

(2)選下一個變數引進迴歸方程。利用 $R^{(1)}$ 對不在迴歸方程中的每一個變數計算偏迴歸平方和。

$$UP_j^{(2)}=\frac{[r_{jy}^{(1)}]^2}{r_{jj}^{(1)}} \qquad [j=1,2,\ldots,(i-1),(i+1),\ldots k]$$

$$UI_1^{(2)}=\frac{[r_{14}^{(1)}]^2}{r_{11}^{(1)}}=\frac{0.015781^2}{0.315413}=0.000790$$

於是

$$UP_2^{(2)}=\frac{[r_{24}^{(1)}]^2}{r_{22}^{(1)}}=\frac{0.238989^2}{0.777875}=0.073425$$

其中 UP_2 較大，對它做 F 檢定：

$$F_2^{(2)}=\frac{(n-2-1)\,UP_2^{(2)}}{1-UP_3^{(1)}-UP_2^{(2)}}$$

$$=\frac{(171)(0.073425)}{0.557784-0.073425}=25.9222$$

因 $F_2^{(2)}>7$，所以 x_2 可引進方程中。

(3)將 x_2 引進方程中，矩陣 $R^{(1)}$ 變換為 $R^{(2)}$，計算公式與前類似：

$$\begin{cases} r_{ij}^{2}=r_{ij}^{(1)}-\dfrac{r_{i2}^{(1)}r_{2j}^{(1)}}{r_{22}^{(1)}} & (i\neq 2,\ j\neq 2) \\ r_{ij}^{2}=-\dfrac{r_{i2}^{(1)}}{r_{22}^{(1)}} & (i\neq 2,\ j=2) \\ r_{ij}^{2}=\dfrac{r_{2j}^{(1)}}{r_{22}^{(1)}} & (i=2,\ j\neq 2) \\ r_{i22}^{(2)}=-\dfrac{1}{r_{22}^{(1)}} & (i=2,\ j=2) \end{cases}$$

矩陣變化的結果為：

$$R^{(2)}=\begin{bmatrix} 0.231722 & -0.328008 & -0.672808 & -0.062609 \\ 0.328008 & 1.285551 & -0.605883 & 0.307233 \\ 0.672808 & -0.605883 & 1.285554 & 0.520194 \\ -0.062609 & -0.307233 & -0.520194 & 0.484359 \end{bmatrix}$$

(4)將 x_2 引進迴歸方程後的主要結果：

迴歸方程中包含的變數：x_3、x_2

迴歸係數：$b_3^{(2)}=r_{34}^{(2)}=0.520194$

$b_2^{(2)}=r_{24}^{(2)}=0.307233$

剩餘平方和：$Q^{(2)}=r_{44}=0.484359$

變異數分析表：

變差來源	平方和	df	S^2	F
迴歸 (x_3, x_2)	0.515641	2	0.257821	91.0221
剩餘	0.484359	171	0.002833	
總和	1	173		

(5)計算 x_3、x_2 的偏迴歸平方和：

$$UP_j^{(2)}=\frac{[b_j^{(2)}]^2}{r_{jj}^{(2)}}$$

從而得出檢定 x_3、x_2 顯著性的 F 值為，

根據上式可計算出：

$$F_3^{(2)}=\frac{(171)\times(0.520194)^2}{(0.484359)\times(1.285554)}=74.3139$$

$$F_2^{(2)}=\frac{(171)\times(0.307233)^2}{(0.484359)\times(1.285554)}=25.9224$$

x_2 是剛剛引進的變數，引進後的 F 值與引進前的 F 值應相等，因此，引進後的 F 值也可不計算。

3.第Ⅲ步

(1)判斷是否應從迴歸方程中剔除變數。上一步已經做了 x_3 和 x_2 偏迴歸平方和的 F 檢定，$F_2^{(2)}$ 是剛引進的變數，可以不檢定，$F_3^{(2)}=74.3139>7$，不應從方程中剔除。

(2)檢定是否接受新變數。計算不在迴歸方程中的變數 x_1 的偏迴歸平方和：

$$UP_1^{(3)}=\frac{[r_{14}^{(2)}]^2}{r_{11}^{(2)}}=\frac{(-0.0626609)^2}{0.231722}=0.016916$$

對 $SSP_1^{(3)}$ 做 F 檢定：

$$F_1^{(3)}=\frac{(n-3-1)\,UP_1^{(3)}}{1-UP_3^{(1)}-UP_2^{(2)}-UP_1^{(3)}}$$

$$=\frac{(170)\times(0.016916)}{0.484359-0.016916}=6.15202$$

$F_1^{(3)}<7$，因此 x_1 不能引入迴歸方程中，逐步迴歸分析到此為止。

4.第Ⅳ步

列出最佳迴歸方程。由於 x_1 沒有引入到迴歸方程中，將 $R^{(2)}$ 中的第一行與第一列畫掉，得到 $R^{(2)\prime}$。

$$R^{(2)'}=\begin{bmatrix}1.285554 & -0.605883 & 0.307233\\ -0.605883 & 1.285554 & 0.520194\\ -0.307233 & -0.520194 & 0.481359\end{bmatrix}$$

其中前兩行的最後一列，給出了最佳迴歸方程的標準迴歸係數。

$b'_2=0.307233$　　　$b'_3=0.520194$

前兩行前兩列給出了標準正規方程係數矩陣的逆矩陣：

$$C'=\begin{bmatrix}1.285554 & -0.605883\\ -0.605883 & 1.285554\end{bmatrix}$$

求實際迴歸係數：

$$b_2=b'_2\sqrt{\frac{L_{yy}}{L_{22}}}=(0.307233)\sqrt{\frac{912.86}{1520.72}}=0.238037$$

$$b_3=b'_3\sqrt{\frac{L_{yy}}{L_{33}}}=(0.520194)\sqrt{\frac{912.86}{535.91}}=0.678925$$

$$a=\bar{y}-b_2\bar{x}_2-b_3\bar{x}_3$$

$$=31.06-(0.238037)\times(162.25)-(0.678925)\times(74.95)=-58.4469$$

迴歸方程為：

剩餘平方和：$Q=r_{yy}^{(2)}L_{yy}=442.152$

迴歸平方和：$U_R=L_{yy}-Q=470.708$

複相關係數：$R_{y\cdot23}=\sqrt{1-SS_e^2}=\sqrt{1-0.484359}=0.718081$

從以上計算可以看出，每計算一次都需要交換一次矩陣，本例只有 3 個因變數，計算量就已經很大了。在實際問題中，考慮的變數遠遠不止 3 個，這樣靠電子計算器計算是不可能的，只有用電腦才能完成。

1. 什麼叫迴歸分析？迴歸截距和迴歸係數的統計意義是什麼？
2. 直線迴歸中總變異可分解為哪幾部分？每一部分的平方和如何計算？
3. 什麼叫相關分析？相關係數和決定係數各具有什麼意義？
4. 下表是某地區4月下旬平均氣溫與5月上旬50株棉苗蚜蟲頭數的資料。

年份	1969	1970	1971	1972	1973	1974	1975	1976	1977	1978	1979	1980
x，4月下旬平均氣溫（℃）	19.3	26.6	18.1	17.4	17.5	16.9	16.9	19.1	17.9	17.5	18.1	19.0
x，5月上旬50株棉苗蚜蟲數	86	197	8	29	28	29	23	12	14	64	50	112

(1)建立直線迴歸方程。

(2)對迴歸係數做假設檢定。

(3)該地區4月下旬均溫18℃時，5月上旬50株棉苗蚜蟲預期為多少頭？若該地某年4月下旬均溫為18℃時呢？

5. 研究某種有機氯的用量$[x, kg \cdot (hm^2)^{-1}]$和施用於小麥後在籽粒中的殘留量$(y, mg \cdot kg^{-1})$的關係，每一用量測定三個樣本，其結果列於下表。

$[x, kg \cdot (hm^2)^{-1}]$	7.5	15	22.5	30	37.5
$(y, mg \cdot kg^{-1})$	0.07	0.11	0.12	0.19	0.20
	0.06	0.13	0.15	0.20	0.22
	0.08	0.09	0.15	0.15	0.18

(1)由15對(x, y)求解直線迴歸方程和相關係數。

(2)由5對(x, y)求解直線迴歸方程和相關係數。

6. 在研究代乳粉營養價值時，用大白鼠做實驗，得大白鼠進食量(x, g)和體重增加量(y, g)資料如下表。

鼠號	1	2	3	4	5	6	7	8
進食量（g）	800	780	720	867	690	787	934	750
增重量（g）	185	158	130	180	134	167	186	133

(1)試用直線迴歸方程敘述其關係。

(2)根據以上計算結果，求其迴歸係數的95%信賴區間，繪製直線迴歸圖形並圖示迴歸係數的95%此信賴區間。

(3)試估計進食量為 900 克時，大白鼠的體重平均增加多少，計算其95%信賴區間，並說明含義。

(4)求進食量為900克時，單個 y 的95%預測區間，並解釋其意義。

7. 用白菜 16 棵，將每棵縱剖兩半，一半受凍，一半未受凍，測定其維生素 C 含量結果如下表。試計算相關係數和決定係數，檢定相關顯著性，並計算相關係數95%信賴區間。

未受凍	39.01	34.23	30.82	32.13	43.03	36.71	28.74	26.03
受凍	33.29	34.75	37.93	34.38	41.52	34.87	34.93	30.95
未受凍	30.15	22.21	30.81	29.58	33.49	30.07	38.52	41.27
受凍	38.90	26.86	34.57	32.02	42.37	31.55	39.08	35.00

答案

4. (1)$\hat{y}=-283.6799+18.0836x$

(2)$s_{y/x}=29.4143$，$F=30.459^{**}$

(3)$\mu_{y/x}$ 的95%信賴區間：（22.1998，61.4500），單個 y 的95%信賴區間：（-26.5856，110.2354）

5. (1)$\hat{y}=0.041+0.0044x$，$r=0.9422$

(2)$\hat{y}=0.041+0.0044x$，$r=0.9950$

6. (1) $\hat{y}=-47.326+0.2610x$

   (2) b 的 95%信賴區間：（0.1019，0.4201）

   (3) $\mu_{y/x}$ 的 95%信賴區間：（166.6617，208.4863）

   (4)單個 y 的 95%信賴區間：（148.4147，226.6965）

7. $r=0.9457^{**}$，$r^2=0.8943$，r 的 95%信賴區間：（0.8471，0.9814）

NOTE

CHAPTER 6 共變數分析

6-1　共變數分析的基本原理

6-2　變異數分析的計算程序

共變數分析是把變異數分析與迴歸分析結合起來的一種統計分析方法。它用於比較一個變數 Y 在一個或幾個因素不同階層上的差異，但 Y 在受這些因素影響的同時，還受到另一個變數 X 的影響，而且 X 變數的取值難以人為控制，不能作為變異數分析中的一個因素處理。此時如果 X 與 Y 之間可以建立迴歸關係，則可用迴歸分析的方法排除 X 對 Y 的影響，然後用變異數分析的方法對各因素階層的影響做出統計推斷，這兩種方法的綜合使用就稱為共變數分析。在共變數分析中，我們稱 Y 為應變數，X 為共變數。

也許有人會問隨機因素的影響也是不能人為控制的，為什麼不能把 X 作為一種隨機因素處理呢？這裡的差異主要在於，作為隨機因素處理時，雖然每一階層的影響是不能人為控制的，但我們至少可以得到幾個屬於同一階層的重複，因此可以把它們分別用另一因素的不同階層處理。最後在進行變異數分析時，才能排除這一隨機因素的影響，對另一因素的各階層進行比較。這一點可從以下計算公式中看出來：

$$SS_A = \sum_i (\bar{x}_i. - \bar{x}..) \qquad (6\text{-}1)$$

$$SS_B = \sum_j (\bar{x}_j. - \bar{x}..)^2 \qquad (6\text{-}2)$$

在上述公式中，式（6-1）不含有 B 因素的主效應，是因為 $\bar{x}_i.$ 和 $\bar{x}..$ 在對 j 求和時，B 因素的主效應被消去了。式（6-2）不含 A 因素主效應的原因相同。對於系統分組的變異數分析，雖然不同的 i 中同一個 j 的取值可以不同，但仍要求

$$\sum_{j=1}^{b} \beta_j(i) = 0 \quad (i = 1, 2, ..., a) \qquad (6\text{-}3)$$

這樣就能在 $\bar{x}_i.$ 中消去第二個因素的主效應。如果我們對第二個因素的取值完全無法控制，那就意味著對不同的 i、β_j 的變化是完全沒有規律的，當然也就不可能滿足上述的（6-3）式，此時就無法把兩個主效應完全分開，也就不可能採用變異數分析的方法，只能把第二個因素視為另一個變數 X，試用共變數分析的方法排除它的影響了。

例如當我們考慮動物窩別對增重的影響時，一般我們可把它當作隨機因素處理，這一方面是由於它不容易數量化，另一方面是同一窩一般有幾隻動物，可分別接受另一因素不同階層的處理；如果我們考慮實驗開始前動物起始體重的影響，這時一般方法是選起始重量相同的動物作為一組，分別接受另一因素的不同階層處理，此時用變異數分析也沒問題。但若可供實驗的動物很少，起始體重又有明顯差異，無法選到相同體重的動物，那就只好認為起始體重 X 與最終體重 Y 有迴歸關係，採用共變數分析的方法排除起始體重的影響，再來比較其他因素例如飼料種類、數量對增重的影響。

消除起始體重影響的另一種方法，是對最終體重與起始體重的差值即 $y-x$ 進行統計分析。這種方法與共變數分析的生物學意義是不同的。對差值進行分析是假設起始體重對以後的體重增量沒有任何影響，而共變數分析則是假設最終體重中包含起始體重的影響，這種影響的大小與起始體重成正比。如果這一比值為 1，共變數分析與對差值進行變異數分析是相同的。但如果比值不為 1，它們的結果將是不同的。也就是說，共變數分析是假設使起始體重不同的因素在以後的生長程序中也會發揮作用，而對差值進行變異數分析是假設這些因素以後不再發揮作用；這兩種生物學假設顯然是不同，希望學生在學習一種統計方法時，不僅要注意它與其他計算法上有什麼不同，更要注意計算法背後的生物學假設有什麼不同，這種深層次的理解有助於我們在今後的工作中選取正確的統計方法。

由於共變數分析的程序包含了對共變數影響是否存在及其大小等一系列統計檢定與估計，它顯然比對差值進行分析等方法有更廣泛的適用範圍，因此除非有明顯證據說明對差值進行分析的生物學假設是正確的，一般情況下還是應採用共變數分析的方法。

共變數分析的計算是比較複雜的。本章重點介紹最簡單的共變數分析的計算法，即一個共變數、單因素的共變數分析。

6-1 共變數分析的基本原理

本節以最簡單的情況：一個共變數、單因素的共變數分析為例，對共變數分析的基本原理加以說明。

6-1-1 統計模型

在共變數分析中，每一個應變數的觀察值可分解為以下各部分的和：

$$y_{ij}=\mu+\alpha_i+\beta(x_{ij}-\bar{x}_{..})+\varepsilon_{ij}$$
$$(i=1,2,...,a;j=1,2,...,n) \qquad (6\text{-}4)$$

其中 y_{ij}：第 i 階層的第 j 次觀察值；x_{ij}：i 階層的 j 次觀察的共變數取值；$\bar{x}_{..}$：x_{ij} 的總平均數；μ：y_{ij} 的總平均數；α_i：第 i 階層的效應；β：Y 對 X 的線性迴歸係數；ε_{ij}：隨機誤差。

需要滿足的條件為：

(1) $\varepsilon_{ij}\sim NID(0,\sigma^2)$。

(2) $\beta\neq 0$ 即 Y 與 X 存在線性關係，且各階層迴歸係數相等，即共變數的影響不隨階層的變化而改變。

(3) 處理效應之和為 0，即 $\sum_{i=1}^{a}\alpha_i=0$。

上述第三個條件說明該因素為固定因素。若為隨機因素，則應為處理效應的期望值為 0。模型（6-4）式也可寫為：

$$y_{ij}=\mu'+\alpha_i+\beta x_{ij}+\varepsilon_{ij} \qquad (6\text{-}5)$$

這種寫法看起來簡單一點，它的缺點是 μ' 不再是 Y 的總平均值，因為 $\bar{y}_{..}=\mu'+\beta\bar{x}_{..}$，我們以後的討論針對（6-4）式進行。

6-1-2 變異數分析的統計量

進行共變數分析需要以下統計量：

$$S_{yy}=\sum_{i=1}^{a}\sum_{j=1}^{n}(y_{ij}-\bar{y}..)^2=\sum_{i=1}^{a}\sum_{j=1}^{n}y_{ij}^2-y^2.. / a_n$$

$$S_{xx}=\sum_{i=1}^{a}\sum_{j=1}^{n}(y_{ij}-\bar{x}..)^2=\sum_{i=1}^{a}\sum_{j=1}^{n}x_{ij}^2-x^2.. / a_n$$

$$S_{xy}=\sum_{i=1}^{a}\sum_{j=1}^{n}(x_{ij}-\bar{x}..)(y_{ij}-\bar{y}..)=\sum_{i=1}^{a}\sum_{j=1}^{n}x_{ij}y_{ij}-\frac{x..y..}{a_n}$$

$$T_{yy}=\sum_{i=1}^{a}\sum_{j=1}^{n}(\bar{y}_i-\bar{y}..)^2=\frac{1}{n}\sum_{i=1}^{a}y_i^2-y^2.. / a_n$$

$$T_{xx}=\sum_{i=1}^{a}\sum_{j=1}^{n}(\bar{x}_i.-\bar{x}..)^2=\frac{1}{n}\sum_{i=1}^{a}x_i^2.-x^2.. / a_n$$

$$T_{xy}=\sum_{i=1}^{a}\sum_{j=1}^{n}(\bar{x}_i.-\bar{x}..)(\bar{y}_i.-\bar{y}..)=\frac{1}{n}\sum_{i=1}^{a}x_i.y_i.-\frac{1}{a_n}x..y..$$

$$E_{yy}=\sum_{i=1}^{a}\sum_{j=1}^{n}(y_{ij}-\bar{y}_i.)^2=S_{yy}-T_{yy}$$

$$E_{xx}=\sum_{i=1}^{a}\sum_{j=1}^{n}(x_{ij}-\bar{x}_i.)^2=S_{xx}-T_{xx}$$

$$E_{xy}=\sum_{i=1}^{a}\sum_{j=1}^{n}(x_{ij}-\bar{x}_i.)(y_{ij}-\bar{y}_i.)=S_{xy}-T_{xy}$$

其中 S、T、E 分別代表總的、處理的和誤差的（包括共變數的影響）平方和及交叉乘積和。它們的關係可表示為：

$$S=T+E$$

這實際是平方和的分解，讀者可自行證明其交叉項為 0。

6-1-3 共變數分析的原理

1.共變數分析的核心方法

共變數分析的核心方法是運用對應變數 Y 進行調整，消去共變數 X 的影響，從而能對另一因素不同階層的影響進行統計檢定。在模型中，各母數的估計量為：

$$\hat{\mu}=\hat{y}.$$

$$\hat{\beta}=b^*$$

$\hat{a}_i = \bar{y}_{i\cdot} - \bar{y}_{\cdot\cdot} - b^*(\bar{x}_{i\cdot} - \bar{x}_{\cdot\cdot})$

其中 $b^* = \frac{E_{xy}}{E_{xx}}$ 誤差平方和為：

$$SS_e = E_{yy} - b^* E_{xy} = E_{yy} - E_{xy}^2 / E_{xx} \quad (6\text{-}6)$$

SS_e 的自由度為：$df_e = a(n-1) - 1$，這是因為 S_{yy} 的自由度為 $an-1$，T_{yy} 的自由度為 $a-1$，所以 E_{yy} 的自由度為

$an - 1 - a + 1 = a(n-1)$

而 $b^* E_{xy}$ 為一個一元迴歸平方和，自由度為 1，所以 SS_e 的自由度為：$a(n-1) - 1$

$MS_e = SS_e / [a(n-1) - 1]$

注意，上述計算中用的是 E 而不是 S，即對每一個階層分別計算後再加起來的，因此是排除了 α_i 影響的迴歸。

2.共變數分析的檢定

我們希望檢定：$H_0: \alpha_i = 0$，$i = 1, 2, ..., a$，在此假設下，統計模型變為：

$y_{ij} = \mu + \beta(x_{ij} - \bar{x}_{\cdot\cdot}) + \varepsilon_{ij}$

這是一個一元迴歸問題，此時 μ 和 β 的最小二乘估計為：

$\hat{\mu} = \bar{y}$

$\hat{\beta} = b = \frac{S_{xy}}{S_{xx}}$

誤差平方和為：

$SS'_e = S_{yy} - \frac{S_{xy}^2}{S_{xx}}$，$df = an - 2$

其中 S_{xy}^2 / S_{xx} 為 Y 對 X 的迴歸平方和。

若 H_0 不成立，則 SS'_e 中會有 a_i 的影響，因此會明顯偏大。它們的差 $SS'_e - SS_e$ 就是各 a_i 對總變差的貢獻，自由度為 $a-1$，所以可用下述統計量

對 H_0 做檢定：

$$F = \frac{\frac{SS'_e - SS_e}{a-1}}{\frac{SS_e}{a(n-1)-1}} \sim F(a-1, an-a-1) \qquad (6\text{-}7)$$

若 F 大於查表得到的上單尾分位數，則拒絕 H_0，即各階層效應明顯不同。

3.共變數分析與變異數分析的比較

(1)若不存在共變數影響，即 $\beta=0$，模型變為：

$$y_{ij} = \mu + \alpha_i + \varepsilon_{ij}$$

這是單因素變異數分析。總變差為 S_{yy}，誤差平方和為 E_{yy}，處理平方和 $T_{yy} = S_{yy} - E_{yy}$ 我們用

$$F = \frac{MT_{yy}}{ME_{yy}} = \frac{T_{yy}/(a-1)}{E_{yy}/(a(n-1))} \sim F(a-1, an-a)$$

做統計檢定。

(2)若 $\beta \neq 0$，我們用它對 S_{yy} 和 E_{yy} 做調整：把 E_{yy} 調整為 SS_e 作為誤差估計，由於又用了一個估計量 b*，又減少了一個自由度，SS_e 的自由度變為 $a(n-1)-1$；S_{yy} 調整為 SS_e，它與 SS_e 的差作為處理平方和的估計，其自由度仍為 $a-1$。因此，調整後的統計量變為（6-7）式。

從上面的分析可見，處理平均數實際上包括了處理效應和共變數的迴歸效應，經過調整後變為：

$$\bar{y}'_{i\cdot} = \bar{y}_{i\cdot} - b^*(\bar{x}_{i\cdot} - \bar{x}_{\cdot\cdot}) \quad (i=1,2,...,a)$$

$\bar{y}'_{i\cdot}$ 已消去了共變數的影響，只有處理效應了。它是模型中 $\mu + a_i$ 的最小二乘估計。可以證明它的標準誤差為：

$$S_{y'i} = \sqrt{MS_e\left[\frac{1}{n} + \frac{(\bar{x}_{i\cdot} - \bar{x}_{\cdot\cdot})^2}{E_{xx}}\right]}$$

這實際上是一元迴歸中條件均值估計的標準誤差。

4.共變數分析的條件

進行共變數分析應滿足的條件：

(1)$\varepsilon_{ij} \sim NID(0, \sigma^2)$

(2)$\beta_1 = \beta_2 = ... = \beta_a = \beta$

(3)$\beta \neq 0$

在做共變數分析程序中，應對上述條件進行檢定。

6-2 變異數分析的計算程序

本節將給出較詳細的共變數分析計算程序，包括全部應進行的條件檢定。

6-2-1 變異數的計算分析程序

變異數之計算分析程序如下：

(1)對各處理階層，分別計算共變數與應變數的迴歸方程，並求出各處理內的剩餘平方和 SS_e^{Gi}，令 $SS_e^G = \sum_{i=1}^{a} SS_e^{Gi}$，稱其為組內剩餘平方和，其自由度 $df_e^G = a(n-2)$。

(2)令 $MS_e^{Gi} = SS_e^{Gi}/(n-2)$，$i = 1, 2, ..., a$，並利用它們檢定變異數齊性。可選取差異最大的兩個的比值做 F_{max} 統計檢定。若無顯著差異，則可認為具有變異數齊性。

(3)把各處理階層的平方和及交叉乘積和合併得到 E_{yy}、E_{xx}、E_{xy}；並求得公共迴歸係數 $b^* = \frac{E_{xy}}{E_{xx}}$ 及 $SS_e = E_{yy} - E_{xy}^2/E_{xx}$，稱為誤差平方和，它的自由度為 $df_e = a(n-1) - 1$。

(4)檢定各處理階層的迴歸線是否平行：

$H_0: \beta_1 = \beta_2 = ... = \beta_a = \beta$ 由於組內剩餘平方和 SS_e^G 完全是由隨機誤差引起，而用共同的 b^* 計算出的 SS_e 則包含了隨機誤差及各階層迴歸係數 b_i 的差異的影響，而且可證明它是可以分解的，所以有：

$SS_b = SS_e - SS_e^G$

其自由度 $df_b = df_e - df_e^G = a - 1$，令

$mS_b = SS_e / df_b$

然後用

$F = MS_b / MS_e^G$

做檢定。若差異不顯著，則可認為各 β_i 相等。

(5)檢定迴歸是否顯著：

$H_0 : \beta = 0$。利用(3)中的結果，即

$SS_R = E_{xy}^2 / E_{xx}$，$df_R = 1$

$SS_e = E_{yy} - SS_R$，$df_e = (n-1) - 1$

令 $MS_e = SS_e / (an - a - 1)$

可用

$F = SS_R / MS_e \sim F(1, an - a - 1)$

對上述 H_0 做檢定。若差異顯著則做共變數分析，若差異並不顯著，則直接做單因素變異數分析。

(6)共變數分析：

$$S_{yy} = \sum_{i=1}^{a} \sum_{j=1}^{n} y_{ij}^2 - \frac{1}{an} y_{..}^2$$

計算：$S_{xx} = \sum_{i=1}^{a} \sum_{j=1}^{n} x_{ij}^2 - \frac{1}{an} x_{..}^2$

$$S_{xy} = \sum_{i=1}^{a} \sum_{j=1}^{n} x_{ij} y_{ij} - \frac{1}{an} (x_{..}) \cdot (y_{..})$$

令 $SS_e = S_{yy} - S_{xy}^2 / S_{xx}$

$$F = \frac{\dfrac{SS'_e - SS_e}{a-1}}{MS_e} \sim F(a-1, an-a-1)$$

利用上述統計量 F 對 $H_0 : \alpha_I = 0$，$i = 1, 2, ..., a$ 做上單尾檢定。若差異顯著，

則認為各處理階層間效果有顯著差異。

⑺計算調整平均數，即 α_i 的估計值：

$\bar{y}'_{i}. - \bar{y}_{i}. - b^*(\bar{x}_{i}. - \bar{x}..) \quad i=1,2,...,a$

其標準差為：

$$S_{y'i}=\sqrt{MS_e[\frac{1}{n}+\frac{(\bar{x}_i. - \bar{x}..)}{E_{xx}}]}$$

必要時，可用它對上述估計值間差異是否顯著做檢定。

6-2-2 總結：共變數分析的原理及步驟

1.檢定條件

⑴先做三條迴歸線，求出各組的誤差估計 SS_e^{Gi} 並檢定是否相等（變異數齊性），運用檢定後合併各 SS_e^{Gi} 求出 MS_e^G 為誤差估計。

⑵再假設三線平行（有共同的b*），在此假設下求出 SS_e，用 $SS_e - SS_e^G$ 對 SS_e^G 檢定上述假設。檢定後用 MS_e 代替 MS_e^G。

⑶再檢定 b*是否為 0，令 $SS_R=E_{xy}^2/E_{xx}$，$F=SS_R/MS_e$，檢定則直接做變異數分析，否則做共變數分析。

2.共變數分析

檢定各階層效應是否均為 $0:H_0:\alpha_i=0$，在此假設下，可把三組資料合併，做一個迴歸方程，它的剩餘平方和 SS'_e 包含了 α_i 的影響。令

$$F=\frac{\frac{SS'_e - SS_e}{a-1}}{MS_e}$$

這一統計量實際是檢定 α_i 影響是否明顯比隨機誤差大。

3.對平均數進行調整，即對 α_i 做出估汁，必要時進行多重比較

例 6-1 比較三種豬飼料 A_1、A_2、A_3 的效果。x_{ij} 為豬的起始重量，y_{ij} 為豬的增加重量，資料見下表。請做統計檢定。

A_1	x_{1j}/kg	15	13	11	12	12	16	14	17	$\bar{x}_1=13.750$
	y_{1j}/kg	85	83	65	76	80	91	84	90	$\bar{y}_1=81.750$
A_2	x_{2j}/kg	17	16	18	18	21	22	19	18	$\bar{x}_2=18.625$
	y_{2j}/kg	97	90	100	95	103	106	99	94	$\bar{y}_2=98.000$
A_3	x_{3j}/kg	22	24	20	23	25	27	30	32	$\bar{x}_3=25.375$
	y_{3j}/kg	89	91	83	95	100	102	105	110	$\bar{y}_3=96.875$

解： 首先進行條件的檢定。

(1)對每一種飼料分別做迴歸分析，得組內剩餘平方和：

$S_{yy1}=487.5$，$S_{xy1}=110.5$，$S_{xx1}=31.5$

$a_1=33.516$，$b_1=3.506$，$SS_e^{G1}=99.873$

$S_{yy2}=184$，$S_{xy2}=65$，$S_{xx2}=27.875$

$a_2=54.570$，$b_2=2.332$，$SS_e^{G2}=32.431$

$S_{yy3}=566.875$，$S_{xy3}=245.375$，$S_{xx3}=115.875$

$a_3=43.131$，$b_3=2.118$，$SS_e^{G3}=47.273$

(2)檢定變異數齊性：由於各階層重複數均為 8，誤差自由度均為 6，可選差異最大的 SS_e^{G1} 和 SS_e^{G2} 做檢定，即

$F_{max}=99.875/32.431=3.080$

(3)對平均數進行調整，即對 α_i 做出估計，必要時進行多重比較。

由於共有 3 組，因此 $a=3$；各組自由度均為 6，因此 $\upsilon=6$，查 F_{max} 臨界值表，得

$F_{max,0.05}(3,6)=8.35>F_{max}$

可認為具有變異數齊性。

(4)合併各階層的平方和及交叉乘積和，即

$E_{yy}=1238.375$，$E_{yy}=420.875$，$E_{xx}=175.25$

$b^* = E_{xy}/E_{xx} = 2.402$，$SS_e = E_{yy} - E_{xy}^2/E_{xx} = 227.615$

⑸檢定迴歸線是否平行：$H_0: \beta_1 = \beta_2 = \beta_3 = \beta^*$

$SS_b = SS_e - SS_e^G = 48.038$

$$F = \frac{MS_b}{MS_e^G} = \frac{MS_b/2}{MS_e^G/18} = \frac{48.038/2}{179.577/18} = 2.408$$

查表，$F_{0.95}(2, 18) = 3.55 > F$，∴接受 H_0，可認為三迴歸線平行，即有公共迴歸係數 β，b^* 為其估計值。

⑹檢定迴歸是否顯著：$H_0: \beta = 0$

$SS_R = E_{yy} - SS_e = 1010.76$

$$F = SS_R/MS_e = \frac{1010.76}{227.615/(3\times(8-1)-1)} = 88.81$$

查表，$F_{0.99}(1, 20) = 8.096 < F$，∴異數極顯著，X 與 Y 有極顯著線性關係，應做共變數分析。

⑺把所有資料放在一起，算得

$S_{yy} = 2555.958k$，$S_{xy} = 1080.75$，$S_{xx} = 720.5$

⑻共變數分析：$H_0: a_1 = a_2 = a_3 = 0$

$SS'_e = S_{yy} - S_{xy}^2/S_{xx} = 934.833$

$$F = \frac{\frac{SS'_e - SS_e}{a-1}}{MS_e} = \frac{(934.833 - 227.615)/2}{227.615/20} = 31.071$$

查表，$F_{0.99}(2, 20) = 5.849 < F$，∴拒絕 H_0，各不同飼料增重效果差異極顯著。

⑼為比較各飼料好壞，計算調整平均數 $\bar{y}'_{i\cdot}$：

$\bar{y}'_{i\cdot} = \bar{y}_{i\cdot} - b^*(\bar{x}_{i\cdot} - \bar{x}_{\cdot\cdot})$，$i = 1, 2, 3$

代入資料，得

$\bar{y}'_{1}. = 81.750 - 2.402 \times (13.750 - 19.25) = 94.961$

$\bar{y}'_{2}. = 98.000 - 2.402 \times (18.625 - 19.25) = 99.501$

$\bar{y}'_{3}. = 96.875 - 2.402 \times (25.375 - 19.25) = 82.163$

從調整後的資料看來，第二種飼料效果最好，第一種稍差，而第三種差得較多。但從調整前的資料看是第二種最好，第三種幾乎與第二種相同，而第一種差得多。這種調整前的差異是不正確的，因為它包含了起始體重的影響。第三組起始體重明顯偏大，而第一組偏小，這影響了對兩種飼料的正確評估。

如果希望對各調整後的平均資料做統計比較，可用公式

$$S^2_{y'i} = MS_e\left[\frac{1}{n} + \frac{(\bar{x}_i. - \bar{x}..)^2}{E_{xx}}\right]$$

計算它們的樣本變異數（分別記為 S_1^2、S_2^2、S_3^2），即

$S_1^2 = 11.38075 \times [1/8 + (13.750 - 19.25)^2/175.25] = 3.3870$

$S_2^2 = 11.38075 \times [1/8 + (18.625 - 19.25)^2/175.25] = 1.4480$

$S_3^2 = 11.38075 \times [1/8 + (25.375 - 19.25)^2/175.25] = 3.8589$

自由度均為 20。

先比較 $\bar{y}'_{1}.$ 和 $\bar{y}_{2}.$，即

$$t = \frac{99.501 - 94.961}{\sqrt{3.3870 + 1.4480}} = 2.065$$

查表，得：$t_{0.979}(20) = 2.086$，$t_{0.995}(20) = 2.845$

∴差異已接近顯著水準，但仍未達到，故應認為第二種飼料近似地與第一種相同，再比較 $\bar{y}'_{1}.$ 和 $\bar{y}'_{2}.$，即

$$t = \frac{94.961 - 82.163}{\sqrt{3.3870 + 3.8589}} = 4.754 > t_{0.995}(20)$$

∴差異極為顯著，第三種飼料極明顯地差於第一種。由於第二種平均值大於第一種，變異數小於第一種，故第二種與第三種的差異更大，即

第三種極為明顯地差於其他兩種。

注意，由於 MS_e 是用全部資料算出的公共的誤差估計，其自由度為 20，因此 $\bar{y}'_{1\cdot}$、$\bar{y}'_{2\cdot}$ 的樣本變異數為

$$MS_e\left[\frac{1}{n}+\frac{(\bar{x}_{1\cdot}-\bar{x}_{\cdot\cdot})^2}{E_{xx}}+\frac{1}{n}+\frac{(\bar{x}_{2\cdot}-\bar{x}_{\cdot\cdot})^2}{E_{xx}}\right]$$

其自由度仍應為 20，而不是 40。

1. 什麼是共變數分析？共變數分析的主要功能是什麼？
2. 進行豬飼料生產效率研究時，使用 4 種飼料，供試豬 40 頭，隨機分成 4 組，完全隨機排列，每組餵一種飼料，記載每天增重量，得資料如表（x：始重，y：增重），試作共變數分析。

飼料		觀測值									
I	x	71.7	59.0	51.7	46.3	51.7	59.9	39.9	37.2	39.9	32.7
	y	1.78	1.61	1.47	1.60	1.71	1.36	1.45	1.35	1.61	1.15
II	x	55.3	53.5	53.5	48.1	55.8	45.4	40.8	35.4	34.5	40.8
	y	1.27	1.62	1.46	1.33	1.53	1.34	1.27	1.29	1.17	1.14
III	x	56.2	66.2	52.6	39.0	45.4	39.9	43.5	46.3	36.3	34.5
	y	1.11	1.26	1.16	1.16	1.32	1.11	1.19	1.42	1.10	0.96
IV	x	64.4	54.4	49.0	45.4	54.4	55.3	39.9	48.1	37.2	34.5
	y	1.04	1.16	1.27	1.24	1.08	1.07	1.09	0.87	1.03	1.02

3. 下表為玉米品種實驗的每區株數（x）和產量（y）的資料。試做共變數分析。

	I		II		III		IV	
	x	y	x	y	x	y	x	y
A	10	18	8	17	6	14	8	15
B	12	36	13	38	8	28	11	30
C	17	40	15	36	13	35	11	29
D	14	21	14	23	17	24	15	20
E	12	42	10	36	10	38	16	52

答案

2. $b_e = 0.007310$，迴歸係數的 $t = 3.298^{**}$，矯正平均數間 $F = 19.03^{**}$。
3. 誤差項迴歸 $F = 50.89^{**}$，$b_e = 1.9228$，矯正平均數間 $F = 90.15^{**}$。

CHAPTER 7 多元統計分析簡介

多元統計分析是統計學的一個重要分支。它主要研究多個變數的集合之間的關係以及具有這些變數的個體之間的關係。無論是自然科學還是社會科學，無論是理論研究還是應用決策，多元統計分析都有較廣泛的應用。近年來，隨著電腦的普及和廣泛應用，多元統計分析的應用愈來愈廣泛，愈來愈深入。生物學研究中，有許多問題要考慮樣本與樣本之間的關係、性狀與性狀之間的關係，也要考慮樣本與性狀之間的關係。為了能夠正確梳理這些錯綜複雜的關係，就需要借助於多元統計分析方法來解決這些問題。如在生態調查中，有 n 個樣本，每個樣本中有 p 個物種，如何對這些樣本進行分類？在醫學診斷中，對一些病人記錄了若干症狀，這些病人可能有某種疾病，也可能沒有這種疾病，如何確定最有診斷價值的症狀？在農業生產中，有 n 個不同地區，每個地區有 p 種農作物，如何根據這些作物的產量來進行各個地區總生產效率的比較？這些問題都需要應用多元統計分析方法來解決。

從應用的觀點看，多元統計分析就是要研究多個變數之間的關係。但哪些問題才是多元統計的內容，並無嚴格的界限。一般認為，典型的多元統計分析主要可以歸結為兩類問題：第一類是決定某一樣本的歸屬問題。如根據對某農作物品種多個性狀的測定，判定其是否屬於優良品種等等。判別分析、群集分析即屬於此類內容。第二類問題是設法降低變數維數，同時將變數變為獨立變數，以便更好地說明多變數之間的關係。本章所敘述的主成分分析、因素分析和典型相關分析均屬於此類問題。此外，多因素變異數分析、多元迴歸與多元相關分析和時間序列分析，均是研究一個變數和多個變數之間的關係的，也是多元統計分析的內容。

7-1 資料矩陣與相似係數

7-1-1 資料矩陣

設有 n 個樣本，每個樣本測得 p 項指標或性狀（視為 p 個變數），其資料矩陣：

$$X=\begin{pmatrix} x_{11} & x_{12} & \cdots & x_{1p} \\ x_{21} & x_{22} & \cdots & x_{2p} \\ \vdots & \vdots & \vdots & \vdots \\ x_{n1} & x_{n2} & \cdots & x_{np} \end{pmatrix} \quad (7\text{-}1)$$

在資料矩陣中，樣本是由 X 的行向量來敘述，變數（指標或性狀）是由 X 的列向量來敘述，其中 $x_{ij}\,(i=1,2,...,n;\ j=1,2,...,p)$ 為第 i 個樣本的第 j 個變數（指標或性狀）的觀測值。

有了資料矩陣後，在進行判別分析和群集分析時，還要建立一個相似矩陣。相似矩陣是由相似指標或距離指標排列成的矩陣形式。關於相似係數和距離係數的計算方法，將在本節後面進行介紹。對於樣本間的相似係數或距離係數，可以建立 $n\times n$ 的相似矩陣：

$$C_n=(c_{ij})=\begin{pmatrix} c_{11} & c_{12} & \cdots & c_{1n} \\ c_{21} & c_{22} & \cdots & c_{2n} \\ \vdots & \vdots & \vdots & \vdots \\ c_{n1} & c_{n2} & \cdots & c_{nn} \end{pmatrix} \quad (7\text{-}2)$$

其中行和列的序號表示樣本 1 到 n，元素 c_{ij} 表示樣本 i 和 j 間的相似係數或距離係數，$i,j=1,2,...,n$。由於相似係數或距離係數 $c_{ij}=c_{ji}$，所以這種矩陣也稱為對稱矩陣，其主對角線上部和下部的元素對應地兩兩相等，一般在書寫相似矩陣時，只列出上半部或下半部的元素。另外主對角線上的元素 $c_{ij}\,(i=1,2,...,n)$，即樣本與它自身的相似係數或距離係數，往往也無須計算，一般對相似係數取其最大值（多數為 1），對距離係數應為最小值 0。所以相似矩陣 C_n 中 $n\times n$ 個元素通常只須計算出 $n(n-1)/2$ 個數值就足夠了。

對於變數之間的相似係數或距離係數，同樣也可以建立 $p\times p$ 的相似矩陣：

$$C_p=(c_{ij})=\begin{pmatrix} c_{11} & c_{12} & \cdots & c_{1p} \\ c_{21} & c_{22} & \cdots & c_{2p} \\ \vdots & \vdots & \vdots & \vdots \\ c_{p1} & c_{p2} & \cdots & c_{pp} \end{pmatrix} \quad (7\text{-}3)$$

其中行和列的序號表示變數 1 到 p，元素 C_{ij} 表示變數 i 和 j 間的相似係數或距離係數，$i, j = 1, 2, ..., p$，與 C_n 相類似，C_p 也是對稱的。

在多元統計分析中，一般將樣本間的 $n \times n$ 矩陣 C_n 稱為 Q 矩陣，將變數間的 $p \times p$ 矩陣 C_p 稱為 R 矩陣。在進行群集分析時，Q 型群集是指對樣本進行群集，R 型群集是指對變數進行群集。

7-1-2 相似係數

相似係數是指衡量全部樣本或全部變數中任何兩部分相似程度的指標。它主要有適配係數、內積和機率係數等項指標。由於內積係數是普遍應用於數量資料的相似性指標，因此，這裡僅對內積係數做一介紹。

對於觀測資料矩陣 X，一個樣本的資料可以認為是 p 維向量，同樣變數的資料也可以認為是 n 維向量。兩個同維向量的各分量依次相乘再相加得到一個數值，稱為兩向量的內積，例如第 i 變數和 j 變數的資料分別為 $(x_{i1}, x_{i2}, ..., x_{ip})$ 和 $(x_{j1}, x_{j2}, ..., x_{jp})$，它們均為兩個 p 維向量，其內積為：

$$Q_{ij} = \sum_{a-1}^{p} x_{ia}x_{ja} \tag{7-4}$$

內積的數值可以作為一種反映兩向量相似程度的指標，稱為相似係數。例如一個 3×5 的資料矩陣為：

$$X = \begin{bmatrix} 2 & 5 & 2 & 1 & 0 \\ 0 & 1 & 4 & 3 & 1 \\ 3 & 4 & 1 & 0 & 0 \end{bmatrix}$$

根據行向量，按（7-4）式，其內積係數分別為：

$$Q_{12} = 2 \times 0 + 5 \times 1 + 2 \times 4 + 1 \times 3 + 0 \times 1 = 16$$

$$Q_{13} = 2 \times 3 + 5 \times 4 + 2 \times 1 + 1 \times 0 + 0 \times 0 = 28$$

$$Q_{23} = 0 \times 3 + 1 \times 4 + 4 \times 1 + 3 \times 0 + 1 \times 8 = 8$$

原始資料矩陣中各個觀測值的取值，常常由於量綱不同，大小懸殊，影響樣本或變數相似係數的計算，所以往往需要對原始資料進行標準化處理。經過用模的標準化（Norm Standardization）處理後的內積正好是兩個向量在原點處夾角的θ_{ij}的餘弦；經中心化和用離差標準化後的內積，正好是兩個向量變異數－共變數的倍數和相關係數。

1.夾角餘弦

對內積進行模（Norm）標準化即得到第 i 和 j 兩向量在原點處夾角θ_{ij}的餘弦值：

$$\cos\theta_{ij}=\frac{Q_{ij}}{\sqrt{Q_{ii}Q_{jj}}} \quad (7\text{-}5)$$

這裡有 $-1\leq\cos\theta_{ij}\leq 1$。當 i=j 時，夾角為 0°，故取值為 1；當 i 向量與 j 向量正交（即不相關）時，夾角取值為 90°，取值為 0，以上述 3×5 的資料矩陣，可以算出$Q_{11}=2^2+5^2+2^2+1^2+0^2=34$、$Q_{12}=16$、$Q_{22}=27$、$Q_{33}=26$、$Q_{13}=28$、$Q_{23}=8$ 於是有：

$$\cos\theta_{12}=\frac{16}{\sqrt{34\times 27}}=0.528$$

$$\cos\theta_{13}=\frac{28}{\sqrt{34\times 26}}=0.942$$

$$\cos\theta_{23}=\frac{8}{\sqrt{27\times 26}}=0.302$$

很明顯，經過模標準化的內積係數的數值在 [0, 1] 之間。

2.變異數－共變數

對原始資料矩陣的內積進行中心化處理，就可得出變異數一共變數的值，其計算公式為：

$$a_{ij}^2=\frac{1}{p-1}\sum_{a=1}^{p}(x_{ia}-\bar{x}_1)(x_{ja}-\bar{x}_j) \quad (7\text{-}6)$$

（7-6）式中，$\bar{x}_i$和$\bar{x}_j$分別表示第 i 行和第 j 行資料的平均數，當向量 i 與 j 不相等時，a_{ij}^2表示向量 i 與 j 之間的共變數：當 i=j 時，σ_{ij}^2則是 i 或 j 的變異數。對於上述 3×5 資料矩陣$\bar{x}_1=(2+5+2+1+0)/5=2$、$\bar{x}_2=1.8$、$\bar{x}_3=1.6$，對各行中心化後得到的資料矩陣為：

$$X_e = \begin{bmatrix} 0 & 3 & 0 & -1 & -2 \\ -1.8 & -0.8 & 2.2 & 1.2 & -0.8 \\ 1.4 & 2.4 & -0.6 & -1.6 & -1.6 \end{bmatrix}$$

顯然，中心化的結果使每行資料之和為 0。按照變異數的定義，每行資料的平方和正是該行原始資料變異數的 $p-1$ 倍；同時任何不同兩行資料的交叉積（即內積）是這兩行共變數的 $p-1$ 倍，因此 σ_{ij}^2 就是中心化後資料的 $1/(p-1)$ 倍。於是，根據（7-6）式有：

$$\sigma_{11}^2 = \frac{1}{5-1} \times [0^2 + 3^2 + 0^2 + (-1)^2 + (-2)^2] = 3.5$$

$$\sigma_{12}^2 = \frac{1}{5-1} \times [0 \times (-1.8) + 3 \times (-0.8) + 0 \times 2.2 + (-1) \times 1.2 + (-2) \times (-0.8)]$$

$$= -0.5$$

同樣可算出 $\sigma_{22}^2 = 2.7$、$\sigma_{33}^2 = 3.3$、$\sigma_{13}^2 = 3.0$、$\sigma_{23}^2 = -1.6$。

3.相關係數

用離差標準化後所得的內積就是相關係數。計算公式為：

$$r_{ij} = \frac{\sum_{a=1}^{p} (x_{ia} - \bar{x}_i)(x_{ja} - \bar{x}_j)}{\sqrt{\sum_{a=1}^{p} (x_{ia} - \bar{x}_i)^2 \cdot \sum_{a=1}^{p} (x_{ja} - \bar{x}_j)^2}}$$

$$= \frac{SS_{ij}}{\sqrt{SS_{ii} \cdot SS_{jj}}} \qquad (7\text{-}7)$$

（7-7）式就是通常所使用的相關係數計算公式。當 $i=j$ 時，r_{ij} 就是向量 i 或 j 的自相關係數，其值為 1；當 i 和 j 不相等時，r_{ij} 就是第 i 行和第 j 行的相關係數。其值在 0 到 1 之間。顯然 r_{ij} 就是離差標準化後的第 i 和第 j 行的內積。根據（7-7）式可以算出 $r_{12} = -0.163$、$r_{13} = 0.883$、$r_{23} = -0.536$。

對於由 n 個樣本 p 個變數所構成的 $n \times p$ 的原始矩陣 X，其轉置矩陣為 X'，則 X' 是 $p \times n$ 維的。由

$(n\times p)(p\times n)\rightarrow(n\times n)$

可知 X 和 X' 是可乘的，且結果矩陣 XX' 是樣本的 n 階方陣 C_n，其元素 c_{ij} 正是樣本 i 與 j 的內積相似矩陣；同樣 X'X 是變數的 p 階方陣 C_p。如果資料矩陣 X 是樣本中心化，則 X 和 X' 是樣本間的離差矩陣 W_n；所有元素都除以 p－1，就成了樣本的變異數－共變數矩陣 S_n，即當 X 對行中心化時，有

$$W_n = XX' \qquad (7\text{-}8)$$

$$S_n = \frac{1}{p-1}(XX') \qquad (7\text{-}9)$$

同樣，如果 X 是列（變數）中心化的，則變數間的離差矩陣 W_p 和變異－共變數矩陣 S_n 分別是：

$$W_p = X'X \qquad (7\text{-}10)$$

$$S_p = \frac{1}{n-1}(x'x) \qquad (7\text{-}11)$$

對樣本經過離差標準化後資料矩陣 X，樣本間的 n 階相關係數方陣為；

$$R_n = XX' \qquad (7\text{-}12)$$

同樣，對變數進行離差標準化後的資料矩陣 X，其 P 階相關係數方陣為：

$$R_P = XX' \qquad (7\text{-}13)$$

7-1-3 距離係數

把每一個樣本視為 P 維空間中的一個點，則兩樣本之間的距離可定義為 P 維空間中兩個點之間的距離。距離實質上反映的是兩個向量相異的指標，它與相似係數是同一現象的兩個側面，是互補的概念。距離係數的種類很多，但都有一個共同的特徵，即當兩個向量完全相同時取最小值，當兩個完全不同時取最大值。

1.明氏（Minkowski）距離

第 i 樣本與第 j 樣本間的明氏距離定義為 $d_{ij}(q)$，其計算公式為：

$$d_{ij}(q)=[\sum_{a=1}^{p}|x_{ia}-x_{ja}|^{q}]^{\frac{1}{q}} \quad (7\text{-}14)$$

當 $q=1$ 時

$$d_{ij}(1)=\sum_{a=1}^{p}|x_{ia}-x_{ja}| \quad (7\text{-}15)$$

稱為絕對值距離。

當 $q=2$ 時

$$d_{ij}(2)=[\sum_{a=1}^{p}|x_{ia}-x_{ja}|^{2}]^{\frac{1}{2}} \quad (7\text{-}16)$$

稱為歐氏（Euclidean）距離。

當 $q=\infty$ 時

$$d_{ij}(\infty)=\max_{1\le a\le p}|x_{ia}-x_{ja}| \quad (7\text{-}17)$$

稱為切比雪夫距離。

2.馬氏（Mahalanobis）距離

設樣本的共變數矩陣為 S，其逆矩陣為 S^{-1}，記為 $S=(a_{ij})_{p\times p}$，$i, j=1, 2, ..., p$。則第 i 樣本與第 j 樣本間的馬氏距離為：

$$d_{ij}(M)=\sqrt{(X_i-X_j)'S^{-1}(X_1-X_j)} \quad (7\text{-}18)$$

其中 $X_i=(x_{i1}, x_{i2}, ..., x_{ip})'$。

3.蘭氏（Lance）距離

第 i 樣本與第 j 樣本間的蘭氏距離為：

$$d_{ij}(L)=\sum_{a=1}^{p}\frac{|x_{ia}-x_{ja}|}{x_{ia}-x_{ja}} \quad (7\text{-}19)$$

（7-19）式中，$x_{ij}\le 0$。蘭氏距離是一個自身標準化的指標，它對較大的奇異值不敏感，因此適用於高度偏移的資料。

4.斜交空間距離

第 i 樣本與第 j 樣本間的斜交空間距離為：

$$d_{ij}=\frac{1}{p}\sqrt{\sum_{k=1}^{p}\sum_{l=1}^{p}(x_{ik}-x_{jk})(x_{il}-x_{jl})\,r_{kl}} \qquad (7\text{-}20)$$

上式中，r_{kl} 為資料標準化意義下樣本 k 和樣本 l 之間的相關係數。斜交空間距離可以克服樣本多個變數之間由於存在不同程度的相關關係，用正交空間距離使樣本間距離產生變形，進而造成群集分析時的譜系架構相應發生變形的缺陷。

在上述各距離係數中，歐氏距離是最普通的、應用最廣的距離係數。對於前例 3×5 數據矩陣，可求得

$$d_{12}=\sqrt{(2-0)^2+(5-1)^2+(2-4)^2+(1-3)^2+(0-1)^2}=5.385$$

$d_{13}=2.236$、$d_{23}=6.083$。由於歐氏距離沒有確定的上界，其值受變數多少及資料本身的影響較大，可以採用平均歐氏距離來消除變數多少的影響。

$$d'_{ij}=\frac{1}{p}\sqrt{\sum_{a=1}^{p}(x_{ia}-x_{ja})^2} \qquad (7\text{-}21)$$

7-2 群集分析

群集分析是研究分類問題的一種多元統計方法，在生物學、經濟學、人口學、生態學等方面有廣泛的應用。與其他多元統計分析方法相比，群集分析方法比較粗糙，理論上尚不完善，目前正處在發展階段。但由於這種方法能解決許多實際問題，應用比較方便，因此愈來愈受到人們的重視。近年來群集分析發展較快，內容也愈來愈多。常見的有系統群集、模糊群集、灰色群集、資訊群集、圖類群集、動態群集、最優分割、機率群集等方法，本節重點介紹系統群集法。

系統群集法是目前應用較多的群集分析方法，這種群集方法的基本想法

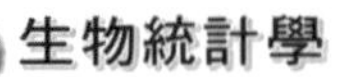

是，從一批樣本的多個觀測指標（變數）中，找出能度量樣本之間相似程度的統計數，構成一個相似矩陣，在此基礎上計算出樣本（或變數）之間或樣本組合之間的相似程度或距離，按相似程度或距離大小將樣本（或變數）逐一歸類，關係密切的歸類聚集到一個小分類單位，關係疏遠的歸類聚集到一個大的分類單位，直到把所有樣本（或變數）都聚集完畢，形成一個親疏關係譜系圖，直觀地顯示分類物件的差異和聯繫。

7-2-1 類別之間的距離

在群集分析中，通常用 G 表示類，G 中元素用 x_i、x_j 表示，並且假設 G 中有 k 個元素。d_{ij} 表示 x_i 與 x_j 之間的距離，D_{pq} 表示 G_p 與類 G_q 之間的距離。如果設 T 為預先給定的閾值，則對任意的 $x_i, x_j \in G$ 有 $d_{ij} \leq T$，則稱 G 為一個類。

對於類與類之間的距離，其定義有多種形式，下面給出幾種常用的類與類之間距離的定義（即類與類之間距離的計算公式）。考慮到類 G_p 與 G_q 之間距離，並且假設 G_p 中共有 l 個元素，G_q 中共有 m 個元素，用 $\bar{x}_p$ 和 $\bar{x}_q$ 分別表示兩個類的重心（類平均數），則：

$$\bar{x}_p = \frac{1}{l}\sum_{i=1}^{l} x_i \qquad \bar{x}_p = \frac{1}{m}\sum_{i=1}^{m} x_i$$

1.最短距離法

假設類 G_p 與類 G_q 中兩個最近元素之間的距離為類 G_p 與類 G_q 之間的最短距離，用 $D_s(p, q)$ 表示，有：

$$D_s(p, q) = \min\{d_{jk} \mid j \in G_p, k \in G_q\} \qquad (7\text{-}22)$$

2.最長距離法

假設類 G_p 與類 G_q 中兩個最遠元素之間的距離為類 G_p 與類 G_q 之間的最長距離，用 $D_{ce}(p, q)$ 表示，則有：

$$D_{ce}(p, q) = \max\{d_{jk} \mid j \in G_p, k \in G_q\} \qquad (7\text{-}23)$$

3.重心法

假設類 G_p 與類 G_q 的重心 $\bar{x}_p$ 和 $\bar{x}_q$ 之間的距離為兩類之間的重心距離，用 $D_c(p, q)$ 表示，則有：

$$D_c(p, q) = d\bar{x}_p\bar{x}_q \quad (7\text{-}24)$$

4.類平均法

假設類 G_p 與類 G_q 中任意兩個元素之間距離的平均數為兩類之間的類平均距離，用 $D_G(p, q)$ 表示，則有：

$$D_G(p, q) = \frac{1}{lm} \sum_{j \in G_p, k \in G_q} d_{jk} \quad (7\text{-}25)$$

5.離差平方和法

假設類 G_t 中第 i 個樣本為 x_{it}，n_i 為 G_t 中元素個數，$\bar{x}_t$ 為 G_t 的重心，則 G_t 離差平方和：

$$S_t = \sum_{i=1}^{n_t} (x_{it} - \bar{x}_t)'(x_{it} - \bar{x}_t)$$

則有類 G_p 與類 G_q 之間離差平方和距離 $D_w^2(p, q)$ 為

$$D_w^2(p, q) = |\ S_r - S_p - S_q\ | \quad (7\text{-}26)$$

式中 S_r 為類 G_p 與類 G_q 合併後的樣本離差平方和。

以上給出了 5 種計算兩類之間距離的計算公式。在系統群集中，還有 3 種，即中間距離法、可變類平均法與可變法，但這 3 種相對來說應用較少，這裡就不介紹了。

7-2-2 系統群集的分類程序

運用以下兩例來敘述最短距離法和離差平方和法的分類程序。

例 7-1 測定 6 個樣本，每個樣本測得一項指標，分別是 1、2、5、7、9、10。試用最短距離法對這 6 個樣本進行分類。

⑴計算樣本的距離：視具體問題可以採用歐氏距離、絕對值距離等距離係數。這裡採用絕對值距離，利用（7-15）式所計算的 $D_{(0)}$ 列於表 7-1。

表 7-1　$D_{(0)}$

	G_1	G_2	G_3	G_4	G_5
G_2	1				
G_3	4	3			
G_4	6	5	2		
G_5	8	7	4	2	
G_6	9	8	5	3	1

⑵從 $D_{(0)}$ 中看，最小的元素是 1，對應的元素是 $D_{12}=D_{56}=1$，於是將 G_1 和 G_2 合併成 G_7，G_5 和 G_6 合併成 G_8。

⑶計算 G_7、G_8 與其他類之間的距離，其結果 $D_{(1)}$ 列於表 7-2 中。

表 7-2　$D_{(1)}$

	G_7	G_3	G_4
G_3	3		
G_4	5	2	
G_8	7	4	2

⑷從 $D_{(1)}$ 中找出最小的元素，它們是 D_{34} 和 D_{48}，其值均為 2，則將 G_3、G_4 和 G_8 合併成 G_9，然後計算 G_9 與其他類（只剩下 G_7）之間的距離，得出 $D_{(2)}$，其值為 3。

⑸最後將 G_7 和 G_9 合併為 G_{10}，這時所有樣本成為一類，分類完畢。

以上分類程序可用群集圖（圖 7-1）來表示，其群集的密切程度還可運用距離的大小觀察出來，距離愈大，樣本間的差異也就愈大；反之樣本間的差異就小。

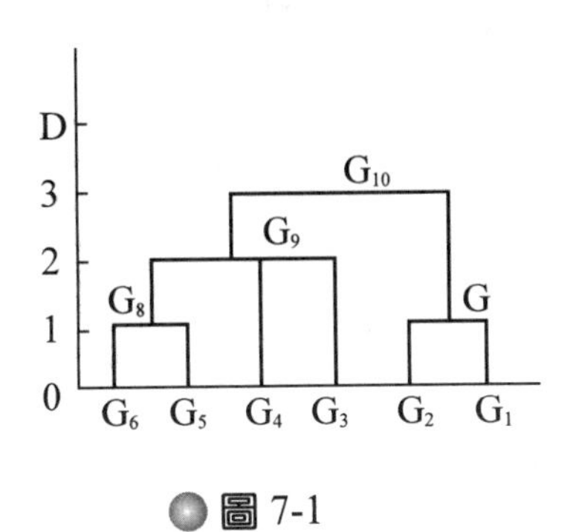

圖 7-1

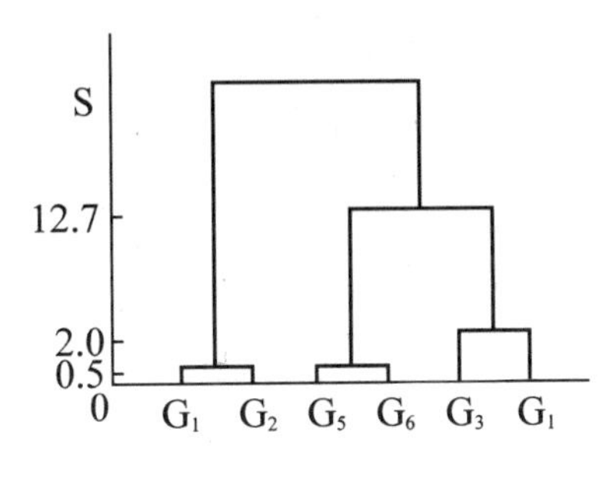

圖 7-2

例 7-2 對上例 6 個樣本按離差平方和法進行分類。

首先將 6 個樣本視為 6 類 G_i，$i=1, 2, ..., 6$，$G_1=\{1\}$，$G_2=\{2\}$，$G_3=\{5\}$，$G_4=\{7\}$，$G_5=\{9\}$，$G_6=\{10\}$，求出各類內離差平方和 $S_1=0$，$i=1, 2, ..., 6$。然後將其中任兩類合併。例如將 G_1 和 G_2 合併，則新類的離差平方和為：

$(1-1.5)^2+(2-1.5)^2=0.5$

如將 G_1 和 G_3 合併，它的離差平方和為：

$(1-3)^2+(5-3)^2=8$

將一切可能並類所增加的離差平方和列於表 7-3，以 G_1 和 G_2 合併或 G_5 和 G_6 合併離差平方和增加最少，將 G_1 和 G_2 合併為 G_7、G_5 和 G_6 合併為 G_8，然後重複以上步驟。直到所有樣本歸為一類。類的合併程序列於表 7-4。如果取閾值 $T-3$，則原給定的六類共分為$\{1, 2\}$、$\{5, 7\}$、$\{9, 10\}$。如果用增加的離差平方和代替平方距離，也可畫出其群集圖（圖 7-2）。

表 7-3　類合併後 S 的增加量

	G_1	G_2	G_3	G_4	G_5
G_2	0.5				
G_3	8.0	4.5			
G_4	6.0	12.5	2.0		
G_5	32.0	24.5	8.0	2.0	
G_6	40.5	32.0	12.5	4.5	0.5

表 7-4　類合併程序

分類數目	分類	S
6	{1}{2}{5}{7}{9}{10}	0
5	{1, 2}{5}{7}{9}{10}	0.5
4	{1, 2}{5}{7}{9, 10}	1.0
3	{1, 2}{5, 7}{9, 10}	3.0
2	{1, 2}{5, 7, 9, 10}	15.25
1	{1, 2, 5, 7, 9, 10}	67.33

7-2-3 系統群集法的統一模型和方法評估

系統群集通常有 8 種方法，這些方法的分類原則和程序基本是一致的，所不同的是類與類之間的距離有不同的定義。能否將這 8 種群集方法統一起來呢？關鍵在於 8 種類間距離的定義能否統一。1969 年，威沙特（Wishart）將 8 種不同距離計算公式統一為如下遞迴公式（Recursive formula）：

$$D_{ir}^2 = \alpha_p D_{ip}^2 + \alpha_q D_{iq}^2 + \beta_{pq}^2 + \gamma \mid D_{ip}^2 - D_{iq}^2 \mid \quad (7\text{-}27)$$

應用這個遞迴公式前提是，假設類 G_p 和 G_q 合併為新類 G_r，當計算新類

G_r與$G_i(i \neq p, q)$之間的距離D_{ir}^2就用這個公式。式中，係數α_p、α_q、β、γ對於不同的方法取不同的值，表 7-5 列出 8 種群集方法的係數取值。這個遞迴公式的統一使 8 種系統群集方法的共性完全統一起來了，為了編寫系統群集統一計算程式提供了方便。

表 7-5　系統群集遞迴公式係數表

方法	α_p	α_q	β	γ
最短距離法	$\frac{1}{2}$	$\frac{1}{2}$	0	$-\frac{1}{2}$
最長距離法	$\frac{1}{2}$	$\frac{1}{2}$	0	$\frac{1}{2}$
中間距離法	$\frac{1}{2}$	$\frac{1}{2}$	$-\frac{1}{4} \leq \beta \leq 0$	0
重心法	$\frac{n_p}{n_r}$	$\frac{n_q}{n_r}$	$-\alpha_p\alpha_q$	0
類平均法	$\frac{n_p}{n_r}$	$\frac{n_q}{n_r}$	0	0
可變類平均法	$\frac{(1-\beta)n_p}{n_r}$	$\frac{(1-\beta)n_q}{n_r}$	<1	0
可變類	$\frac{(1-\beta)}{2}$	$\frac{(1-\beta)}{2}$	<1	0
離差平方和法	$\frac{n_i+n_p}{n_i+n_r}$	$\frac{n_i+n_p}{n_i+n_r}$	$-\frac{n_i}{n_i+n_r}$	0

對於 8 種系統群集方法，適用的情況和優劣各不一樣。不同的群集方法各有其優點，但也各有其欠缺的一面。最短距離法分類最為簡單，應用也較多，但當兩類合併後與其他類的距離是所有距離中最小者，從而縮小了新合併類與其他類的距離，產生空間收縮，因而其靈敏度比較低。最長距離法正好與最短距離法相反，兩類合併後產生空間擴張。中間距離法既不是採用兩類間的最近距離，也不是採用最遠距離，而是採用介於最近和最遠之間的距離。重心法有較好的代表性，但計算繁瑣，而且沒有充分利用各樣本的資訊。類平均法被認為是較好的方法之一，但在遞推公式中沒有反映類G_p和

G_q 的距離 D_{pq}，這是其缺點。在可變法和可變類平均法加進了 β 因素，但對具體問題確定 β 值卻不是易事。離差平方和法是 8 種方法中最有統計特點的一種方法，它是變異數分析導向的想法，所以如果分類得當，同類樣本之間的離差平方和應當是較小的，而類間的離差平方和應當是較大的。

7-3 判別分析

判別分析是多元統計分析中較為成熟的一類分類方法，它是根據兩個或多個母體的觀測結果，按照一定的判別準則和相應的判別函數，來判斷任一待判斷個體屬於哪一類母體。判別分析要解決的問題是在已知歷史上把研究物件用某些方法分成若干類的情況下，來確定新的觀測樣本歸屬的類別。判別分析的內容很多，常見的有距離判別、貝依斯判別、費雪判別、逐步判別、序列判別等方法。本節主要介紹根據費歇線性判別模型所進行的判別分析。

假設資料矩陣 x 是具有變數樣本值向量的單位，對 x 進行判別分組，它將屬於分配 $\Omega_i, i=1,2,...,g$，當 $i \neq j$ 時，有：

$$|\, e' \cdot x - e' \cdot \bar{x}_i \,| < |\, e' \cdot \bar{x} - e' \cdot x_j \,| \qquad (7\text{-}28)$$

其中 e 是乘積矩陣 $W^{-1} \cdot A$ 的最大特徵值所對應的特徵向量，W 是樣本組內偏差平方與乘積矩陣，A 是樣本組間偏差平方與乘積矩陣：

$$W = \sum_{j=1}^{g} W_j = \sum_{j=1}^{g} X'_j \cdot H_j \cdot X_j$$

$$A = X' \cdot H \cdot X \cdot - W$$

其中 H 為中心化矩陣。當 $g=2$ 時，e 可由下式算出：

$$e = W^{-1} \cdot (\bar{x}_1 - \bar{x}_2)$$

這時，可將判別準則進行簡化。將不等式

$$|\, e' \cdot x - e' \cdot \bar{x}_1 \,| < |\, e' \cdot \bar{x} - e' \cdot x_2 \,|$$

進行變換，有：

$$d(x)=(\bar{x}_1-\bar{x}_2)'\cdot W^{-1}\cdot[x-\frac{1}{2}(\bar{x}_1+\bar{x}_2)]>0 \quad (7\text{-}29)$$

則具有變數樣本值向量 x 的單位滿足上式條件時劃歸起始分配 Ω_1，否則劃歸 Ω_2。對於 $g=2$ 和起始分配為常態分配以及有相同共變數矩陣的情況，可得到同樣的判別準則：

$$d(x)=(\bar{x}_1-\bar{x}_2)'S_w^{-1}\cdot[x-\frac{1}{2}(\bar{x}_1+\bar{x}_2)] \quad (7\text{-}30)$$

上式中，S_w 為共變數矩陣，在這裡它代替偏差平方與乘積矩陣 W，S_w 可由樣本組的偏差平方與乘積矩陣 W 計算而得：

$$S_w=\frac{W}{n-g} \quad (7\text{-}31)$$

對 $g\geq 3$ 的情況，通常將具有變數向量 x 要判別的單位判歸屬於馬氏距離平方達到最小的常態分配 Ω_i，即

$$d^2(M)=(x-\bar{x}_i)'\cdot S_w^{-1}\cdot(x-\bar{x}_i)=\min_{1\leq j\leq g}(x-\bar{x}_j)'\cdot S_w^{-1}\cdot(x-\bar{x}_j) \quad (7\text{-}32)$$

對 $g=2$ 和具有等共變數矩陣的起始多元常態分配的特殊情況，可按下式估計判為錯誤起始分配的機率：

$$P_{12}=P_{21}=F[-\frac{1}{2}d(M)] \quad (7\text{-}33)$$

其中 P_{12} 是屬於起始分配 Ω_1 的單位錯判為 Ω_2 的機率，P_{21} 為屬於 Ω_2 的單位錯判為 Ω_1 的機率，F 為標準常態分配的分配函數，$d(M)$ 為馬氏距離。

例 7-3 用甲、乙兩種方法飼養某種實驗動物，共抽取了 6 個樣本，每個樣本測試身高 (x_1) 和體重 (x_2) 兩項指標（本例兩項指標已做資料轉換，為無尺度變數），得到的資料矩陣為：

$$X=\begin{pmatrix}7 & 9\\ 9 & 8\\ 4 & 3\\ 3 & 3\\ 2 & 1\\ 1 & 1\end{pmatrix}$$

其中前兩個樣本是從甲方法中抽取，後四個樣本是從乙方法中抽取的。現有另兩個未知類別樣本，已知 A 樣本身高為 7，體重為 6，B 樣本身高為 5，體重為 3，試判別這兩個樣本是來自甲方法還是來自乙方法。

根據（7-30）式，只須將未知類別樣本的測試資料代入式中，即可確定這一樣本的判別類別。

設甲樣本組為 X_1，乙樣本組為 X_2，有：

$$X_1=\begin{pmatrix}7 & 9\\ 9 & 8\end{pmatrix}，X_2=\begin{bmatrix}4 & 3\\ 2 & 3\\ 3 & 1\\ 1 & 1\end{bmatrix}$$

甲、乙樣本組的平均數向量為：

$\bar{x}_1=(8\ \ 8.5)'$、$\bar{x}_2=(2.5\ \ 2)'$

則甲、乙樣本組的偏差矩陣為：

$$M_1=\begin{pmatrix}-1 & 0.5\\ 1 & -0.5\end{pmatrix}$$

$$M_2=\begin{bmatrix}1.5 & 1\\ -0.5 & 1\\ 0.5 & -1\\ -1.5 & -1\end{bmatrix}$$

因此甲、乙樣本組的偏差平方與乘積矩陣為：

$$W_1 = M'_1 \cdot M_1 = \begin{pmatrix} 2 & -1 \\ -1 & 0.5 \end{pmatrix}$$

$$W_2 = M'_2 \cdot M_2 = \begin{pmatrix} 5 & 2 \\ 2 & 4 \end{pmatrix}$$

因此，有：

$$W = W_1 + W_2 = \begin{pmatrix} 7 & 1 \\ 1 & 4.5 \end{pmatrix}$$

共變數矩陣 S_W 及其逆矩陣和（7-31）式中有關計算如下：

$$S_W = \frac{W}{n-g} = \frac{1}{6-2} \cdot \begin{pmatrix} 7 & 1 \\ 1 & 4.5 \end{pmatrix} = \begin{pmatrix} 1.75 & 0.25 \\ 0.25 & 1.125 \end{pmatrix}$$

$$S_W^{-1} = \begin{pmatrix} 0.590 & -0.131 \\ -0.131 & 0.918 \end{pmatrix}$$

$$\bar{x}_1 - \bar{x}_2 = (8 \quad 8.5)' - (2.5 \quad 2)' = (5.5 \quad 6.5)'$$

$$(\bar{x}_1 - \bar{x}_2)' \cdot S_W^{-1} = (5.5 \quad 6.5) \cdot \begin{pmatrix} 0.590 & -0.131 \\ -0.131 & 0.918 \end{pmatrix} = (2.394 \quad 5.247)$$

$$\frac{1}{2}(\bar{x}_1 + \bar{x}_2) = \frac{1}{2}[(8 \quad 8.5)' + (2.5 \quad 2)'] = (5.25 \quad 5.25)'$$

則判別函數為：

$$\begin{aligned} d(x) &= (2.394 \quad 5.247)[(x_1 \quad x_2)' - (5.25 \quad 5.25)'] \\ &= 2.394x_1 + 5.247x_2 - 40.1153 \end{aligned}$$

根據所計算的判別函數，得出 6 個樣本的判斷結果，列於表 7-6。

表 7-6　6 個樣本的判別情況

序號	x_1	x_2	$d(x_i)$	飼養方法
1	7	9	23.9	甲
2	9	8	23.4	甲
3	4	3	−14.8	乙
4	2	3	−19.6	乙
5	3	1	−27.7	乙
6	1	1	−32.5	乙

對未知類別樣本 A 和 B，將測試資料代入判別函數，得出判別函數值：

$$d(7,6)=2.394\times 7+5.247\times 6-40.1153=8.1$$

$$d(5,3)=2.394\times 5+5.247\times 3-40.1153=-12.4$$

據此可知，樣本 A 來自甲方法，樣本 B 來自乙方法。

由以上判別函數的中間計算結果，可得出馬氏距離平方為：

$$d^2(M)=(\bar{x}_1-\bar{x}_2)'\cdot S_w^{-1}\cdot(\bar{x}_1-\bar{x}_2)$$

$$=(2.394\quad 5.247)\cdot(5.5\quad 6.5)'=47.273$$

因此 $d(M)=6.876$。若假定甲、乙兩種飼養方法的起始分配為具有相同共變數矩陣的多元常態分配，則判別發生錯誤的機率為：

$$P_{12}=P_{21}=F[-\frac{1}{2}d(M)]$$

$$=F[(-\frac{1}{2})\times 6.876]=0.0003$$

7-4 主成分分析

主成分分析也稱主分量分析，它是研究如何將多指標問題化為較小的新的指標問題的一種方法。綜合後的新指標稱為原來指標的主成分或主分量，這些主成分新的指標既彼此不相關，又能綜合反映原來多個指標的資訊，是原來多個指標的線性組合。在進行主成分分析時，首先對資料矩陣 X 尋找 p 個變數向量的正規化線性組合，以使它的變異數達到最大，這個新的變數稱為第一主成分。第二主成分的抽取與第一主成分的抽取相類似，它使第一主成分被抽取後留下的變數的剩餘變異數達到最大；其餘的主成分依次類推，直到各主成分的累計變異數貢獻率達到 85%以上。

下面以樣本資料出發來介紹主成分分析的計算法程序。

第一步：計算樣本資料矩陣 X 的平均數和共變數矩陣。

設資料矩陣 X 具有 n 個樣本 p 個變數，用 x_{ki} 表示第 i 個變數第 k 次觀測的資料，記樣本資料矩陣 $X=(x_{(1)}, x_{(2)}, \ldots, x_{(p)})$，其中 $x_{(i)}=(x_{1i}, x_{2i}, \ldots, x_{ni})'$，計算樣本資料矩陣 X 的平均數向量 $\overline{X}=(\overline{x}_1, \overline{x}_2, \ldots, \overline{x}_p)$ 和共變數矩陣 $S=(s_{ij})_{p\times p}$，其中：

$$\overline{x}_1=\frac{1}{n}\sum_{k=1}^{n} x_{ki}\text{，}i=1,2,\ldots,p$$

$$s_{ij}=\frac{1}{n-1}\sum_{k=1}^{n}(x_{ki}-\overline{x}^{i})(x_{ki}-\overline{x}_j)\text{，}i,j=1,2,\ldots,p$$

第二步：對原始資料進行標準化。

由 $x_{ki} \rightarrow x'_{ki}$，其中：

$$x'_{ki}=\frac{x_{ki}-\overline{x}_i}{\sqrt{s_{ii}}}\text{，}i=1,2,\ldots,p\text{，}k=1,2,\ldots,n$$

第三步：計算樣本相關矩陣 $R_{p\times p}=(r_{ij})_{p\times p}$。

$$r_{ij}=\frac{s_{ij}}{\sqrt{s_{ii}\cdot s_{jj}}}\text{，}i,j=1,2,\ldots,p$$

第四步：求 R 的特徵值和特徵向量。

令 R 的非負特徵值為 $\lambda_1 \geq \lambda_2 \geq ... \leq \lambda_p$，對應於特徵值 λ_i 特徵向量為 $l_{(i)}$，$l_{(i)} = (l_{i1}, l_{i2}, ..., l_{ip})'$，滿足如下條件：

$$l'_{(i)}l_{(j)} = \begin{cases} 1 & i=j \\ 0 & i \neq j \end{cases} \qquad (7\text{-}34)$$

上式可解釋為對任一對稱矩陣 R，總是存在一正交變換 T，使

$$T^{-1}RT = \begin{pmatrix} \lambda_1 & & & \\ & \lambda_2 & & \\ & & \ddots & \\ & & & \lambda_p \end{pmatrix} \qquad (7\text{-}35)$$

那麼，λ_1、λ_2、⋯ λ_p 就是 R 的特徵值，T 的列向量就是相應的特徵向量。特徵值和特徵向量可以用雅可比法來求解。例如，求對稱矩陣

$$R = \begin{pmatrix} 1 & 0.15 & -0.80 \\ 0.15 & 1 & 0.45 \\ -0.80 & 0.45 & 1 \end{pmatrix}$$

的特徵值和特徵向量。

⑴給出計算精確度。一般要求矩陣非主對角線元素最大絕對值小於 10^{-3}。

⑵找出 R 中非主對角線絕對值最大的元素 $r_{13} = -0.80$，計算旋轉角及其正弦值、餘弦值：

$$\theta. = \frac{1}{2}\arctan\frac{2r_{13}}{r_{11} - r_{33}} = \frac{1}{2}\arctan\infty = \frac{\pi}{4}$$

$$\sin\frac{\pi}{4} = 0.707$$

$$\cos\frac{\pi}{4} = 0.707$$

做第一次變換所需正交變換為：

$$T_{0}=\begin{pmatrix}\cos\theta_{0} & 0 & -\sin\theta_{0}\\ 0 & 1 & 0\\ \sin\theta_{0} & 0 & \cos\theta_{0}\end{pmatrix}=\begin{pmatrix}0.707 & 0 & -0.707\\ 0 & 1 & 0\\ 0.707 & 0 & 0.707\end{pmatrix}$$

(3)進行第一次正交變換：

$$R_1=T_0^{-1}RT_0$$

$$=\begin{pmatrix}0.707 & 0 & 0.707\\ 0 & 1 & 0\\ -0.707 & 0 & 0.707\end{pmatrix}\begin{pmatrix}1 & 0.15 & -0.80\\ 0.15 & 1 & 0.45\\ -0.80 & 0.45 & 1\end{pmatrix}\begin{pmatrix}0.707 & 0 & -0.707\\ 0 & 1 & 0\\ 0.707 & 0 & 0.707\end{pmatrix}$$

$$=\begin{pmatrix}0.200 & 0.424 & 0.000\\ 0.424 & 1 & 0.212\\ 0.000 & 0.212 & 1.800\end{pmatrix}$$

繼續對 R_1 觀察，其非對角線元素絕對值最大的是 $r_{12}^{(1)}=0.424$，故得：

$$\theta_1=\frac{1}{2}\text{arctg}\frac{2\times 0.424}{0.2-1}=-23.3°$$

$$\sin(-23.3°)=0.396$$

$$\cos(-23.3°)=0.918$$

並得：

$$T_1=\begin{pmatrix}0.918 & 0.396 & 0\\ -0.396 & 0.918 & 0\\ 0 & 0 & 1\end{pmatrix}$$

進行第二次變換後，可得：

$$R_2=\begin{pmatrix}0.017 & 0 & -0.084\\ 0 & 1.182 & -0.195\\ -0.084 & -0.195 & 1.800\end{pmatrix}$$

重複以上計算程序，並經過六次變換後，得出：

$$R_6=\begin{pmatrix}0.013 & 0 & 0\\ 0 & 1.127 & 0\\ 0 & 0 & 1.860\end{pmatrix}$$

(4)計算特徵值和特徵向量。由 R_6 矩陣可見，R 矩陣的特徵值按大小循序排列為：

$\lambda_1=1.860$，$\lambda_2=1.127$，$\lambda_3=0.013$

相應的特徵向量，可由下式計算得出：

$$T=T_0T_1T_2T_3T_4T_5=\begin{pmatrix}0.61 & 0.47 & -0.68\\ -0.40 & 0.87 & 0.27\\ 0.68 & 0.08 & 0.72\end{pmatrix}$$

T 列陣向量就是相應的特徵向量，即對應於 $\lambda_1=1.860$ 的特徵向量為 $l_1=(0.61, -0.40, 0.68)$，對應於 $\lambda_2=1.127$ 的特徵向量為 $l_2=(0.47, 0.87, 0.08)$，對應於 $\lambda_3=0.013$ 的特徵向量為 $l_3=(-0.68, 0.27\ 0.72)$。

第五步：求主成分 $y_{(1)}, y_{(2)}, \ldots, y_{(p)}$，和荷載矩陣 B。

$y_{(i)}=X_{1(i)}$

由 $X=\tilde{Y}B$，計算荷載矩陣 B，其中：

$$\tilde{Y}=(\tilde{y}_{(1)}, \tilde{y}_{(2)}, \ldots \tilde{y}_{(p)})=(y_{(1)}, y_{(2)}, \ldots y_{(p)})\begin{bmatrix}\frac{1}{\sqrt{\lambda_1}} & & & \\ & \frac{1}{\sqrt{\lambda_2}} & & \\ & & \ddots & \\ & & & \frac{1}{\sqrt{\lambda_p}}\end{bmatrix} \qquad (7\text{-}36)$$

$y_{(i)}$ 為標準化的主成分向量。

第六步：確定主成分個數。

對給定閾值 W＝85% 求出正整數 m，使之滿足。

$$\sum_{i=1}^{m-1}\frac{\lambda_i}{p} > W > \sum_{i=1}^{m}\frac{\lambda_i}{p} \qquad (7\text{-}37)$$

各主成分對原始變數 $X_{(i)}$ 的變異數貢獻 h_i^2：

$$h_i^2 = \sum_{j=1}^{m} b_{ij}^2 \text{，} i = 1, 2, \ldots, p \qquad (7\text{-}38)$$

例 7-4 為研究山楂園昆蟲群落演化，分 16 個時期對園中 16 種主要昆蟲進行了調查（表 7-7），試進行主成分分析。

表 7-7 山楂園昆蟲群落調查表

時期	1 桃蚜	2 山楂木蝨	3 草履蚧	4 山楂葉23.	5 梨網蝽	6 黑絨金龜子	7 蘋毛金龜子	8 頂梢捲葉蛾	9 蘋小捲葉蛾	10 金紋細蛾	11 舟形毛蟲	12 山楂粉蝶	13 桃小食心蟲	14 梨小食心蟲	15 白小食心蟲	16 桑天蛾
1	0	10	4	0	0	9	0	0	0	0	0	0	0	0	0	0
2	24	18	7	0	0	18	7	0	0	0	0	13	0	0	0	0
3	329	53	13	0	8	274	182	7	1	0	0	22	0	0	5	0
4	675	86	2	11	43	419	619	12	1	0	0	34	0	0	7	0
5	266	123	28	7	47	64	253	31	14	4	0	46	0	0	23	0
6	38	205	35	16	94	13	47	64	17	9	0	31	0	16	32	0
7	2	180	17	34	125	4	0	23	44	35	0	7	0	72	13	0
8	0	71	6	53	207	0	0	11	17	60	0	0	0	115	11	1
9	0	23	0	89	391	0	0	7	8	125	0	0	0	9	143	4
10	0	10	0	74	647	0	0	13	11	153	10	0	37	26	19	6
11	0	0	0	93	561	0	0	1	4	65	126	0	72	289	8	15
12	0	0	0	64	174	0	0	0	6	70	284	0	346	21	3	5
13	0	0	0	23	13	0	0	0	3	213	133	0	295	93	23	0
14	0	0	0	8	0	0	0	0	1	145	13	0	82	41	15	0
15	0	0	0	3	0	0	0	0	0	43	0	0	0	0	0	0
16	0	0	0	0	0	0	0	0	0	0	0	0	0	0	0	0

以 16 種昆蟲群落作為變數，16 個時期作為觀測樣本，構成樣本觀測矩陣 $X = (x_{(1)}, x_{(2)}, \ldots, x_{(16)})_{16\times16}$，做如下主成分分析。

⑴求出平均數向量和標準差向量。平均數向量為（83.375、52.437、7.750、145.625、30.187、49.375、68.812、48.812、8.625、57.687、36.187、6.625、60.375、54.812、36.437、1.937），標準差向量為（181.215、75.024、111.77、201.721、32.185、116.200、159.440、148.121、10.930、65.230、76.528、13.480、108.181、82.820、55.566、3.896），並將觀測資料進行標準化處理。

⑵求出樣本相關矩陣 $R_{16\times16}$，列於表 7-8（只列出相關矩陣的下三角部分）。

表 7-8　山楂園昆蟲群落相關矩陣 R

r_{ij}	1	2	3	4	5	6	7	8	9	10	11	12	13	14	15
2	0.225														
3	0.522	0.912													
4	−0.241	−0.133	−0.236												
5	−0.388	−0.183	−0.357	0.891											
6	0.964	0.153	0.413	−0.236	−0.371										
7	0.984	0.254	0.545	−0.215	−0.364	0.915									
8	0.851	0.217	0.400	−0.129	−0.244	0.819	0.903								
9	0.043	0.723	0.528	0.157	0.172	−0.010	0.088	0.140							
10	−0.395	−0.389	−0.492	0.393	0.469	−0.368	−0.369	−0.249	−0.090						
11	−0.216	−0.326	−0.327	0.178	0.416	−0.200	−0.204	−0.154	−0.169	0.330					
12	0.302	0.663	0.811	−0.192	−0.305	0.166	0.285	−0.045	0.248	−0.384	−0.232				
13	−0.183	−0.364	−0.350	0.129	0.341	−0.166	−0.164	−0.097	−0.200	0.532	0.948	−0.274			
14	−0.294	−0.200	−0.287	0.475	0.647	−0.269	−0.277	−0.193	0.064	0.270	0.766	−0.263	0.708		
15	−0.226	−0.153	−0.233	0.897	0.768	−0.231	−0.200	−0.130	0.065	0.535	0.064	−0.143	0.068	0.150	
16	−0.228	−0.299	−0.336	−0.828	−0.805	−0.211	−0.214	−0.149	−0.091	0.249	0.471	−0.244	0.394	0.774	0.592

表 7-9　入選的特徵值和特徵向量

特徵向量 $l_{(i)}$	$l_{(1)}$	$l_{(2)}$	$l_{(3)}$	$l_{(4)}$
1	0.290	0.337	−0.199	0.0658
2	0.224	0.090	0.430	−0.244
3	0.295	0.159	0.297	−0.231
4	−0.248	0.325	0.247	0.258
5	−0.304	0.276	0.198	0.087
6	0.268	0.319	−0.245	0.098
7	0.285	0.355	−0.182	0.058
8	0.229	0.370	−0.206	0.109
9	0.083	0.155	0.426	−0.160
10	0.257	0.034	−0.044	0.096
11	−0.233	0.167	−0.213	−0.466
12	0.201	0.025	0.305	−0.244
13	−0.227	0.158	−0.261	−0.428
14	−0.264	0.244	−0.027	−0.274
15	−0.216	0.246	0.232	0.382
16	−0.275	0.323	0.059	0.022
特徵值 λ_i	6.411	2.856	2.563	1.786
貢獻率（%）	40.07	17.85	16.02	11.16
累計貢獻率（%）	40.07	57.92	73.94	85.10

(3)計算 $R_{16\times16}$ 的特徵值 λ_i 及相應的特徵向量 $l_{(i)}$，$i=1,2,...,16$，並計算出 $\lambda_i(i=1,2,...,16)$ 貢獻率。由於

$$\frac{\lambda_1+\lambda_2+\lambda_3+\lambda_4}{\lambda_1+\lambda_2+...+\lambda_{16}}=85.10\%$$

因此，只須取第 1、2、3、4 主成分即可。其結果列於表 7-9。

⑷結論分析。從以上結果看出，引起山楂園昆蟲演替的主要昆蟲群落對第一主成分貢獻最大的是山楂葉蟎，它的特徵向量為 −0.304，其次是草履蚧，特徵向量為 0.295，再次是桃蚜，特徵向量為 0.290，這三種昆蟲是第一主成分的基本代表，它們均為刺吸法液類害蟲。對第二主成分，貢獻較大的有頂梢捲葉蛾、蘋毛金龜子，特徵向量分別為 0.370 和 0.355，這兩種害蟲均為食害嫩葉的。對第三主成分，貢獻最大的是山楂木蝨，其次為蘋小捲葉蛾，特徵向量分別為 0.430 和 0.426，這兩種害蟲也是以為害嫩葉為主的。對第四主成分，貢獻較大的是舟形毛蟲和桃小食心蟲，特徵向量分別為 −0.466 和 −0.428，這些都是後期發生的害蟲。上述分析表明，不同主成分的代表種，其發生時期不同，而同一主成分的代表種，發生時期則相同，這說明山楂昆蟲群落隨時間的變化，處在不斷的演替中。

7-5 因素分析

因素分析也是一種把多個指標化為少數幾個綜合指標的多元統計方法。因素分析所涉及到的計算與主成分分析相類似；但它是從假定的因素模型出發，把資料看作是由公共因素、特殊因素和誤差所構成。主成分分析把變異數劃分為不同的正交成分，因素分析則把變異數劃歸為不同的起因因素。因素分析中特徵值的計算是從相關矩陣出發，由於每個變數處於同一量度，從而使特徵值相對均勻，且將主成分轉換為因素，計算出因素得分。目前，因素分析已在心理學、生物學、經濟學等方面得到廣泛應用。

7-5-1 因素分析的數學模型

設 $X=(x_1, x_2, ..., x_p)'$ 為可觀測的向量，且有

$$X=u+Af+e \qquad (7\text{-}39)$$

其中，$f=(f_1, f_2, ..., f_m)'$ 為公共因素向量，$e=(e_1, e_2, ..., e_p)'$ 為特殊因素向量，

f 和 e，均為不可觀測的隨機向量，$u=(u_1, u_2, ..., u_p)'$ 為母體 X 的平均數向量，$A=(a_{ij})_{p\times m}$ 為因素荷載矩陣，m 為公共因素數，且 $m \le p$。

一般僅對 X 為標準化向量的前提下進行討論，此時，有：

$$X = Af + e \tag{7-40}$$

或

$$\begin{aligned} x_1 &= a_{11}f_1 + a_{12}f_2 + ... + a_{1m}f_m + e_1 \\ x_2 &= a_{12}f_1 + a_{22}f_2 + ... + a_{2m}f_m + e_2 \\ &\vdots \\ x_p &= a_{p1}f_1 + a_{p2}f_2 + ... + a_{pm}f_m + e_p \end{aligned} \tag{7-41}$$

由（7-41）式可以知道，公共因素 $f_1, f_2, ..., f_m$ 出現在每一個原始變數 $x_i\,(i=1, 2, ..., p)$ 的表達式中，可理解為原始變數共同具有的公共因素；而每個 $e_i\,(i=1, 2, ..., p)$ 僅出現在與之相應的第 i 個原始變數 x_i 的表達中，是 x_i 獨有的因素，稱為特殊因素。

上面因素分析的數學模型說明，因素分析是將一組具有複雜關係的向量分解為所有變數共同具有的公共因素和每個原始變數獨有的特殊因素，並且公共因素和特殊因素不相關。公共因素個數較少 $(m \le p)$，對原始變數起著重要的支配作用。公共因素之間也不相關，而且往往又不可觀測。因素分析的目的就是對原始變數尋求公共因素，以簡化存在於原始變數之間的複雜關係，將各個具有相同本質的變數歸為一個因素，使分散而複雜的資料趨於整體化和簡單化。因素分析的任務就是對標準向量 X 求出滿足於（7-39）式的因素荷載矩陣，推斷公共因素，並給予公共因素以合理的解釋，若難以解釋時，則進行因素旋轉，以使因素旋轉後給公共因素以合理的解釋，並計算出因素得分。

7-5-2 因素分析的計算程序

因素分析的計算程序可表示為以下循序：原始資料→相關矩陣→主因素解←正交因子旋轉→正交因素解。

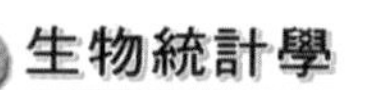

第一步：輸入原始資料 $X_{n\times p}$，計算樣本矩陣平均數和變異數矩陣，進行標準化計算。

第二步：求樣本相關矩陣 $R=(r_{ij})_{p\times p}$。

第三步：求 R 的特徵值 $\lambda_i\,(\lambda_1, \lambda_2, ..., \lambda_p>0)$ 和相應的標準正交的特徵向量 $l_{(i)}$。

第四步：確定公共因素數。對給定的閥值 W = 85% ~ 90%，如果滿足

$$\sum_{i=1}^{m-1}\frac{\lambda_i}{p}>W>\sum_{i=1}^{m}\frac{\lambda_i}{p}$$

則確定選取 m 個公共因素 $f_1, f_2, ..., f_m$。

第五步：計算因素荷載矩陣 $A_{p\times m}=(a_1, a_2, ..., a_m)$，其中

$$a_i=\sqrt{\lambda_i}\,l_{(i)}$$

第六步：計算公共因素共性變異數：

$$h_i^2=\sum_{j=1}^{m}a_{ij}^2，i=1, 2, ..., p$$

第七步：對荷載矩陣 A 進行正規化處理，得出 $\tilde{A}=(\tilde{a}_{ij})$，其中

$$\tilde{a}_{ij}=\frac{a_{ij}}{h_i}$$

第八步：對荷載矩陣 A 進行變異數最大正交旋轉。

(1)計算母數 $\mu_i, \upsilon_i\,(i=1, 2, ..., m)$ 和 A_a, B_a, C_a, D_a：

$$\mu_i=(\frac{a_{im}}{h_i})^2-(\frac{a_{ik}}{h_i})^2，m, k=1, 2, ..., m\,(m<k)$$

$$\upsilon_i=2\,(\frac{a_{im}}{h_i})(\frac{a_{ik}}{h_i})，m, k=1, 2, ..., m\,(m<k)$$

$$A_a=\sum_{i=1}^{p}\mu_i$$

$$B_a=\sum_{i=1}^{p}\upsilon_i$$

$$C_a=\sum_{i=1}^{p}(\mu_i^2-\upsilon_i^2)$$

$$D_a=2\sum_{i=1}^{p}\mu_i\upsilon_i$$

⑵計算旋轉角度θ和正交變換 T：

$$tg4\theta=\frac{D_a-2A_aB_a/p}{C_a-(A_a^2-B_a^2)/p}$$

則

$$T=\begin{bmatrix}1 & & & & & & & & & \\ & \ddots & & & & & & & & \\ & & 1 & & & & & & & \\ & & & \cos\theta & \cdots & \cdots & \cdots & \sin\theta & & \\ & & & \vdots & 1 & & & & & \\ & & & \vdots & & \ddots & & & & \\ & & & \vdots & & & 1 & & & \\ & & & -\sin\theta & \cdots & \cdots & \cdots & \cos\theta & & \\ & & & & & & & & 1 & \\ & & & & & & & & & \ddots \\ & & & & & & & & & & 1\end{bmatrix}$$

⑶計算第一次正交旋轉後的因素荷載矩陣 $B_{(1)}$ 和相應的變異數 $V_{(1)}$：

$$B_{(1)}=AT$$

$$V_{(1)}=\frac{\sum_{i=1}^{m}[p\sum_{i=1}^{p}(\frac{b_{ij}^2}{h_i^2})^2-(\sum_{i=1}^{p}\frac{b_{ij}^2}{h_i^2})^2]}{p^2}$$

其中 b_{ij} 是 $B_{(i)}$ 中的元素。

⑷對矩陣 $B_{(2)}$ 進行第二次旋轉，求出第二次旋轉後的因素荷載矩陣 $B_{(2)}$ 和相應的變異數 $V_{(2)}$。

⑸對給定的ε，若 $|V_{(2)}-V_{(1)}|<\varepsilon$，則停止旋轉，把 $B_{(2)}$ 作為因素荷載矩陣；若 $|V_{(2)}-V_{(1)}|>\varepsilon$，則 $B_{(2)}$ 進行第三次、第四次旋轉……，直到滿足預定精確度為止。

例 7-5 人類學家測量蒐集了大陸 26 組少數民族的 15 個人體形態指標（表 7-10），試對形態指標進行因素分析。

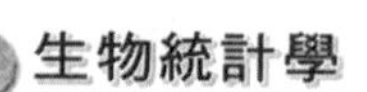

表 7-10 大陸部分少數民族人體形態測定資料

	1	2	3	4	5	6	7	8	9	10	11	12	13	14	15
	頭長	頭寬	額最小寬	面寬	下額有間寬	容貌面高	形態面高	鼻高	鼻寬	口裂寬	身長	肩寬	胸圍	骨盆寬	全頭高
湘瑤族	184.58	147.29	102.63	139.03	108.92	181.65	123.39	52.44	36.76	51.01	1597.12	396.94	833.00	264.00	232.00
桂瑤族	180.73	148.84	100.35	138.25	102.63	189.38	119.21	52.44	37.71	56.76	1568.30	362.26	830.44	262.02	219.74
湘侗族	184.30	151.90	117.90	127.90	113.30	184.70	110.70	52.57	38.30	51.40	1594.00	382.70	862.00	264.00	227.10
桂侗族	182.53	150.11	101.90	139.24	105.14	194.22	120.58	52.57	37.87	56.33	1579.30	364.90	838.10	265.04	228.71
土家族	183.90	151.90	105.40	141.50	110.20	186.40	119.20	48.90	45.40	48.50	1592.60	364.00	833.50	264.00	232.90
藏族	193.30	156.10	107.00	147.50	118.60	192.20	127.70	59.10	38.60	50.50	1670.20	363.50	857.67	267.57	236.10
壯族	187.40	150.20	100.40	142.70	110.80	184.40	121.10	53.80	40.40	49.50	1635.00	370.00	845.00	264.00	226.50
黎族	183.71	147.31	105.71	140.39	114.51	186.56	121.02	54.98	40.35	47.66	1630.10	370.63	845.00	265.90	226.28
傈僳族	191.72	150.24	106.83	142.69	109.23	190.61	120.09	51.59	36.18	53.27	1632.95	385.00	845.00	264.00	237.69
景頗族	186.37	149.33	103.26	140.33	110.71	192.12	126.72	57.45	38.56	54.16	1586.68	355.33	832.20	277.03	250.38
崩龍族	189.50	148.16	104.26	139.53	111.67	189.10	123.74	51.87	38.94	53.32	1607.30	335.00	850.76	250.00	225.09
基諾族	183.53	144.64	108.55	137.11	106.28	185.66	112.35	48.04	39.53	55.34	1599.70	355.50	852.00	262.50	223.08
彝族	184.16	141.94	115.88	141.27	108.77	183.02	118.15	51.99	37.49	51.17	1570.09	331.83	844.87	266.86	234.00
布朗族	183.18	144.53	113.32	139.32	108.34	183.09	116.57	51.42	37.21	53.66	1565.01	329.28	839.95	264.55	229.00
哈尼族	184.56	144.29	113.37	139.22	109.69	181.15	115.85	51.34	36.68	53.54	1599.88	338.17	837.67	269.55	223.00
傣族	189.72	148.50	106.12	138.26	107.61	189.26	119.26	50.10	36.93	53.04	1618.15	335.00	845.00	250.00	241.00
白族	191.82	151.58	106.69	142.18	108.38	184.76	117.50	51.12	35.36	51.70	1644.17	385.00	845.00	264.00	242.89
湘漢族	184.18	149.59	102.59	139.55	109.25	185.57	125.80	57.90	37.24	52.53	1626.33	404.62	845.00	265.00	229.23
桂漢族	187.80	150.50	100.70	141.95	111.95	185.20	124.30	56.50	40.20	49.20	1635.10	370.40	845.00	264.00	231.43
川羌族	188.75	149.73	104.20	142.15	107.26	192.01	126.08	57.62	36.61	49.69	1610.70	335.59	831.03	252.50	235.00
桂彝族	189.45	147.70	103.81	142.01	108.74	189.29	120.45	53.60	39.48	58.03	1574.60	365.65	869.67	263.81	228.60
桂苗族	184.09	151.91	103.23	143.07	108.24	191.18	117.91	52.76	36.18	54.55	1556.90	313.06	828.61	257.38	222.83
黔苗族	184.90	151.10	104.60	143.40	104.10	188.25	116.10	48.60	37.80	56.10	1558.00	313.00	830.00	257.00	230.55
黔侗族	185.33	149.82	110.00	141.81	111.74	185.88	114.98	47.82	37.17	50.06	1607.60	360.00	862.47	266.00	237.40
川藏族	189.18	150.15	103.45	141.18	110.95	193.26	124.97	56.90	38.57	53.35	1659.23	372.89	858.19	287.99	227.00
粵漢族	187.56	148.17	101.58	139.41	110.73	189.15	124.58	56.38	39.05	53.96	1628.92	363.41	850.90	270.29	227.00

本例中，$n=26$、$p=15$，因素分析程序如下。

(1)輸入原始觀測資料 $X_{26\times15}$，計算樣本平均數和標準值（表 7-11），並對資料矩陣 X 進行標準化的處理。

(2)計算 X 的相關矩陣 $R=r_{15\times15}$（表 7-12，只列出矩陣的下三角部分）。

表 7-11 樣本平均數和標準差

項目	1	2	3	4	5	6	7	8	9	10	11	12	13	14	15
平均數	186.39	149.05	105.90	140.42	109.53	187.61	120.31	53.06	38.25	52.64	1605.68	358.60	844.53	264.18	230.94
標準差	3.242	2.941	4.724	3.330	3.258	3.670	4.450	3.201	1.990	2.679	31.096	23.809	11.163	7.657	6.990

表 7-12 相關矩陣

r_{ij}	1	2	3	4	5	6	7	8	9	10	11	12	13	14
2	0.41													
3	−0.13	−0.35												
4	0.44	0.27	−0.40											
5	0.43	0.32	0.20	0.12										
6	0.32	0.49	−0.47	0.29	−0.04									
7	0.42	0.27	−0.63	0.49	0.31	0.46								
8	0.31	0.28	−0.36	0.21	−0.44	0.37	0.81							
9	−0.14	0.12	−0.18	0.01	0.27	−0.01	0.09	0.00						
10	−0.15	−0.20	−0.11	−0.11	−0.61	0.33	−0.18	−0.18	−0.31					
11	0.67	0.38	−0.18	0.25	0.62	0.11	0.46	0.47	0.07	−0.51				
12	0.13	0.23	−0.19	−0.19	0.28	−0.13	0.22	0.29	0.11	−0.26	0.53			
13	0.40	0.05	0.28	−0.14	0.51	−0.00	−0.10	0.06	0.11	−0.01	0.41	0.33		
14	−0.01	−0.02	0.03	0.03	0.29	0.06	0.20	0.36	0.13	−0.00	0.30	0.38	0.24	
15	0.48	0.23	0.04	0.26	0.17	0.15	0.26	0.09	−0.16	−0.23	0.22	0.10	−0.03	0.07

⑶求出 R 的特徵值λ_i（表 7-13）和相應的特徵向量$t_{(i)}$（表 7-14）。在電算程序中，按照內定的原則抽出 5 個因素，並計算因素荷載矩陣$A_{15\times5}$（表 7-15），但由於這 5 個因素的累計變異數貢獻率只有 74.42%，未達到 80%的閥值，須對因素荷載矩陣 A 進行變異數最大正交旋轉。

表 7-13　特徵值和變異數貢獻率（%）

項目	1	2	3	4	5	6	7	8	9	10	11	12	13	14	15
特徵值	4.471	2.563	1.602	1.396	1.129	0.955	0.806	0.735	0.529	0.295	0.189	0.121	0.102	0.055	0.043
貢獻率	29.81	17.09	10.69	9.31	7.53	6.37	5.34	4.90	3.53	1.97	1.27	0.81	0.69	0.37	0.29
累計貢獻率	29.81	46.90	57.58	66.89	74.42	80.79	86.17	91.07	94.60	96.57	97.84	98.65	99.34	99.71	100.00

表 7-14　特徵向量

	第一因素	第二因素	第三因素	第四因素	第五因素
1	0.712	−0.019	0.560	0.166	0.119
2	0.593	−0.199	0.107	−0.088	0.467
3	−0.412	0.669	0.404	0.113	−0.112
4	0.472	−0.453	0.259	−0.279	−0.057
5	0.667	0.563	0.060	−0.127	0.088
6	0.411	−0.640	0.016	0.331	0.321
7	0.773	−0.404	−0.215	−0.067	−0.269
8	0.726	−0.154	−0.309	0.150	−0.293
9	0.161	0.196	−0.499	−0.456	0.469
10	−0.428	−0.491	−0.049	0.680	0.127
11	0.829	0.308	0.057	0.031	−0.001
12	0.465	0.401	−0.379	0.187	−0.105
13	0.299	0.587	0.107	0.502	0.389
14	0.341	0.264	−0.414	0.390	−0.315
15	0.396	−0.043	0.563	−0.069	−0.333

表 7-15　因素荷載矩陣

	第一因素	第二因素	第三因素	第四因素	第五因素
1	1.505	−0.030	0.780	0.196	0.126
2	1.253	−0.318	0.135	−0.194	0.496
3	−0.871	1.071	0.511	0.133	−0.119
4	0.998	−0.725	0.327	−0.329	−0.060
5	1.410	0.901	0.075	−0.150	0.093
6	0.869	−1.024	0.020	0.391	0.341
7	1.634	−0.647	−0.272	−0.079	−0.285
8	1.535	−0.246	−0.391	0.177	−0.311
9	0.340	0.314	−0.631	−0.538	0.498
10	−0.905	−0.786	−0.062	0.803	0.134
11	1.725	0.493	0.072	0.036	−0.001
12	0.983	0.642	−0.479	0.220	−0.111
13	0.632	0.939	0.135	0.593	0.413
14	0.721	0.422	−0.524	0.460	−0.334
15	0.837	−0.068	0.713	−0.081	−0.353

(4)經過兩次正交旋轉，所得前四個因素的主成分值分別為 4.283、2.342、1.321 和 1.130，變異數貢獻率分別為 37.98%、20.77%、11.71% 和 10.02%，累計變異數貢獻率為 80.49%，取兩次正交旋轉後荷載矩陣的前四個因素為正交主因素解（表 7-16）。

表 7-16　正交因素解

	第一因素	第二因素	第三因素	第四因素
1	0.157	0.872	0.228	0.122
2	0.395	0.453	0.106	−0.061
3	−0.850	0.052	0.069	−0.014
4	0.455	0.460	−0.220	−0.054
5	−0.044	0.470	0.541	−0.490
6	0.599	0.257	0.035	0.445
7	0.833	0.283	0.193	−0.163
8	0.638	0.169	0.457	−0.121
9	0.125	−0.162	0.130	−0.424
10	0.065	−0.322	−0.074	0.857
11	0.216	0.552	0.568	−0.312
12	0.125	−0.018	0.649	−0.256
13	−0.324	0.263	0.687	0.123
14	0.137	−0.104	0.595	−0.042
15	0.057	0.582	−0.059	−0.035

(5)將正主因素大於 0.6 的關係萃取出來，得：

$f_1 \backsim -0.850x_3 + 0.833x_7 + 0.638x_8$

$f_2 \backsim 0.872x_1$

$f_3 \backsim 0.649x_{12} + 0.687x_{13}$

$f_4 \backsim 0.857x_{11}$

從專業上考慮，前三個因素較容易進行解釋。經正交旋轉後，第一因素

在形態面高 (x_7)、鼻高 (x_8)、額最小寬 (x_3) 上有較高的荷載量，可命名為面部形態因素；第二因素在頭長 (x_1) 有較高的荷載量，可稱為頭部大小因素；第三因素在肩寬 (x_{12})、胸圍 (x_{13}) 上有較高的荷載量，可叫人體寬度因素。

7-6 典型相關分析

典型相關分析是研究兩組變數之間相關關係的一種統計方法。一般情況下，要研究兩組變數 $x_1, x_2, ..., x_p$ 和 $y_1, y_2, ..., y_p$ 之間的相關關係，一種方法是分別求出第一組 p 個變數與第二組 q 個變數之間的 pq 個相關係數，由列出的相關係數表來進行分析。這樣的作法，顯得很繁瑣，且不易把握問題的全貌。另一種方法是找出第一組變數的某個線性組合，同時找出第二組變數的某個線性組合，使其具有最大的相關，然後又在每一變數中找到第二對線性組合，使它們具有次大的相關，將此程序繼續下去，直到每組變數間相關被萃取完畢為止。這樣得到的線性組合對稱為典型變數，二者之間的相關係數稱為典型相關係數，這種用典型相關係數來代表兩組變數之間相關係數的方法稱為典型相關分析。

7-6-1 典型相關分析的數學模型

設有兩組變數 $X=(x_1, x_2, ..., x_p)'$ 和 $Y=(y_1, y_2, ..., y_p)'$，分別進行了 n 次觀測，構成樣本矩陣 (X, Y)：

$$(X, Y)=\left(\begin{array}{ccc|ccc} x_{11} & \cdots & x_{1p} & y_{11} & \cdots & y_{1p} \\ x_{21} & \cdots & x_{2p} & y_{21} & \cdots & y_{np} \\ \vdots & \cdots & \vdots & \vdots & \cdots & \vdots \\ x_{n1} & \cdots & x_{np} & y_{n1} & \cdots & y_{np} \end{array}\right) \tag{7-42}$$

先假定 X、Y 已標準化，則 X 和 Y 的兩個線性組合為：

$$U=\alpha_1 x_1+\alpha_2 x_2+...+\alpha_p x_p=\alpha' X$$

$$V=\beta_1 x_1+\beta_2 x_2+...+\beta_p x_p=\beta' X \tag{7-43}$$

其中 $\alpha=(\alpha_1, \alpha_2, ..., \alpha_P)'$，其中 $\beta=(\beta_1, \beta_2, ..., \beta_P)'$。因為要尋找的第一對典型變數只要求有最大相關，不妨設 U 和 V 的變異數為 1。由於 X、Y 已標準化，且 U、V 的期望值為 0，這樣從樣本得到的共變數矩陣為：

$$S=\begin{pmatrix} S_{11} & S_{12} \\ S_{21} & S_{22} \end{pmatrix} \tag{7-44}$$

這是一個分塊矩陣。對 U 和 V 求變異數：

$$D(U)=\alpha' S_{11}\alpha=\alpha' R_{11}\alpha$$

$$D(V)=\beta' S_{22}\beta=\beta' R_{22}\beta \tag{7-45}$$

而 U 和 V 之間的相關係數為：

$$\rho=\alpha' S_{12}\beta=\alpha' R_{12}\beta \tag{7-46}$$

今要在變異數為 1 的限制條件下求使 ρ 達到最大的 α、β，這就變為求條件極值的問題。

根據拉格蘭奇（Lagrange）乘數法，則拉格蘭奇函數為：

$$F(\alpha, \beta)=\alpha' S_{12}\beta-\frac{\lambda}{2}(\alpha' R_{11}\alpha-1)-\frac{u}{2}(\beta' R_{22}\beta-1) \tag{7-47}$$

對上式 α、β 分別求偏微分，得：

$$\left.\begin{aligned} \frac{\partial F}{\partial \alpha}&=R_{12}\beta-\gamma R_{11}\alpha=0 \\ \frac{\partial F}{\partial \beta}&=R_{12}\alpha-uR_{22}\beta=0 \end{aligned}\right\} \tag{7-48}$$

對上式求解，得 $\lambda=u=\alpha' R_{11}\beta, \lambda, u$ 都等於 U 和 V 的典型相關係數。

將（7-48）式中第二式中的 u 換成 λ，經過簡單變換，得：

$$(R_{12}R_{22}^{-1}R_{21}-\lambda^2 R_{11})\alpha=0 \tag{7-49}$$

欲使 α 有非零解，其充分必要條件為：

$$|R_{12}R_{22}^{-1}R_{21}-\lambda^2 R_{11}|=0 \tag{7-50}$$

這是一個特徵方程，展開此方程的特徵多項式可得一個 k 次多項式，對

λ^2解一元 k 次方程，得到最多 k 個不同的解，這些解就是典型相關係數。由於λ是 U 和 V 的相關係數，且要求它最大，因此可取最大值$\lambda=\lambda_1$，將λ_1代入（7-49）式，便可得出所對應的特徵向量α_1。

同理，將（7-48）式中第一式的λ換成 u，可得：

$$(R_{21}R_{11}^{-1}R_{12}-\lambda^2R_{22})\beta=0 \quad (7\text{-}51)$$

欲使β有非零解，其充分必要條件為：

$$|R_{21}R_{11}^{-1}R_{12}-u^2R_{22}|=0 \quad (7\text{-}52)$$

對 u 解特徵方程，並取最大值$u=u_1$為 U 和 V 的典型相關係數，並將u_1代入（7-51）式，便可得出所對應的特徵向量β_1。

所求得的$U'_1=\alpha'_1X$和$V_1=\beta'_1Y$即為要尋找的第一對典型變數，λ_1（或μ_1）則是U_1和V_1的典型相關係數。對第二對典型變數U_2、V_2，應與第一對典型變數無相關，而且要求有最大的相關，由於對稱矩陣對應於不同特徵值的特徵向量必然正交。故將所求λ的次大值作為U_2、V_2的典型相關係數，α_2、β_2即為所對應的特徵向量。依此作法，可將所需的典型變數全部求出。

7-6-2 典型相關係數的檢定

對第 i 個典型相關係數λ_i進行顯著性檢定時。先假設$H_0:\lambda_1=0$，令：

$$\Lambda_1=\prod_{j=i}^{K}(1-\lambda_j^2) \quad (7\text{-}53)$$

在 U 和 V 的情況下，統計數

$$Q^2=-[n-i-\frac{1}{2}(p+q+1)]\ln\Lambda_i \quad (7\text{-}54)$$

近似服從自由度$df=(p-i+1)(q-i+1)$的x^2分配。如果λ_i運用了顯著性檢定，則表明第 i 個典型相關係數λ_i顯著，或稱為第 i 對典型變數U_i、V_i有顯著相關。

7-6-3 典型相關分析的計算程序

⑴輸入樣本資料 $(X, Y)_{n\times(p-q)}$，將 (X, Y) 的元素進行標準化處理。

⑵計算相關矩陣 R：$R=\begin{pmatrix}R_{11} & R_{12}\\ R_{21} & R_{22}\end{pmatrix}$

⑶求矩陣乘積 $R_{12}R_{22}^{-1}R_{21}$ 和 $R_{21}R_{11}^{-1}R_{12}$。

⑷對特徵方程 $(R_{12}R_{22}^{-1}R_{21}-\lambda_i^2R_{11})\,\alpha_i=0$ 或 $(R_{21}R_{11}^{-1}R_{12}-\lambda_i^2R_{22})\,\beta_i=0$ 求解，可得出第 i 個特徵值（典型相關係數）λ_i 和所對應的特徵向量 α_i。

⑸用 x^2 檢定法對所求典型相關係數進行顯著性檢定。

例 7-6 測定了 25 個家庭第一個男孩和第二個男孩的頭部長和頭部寬（表 7-17），試對兩男孩的頭部形狀進行典型相關分析。

本例 $p=q=2$，將原始資料 $(X, Y)_{25\times4}$ 標準化，計算出相關矩陣 R：

$$R=\begin{pmatrix}R_{11} & R_{12}\\ R_{21} & R_{22}\end{pmatrix}=\begin{bmatrix}1 & 0.7346 & 0.7108 & 0.7040\\ 0.7346 & 1 & 0.6932 & 0.7086\\ 0.7108 & 0.6932 & 1 & 0.8393\\ 0.7040 & 0.7086 & 0.8393 & 1\end{bmatrix}$$

由分塊矩陣，得矩陣乘積：

$$R_{21}R_{11}^{-1}R_{12}=\begin{pmatrix}0.5687 & 0.5715\\ 0.5715 & 0.5752\end{pmatrix}$$

表 7-17　25 個家庭兩個男孩的頭部形狀

家庭代號	第一個男孩		第二個男孩	
	x_1（頭部長）	x_2（頭部寬）	y_1（頭部長）	y_2（頭部寬）
1	191	155	179	145
2	195	149	201	152
3	181	148	185	149
4	183	153	188	149
5	176	144	171	142
6	208	157	192	152
7	189	150	190	149
8	197	159	189	152
9	188	152	197	159
10	192	150	187	151
11	179	158	186	148
12	183	147	174	147
13	174	150	185	152
14	190	159	195	157
15	188	151	187	158
16	163	137	161	130
17	195	155	183	158
18	186	153	173	148
19	181	145	182	146
20	175	140	165	137
21	192	154	185	152
22	174	143	178	147
23	176	139	176	143
24	197	167	200	158
25	190	163	187	150

因此，有特徵方程：

$$\begin{vmatrix} 0.5687-\lambda^2 & 0.5715-0.8393\lambda^2 \\ 0.5715-0.8393\lambda^2 & 0.5752-\lambda^2 \end{vmatrix}=0$$

解此特徵方程，得 $\lambda_1^2=0.6207$、$\lambda_2^2=0.0028$，故 $\lambda_1=0.7879$、$\lambda_2=0.0533$，這就是所求的典型相關係數，其對應的兩對特徵向量為：

$$\alpha_1=\begin{pmatrix}0.7197\\0.6943\end{pmatrix}，\beta_1=\begin{pmatrix}0.6696\\0.7428\end{pmatrix}$$

$$\alpha_2=\begin{pmatrix}0.7040\\-0.7102\end{pmatrix}，\beta_2=\begin{pmatrix}0.7091\\-0.7051\end{pmatrix}$$

因此，第一個典型相關係數和第一對典型變數為：

$\lambda_1=0.7879$

$U_1=0.7197x_1-0.6943x_2$

$V_1=0.6696y_1-0.7428y_2$

第二個典型相關係數和第二對典型變數為：

$\lambda_2=0.0533$

$U_2=0.7040x_1-0.7102x_2$

$V_2=0.7091y_1-0.7051y_2$

以下對典型相關係數進行顯著性檢定：

對 λ_1 進行檢定：

$$\Lambda_1=\prod_{i=1}^{2}(1-\lambda_i^2)=(1-0.6207)\times(1-0.0028)=0.3782$$

$$Q_1^2=-[25-1-\frac{1}{2}(2+2+1)]\times\ln(0.3782)=20.9051$$

由於 $Q_1^2>x^2_{0.01}(4)=13.28$，故 λ_1 是極顯著的，於是第一對典型變數是有意義。

對 λ_2 進行檢定：

$$\Lambda_2=\prod_{i=1}^{2}(1-\lambda_i^2)=1-0.0028=0.9972$$

$$Q_2^2=-[25-1-\frac{1}{2}(2+2+1)]\times\ln(0.9972)=0.0575$$

$Q_1^2>x_{0.05}^2(1)=3.84$，因此 λ_2 不顯著，所以第二對典型變數應用價值不大。

以 $\lambda_1=0.7879$ 作為兩男孩頭部形狀間的相關係數，表明第一男孩的頭部長和頭部寬與第二男孩的頭部長和頭部寬有密切的聯繫，因而可運用對一男孩的頭部形狀來估計同胞兄弟的頭部形狀。

7-7 時間序列分析

在不同時刻對某種自然現象或社會現象的數量特性進行觀測，所得的一系列有序的動態觀測資料：

$$x_{t0}, x_{t1}, x_{t2}, \ldots, x_{tn}$$

就是時間序列，並記作 $\{x_{t_i}\}$，其中 $t_i\,(i=0, 1, \ldots, n)$ 為時間母數，其單位可以是年、季、月、日、時、分、秒等。$t_0=0$，表示初始時刻。時間序列資料與其他類型資料的區別，主要在於它的有序性。時間序列分析的目的，就是研究這種依賴於時間變化資料相互關聯規律，用以預測未來。

近年來，時間序列分析發展非常迅速，在企業管理、行銷、氣象、醫學等領域都有十分廣泛的應用，在生物學中的應用也愈來愈多。時間序列分析的內容主要有穩健時間序列分析和鏈狀相關時間序列分析（即馬爾可夫鏈）等。這裡，僅介紹穩健時間序列分析。

7-7-1 穩健時間序列的線性外插法

穩健時間序列線性外插法，就是根據時間序列資料，確定其線性函數，採取一定的步長，進行外插預測的一種方法。下面介紹進行這種分析所採取的一般步驟。

首先演算樣本平均數和各個資料的離均差：

$$\bar{x}=\frac{1}{n}\sum_{i=1}^{n}x_i$$

$x'_i=x_i-\bar{x}_i$，$i=1,2,...,n$

在最小二乘法的基礎上，確定線性函數

$$\hat{x}'_{n+r}=a_1x'_n+a_2x'_{n-1}+...+a_nx'_1 \quad (7\text{-}55)$$

$a_1,a_2,...,a_n$ 使變異數誤差 $\sigma_r^2=(x'_{n+r}-\hat{x}'_{n+r})$ 達到最小，其中 τ 取正整數，為外插的步長。用數學中求極值的方法，令：

$$\frac{\partial\sigma_\tau^2}{\partial a_i}=0\text{，}i=1,2,...,n$$

由穩健時間序列相關函數的 $R(0)\geq 0$，$R(-k)=R(k)$ 和非負定性的性質，可以得到：

$$R(k-1)a_1+R(k-2)a_2+...+R(0)a_k+...+R(k-n)a_n$$

$$=r(\tau+k-1) \quad (7\text{-}56)$$

其中

$$R(k)=\frac{1}{n-k}\sum_{i=1}^{n-k}x'_{i+k}x'_i$$

$$=\frac{1}{n-k}\sum_{i=1}^{n-k}x_ix_{i+k}-\frac{1}{n(n-k)}(\sum_{i=1}^{n-k}x_i)(\sum_{i=1}^{n-k}x_i)-$$

$$\frac{1}{n(n-k)}(\sum_{i=1}^{n-k}x_{i+k})(\sum_{i=1}^{n-k}x_i)+\frac{1}{n^2}(\sum_{i=1}^{n}x_i)^2 \quad (7\text{-}57)$$

（7-57）式中，$k=1,2,...,n$。這樣就得到由 n 個線性方程組成的線性方程組：

$$\left.\begin{array}{l}R(0)a_1+R(-1)a_2+...+R(1-n)a_n=R(\tau)\\ R(1)a_1+R(0)a_2+...+R(2-n)a_n=R(\tau+1)\\ \cdots\cdots\cdots\cdots\cdots\cdots\cdots\cdots\cdots\cdots\cdots\\ R(n-1)a_1+R(n-2)a_2+...+R(0)a_n=R(\tau+n-1)\end{array}\right\} \quad (7\text{-}58)$$

利用該方程即可確定（7-55）式中的係數$a_1, a_2, ..., a_n$。由於$R(\tau)=R(-\tau)$，所以（7-58）式的係數矩陣是對稱矩陣。確定步長τ（比如$\tau=1$），解此方程，即可得到$a_1, a_2, ..., a_n$的解$\beta_1, \beta_2, ..., \beta_n$。將這些解代入（7-54）式，得：

$$\hat{x}'_{n+r}=\beta_2 x'_n+\beta_2 x'_{n-1}+...+\beta_n x'_1 \quad (7\text{-}59)$$

則該方程為最小二乘法意義下估計$\hat{x}'_{n+r}$的最佳方程。該方程稱為穩健時間序列第τ步的最佳外插方程，或稱為線性最佳預報方程，其預報誤差為：

$$\sigma_r^2=(x'_{n+r}-\hat{x}'_{n+r})=nR(0)-2[R(n-1)+2R(n-2)+...+(n-1)R(1)]$$

穩健時間序列線性外插法在實際應用時，其預報方程的項數並不是 n 項，而是$m(m<n)$項，即：

$$\hat{x}'_{n+r}=\beta_1 x'_n+\beta_2 x'_{n-1}+...+\beta_m x'_{n-m+1} \quad (7\text{-}60)$$

其中 m 為預報方程的階數，一般要求$m=n/4$。

例 7-7 表 7-18 是某縣 19 年第二代棉鈴蟲卵峰始盛期的歷史資料，試用穩健時間序列外插法預報 1978 年該縣第二代棉鈴蟲卵峰始盛期。

表 7-18　某縣 19 年第二代棉鈴蟲卵峰始盛期資料

序號	年份	日期	序號	年份	日期	序號	年份	日期	序號	年份	日期
1	1959	6/25	6	1964	6/21	11	1969	6/10	16	1974	6/22
2	1960	6/24	7	1965	6/30	12	1970	6/20	17	1975	6/20
3	1961	6/24	8	1966	6/24	13	1971	6/21	18	1976	6/26
4	1962	6/21	9	1967	6/19	14	1972	6/18	19	1977	6/22
5	1963	6/18	10	1968	6/26	15	1973	6/21			

首先對表 7-18 中日期進行數量化，規定6/18以前為 −2，6/19～6/20為 −1，6/21～6/22為 0，6/23～6/24為 1，6/25以後為 2，量化資料列入表 7-19。

表 7-19　表 7-18 資料量化表

序號	x_i	數量化	序號	x_i	數量化	序號	x_i	數量化	序號	x_i	數量化
1	x_1	2	6	x_6	0	11	x_{11}	−2	16	x_{16}	0
2	x_2	1	7	x_7	2	12	x_{12}	−1	17	x_{17}	−1
3	x_3	1	8	x_8	1	13	x_{13}	0	18	x_{18}	2
4	x_4	0	9	x_9	−1	14	x_{14}	−2	19	x_{19}	0
5	x_5	−2	10	x_{10}	2	15	x_{15}	0			

樣本平均數為：

$$\bar{x}=\frac{1}{n}\sum_{i=1}^{n}x_i=\frac{1}{19}\times(2+1+...+0)=0.105$$

幾個中間資料的計算為：

$$\sum_{i=1}^{n}x_i=2+1+...+0=2$$

$$\sum_{i=1}^{n}x_i^2=2^2+1^2+...+0^2=34$$

$$\sum_{i=1}^{n-1}x_i=2+1+...+2=2$$

$$\sum_{i=1}^{n-2}x_i=2+1+...+(-1)=0$$

$$\sum_{i=1}^{n-1}x_{i+1}=1+1+...+0=0$$

$$\sum_{i=1}^{n-2}x_{i+2}=1+0+...+0=-1$$

$$\sum_{i=1}^{n-1}x_ix_{i+1}=2\times1+1\times1+...+2\times0=-2$$

$$\sum_{i=1}^{n-2}x_ix_{i+2}=2\times1+1\times0+...+(-1)\times0=-2$$

由（7-57）式，可以計算出：

$$R(0)=\frac{1}{n}\sum_{i=1}^{n}x_i^2-\frac{1}{n^2}(\sum_{i=1}^{n}x_i)^2=\frac{1}{19}\times 34-\frac{1}{19^2}\times 2^2=1.778$$

$$R(1)=\frac{1}{n-1}\sum_{i=1}^{n-1}x_ix_{i+1}-\frac{1}{n(n-1)}(\sum_{i=1}^{n-1}x_i)(\sum_{i=1}^{n}x_i)$$

$$-\frac{1}{n(n-1)}(\sum_{i=1}^{n-1}x_{i+1})(\sum_{i=1}^{n}x_i)+\frac{1}{n^2}(\sum_{i=1}^{n}x_i)^2$$

$$=\frac{1}{18}\times(-2)-\frac{1}{19\times 18}\times 2\times 2-\frac{1}{19\times 18}\times 0\times 2+\frac{1}{19^2}\times 2^2=-0.112$$

$$R_2=\frac{1}{n-2}\sum_{i=1}^{n-2}x_ix_{i+2}-\frac{1}{n(n-2)}(\sum_{i=1}^{n-2}x_i)(\sum_{i=1}^{n}x_i)$$

$$-\frac{1}{n(n-2)}(\sum_{i=1}^{n-2}x_{i+2})(\sum_{i=1}^{n}x_i)+\frac{1}{n^2}(\sum_{i=1}^{n}x_i)^2$$

$$=\frac{1}{17}\times(-2)-\frac{1}{19\times 17}\times 0\times 2-\frac{1}{19\times 17}\times(-1)\times 2+\frac{1}{19^2}\times 2^2=-0.100$$

在方程組（7-58）中，取$\tau=1$、$m=2$，那麼，有：

$$\left.\begin{array}{l}R(0)a_1+R(1)a_2=R(1)\\R(1)a_1+R(0)a_2=R(2)\end{array}\right\}$$

即

$$\left.\begin{array}{l}1.778a_1-0.112a_2=-0.112\\-0.112a_1+1.778a_2=-0.100\end{array}\right\}$$

解此方程組，得$a_1=-0.0668$、$a_2=-0.06045$，因而所求預報方程為：

$$\hat{x}'_{n+1}=-0.0668\hat{x}'_n-0.06045\hat{x}'_{n-1}$$

利用上式對 1978 年該縣第二代棉鈴蟲卵峰始盛期可進行如下估計：

由於

$$\hat{x}'_{1978}=-0.0668\hat{x}'_{1977}-0.06045\hat{x}'_{1976}$$

因而有

$$\hat{x}_{1978}-\bar{x}=-0.0668(x_{1977}-\bar{x})-0.06045(x_{1976}-\bar{x})$$

所以

$$\hat{x}_{1978}=-0.0668\times(0-0.105)-0.06045\times(2-0.105)+0.105=-1.0272\approx 1$$

因此，估計該縣1978年第二代棉鈴蟲卵峰始盛期大約在6月23日左右。

7-7-2 顯著性相關函數值預報法

穩健時間序列的標準化相關函數：

$$r(k)=\frac{R(k)}{R(0)}=\frac{\frac{1}{n-k}\sum_{i=1}^{n-k}x'_{i+k}x'_i}{\frac{1}{n-k}\sum_{i=1}^{n-k}x'^2_i}，k=1,2,n/4 \tag{7-61}$$

在一定條件下，就是相隔時間間隔為 k 的兩個變數之間的相關係數。$r(k)$的絕對值愈大，就說明預報值x_{n+1}與相隔 k 個單位時間的$x_{(n+1)-k}$的線性相關關係愈密切，反之，則說明線性相關關係不密切，或根本無線性關係。這樣，可根據所計算的相關函數值，將$r(k)$中數值較大的k值所對應的歷史資料挑選出來，建立預報方程。具體步驟如下：

首先對樣本觀測資料$x_1, x_2, ..., x_n$計算離均差，根據（7-57）式計算相關函數$R(k)$，$k=1, 2, ..., n/4$。然後根據（7-61）式計算標準化相關函數值$r(k)$，並從$r(1), r(2), ..., r(n/4)$中挑選較大的進行相關係數$r(k)$的顯著性檢定，如果某一$r(j)$達到顯著水平，則將$x_{(n+1)-j}$入選預報方程，如果$r_{(i)}$、$r(j)$、$r(k)$、$r(l)$都顯著，則將$x_{(n+1)-i}$、$x_{(n+1)-j}$、$x_{(n+1)-k}$、$x_{(n+1)-l}$都入選預報方程。這樣，就可建立如下線性預報方程：

$$\hat{x}'_{n+i}=a_1x'_{(n+1)-i}+a_2x'_{(n+1)-j}+a_3x'_{(n+1)-k}+a_4x'_{(n+1)-l} \tag{7-62}$$

（7-62）式的係數a_1、a_2、a_3、a_4可從下列方程組

$$\begin{bmatrix} a_1+r(i-j)a_2+r(i-k)a_3+r(i-l)a_4=r_i \\ r(j-i)a_1+a_2+r(j-k)a_3+r(j-l)a_4=r_j \\ r(k-i)a_1+r(k-j)a_2+a_3+r(k-l)a_4=r_k \\ r(l-i)a_1+r(l-j)a_2+r(l-k)a_3+a_4=r_l \end{bmatrix} \tag{7-63}$$

求解得到。最後將實際觀測值$x'_{(n+1)-i}$、$x'_{(n+1)-j}$、$x'_{(n+1)-k}$、$x'_{(n+1)-l}$代入預報

（7-63）式，即可求出預報值$\hat{x}_{n+1}=\hat{x}'_{n+1}+\bar{x}$。

例 7-8 根據某氣象台 1951 到 1976 年每年 6 月降水量（公釐）資料（表 7-20），試對下年 6 月降水量進行預報。

表 7-20　某氣象台 6 月降水量 (x_i, mm) 資料及其離均差 (x'_i)

序號	年份	x_i	x'_i	序號	年份	x_i	x'_i
1	1951	252.0	−70.1	14	1964	436.0	113.9
2	1952	351.7	29.6	15	1965	409.6	87.5
3	1953	172.8	−149.3	16	1966	556.2	234.1
4	1954	398.9	76.8	17	1967	94.7	−227.4
5	1955	153.6	−168.5	18	1968	506.6	184.5
6	1956	196.5	−125.6	19	1969	233.7	−88.4
7	1957	303.7	−18.4	20	1970	177.2	−144.9
8	1958	343.7	21.1	21	1971	259.9	−62.2
9	1959	573.2	251.1	22	1972	278.1	−44.0
10	1960	290.2	−31.9	23	1973	293.1	−29.0
11	1961	203.3	−118.8	24	1974	358.0	35.5
12	1962	483.7	161.6	25	1975	270.7	−51.4
13	1963	404.0	81.9	26	1976	373.9	51.8

根據表 7-20 資料，求得平均數$\bar{x}=322.1$，對表中x_i求離均差x'_i，並同時列入表 7-20 中。根據（7-57）式計算相關函數$R(k)$，據此再根據（7-61）式計算標準化相關函數值$r(k)$，其中$r(1)$到$r(15)$的值分別是 −0.1696、0.1737、0.0730、0.0820、−0.0920、0.0760、0.2024、−0.2630、−0.1150、−0.1420、−0.2979、−0.0610、−0.4824、0.4865、−0.1241。經檢定，只有$r(13)=-0.4824$、

$r(14)=0.4865$ 的絕對值大於 $r_{0.05}(24)=0.388$，由方程組（7-63），得：

$$\left.\begin{aligned} a_1 + r(13-14)a_2 &= r(13) \\ r(14-13)a_1 + a_2 &= r(14) \end{aligned}\right\}$$

即

$$\left.\begin{aligned} a_1 - 0.1696a_2 &= -0.4824 \\ -0.1696a_1 + a_2 &= 0.4865 \end{aligned}\right\}$$

解方程組，得：$a_1=-0.4117$、$a_2=0.4167$。因此，可建立預報方程：

$$\hat{x}'_{1977} = a_1x'_{1977+1-13} + a_2x'_{1977+1-14} = a_1x'_{1965} + a_2x'_{1964}$$

將 1964、1965 兩年降水量離均差資料代入預報方程，得：

$$\hat{x}'_{1977} = -0.4117 \times 87.5 + 0.4167 \times 113.9 = 11.4384$$

則

$$\hat{x}_{1977} = \hat{x}'_{1977} + \bar{x} = 11.4384 + 322.1 = 333.5384$$

所以預報 1977 年 6 月降水量為 333.5384 公釐左右。

1. 進行水稻性狀遺傳研究時，對5個親本的若干性狀進行了分析。得到三個主成分值如下表。試用最短距離法、最長距離法和類平均法對親本進行群集分析。

親本號	產量因素	高矮因素	早晚因素
1	0.51	0.35	0.84
2	0.30	0.42	0.64
3	−0.50	0.08	0.40
4	1.30	−0.70	−0.32
5	0.94	0.50	−0.24

2. 為研究某地嬰兒死亡情況，從三個母體中各抽取4個樣本，每個樣本有兩個判別變數，其中x_1表示0歲組，x_2表示1歲組，調查資料（%）如下：

組別	第一母體				第二母體			
	1	2	3	4	5	6	7	8
0歲組	34.16	33.06	40.17	50.06	28.37	32.11	34.03	54.27
1歲組	7.44	6.34	13.45	23.03	2.01	3.02	5.41	25.03

試建立判別函數，並對四個待判樣本

A $(x_1=50.22, x_2=6.66)$，B $(x_1=34.61, x_2=7.33)$，C $(x_1=33.42, x_2=7.22)$ 和 D $(x_1=44.02, x_2=15.36)$ 判斷其各來自於哪一個母體。

3. 對172個兒童測試了8項感情舉止指標：x_1為合群性、x_2為憂鬱性、x_3為溫柔性、x_4為友誼、x_5為驚訝、x_6為憎惡、x_7為焦慮、x_8為恐懼，得到下面的相關矩陣R。試進行主成分分析。

$$R=\begin{bmatrix}1.00&0.59&0.35&0.34&0.63&0.40&0.28&0.20\\0.59&1.00&0.42&0.51&0.49&0.52&0.31&0.36\\0.35&0.42&1.00&0.38&0.19&0.36&0.73&0.24\\0.34&0.51&0.38&1.00&0.29&0.46&0.27&0.39\\0.63&0.49&0.19&0.29&1.00&0.34&0.17&0.23\\0.40&0.52&0.36&0.46&0.34&1.00&0.32&0.33\\0.28&0.31&0.73&0.27&0.17&0.32&1.00&0.24\\0.20&0.36&0.24&0.39&0.23&0.33&0.24&1.00\end{bmatrix}$$

4. 在研究玉米螟種群變化的影響因素時，對 20 個樣本內的玉米生長量 (x_1)、地上 50 公分溫度 x_2、玉米冠層相對濕度 (x_3) 和樣本內天敵數量 (x_4) 四項指標進行了調查，計算得出指標間的相關係數矩陣 R 如下：

$$R=\begin{pmatrix}1.000&0.9390&0.9640&-0.2661\\0.9390&1.0000&0.9407&-0.2754\\0.9640&0.9407&1.0000&-0.2568\\-0.2661&-0.2754&-0.2568&1.0000\end{pmatrix}$$

試進行因素分析。

5. 為探索玉米株高 (x_1) 和穗位高 (x_2) 這兩個主要類型性狀與產量因於行粒數 (y_1)、百粒重 (y_2) 性狀的關係，明道緒、龍漫遠調查了 30 個玉米單交種的這四個性狀，計算所得出的相關矩陣 R 為：

$$R=\begin{pmatrix}1.000&0.157&0.609&0.727\\0.157&1.000&0.424&0.414\\0.609&0.424&1.000&0.866\\0.727&0.414&0.866&1.000\end{pmatrix}$$

試對兩組性狀進行典型相關分析。

6. 某地 1970 年至 1979 年 5 月的月平均相對濕度的實測資料如下表。試用穩健時間序列的線性外插法和顯著相關函數值預報法分別估計該地 1980 年 5 月的平均相對濕度。

年份	相對濕度（%）	年份	相對濕度（%）
1970	64	1975	61
1971	52	1976	60
1972	61	1977	71
1973	71	1978	62
1974	65	1979	64

答案

1. 最短距離法：(1, 2) 0.0890、(1, 3) 0.8132、(1, 5) 1.1904、(1, 4) 1.5760

   類別平均法：(1, 2) 0.0890、(1, 3) 1.0499、(4, 5) 1.5760、(1, 4) 2.6389

2. 判斷函數：$d(x) = -1.91980x_1 + 2.0611x_2 + 51.2595$

   四個樣品判別：A、B、D 來自第二母體，C 來自第一母體

3. $\lambda_1 = 679.24$，$\lambda_2 = 199.806$，$\lambda_3 = 102.550$，$\lambda_4 = 83.683$，$\lambda_5 = 31.812$

4. 因素荷載矩陣 A：

$$R = \begin{pmatrix} 0.9772 & 0.1237 \\ 0.9707 & 0.1096 \\ 0.9765 & 0.1338 \\ -0.3887 & 0.9213 \end{pmatrix}$$

   經兩次正交旋轉後所得因素荷載矩陣 $B_{(2)}$：

$$B_{(2)} = \begin{pmatrix} 0.9907 & -0.1357 \\ 0.9888 & -0.1490 \\ 0.9920 & -0.1255 \\ -0.1366 & 0.9906 \end{pmatrix}$$

5. $\lambda_1 = 0.7880$，$U_1 = x_1 + 0.4597x_2$，$V_1 = 0.0534y_1 + 1.1175y_2$

   $\lambda_2 = 0.1439$，$U_1 = x_1 - 1.7394x_2$，$V_1 = -3.7298y_1 + 3.2709y_2$

   $Q_1^2 = 26.2583 > x_{0.01}^2(4) = 13.28$，$Q_2^2 = 0.5330 < x_{0.05}^2(4) = 3.84$

6. 穩健時間的線性外插法預報值：62.724%

   顯著相關函數值預報法預報值：62.717%

CHAPTER 8

生存分析中的基本概念

8-1 生存分析中的基本概念

8-1-1 常用術語

1.生存時間

生存時間（survival time）是任何兩個有關聯事件之間的時間間隔，常用符號 t 表示。狹義的生存時間是指患某種疾病的病人到病死所經歷的時間跨度，而廣義的生存時間可定義為從某種起始事件到某種終點事件所經歷的時間跨度。例如，急性白血病病人從治療開始到復發為止之間的緩解期；冠心病病人兩次發作之間的時間間隔。戒煙開始到復發吸煙之間的時間長短；接觸危險因素到發病等。因此，生存分析中最基本的一點就是計算生存時間，要明確規定事件的起點、終點及關於時間的測度單位（如：小時、日、月、年等），否則就無法分析比較。

2.失效事件與起始事件

失效事件（failure event）指治療處理效果特徵的事件，又稱為死亡事件、終點事件。它是由研究目的所決定，因此必須在設計時明確規定，並在研究中嚴格遵守。如腎移植病人因腎功能喪失的死亡、急性白血病患者的復發、癌症患者的死亡等。起始事件是反映生存時間起始特徵的事件，如疾病確診、某種疾病治療開始、接觸毒物等，設計時需要事先明確規定。

3.截尾值

截尾值（censored value）是指在隨訪工作中，由於某種原因未能觀察到病人的明確結局（即終止事件），所以不知道該病人的確切生存時間，它所提供關於生存時間的資訊是不完全的。儘管不知其真正能生存多長時間，但它告訴我們該病人至少在已經觀察的時間長度內沒有死亡，其真實的生存時間只能長於我們現在觀察到的時間，而不會短於這個時間。產生截尾現象的原因：

⑴病人失訪：由於搬遷而失去聯繫，或由於其他原因死亡，而未觀察到規定的終點事件。

⑵病人的生存期超過了研究的終止期，如研究計畫規定只對病人隨訪 5 年，但有的病人的生存期超過了 5 年，或者由於病人進入研究的時間較晚，雖然對他的隨訪期未滿 5 年，但已到研究的截止時間。

⑶在動物實驗中，有時事先規定觀察期限或動物數。雖然有一部分動物在到達實驗終止日期時尚未出現規定的終止事件，但仍停止實驗，或者當到達了事先規定的終止事件的動物數後實驗停止。

4.生存率

生存率（survival rate）是指某觀察對象活過 t 時刻的機率，常用 $P_{(x>t)}$ 表示，其值範圍在 0 到 1 之間，如 $P_{(x>10)}$ 表示某觀察對象活過 10 天（月、年等）的機率。根據不同隨訪資料的失效事件，生存率可以是紓解率、有效率等。

8-1-2 生存分析資料的蒐集

1.隨訪內容

⑴明確開始隨訪的時間：如入院時間、確診時間、開始治療時間等。乳腺癌隨訪開始時間可規定為乳腺切除的第一天，或出院日；白血病患者化療後緩解出院日為隨訪開始時間，也可規定開始治療日為隨訪開始時間。確診時間、手術時間、開始治療時間、出院時間等相對較確切，所以常作為隨訪開始時間。

⑵隨訪的結局和終止隨訪的時間，隨訪的結局可能有以下幾種：①「死亡」，即處理失敗。終止時間即為「死亡」時間。②生存但中途失訪，包括拒絕訪問、失去聯繫或中途退出實驗，終止時間以最後一次訪問時間為準。③死於其他與研究疾病無關的原因，如肺癌患者死於心肌梗塞、自殺或車禍，終止隨訪時間為死亡時間。④隨訪截止，隨訪研究結束時觀察物件仍存活，終止隨訪時間為研究結束時間。

⑶記錄影響生存的有關因素：如患者的年齡、病程、術前健康狀況、經

濟、文化、職業等，以便分析這些因素對生存的影響。

2.隨訪方式

常見的隨訪方式有兩種：

⑴全體觀察物件同時接受處理措施，觀察到最後一例出現結果，或者事先規定隨訪截止時間，如圖 8-1a。圖中「×」表示「死亡」，「○」表示失訪、退出研究或死於與本處理無關的其他原因。

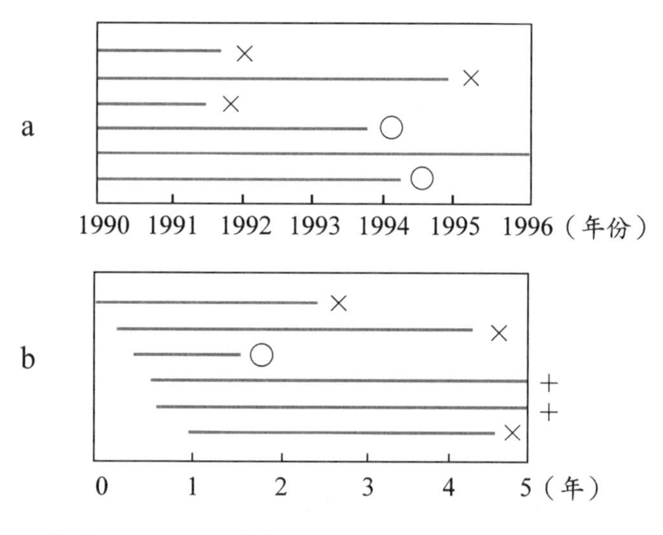

圖 8-1　隨訪資料常見形式示意圖

⑵全體觀察物件在不同時間接受治療處理，根據完成一定數量隨訪病例決定隨訪截止時間，或按事先規定的時間停止隨訪，這是臨床實驗最常見的形式，如圖 8-1b。如病人在不同時間接受心臟移植手術，有的病人可能術後 20 年仍然存活，而隨訪難以持續那麼長的時間，可根據不同的研究內容，按設計時的要求觀察到預定時間，如 3 年或 5 年即截止隨訪。

3.生存分析研究的主要內容

⑴敘述生存程序研究生存時間的分配特點，估計生存率及平均存活時間，繪製生存曲線等。根據生存時間的長短，可以估計出各時點的生存率，並根據生存率來估計中位生存時間。同時也可根據生存曲線分析其生存特點。

⑵比較生存程序：可運用生存率及其標準誤差對各樣本的生存率進行比較，以探討各組間的生存程序是否有差別。例如比較手術治療和化學治療乳腺癌患者的生存率，以探討何種治療方案較好。

⑶影響生存時間的因素分析：重點是運用生存分析模型來探討生存時間及結局，並將其作為應變數，而將影響它們的因素作為因變數，比如年齡、性別、病理分期、治療方式等。運用模型分析找出影響生存時間的保護因素和不利因素。

4.生存分析的基本方法

⑴無母數法：無母數法的特點是不論資料是什麼樣的分配，只根據樣本提供的順序統計量對生存率做出估計，常用的方法有乘積極限法。對於兩個及多個生存率的比較，其無效假設也只是假定兩組或多組的母體生存時間分配相同，而不對其分配形式及母數做出推斷。

⑵母數法：母數法分析的特點是假定生存時間服從於特定的母數分配，然後根據已知分配的特點對影響生存的時間進行分析，常用的方法有指數分配法、Weibull 分配法、對數常態迴歸分析法和對數 Logistic 迴歸分析法等。母數法運用估計母數的方法得到生存率的估計值，對於兩組及以上的樣本，可根據母數估計對其進行統計推斷。

⑶半母數法：半母數法兼有母數法和無母數法的特點，主要用於分析影響生存時間和生存率的因素，屬多因素分析方法，其典型方法是考克斯（Cox）模型分析法。

8-2 生存率的估計與生存曲線

8-2-1 未分組資料生存率及標準誤差的計算

1.生存率的計算

當隨訪的病例數較少時，不需要根據病人的隨訪時間對病人進行分組，此時生存率的估計採用乘積極限法（product-limited method），該法由卡普蘭－梅爾（Kaplan-Meier）於 1958 年提出，故又稱為卡普蘭－梅爾（Kaplan-Meier）法，它採用條件機率及機率乘法的原理來計算生存率。以下根據實例來說明生存率及標準誤差的計算方法。

例 8-1 有人研究了甲種手術方法治療某病的生存情況，定義從手術後到死亡為生存時間，得到的生存時間（月）如下，其中有「＋」者表示截尾資料，表示仍生存或失訪，括弧內為重複死亡數，1、3、5 (3)、6 (3)、7、8、10 (2)、14^+、17、19^+、20^+、22^+、26^+、31^+、34、34^+、44、59。

⑴將生存時間由小到大排列如表 8-1 第⑴欄，如遇到非截尾值和截尾值數值相同時，則將截尾值排在後面。例如 $t_{15}=34$（月）是完全資料，而 $t_{16}^+=34^+$（月）是一個截尾資料，因此，將 34^+ 排在 34 之後。

⑵列出與時間 t 對應的死亡人數 d，如表 8-1 第⑵欄，在生存時間為 5 個月時有 3 例死亡，在 6 個月時有 3 例死亡，在 10 個月時有 2 例死亡。故其對應的死亡人數分別為 3、3、2。

⑶列出初期觀察例數，列於表中第⑶欄，其具體含義是該時刻以前的病例數。如 t 為 1 個月時，人數為 23，表明手術後在不滿 1 個月時尚有 23 人存活。1 個月時，有 1 人死亡。到不滿 3 個月時，仍有 22 人生存。

⑷計算條件死亡率及條件生存率。按下式計算 $F=\frac{d}{n}$，$S=1-F$，其中 F 表示條件死亡率，S 表示條件生存率，其結果見表 8-1 中第⑷、第⑸欄。

⑸計算活過 t 時點的生存率 $P_{(x>t)}$

按下式計算 $P_{(x>t)}=\Pi S$，其中 Π 為連乘積的符號，它表示活過某時刻 t 的生存是其對應的各時點條件生存率的連乘積。

如：$P_{(x>1)}=0.957$

$P_{(x>3)}=0.957\times 0.954=0.913$

值得注意的是，對於具有截尾資料的條件死亡率為 0，而其條件生存率必為 1，其對應的生存率必然與前一個非截尾值的生存率相同。

表 8-1　甲種手術方式後病人生存率的計算方法

順號	時間（月）	死亡人數	期初觀察人數	條件死亡率	條件生存率	生存率	標準誤
i	t (1)	d (2)	n (3)	F (4)	S (5)	$P_{(x>t)}$ (6)	s_p (7)
1	1	1	23	0.043	0.957	0.957	0.0425
2	3	1	22	0.045	0.954	0.913	0.0588
3	5	3	21	0.143	0.857	0.783	0.0860
4	6	3	18	0.167	0.833	0.652	0.0993
5	7	1	15	0.067	0.933	0.609	0.1018
6	8	1	14	0.071	0.929	0.565	0.1034
7	1O	2	13	0.154	0.846	0.478	0.1041
8	14^+	0	11	0	1.000	0.478	0.1041
9	17	1	10	0.100	0.900	0.430	0.1041
10	19^+	0	9	0	1.000	0.430	0.1041
11	20^+	0	8	0	1.000	0.430	0.1041
12	22^+	0	7	0	1.000	0.430	0.1041
13	26^+	0	6	0	1.000	0.430	0.1041
14	31^+	0	5	0	1.000	0.430	0.1041
15	34	1	4	0.250	0.750	0.3233	0.1216
16	34^+	0	3	0	1.000	0.323	0.1216
17	44	1	2	0.500	0.500	0.161	0.1293
18	59	1	1	1.00	0	0	

2.生存率標準誤差的計算

有兩種方法，其公式分別為：

$$s_{p(x>t)} = P_{(x>t)} \times \sqrt{\Sigma \frac{d}{(n-d)\,n}} \qquad (8\text{-}1)$$

$$s_{p(x>t)} = P_{(x>t)} \times \sqrt{\Sigma \frac{1-P_{(x>t)}}{(n-d)}} \qquad (8\text{-}2)$$

（8-1）式中的 $\Sigma[\frac{d}{(n-d)n}]$ 表示把小於和等於 t 時刻的各種非截尾值所對應的 $\frac{d}{(n-d)n}$ 全部加起來，在個案數較多時，兩種方法計算的結果相差不大，當個案數較少時，（8-1）式計算的標準誤差偏小，而用（8-2）式計算的標準誤差偏大。即後者的計算結果較保守，但計算起來較為簡便。我們僅介紹（8-1）式計算標準誤差的方法。

$$s_{p(x>t)}=0.43\times\sqrt{\frac{1}{23\times22}+\frac{1}{22\times21}+\frac{3}{21\times18}+\frac{3}{18\times15}+\frac{1}{15\times14}+\frac{1}{14\times13}+\frac{1}{13\times13}+\frac{1}{10\times9}}$$

$$=0.104$$

可以根據生存率的標準誤差來估計生存率的信賴區間。其方法是採用常態分配的原理，用下式來進行估計。

$$P_{(x>t)}\pm Z_{\alpha}\cdot s_{p(x>t)}$$

如樣本生存率為 $P_{(x>9)}=0.430$ 時，其母體生存率 95%的信賴區間的估計為：

$$0.43\pm1.96\times0.104=(0.226, 0.634)$$

這種估計方法是基於近似常態分配的原理，故不適合於曲線尾部或接近尾部生存率的信賴區間估計。因為此處的常態性較差，所估計的信賴區間的上、下限值可能小於 0 或大於 1。此時可以計算生存率經對數變換後的值以及相應的標準誤差，據此來估計其信賴區間。生存率的對數變換公式為：

$$G_{(x>t)}=\ln[\ln P_{(x>t)}] \qquad (8\text{-}3)$$

其中 ln 表示自然對數。

$G_{(x>t)}$ 的漸近標準誤差為：

$$s_{G(x>t)}=\sqrt{\Sigma\frac{d}{n(n-d)}/(\Sigma\ln\frac{n-d}{n})^2} \qquad (8\text{-}4)$$

這時 $G_{(x>t)}$ 的 95%的信賴區間為：

$$G_{(x>t)} \pm 1.96 \times s_{G(x>t)} \quad (8\text{-}5)$$

對（8-5）式取反對數即可得到生存率 95%的信賴區間：

$$\exp\{-\exp[G_{(x>t)} \pm 1.96 s_{G(x>t)}]\} \quad (8\text{-}6)$$

例如計算 $P_{(x>t)} = 0.957$ 的 95%信賴區間：

$G_{(x>1)} = \ln[-\ln(0.957)] = 3.1134$，用（8-4）式計算的 $G_{(x>1)}$ 的標準誤差為：

$$s_{G(x>t)} = \sqrt{\frac{1}{23 \times 22} / (\ln\frac{22}{23})^2} = 1.0000$$

用（8-6）式計算的 $P_{(x>1)}$ 的信賴區間為：

$$\exp\{-\exp[-3.1134 \pm 1.96 \times 1.0000]\} = (0.729, 0.9994)$$

3.生存曲線

我們可以生存時間為橫軸，以生存率為縱軸繪製一條生存曲線，用以敘述其生存程序，並根據生存曲線的高低，直覺性地比較不同治療方式之間的生存率。

例 8-2 假定我們用乙種手術方式治療了與上例病情一致的同種疾病 20 例，其生存時間和死亡情況為 1 (2)、2、3 (2)、4 (3)、6 (2)、8、9 (2)、10、11、12、13、15、17、18，括弧內為死亡人數，我們用上例相同的方法計算的生存率及標準誤差見表 8-2。

以生存時間為橫軸，與兩種手術方式的生存率為縱軸，繪製的生存曲線見圖 8-2，從圖中可以看出，乙種手術方式其生存曲線較低，說明其生存率較低，而甲種手術方式的生存曲線較高，說明其生存較高，這種生存曲線又稱為卡普蘭－邁耶（Kaplan-Meier）曲線。

●表 8-2　乙種手術方式後病人生存率及標準誤差

順號	時間（月）	死亡人救	期初觀察人數	條件死亡率	條件生存率	生存率	標準誤差
i	t (1)	d (2)	n (3)	F (4)	S (5)	$P(x>t)$ (6)	s_p (7)
1	1	2	20	0.143	0.900	0.900	0.067
2	2	1	18	0.056	0.944	0.850	0.080
3	3	2	17	0.118	0.882	0.750	0.969
4	4	3	15	0.200	0.800	0.600	0.110
5	6	2	12	0.167	0.833	0.500	0.112
6	8	1	10	0.100	0.900	0.450	0.111
7	9	2	9	0.222	0.778	0.350	0.107
8	10	1	7	0.143	0.857	0.300	0.102
9	11	1	6	0.167	0.833	0.250	0.097
10	12	1	5	0.200	0.800	0.200	0.089
11	13	1	4	0.250	0.750	0.150	0.080
12	15	1	3	0.333	0.667	0.100	0.067
13	17	1	2	0.500	0.500	0.050	0.049
14	18	1	1	1.000	0.000	0.000	—

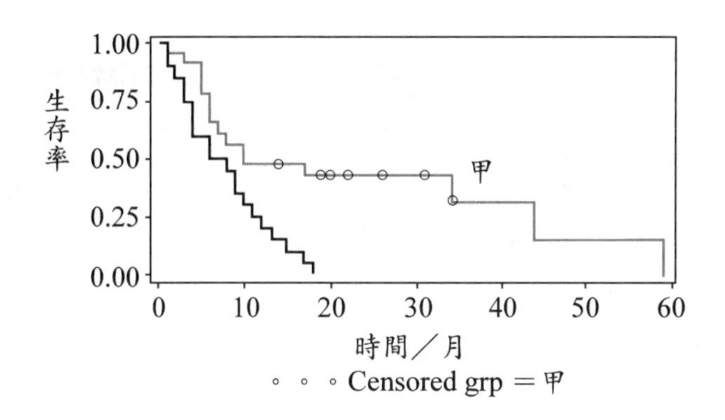

圖 8-2　生存率比較的階梯曲線

8-2-2 分組生存資料的生存分析

在樣本較大時，隨訪病例的生存時間常可按年、月或日進行分組，得出具有若干時間段生存資料的頻率表。對此種分組的生存資料可按壽命表（life table）法進行生存率的計算，其基本原理是首先求出患者在治療後各時期的生存機率，然後根據機率的乘法原理，將各時期生存機率再相乘，即可得自觀察開始到各時點的生存率，並對各組不同時期的生存率或總的生存分配之間進行假設檢定。

1.生存率計算

將生存資料以經歷時間的長短分成若干時間區，死亡和截尾的個案數分別列入各時間區間內，並整理成表格的形式後計算生存率。以下結合具體實例來說明計算。

例 8-3 某研究者蒐集了男性心絞痛患者 2,418 個個案，隨訪結束後將有關資料整理列於表 8-3，其中生存時間是以年計算的，試計算其生存率與標準誤差。

表 8-3 2,418 個案男性心絞痛病人生存率及標準誤差計算分析表

生存時間區間 (t_{i-1}, t_i) (1)	死亡人數 d_i (2)	截尾人數 c_i(3)	期初觀察人數 L_i(4)	校正觀察人數 N_i(5)	死亡機率 q_i (6) = (3) / (5)	生存機率 P_i (7) = (1) / (6)	生存率 $P(t_i)$(8)	生存率的標準誤差 S_p (9)
(0～1)	456	0	2418	2418.0	0.1886	0.8114	1.0000	—
(1～2)	226	39	1962	1942.5	0.1163	0.8837	0.8114	0.0080
(2～3)	152	22	1697	1686.0	0.0902	0.9098	0.7170	0.0092
(3～4)	171	23	1523	1511.5	0.1131	0.8869	0.6524	0.0097
(4～5)	135	24	1329	1317.0	0.1025	0.8975	0.5786	0.0101
(5～6)	125	107	1170	1116.5	0.1120	0.8880	0.5193	0.0103
(6～7)	83	133	938	871.5	0.0952	0.9048	0.4610	0.0104
(7～8)	74	102	722	671.0	0.1103	0.8897	0.4172	0.0105
(8～9)	51	68	546	512.0	0.0996	0.9004	0.3712	0.0106
(9～10)	42	64	427	395.0	0.1063	0.8937	0.3342	0.0107
(10～11)	43	45	321	298.5	0.1441	0.8559	0.2987	0.0109
(11～12)	34	53	233	206.5	0.1646	0.8354	0.2557	0.0111
(12～13)	18	33	146	129.5	0.1390	0.8610	0.2136	0.0114
(13～14)	9	27	95	81.5	0.1104	0.8896	0.1839	0.0118
(14～15)	6	33	59	47.5	0.1263	0.8737	0.1636	0.0123

計算步驟如下：

(1)時間區間 (t_{i-1}, t_i) 將全部生存時間資料分成若干時間段，目的是為了將病人按生存時間區間進行分組。一名活到 t_{i-1} 時點上的病人，在區間 (t_{i-1}, t_i) 內可能出現三種情況：①繼續生存到區間終點 t_i；②在區間內死亡；③在區間內截尾。見表 8-3 第(1)欄。

(2)死亡人數 d_i 表示死於區間 (t_{i-1}, t_i) 的人數。見表 8-3 第(2)欄。

⑶截尾人數 c_i 表示在區間 (t_{i-1}, t_i) 內截尾的人數，包括死於其他疾病、失訪或雖存活但因研究終止而中斷觀察的患者。見表 8-3 第⑶欄。

⑷期初觀察人數 L_i 指在時點 t_{i-1} 上生存的病人數，見表 8-3 第⑷欄。

⑸校正觀察人數 N_i 是指假定截尾者平均每人觀察了區間寬度的一半，因此從期初人數中減去 $c_i/2$ 作為校正的觀察人數，以免在生存率的計算程序中受截尾資料的影響太大。見表 8-3 第⑸欄。其計算公式為：

$$N_i = L_i - c_i/2 \tag{8-7}$$

⑹死亡機率 q_i 表示 t_{i-1} 至 t_i 期間的死亡機率，見表 8-3 第⑹欄。計算公式為：

$$q_i = \frac{d_i}{N_i} \tag{8-8}$$

⑺生存機率 P_i 表示 t_{i-1} 至 t_i 期間的生存機率，見表 8-3 第⑺欄。計算公式為：

$$P_i = 1 - q_i \tag{8-9}$$

⑻生存率 P_{t_i}，表示用藥後活過 t_i 的機率，即 t_i 的生存率。見表 8-3 第⑻欄。根據機率乘法原理其計算公式為：

$$P_{t_i} = \coprod_{j \le 1} P_j = P_1 \cdot P_2 \ldots P_i \tag{8-10}$$

⑼生存率的標準誤差：

$$s_p = P_{(t_i)} \cdot \sqrt{\sum_{j \le 1} \frac{q_j}{P_j N_j}} \tag{8-11}$$

2.生存率曲線

分別將樣本不同時點（時間區間的中點）的生存率繪在方格座標紙上，以直線相連得生存率曲線圖，可做樣本間生存率的直覺分析比較。圖 8-3 是根據表 8-3 中生存時間及生存率所繪製的生存率曲線圖。

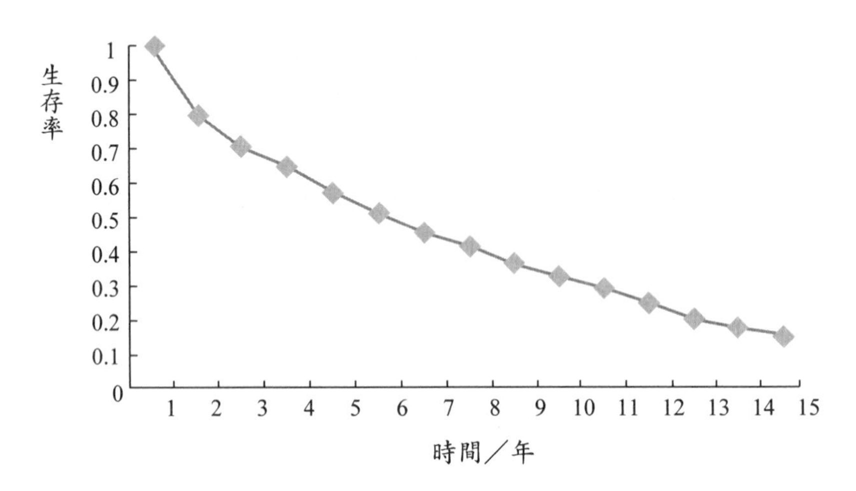

圖 8-3 心絞痛病人生存率曲線

8-3 生存曲線的對數秩檢定

對數秩檢定（log rank test）是以生存時間的對數為基礎推導出來的，其基本方法是實際死亡數與期望死亡數之間的比較。它是對各組生存率做整體的比較，故應用範圍較廣，適用於兩組及多組生存率之間的比較。這裡只介紹兩組生存率之間的比較。

例 8-4 我們用上兩例的資料，比較甲種手術方式和乙種手術方式其生存率之間差異有無統計學意義。其統計檢定的基本步驟為：

(1)將兩組資料混合後統一排序用 g 表示組號，g＝1 表示甲種手術方式組，g＝2 表示乙種手術方式組，用 n_{1t}、n_{2t} 表示各組觀察的病人數，則 $n_i=n_{1i}+n_{2i}$ 為合併組的病人總數。將這兩組的生存時間按由小到大的順序統一排序，各組的以及合併的觀察病例數及死亡例數亦分別隨時間列出，用 d_{1i} 表示第一組在各生存時間上的死亡人數，d_{2i} 表示第二組在各生存時間上的死亡人數，則兩組的合併死亡數為 $d_i=d_{1i}+d_{2i}$，分別將例 8-1、例 8-2 的資料混合排列後列於表 8-4 中的第(3)、(4)、(5)和(7)、(8)、(9)欄，合併的資料列於(11)、(12)欄，對於兩組的截尾資料分別用 C_{1i} 和 C_{2i} 表示，則每組的期初觀察人數為其對應的前一個生存時間的期初觀察人數減去死亡人數及截尾人數。

表 8-4 兩種手術方式對數秩檢定計算表

序號	時間（月）	g＝1組				g＝2組				合計	
i	t	n_{1i}	d_{1i}	C_{1i}	T_{1i}	n_{2i}	d_{2i}	C_{2i}	T_{2i}	n_i	d_i
(1)	(2)	(3)	(4)	(5)	(6)	(7)	(8)	(9)	(10)	(11)	(12)
1	1	23	1	0	1.605	20	2	0	1.395	43	3
2	2	22	0	0	0.550	18	1	0	0.450	40	1
3	3	22	1	0	1.692	17	2	0	1.308	39	3
4	4	21	0	0	1.750	15	3	0	1.250	36	3
5	5	21	3	0	1.909	12	0	0	1.091	33	3
6	6	18	3	0	3.000	12	2	0	2.000	30	5
7	7	15	1	0	0.600	10	0	0	0.400	25	1
8	8	14	1	0	1.167	10	1	0	0.833	24	2
9	9	13	0	0	1.182	9	2	0	0.818	22	2
10	10	13	2	0	1.950	7	1	0	1.050	20	3
11	11	11	0	0	0.647	6	1	0	0.353	17	1
12	12	11	0	0	0.687	5	1	0	0.312	16	1
13	13	11	0	0	0.733	4	1	0	0.267	15	1
14	14	11	0	1	0.000	3	0	0	0.000	14	0
15	15	10	0	0	0.760	3	1	0	0.231	13	1
16	17	10	1	0	1.667	2	1	0	0.333	12	2
17	18	9	0	0	0.900	1	1	0	0.100	10	1
18	19	9	0	1	0.000	0	0	0	0	9	0
19	20	8	0	1	0	0	0	0	0	8	0
20	22	7	0	1	0	0	0	0	0	7	0
21	26	6	0	1	0	0	0	0	0	6	0
22	31	5	0	1	0	0	0	0	0	5	0
23	34	4	1	0	1.000	0	0	0	0	4	1
24	34	3	0	1	0	0	0	0	0	3	0
25	44	2	1	0	1.000	0	0	0	0	2	1
26	59	1	1	0	1.000	0	0	0	0	1	1
合計			16	7	23.808		20	0	12.192		36

(2)計算在每個生存時間上各組的期望死亡數。$T_{1i}=\dfrac{dn_{1i}}{N_i}$，$T_{2i}=\dfrac{dn_{2i}}{N_i}$，

其中 T_{1i}、T_{2i} 分別表示第一組和第二組對應的某個生存時間上的期望死亡數，n_i 表示該時間點對應的期初觀察的總數，n_{1i}、n_{2i} 分別表示該時點第一組和第二組期初觀察例數，d_i 為兩組合計的死亡人數。

比如在生存時間為 1 個月時，第 1 組對應的期初觀察數為 23，兩組對應合計死亡人數為 3，合計的期初觀察人數為 43，則第一組的期望死亡數為：$T_1=(23\times3)/43=1.6047$，計算第二組的期望死亡人數為：$T_2=(20\times3)/43=1.2953$，計算兩組的期望死亡人數分別列於表的第(6)和第(10)欄。

(3)分別對期望死亡人數求和，將第(6)、第(10)欄分別求和得各組的期望數之和，第一組總期望死亡數為 23.8083，第二組總的期望死亡數為 12.1917，見表的底部。兩組實際死亡數分別為 16 個和 20 個。

(4)計算 χ^2 值：用 $\chi^2=\Sigma\dfrac{(O-E)^2}{E}$ 計算 χ^2 值，在無效假設條件下，該統計量服從自由度為 1 的 χ^2 分配（v= 組數−1）。

$$\chi^2=\frac{(16-23.8083)^2}{23.8083}+\frac{(20-12.1917)^2}{12.1917}=7.56$$

查 χ^2 臨界值表，$P<0.01$，故拒絕無效假設，認為兩種手術方式其生存率的差別有統計顯著性意義。

對於兩組生存率的比較有近似法和精確法兩種，上述的方法是近似法，它計算較為簡便，但結果較為保守。當用近似法計算的結果已達到顯著性水準時，就不必用精確法來進行驗證。當近似法的計算結果接近顯著性水準時，可用精確法確定其機率水準。兩種方法的計算步驟相同，只是做檢定時所用的統計量不同，即精確法演算 χ^2 統計量的分母是對應變異數估計量。

對於大樣本的資料，如用上述計算法進行比較，將十分繁雜。可以將其整理成頻率表的形式，其基本原理與上述方法相同。對數秩檢定除了生存資料的基本要求之外，還要求各組生存曲線不能交叉，生存曲線的交叉提示存在某種混雜因素，此時應採用分層的方法或多因素的方法來校正混雜因素。另外，當假設檢定有統計顯著性意義時，可以運用生存曲線、半數生存期及相對危險度來考察其效果。

8-4 Cox比例風險迴歸模型

對於生存資料的分析，國內外學者針對具體問題提出了許多處理方法，包括統計敘述和統計推斷。常見的有生存時間的分位數、中位生存時間、生存函數估計、對數秩檢定等，這些方法已廣泛應用於醫學療效評價和預後分析。在實踐中，人們發現生存分析資料，尤其是醫學臨床隨訪資料具有一定的特殊性，主要表現在生存時間的分配種類繁多且難以確定，存在截尾資料，需要考慮多個共變數的影響等。1972 年英國統計學家考克斯（Cox）提出了比例風險迴歸模型（Cox's proportional hazard regression model），較好地解決了上述問題。為便於討論，以下簡稱 Cox 模型。

8-4-1 Cox 模型的基本形式

生存分析的主要目的，在於研究共變數 x 與觀察結果即生存函數之間的關係，當 $S(t,x)$ 受到共變數的影響時，傳統的方法是考慮迴歸分析，即各共變數對 $S(t,x)$ 的影響。由於生存分析研究的資料中包含有截尾資料。用一般的方法難以解決上述問題。

Cox 模型不直接考察生存函數與共變數的關係，而是用風險率函數 $h(t,x)$ 作為應變數，並假定：

$$h(t,x)=h_0(t)\exp(\beta'x)=h_0(t)\exp(\beta_1x_1+\beta_2x_2+\ldots+\beta_px_p) \qquad (8\text{-}12)$$

式中 $h(t,x)$ 是具有共變數 x 的個體在時刻 t 時的風險函數，又稱為瞬時死亡率。t 表示生存時間，$x=(x_1,x_2,\ldots,x_p)'$ 表示與生存時間可能有關的共變數或互動項。其中的因素可能是定量的或定性的，在整個觀察期間內，它不隨時間的變化而變化。$h_0(t)$ 是所有危險因素為 0 時的基礎風險率，它是未知的，但假定它與 $h(t, x)$ 是呈比例的。$\beta = (\beta_1, \beta_2, ..., \beta_p)'$，為 Cox 模型的迴歸係數，是一組未知的母數，需要根據實際的資料來估計。

（8-12）式的右側可分為兩部分：$h_0(t)$ 沒有明確的定義，其分配與形狀無明確的規定，母數也是無法估計的，這是無母數部分；另一部分是母數部分，其母數是可以運用樣本的實際觀察值來估計的，正因為 Cox 模型有無母數和母數兩部分組成，故又稱為半母數模型。

（8-12）式可以轉換為：

$$[h(t, x) / h_0(t)] = \exp(\beta_1 x_1 + \beta_2 x_2 + ... + \beta_p x_p)$$

β 與風險函數 $h(t, x)$ 之間有如下關係：

(1) $\beta_j > 0$，則 x_j 取值愈大時，$h(t, x)$ 的值愈大。

(2) 若 $\beta_j = 0$，則 x_j 的取值對 $h(t, x)$ 沒有影響。

(3) 若 $\beta_j < 0$，則 x_j 取值愈大時，$h(t, x)$ 的值愈小。

兩個分別具有共變數 x_i 與 x_j 的病人，其風險函數之比是一個與時間無關的量，即：

$$[h(t, x_i) / h(t, x_j)] = \exp[\beta'(x_i - x_j)] \tag{8-13}$$

如 x_i 是暴露組觀察物件對應各因素的取值，x_j 是非暴露組觀察物件對應各因素的取值，則根據（8-13）式可以求出暴露組和非暴露組的相對危險度。

由此也可以看出 β_j 的流行病學含義，β_j 是當伴隨變數 x_j，每改變一個測定單位時所引起的相對危險度的自然對數的改變量。我們用一個實例來說明 Cox 模型中危險度和相對危險度的計算。為探討胃癌患者的預後，對是否施行手術治療 (X_1) 和接受放射治療 (X_2) 的效果進行了分析，得到 x_1 的迴歸係數 β_1 為 -0.360；x_2 的迴歸係數 β_2 為 -0.333，$x_1 = 1$，表示施行手術治療，$x_1 = 0$，表示未施行手術治療；$x_2 = 1$，表示接受放射治療，$x_2 = 0$，表示未接受放射治療。根據所給的資料，接受治療病人的危險度為：

$$[h(t, x_i)] = h_0(t) \exp(\beta_1 x_1 + \beta_2 x_2) = h_0(t) \exp(-0.360 \times 1 + -0.333 \times 1) = 0.5 h_0(t)$$

未接受治療的病人的危險度為：

$$[h(t, x_i)] = h_0(t)\exp(\beta_1 x_1 + \beta_2 x_2) = h_0(t)\exp(-0.360 \times 0 + -0.333 \times 0) = h_0(t)$$

二者的比值為：$[h(t, x_i) / h(t, x_j)] = 0.5$

即經過兩種方法治療的病人其死亡的風險是未治療患者的一半。

由此可以推斷在任何生存時間上，一組病人的危險度都是其參照組危險度的倍數，當共變數取值為 0.1 時

$$RR = [h(t, x_i) / h(t, x_j)] = \frac{h_0(t)\exp(\beta' x_i)}{h_0(t)\exp(\beta' x_0)} = \exp(\beta' x)$$

當共變數取值為連續性變數時，

$$RR = [h(t, x_i) / h(t, x')] = \frac{h_0(t)\exp(\beta' x_i)}{h_0(t)\exp(\beta' x^*)} = \exp[\beta'(x - x^*)]$$

8-4-2 母數估計與假設檢定

1.母數估計

Cox 模型中的母數是採用偏似然函數（partial likelihood function）估計的。為便於瞭解偏似然函數的概念，先解釋以下危險集。假定有 n 個病人，他們的生存時間由小到大排列：$t_1 \le t_2 \le ... \le t_0$，對於每個生存時間 t_i 來說，凡生存時間大於 t_i 的所有病人組成一個危險集，記為 $R(t_i)$。在危險集內的病人，在 t_i 以前尚生存，但處在危險之中，隨著時間的推移，危險集內的病人陸續死亡，病人逐漸退出觀察，當最後一個病人死亡並退出觀察時，危險集就消失。比如，在 t_i 以前，危險集包含 n 個病人，在 t_i 時刻第一個病人死亡，在 t_i 以後危險集包含 n − 1 個病人。在 t_2 時刻死亡第二個病人，故 t_2 時刻以後危險集包含 n − 2 個病人，在 t_n 時刻以前危險集包含最後一個病人，在 t_n 時刻最後一個病人死亡，危險集消失。

Cox 指出，在時間 t_i 上，病人死亡的條件機率為：

$$\frac{h_0(t)\exp(\beta_1 x_{i1}+\beta_2 x_{i2}+\ldots+\beta_P x_{iP})}{\sum_{s\in R(t_i)} h_0(t)\exp(\beta_1 x_{s1}+\beta_2 x_{s2}+\ldots+\beta_P x_{sP})}=\frac{\exp(\beta_1 x_{i1}+\beta_2 x_{i2}+\ldots+\beta_P x_{iP})}{\sum_{s\in R(t_i)} \exp(\beta_1 x_{s1}+\beta_2 x_{s2}+\ldots+\beta_P x_{sP})}$$

（8-14）

其中 S 代表 t_i 時刻以後危險集 $R(t_i)$ 中對似然函數做貢獻的個體。

將 n 個病人死亡的條件機率相乘得：

$$L(\beta)=\prod_{i=1}^{n}\frac{\exp(\beta_1 x_{i1}+\beta_2 x_{i2}+\ldots+\beta_P x_{iP})}{\sum_{s\in R(t_i)} \exp(\beta_1 x_{s1}+\beta_2 x_{s2}+\ldots+\beta_P x_{sP})} \quad (8\text{-}15)$$

$L(\beta)$ 並非通常意義下的似然函數，但 Cox 證明了它是觀察資料在特定意義下的一部分，故稱為偏似然函數，將一般的最大似然理論應用於上 $L(\beta)$ 的估計，可得到 β 的估計並進行假設檢定。

在實際情況中，有時並不知道病人確切的生存時間，如隨訪程序中病人由於搬遷或其他原因失去聯繫導致失訪。動物實驗中，在到達實驗終止日期時，尚未出現規定的終止事件。這類資料由於沒有觀察到終點事件，提供的資訊是不完全的。比如失訪的病人其實際的生存時間一定在失訪時間以後，但具體的生存時間沒有觀察到，這類資料稱為截尾資料。截尾用 δ_i 來表示。

$\delta_i=0$，表示病人在 t_i 時刻死亡；$\delta_i=1$，表示病人在 t_i 時刻截尾。在有截尾資料的情況下，其偏似然函數為：

$$L(\beta)=\prod_{i=1}^{n}\left[\frac{\exp(\beta_1 x_{i1}+\beta_2 x_{i2}+\ldots+\beta_P x_{iP})}{\sum_{s\in R(t_i)} \exp(\beta_1 x_{s1}+\beta_2 x_{s2}+\ldots+\beta_P x_{sP})}\right]^{\delta_i} \quad (8\text{-}16)$$

對（8-16）式取自然對數：

$$\ln L(\beta)=\sum_{i=1}^{n}\left\{\delta_i\left[(\beta_1 x_{i1}+\ldots+\beta_p x_{ip})-\ln\sum_{s\in R(t_i)}\exp(\beta_1 x_{sp})\right]\right\} \quad (8\text{-}17)$$

對 $\ln L(\beta)$ 求關於 $\beta_j(j=1,2,\ldots,P)$ 的一階偏微分，並求其等於零的解：

$$\frac{\partial \ln L(\beta)}{\partial \beta_j}=0$$

即可得到 β_j 的最大似然函數估計值。

以上討論的母數估計是在生存時間連續且無重複的條件下進行的，當病人的生存時間存在重複，即在時間 t_i 上有重複死亡的情況，或者病人的資料是以分組的形式出現時，其似然函數的架構比較複雜。學者們建議採用邊際似然函數（marginal likelihood）來估計母數。當在時間上 t_i 重複死亡數和危險集的人數不多時，其似然函數為：

$$L(\beta)=\prod_{i=1}^{m}\left[\frac{\exp(\beta_1 x_{i1}+\beta_2 x_{i2}+\ldots+\beta_P x_{iP})}{\sum_{s\in R(t_i)}\exp(\beta_1 x_{s1}+\beta_2 x_{s2}+\ldots+\beta_p x_{sp})^{d_i}}\right]^{\delta_i} \tag{8-18}$$

式中的 $z_{ij}=x_{i1j}+x_{i2j}+\ldots+x_{idj}$ 是在時間 t_{ij} 上的 d_i 例病人的第 j 個伴隨變數取值之和。

對（8-18）式求對數後，再求其一階偏微分並令其等於 0，即可得到 β_j 的最大似然估計值。從（8-18）式可以看出，當 $d_i=1$ 時，即各時點 t_i 上沒有重複死亡數時，則分組數 $m=n$，（8-18）式簡化為（8-17）式。

2.母數檢定

⑴最大似然比檢定（maximum likelihood ratio test）用於模型中原有不顯著變數的剔除和新變數的引入，以及包含不同變數的各模型的比較。假定建立一個包含 p 個因素的模型，其迴歸係數為向量 β，根據最大似然函數估計得到的似然函數值為 ln(m)，在上述模型中再增加一個因素，建立一個新模型，對應的迴歸係數為向量 β^*，根據最大似然估計得到的似然函數值為 ln(m+1)，檢定因素是否有統計學意義的統計量為：

$$x^2=2[\ln L(m+1)-\ln L(m)] \tag{8-19}$$

它服從於自由度為 1 的 x^2 分配。

如果是把原有模型中無統計學意義的變數剔除，其方法與增加變數的檢定方法相似。

⑵得分檢定（score test）用於新變數是否能選入模型，可檢定一個新變數能否引入模型，也可以檢定多個新變數能否引入模型。得分檢定也可用於檢定變數間的互動功能能否對生存時間產生影響。假定已建立一個包

含 p 個因素的模型，其母數估計為向量β，資訊矩陣為 I，變異數－共變數矩陣為 V，當增加第 k 個變數時，其對應的迴歸係數為β_k，將模型中包含 p 個因素的迴歸係數向量和β_k代入（8-17）式，求其一階偏微分 f_k、二階偏微分 g_k、二階混合偏微分 G_k 和 $V=I^{-1}$，則β_k是否為虛無假設檢定服從於自由度為 1 的χ^2統計量。

$$\chi^2=\frac{f_k^2}{g_k-G_kVG'_k} \qquad (8\text{-}20)$$

式中 G'_k 為 G_k 轉置的列向量。

⑶ Wald 檢定用於模型中的因素是否應從模型中剔除，假定已建立一個包含 p 個因素的模型，其對應的迴歸係數為向量β，其資訊矩陣與變異數－共變數矩陣分別用 I 和 V 來表示，並可求出各迴歸係數的標準誤差。如果要檢定模型中第 k 個因素對模型的貢獻是否有統計學意義，其對應的 Wald 統計量為：

$$\chi_w^2=\frac{\beta_k}{s_{\beta_k}} \qquad (8\text{-}21)$$

它服從於自由度為 1 的χ^2分配。式中s_{β_k}是迴歸係數β_k的標準誤差。另外 Wald 檢定的重要特點是可以按母數的信賴區間判斷模型內的母數是否為 0，其方法是當迴歸係數 95%的信賴區間包含 0 時，則迴歸係數對應的母數為 0。

3.生存率的估計

由於生存率與基礎生存率相關，故只要估計出基礎生存率，再結合各因素的迴歸係數就可以估計出生存率，即

$$S(t,k)=\exp[-\int_0^t h(t,x)\,dt]=\exp[\int_0^t h_0(t)\exp(\beta'x)\,dt]=[S_0(t)]^{\exp(\beta'x)} \qquad (8\text{-}22)$$

估計基礎生存率的方法很多，此處僅介紹較常用的無母數法和 Breslow 法。

⑴無母數法：該方法由 Kalbfleisch 和 Prentice 於 1973 年提出，其 S_0 的估

計公式為：

$$\hat{S}_0(t)=\prod_{i\mid t_i<t}\hat{a}_i\exp(\hat{\beta}'x) \quad (8\text{-}23)$$

$\hat{a}_i$ 可運用以下方程組求得：$\sum_{k\in F_i}\frac{\exp(\hat{\beta}'x_k)}{1-a_i\exp(\hat{\beta}'x_k)}=\sum_{i\in R(t_i)}\exp(\hat{\beta}'x_i)$，式中 F_i 為在 t_i 時刻的死亡物件的集合。

(2) Breslow 法：為估計在時間 t_i 上的生存率，首先要估計出該時刻的基礎生存率，基礎生存率的計算公式為：

$$\hat{S}(t_i)=\exp[-H(t_i)]$$

式中 $H_0(t_i)$ 為在 t_i 時刻的基礎累積風險函數，估計公式為：

$\hat{H}_0(t_i)=\sum_{t_k<t_i}\frac{d_k}{\sum_{s\in R(t_i)}\exp(\hat{\beta}'x_s)}$，式中 d_k 為在 t_k 時刻的死亡人數，由此可得出計算 t_i 時刻的生存率計算公式為

$$\hat{S}(t_i)=[\hat{S}_0(t_i)]^{\exp(\beta^* z_i)}$$

8-4-3 因素的初步篩選與最佳模型的建立

1.因素的篩選

影響生存時間的因素稱為共變數，當共變數較多時，在配合模型以前，需要對這些共變數進行篩選。常用的方法有 χ^2 檢定、對數秩檢定等，如果這些因素運用上述檢定有統計學意義，再進行 Cox 模型分析。另外也可以對每個共變數進行單因素的 Cox 模型分析，將沒有統計學意義的共變數剔除。然後再做多元逐步 Cox 模型分析。如果研究的共變數不多，也可以直接將各共變數納入模型，進行逐步 Cox 模型分析。

2.最佳模型的建立

為建立最佳模型常須對研究的因素進行篩選，篩選因素的方法有前進法、後退法和逐步迴歸法。實際工作中要根據具體情況選擇使用，最常用的

方法為逐步迴歸法。在篩選模型時須規定顯著性階層，以確定進入方程和從方程剔除的因素，一般情況下初步篩選的階層確定為 0.1 或 0.15，設計較嚴格的研究可確定為 0.05。檢定各因素是否有統計學意義的方法有似然比檢定、Wald 核對總和得分檢定。在實際工作中可根據具體的情況而定。另外，在篩選因素時，還要考慮因素間共線性的影響，當因素間存在共線性時，可採用主成分分析的方法進行分析。

8-4-4 Cox 模型的統計敘述

1.Cox 模型的迴歸係數和標準迴歸係數

Cox 模型在分析時可以給出迴歸係數和標準迴歸係數，迴歸係數用來反映因素對生存時間影響的強度，一般而言，迴歸係數愈大，則因素對生存時間的影響也愈大。標準迴歸係數可以比較不同因素對生存時間的影響程度，標準迴歸係數較大的因素對生存時間的影響也愈大。

2.變數的相對危險度

假定第 i 個變數的取值為 0 和 1，其對應的迴歸係數為 β_i，且具有統計學顯著性意義，該因素取值 1 與取值 0 相比其對應的相對危險度為：$RR_i = \exp(\beta_i)$；其信賴水準為 $(1-\alpha)$ 的信賴區間為：$\exp[\beta_i \pm z_\alpha S\beta_i]$。

其中 z_α 為標準常態離差，$S\beta_i$ 為 β_i 對應的標準誤差。

如果因素的取值為有序分類變數，則採用類似的方法估計其相對危險度及其信賴區間，如果變數為無序分類變數，則可以採用變數的方法來分析其意義。

3.個體預後指數

從 Cox 模型可以看出，病人的風險率與該病人具有的危險因素及各因素對應的迴歸係數有關。對各變數進行標準轉換後進行模型配合，可得到各因素對應的標準迴歸係數，此時定義個體預後指數（personal prognosis index）為：

$$PI = \beta'_1 x'_1 + \beta'_2 x'_2 + \ldots + \beta'_p x' O_p$$

式中的β'為標準化迴歸係數，x'為變數的標準化值。當PI＝0時，表示該病人達到平均階層。當PI＞0時，表示該病人對應的危險度大於平均階層，當PI＜0時，表示該病人對應的危險度小於平均階層。在實際工作中，為了便於計算，常把上式變換成迴歸係數β和各共變數的函數。此時對應的個體預後指數為：$PI = = \beta'_1x'_1 + \beta'_2x'_2 + ... + \beta'_px'_p$，式中$\beta_0$是所有病人的常數項，β和x表示病人對應的各因素及其迴歸係數。$\beta_0 = -(\beta_1\bar{x}_1 + \beta_2\bar{x}_2 + ... + \beta_p\bar{x}_p)$，根據實際工作的需要，在分析時，也常估計病人的生存率並繪製人群的生存曲線。

8-4-5 實例應用

例 8-5 為了探討某惡性腫瘤的預防，蒐集了61名病人的生存時間、結局及影響因素。影響因素包括病人的治療方式、腫瘤的浸潤程度、組織學類型、是否有淋巴結轉移及病人的性別、年齡等資料。各變數的意義如表8-5所示。

表 8-5　某惡性腫瘤的影響因素及量化值

變數	含義	量化值
x_1	病人的年齡	歲
x_2	性別	男1；女0
x_3	組織學類型	高分化1；低分化0
x_4	治療方式	新治療方式1；傳統治療方式0
x_5	淋巴結是否轉移	是1；否0
x_6	腫瘤的浸潤程度	有轉移2；突破漿膜層1；未突破漿膜層0
t	病人的生存時間	月
y	病人的結局	死亡0；截尾1

蒐集的原始資料如表8-6所示。統計檢定結果見表8-7和8-8。

表 8-6　63 名某惡性腫瘤的影響因素及生存時間

編號	x_1	x_2	x_3	x_4	x_5	x_6	t	y	編號	x_1	x_2	x_3	x_4	x_5	x_6	t	y
1	54	0	0	0	0	0	52	1	33	62	0	0	1	0	2	120	1
2	57	0	1	1	1	0	51	1	34	40	1	1	0	1	1	40	0
3	58	0	0	1	0	1	35	0	35	50	1	0	1	0	0	26	0
4	43	1	1	0	0	0	103	1	36	33	1	1	1	1	2	120	1
5	48	0	1	1	1	2	7	0	37	57	1	1	0	1	0	120	1
6	40	0	1	1	1	1	2	1	38	48	1	0	1	0	2	120	1
7	44	0	1	1	1	2	58	1	39	28	0	0	1	0	2	3	0
8	36	0	0	1	0	1	29	0	40	54	1	0	0	0	0	120	0
9	39	1	1	0	1	1	70	1	41	35	0	1	1	0	1	7	0
10	42	0	1	1	1	1	67	1	42	47	0	0	1	0	2	18	0
11	42	0	1	1	1	0	66	1	43	49	1	0	0	0	0	120	1
12	42	1	0	0	0	2	87	1	44	43	0	1	1	1	0	120	1
13	51	1	1	0	1	0	85	1	45	48	1	1	1	1	2	15	0
14	55	0	1	1	1	1	82	1	46	44	0	0	1	0	2	4	0
15	49	1	1	0	1	1	76	1	47	60	1	1	0	1	2	120	1
16	52	1	1	0	1	1	74	1	48	40	0	0	1	0	2	16	0
17	48	1	1	0	1	2	63	1	49	32	0	1	1	1	1	24	0
18	54	1	0	0	0	1	101	1	50	44	0	0	1	0	1	19	0
19	38	0	1	1	1	0	100	1	51	48	1	0	1	0	0	120	1
20	40	1	1	0	1	1	66	0	52	72	0	1	1	0	2	24	0
21	38	0	0	1	0	2	93	1	53	42	0	0	1	0	0	2	0
22	19	0	0	1	0	2	24	0	54	63	1	0	0	0	0	120	1
23	67	1	0	0	0	0	93	1	55	55	0	1	0	1	2	12	0
24	37	0	0	0	0	0	90	1	56	39	0	0	1	0	2	5	0
25	43	1	0	1	0	2	15	0	57	44	0	0	1	0	0	120	1
26	49	0	0	1	0	2	3	0	58	42	1	1	0	1	2	120	1
27	50	1	1	0	0	1	87	1	59	74	0	0	1	0	1	7	0
28	53	1	1	0	1	2	120	1	60	61	0	1	1	0	0	40	0
29	32	1	1	0	1	0	120	1	61	45	1	0	0	0	0	108	1
30	46	0	1	1	1	1	120	1	62	38	0	1	1	1	2	24	0
31	43	1	0	0	0	0	120	1	63	62	0	0	1	0	2	16	0
32	44	1	0	0	0	2	120	1									

表 8-7 整體虛無假設檢定（Testing Global Null Hypothesis: BETA = 0）

檢定方法	χ^2 值	自由度	機率 p 值
似然比檢定	19.2168	2	<0.0001
得分檢定	17.5941	2	0.0002
Wald 檢定	14.5770	2	0.0007

表 8-8 Cox 模型篩選的危險因素及母數估計

變數	母數估計值	標準誤差	p	RR	95%信賴區間	
					上限	下限
x_4	1.76128	0.54785	0.0013	5.820	1.989	17.031
x_5	−0.93133	0.44455	0.394	0.165	0.165	0.942

上述結果顯示，共有 63 名病人參加了分析，其中生存時間截尾人數為 37 人，在 0.1 機率水準進行逐步 Cox 迴歸模型分析，篩選後的最佳模型包含兩個因變數，分別為 x_4 與 x_5，模型內定的情況下提供了三種檢定的方法，分別為對數似然比檢定、Wald 核對總和得分檢定。其對應的 p 值均小於 0.001，表明配合的模型具有統計顯著性意義。從共變數 x_4（治療方式）來看，其對應的偏迴歸係數為 1.76128，標準誤差為 0.54785，Wald χ^2 統計量對應的 p 值為 0.0013，說明該共變數對生存時間的影響具有統計學意義，其對應的相對危險度為 5.820，說明傳統的治療方式和新的治療方式相比，病人死亡的風險為 5.82 倍，該相對危險度對應的 95%的信賴區間為 1.989 至 17.031。因變數 x_5（是否有淋巴結轉移）的偏迴歸係數為 −0.93133，標準誤差為 0.44455，Wald χ^2 統計量對應的 p 值為 0.0362，其對應的相對危險度為 0.394，表示有淋巴結轉移者的死亡風險是無淋巴結轉移者死亡風險的（1 / 0.394）2.87 倍。在 SAS 程式中增加估計個體的生存率選擇項，則可得到每個個體的生存率估計值。

8-4-6 Cox 模型的應用範圍及注意事項

1.設計階段應注意的問題

⑴不論是前瞻性的隊列研究、回顧性的隊列研究，還是臨床的隨訪研究，在蒐集資料時，都要注意研究資料的代表性及可信性，保證研究物件是母體中的一個隨機樣本。

⑵研究的共變數在研究物件中的分配要適中，否則會給母數估計帶來困難，如一個共變數在每個觀察物件中都有，則無法估計出該因素對生存時間的影響。

⑶不論是研究疾病的發病因素還是研究疾病的危險因素，應將一切可能因素都包括在調查分析之中，特別是對主效應有影響的因素，否則容易造成分析結果的偏差。

⑷所研究的生存時間的始末要有明確的規定，如果以發病作為觀察的起點，則要對發病有一個明確的規定，對終止事件也要有一個明確的規定，如果將治癒作為結局的終止事件，則要對治癒有一個明確的規定。

⑸ Cox 模型應用較靈活，觀察物件進入研究隊列的早晚、時間長短可以不一致，但在設計時要注意影響時間的效應因素。如果研究的因素隨時間而發生變化，可以採用伴時共變數的 Cox 模型進行分析。

Cox 模型分析時，樣本數不宜過小，一般在 40 例以上。隨著共變數的增加，觀察的樣本應適當增加，要求樣本數為觀察共變數的 5 至 20 倍。如果比較兩組治療的效果，要使兩組的樣本例數基本一致，避免相差懸殊。儘管 Cox 模型可以分析截尾的生存時間，但在觀察時，要盡量避免觀察物件的失訪，因為過多的失訪容易造成研究結果的偏倚。

2.模型配合時應注意的問題

Cox 模型作為一種多元統計分析方法經常會遇到多元共線性的問題。醫學研究中的許多變數間並不是獨立的，但通常不會影響分析的結果，如果變數間存在高度相關，則會對結果產生影響，此時可採用主成分分析法或 R 型群集分析法消除多元共線性的影響。生存分析方法和其他統計分析方法一樣，在進行多元統計分析以前，應做單因素的統計分析，通常採用χ^2檢定、對數秩檢定等對變數進行單因素分析，剔除單因素分析中無統計學意義的變數。選擇單因素分析中有統計學意義的變數進入 Cox 模型進行分析。單因素統計分析的結果可以與多元 Cox 模型分析的結果進行比較，以驗證影響生存時間的因素。該模型還要求病人的風險函數與基礎風險函數呈比例，如果這一假定不成立，則不能用 Cox 模型進行分析。另外，Cox 模型與其他迴歸分析一樣，當進入模型中的因素有統計學意義時，該因素與生存時間不一定有因果關係。其中有一部分因素與生存時間的關係為伴隨關係。

3. Cox 模型的限制

在用 Cox 模型估計母數時，首先要假定偏似然函數具有最大似然的性質，這個問題在理論上還有待完善的地方，並且 Cox 模型對異常值較為敏感，所以在進行模型擬合時要注意其擬合良度的檢定。Cox 模型母數估計的工作量大，在大樣本和因素較多時，母數估計需要耗費一定的時間，另外，該模型的理論複雜，這也是影響其應用的原因之一。

Cox 模型在估計母數時，不是利用精確的生存時間，而是利用生存時間的順序統計量，這損失了一定的樣本資訊。當引進的共變數隨時間的變化劇烈時，偏似然函數損失的資訊也愈多。如生存時間重複較多，用偏似然函數估計迴歸係數有一定的困難，儘管學者們提出了一些解決的辦法，但仍須進一步完善。儘管如此，Cox 模型仍不失為一種有效的生存資料分析方法。

用於本章的 SAS 敘述：

【例 8-2】的 SAS 敘述	
Sas 資料步驟	Sas 程序步驟
Data a; Input grp $ time C count @@; Cards; 1111131 1151316 13171118111101211401117 111190112001126011310113411134011441111 5911211222112312241326122811291221011211 1 12121121311215112171218 11;	Proc lifetest method pl plot = (s) time time*c (0) freq count; strata grp; run;

【例 8-5】的 SAS 敘述	
Data surv; Input X1 X2 X3 X4 X5 X6 time Y @@; Cards; 54 0 0 0 0 0 52 1 57 0 1 1 1 0 51 省略資料 行……38 0 1 1 1 2 24 0 62 0 01 0 2 16 0;	Proc phreg data = surv; model time* y (1) = x1 - x6 / selection = stepwise slentry = 0.1 slstay = 0.1 details ristlimits; run;

小結

1. 生存分析方法用於敘述、比較生存程序以及對生存時間影響因素的分析。
2. 生存分析的基本方法有無母數法、母數法與半母數法。
3. 無母數法的特點是不論資料是什麼樣的分配，只根據樣本提供的順序統計量對生存率做出估計，常用的有乘積極限法與壽命表法。
4. 母數法依賴母體分配。母數法運用估計母數的方法得到生存率的估計值，對於兩組及以上的樣本，可根據母數估計對其進行統計推斷。
5. 半母數法兼有母數法和無母數法的特點，主要用於分析影響生存時間和生存率的因素，屬多因素分析方法，其典型方法是 Cox 模型分析法。

CHAPTER 9

實驗設計

生物學是一門實驗性科學。進行生物學研究，一般要經過以下幾個階段：

第一，蒐集前人有關資料，找出還不夠清楚或能更深入研究的地方，整合自己的知識結構，已有儀器設備、實驗材料等物質條件，確定適當的研究課題。

第二，制訂初步實驗方案，並進行可行性分析（feasibility analysis），主要涵蓋：方案中所需物質條件能否滿足？技術上有何門檻？能否克服？如有必要，可進行預備實驗，以及所要觀察的變化或差異大約在何種數量級上？現有儀器設備精確度是否足以測出這樣的變化？或希望萃取的物質濃度大約有多大？能否得到足夠數量供進一步研究？

第三，從資料分析的角度做出實驗方案，既不能丟掉有用的資料，也不必蒐集無用的資料，還要注意有適當數量重複及足夠大的樣本，保證能達到所需要的精確度。

第四，從實驗技術的角度做出詳細的實驗方案。注意消除系統誤差，提高實驗精確度。如需要摸索實驗條件，則應進行預先實驗。

第五，進行實驗、蒐集資料，再經過整合、思考、統計學分析，最後得出結論。

當然，上述步驟並不是一成不變的，在實際工作中常會出現反覆，如根據階段成果調整實驗設計，在整合、分析資料時，也可能發現需要補充實驗等等。

從統計學角度而言，我們更關心第三步，即從資料處理與分析的角度做好實驗設計。一個好的實驗設計，應當是既不丟掉有用的資訊，又不浪費人力物力去蒐集無用的資料，並保證以最小的工作量獲取能滿足使用需求精確度的資料。從前邊的一些課程中也可看到實驗設計的重要性。例如，雙因素變異數分析有互動作用，但實驗未設重複；或本應進行共變數分析，卻未記錄共變數的資料，等等。這樣的失誤有可能使整組的實驗資料不得不報廢。另一方面，也可能花了大量人力物力取得了許多資料，分析時卻發現它們並不全是必要的，從而造成了浪費。在實際工作中，可能遇到各種不同的情況，必須根據實際情況選擇適當的實驗設計方法，才能保證取得事半功倍的效果。本章將介紹一些最基本的實驗設計方法，希望對大家未來的工作能有所幫助。

9-1 實驗設計的基本原理及注意事項

科學實驗是探索未知世界的主要方法。要使實驗達到預期的目的，系統、周到的實驗設計是必要條件。一般來說，廣義的實驗設計涵蓋對前述科學研發各個階段的調查與規劃；而狹義的實驗設計則把注意力集中在資料處理方面，即根據條件與目標選定適當的資料處理方法；保證在實驗程序中能蒐集到全部需要的資料；並把實驗的工作量以及物質消耗降到最小。本章的內容集中在這種狹義實驗設計上，在這一程序中，以下幾個原則是我們應當注意的：

9-1-1 誤差的產生與控制

1.誤差的概念與其產生原因

誤差可分為隨機誤差與系統誤差。前者由一些無法控制的因素產生，例如實驗材料個體之間的差異，實驗環境的一些微小變化，測量儀器最小刻度以下的讀數估計誤差等等。這些因素不受我們控制，因此這些誤差也無法消除，其大小與方向也是無法預測的。後者則是由一些相對固定的因素引起，例如儀器調校的差異，各批藥品之間的差異，不同操作者操作習慣的差異，等等。這種誤差常常在某種程度上是可控的，實驗中應盡可能消除；其大小也常可估計，方向也常是固定的。還有一種差錯是人為造成，例如操作錯誤，遺漏或丟失資料，等等。這類差錯原則上是不允許產生的，一旦發現差錯相關資料即應捨去，不屬於誤差的範圍。

2.誤差的表示

在不同場合，誤差有許多不同的表示法。例如已經介紹過的標準差、變異係數等，也可表示誤差大小，在日常工作中，常用以下術語：

⑴絕對誤差：即觀測值與真值之差。

⑵相對誤差：即絕對誤差與真值之比。當真值未知時，分母可用觀測值代替。

在科學論文中，則常使用以下方法：

⑴有效數字：指從左邊第一位非零數起的全部數字。其中最後一位是估計值，其他都是準確值。在表示原始讀數時，倒數第二位是儀器的最小刻度讀數，倒數第一位是估計值，如：12.0、1.50×10^5等。注意，12.0與12.00是不同的，1.50×10^5也不能寫為150000。

⑵平均數加減標準差：如3.78 ± 0.65，其中前一個數字是統計上的估計值，常為平均數；後一個則是統計估計值的標準差，如果前者是平均數，後者即為$\sigma/\sqrt{n}$。

3.誤差的控制

從以前介紹的統計方法可知，統計學的基本方法就是將我們要檢測的差異與誤差相比。如果差異明顯大於誤差，則承認差異存在；否則認為差異不存在。這樣顯然實驗誤差的大小就直接影響能否得到預期的實驗結果。因此在實驗設計階段就應該仔細考慮如何控制誤差。一般來說，控制誤差的方法主要有：

⑴保證實驗材料的均勻性及實驗環境的穩定性。實驗材料與實驗環境的差異常常被歸入隨機誤差，減小這種差異也就減小了誤差。如果受到條件限制，這種均勻性與穩定性不能滿足，則可採用劃分區組等方法，將這些差異從隨機誤差中分離出來，具體方法將在後面介紹。

⑵統一操作程式，必要時事先對操作人員進行訓練，達到統一要求再上班工作。當必須有多人參加工作時，這一點非常重要，常常影響實驗的成敗。

⑶注意盡量消除系統誤差。如使用同一批藥品、增加儀器調校次數，等等。

9-1-2 設定必要數量的重複

重複指實驗中同一處理的重複次數。由於隨機誤差是不可能完全消除的，重複就成為分離誤差及提高檢定精確度的主要方法。在實驗設計階段，一般需要根據所要檢定的差異大小及誤差大小的估計確定重複數。在單雙樣本假設檢定的情況下，通常採用95%信賴區間的公式計算所需的樣本數。即將所須檢定的差異大小 L 視為95%信賴區間寬度的一半，在知道母體標準差估計值的情況下，可代入信賴區間的計算公式，求出所需重複數 n 的估計值。

1.單樣本檢定所需樣本數的估計

母體標準差 σ 已知，由信賴區間計算公式

$$L=\frac{\mu_{0.975}\sigma}{\sqrt{n}}$$

解得 $$n=\frac{\mu_{0.975}^2\sigma^2}{L^2} \quad (9\text{-}1)$$

若母體標準差 σ 未知，則需要根據過去資料或預備實驗，得到 σ 的估計值樣本標準差 S，並將上述公式中常態分配的分位數 $\mu_{0.975}$ 相應改為 t 分配的分位數 $t_{0.975}(n-1)$。由於 t 分位數與自由度有關，此時常須先根據 n 的估計值選取 t 分位數，算得所需 n 後，若與估計值相差較遠，則代入新的分位數重算。

例 9-1 已知服用某種藥物後樣本中血紅蛋白含量降低值的標準差為 $S=2.6g/100ml$。現希望以95%的把握檢測出 $2g/100ml$ 的變化，需要多大的樣本數 n？

解： 先假設 $n>30$，此時可取 $t_{0.975}(29)=2.0$。代入（9-1）式，得

$n=4\times2.6^2/2^2=6.76\approx7$

由於 7 與先前估計的 $n>30$ 相差甚遠，應重新計算。考慮到 n 減小

後 $t_{0.975}$ 變大，可採用 $n=8$ 或 $n=9$ 進一步試算。取 $n=9$，查表得 $t_{0.975}(8)=2.306$ 重新代入（9-1）式，得

$n=2.306^2\times 2.6^2/4=8.987\approx 9$

∴需要至少調查 9 位病人服藥前後的血紅蛋白差值，才能以 95%的把握檢測出 2mg / 100ml 的變化。

2.雙樣本檢定所需樣本數的估計

當兩母體標準差 σ_1、σ_2 已知時，其平均數之差的標準差為：

$$\sqrt{\frac{\sigma_1^2}{n_1}+\frac{\sigma_2^2}{n_2}}$$

因此有

$$L=\mu_{0.975}\sqrt{\frac{\sigma_1^2}{n_1}+\frac{\sigma_2^2}{n_2}}$$

令

$$\begin{cases} n_1=\dfrac{\sigma_1}{\sigma_1+\sigma_2}N \\ n_2=\dfrac{\sigma_2}{\sigma_1+\sigma_2}N \end{cases} \qquad (9\text{-}2)$$

則有 $N=n_1+n_2$，且

$$L=\mu_{0.975}\sqrt{\frac{\sigma_1^2(\sigma_1+\sigma_2)}{\sigma_1 N}+\frac{\sigma_2^2(\sigma_1+\sigma_2)}{\sigma_2 N}}=\mu_{0.975}\sqrt{\frac{1}{N}(\sigma_1+\sigma_2)^2} \qquad (9\text{-}3)$$

即總樣本數 N 由（9-3）式決定，而兩母體各自抽樣數 n_1 和 n_2：由（9-2）式決定。

當兩母體標準差未知時，仍須先得到它們的估計值 s_1 和 s_2，經 F 檢定後若相等，則可用 s_i 代替 σ_i，用 $t_{0.975}(N-2)$ 代替 $\mu_{0.975}$，並採用例 9-1 的方法代入公式（9-3）求得 N 後，再令 $n_1=n_2=N/2$ 即可。若 F 檢定表明 $\alpha_1\neq\alpha_2$，仍可用上法求得 N 後，再用 S 代替 σ，按（9-2）式求 n_1 和 n_2，即可。

例 9-2 從兩母體各抽樣本數為 15 的預備樣本，得 $S_1^2=10.6$、$S_2^2=3.5$，希望當兩母體平均數差異 ≥ 3 時，能以 95%的把握被檢測出來，問各應

抽取多大樣本？

解：　首先檢定變異數是不相等，即 $H_0: \sigma_1 = \sigma_2$，H_A：$\sigma_1 \neq \sigma_2$

$$F = \frac{10.6}{3.5} = 3.029$$

查表，得

$F_{0.975}(14, 14) \approx F_{0.975}(15, 14) = 2.95 < F$

$\therefore$ 拒絕 H_0，應認為 $\sigma_1 \neq \sigma_2$。

設所需總樣本數為 $N \geq 30$，查表得 $t_{0.975}(28) = 2.048$，代入（9-3）式，得

$$N = \frac{(S_1 + S_2)^2 t_{0.975}^2(28)}{L^2}$$

$$= \frac{(\sqrt{10.6} + \sqrt{3.5})^2 \times 2.048^2}{3^2}$$

$$= \frac{(3.257 + 1.871)^2 \times 2.048^2}{9}$$

$$= 12.254 \approx 13$$

由於所得的 13 與假設的 30 差異較大，應進一步計算。

設 $N = 30$，則 $df = 13 - 2 = 11$，查表，$t_{0.975}(11) = 2.201$，代入（9-3）式，得

$$N = \frac{(3.257 + 1.871)^2 \times 2.201^2}{9} = 14.15$$

由於只是近似的估計，不必再進一步計算，取 $N = 14$ 或 $N = 15$ 均可。

取 $N = 14$，代入（9-2）式，得

$$n_1 = \frac{3.257 \times 14}{3.257 + 1.871} = \frac{45.598}{5.128} = 8.89 \approx 9$$

$$n_2 = N - n_1 = 14 - 9 = 5$$

因此應從第一個母體抽 9 個樣本，第二個母體抽 5 個樣本。

以上介紹了單雙樣本假設檢定中所需樣本數的估計方法。實際中可能需要其他一些較複雜的抽樣方法，它們的樣本量估計方法，將在下一節中介紹。

9-1-3 保證樣本的隨機性

我們一般都要求樣本中的個體相互獨立，這樣它們的聯合分配就會大大簡化，也就簡化了統計計算。前邊介紹的統計方法都要求樣本為簡單隨機樣本，即樣本中的個體都具有與母體相同的分配，且相互獨立，這種獨立性主要就是靠隨機化來保證的。所謂隨機化就是實驗材料的調配，處理的循序等都要隨機確定，如採隨機數表、電腦產生的隨機數，或抽籤等方法決定。這樣可有效地消除材料間的關聯，並可減小某些系統誤差，從而保證結果的可信性。

9-1-4 適當設定對照（涵蓋陰性對照與陽性對照）

在生命科學的研究中，常常很難事先根據理論或經驗確定一個標準值，然後再檢定樣本是否與它相同。常用的方法是設定一個對照，運用與對照的比較來檢定是否達到了目的。這種對照又可分為陰性對照與陽性對照。

1.陰性對照

所謂的陰性對照，是指實驗中常常留出一定量實驗材料不加特殊處理，其他條件則盡可能保持與經過特殊處理的材料相同；而另一部分材料則按預定程式加以特定處理，然後對處理和不處理的結果加以比較，看它們是否有差異，從而判斷處理是否有效。

這種方法主要用於排除一些假陽性的情況。例如為檢定某種轉基因植物是否具有抗蟲性，常採用蟲測的辦法，即採取植物組織，如葉片，在實驗室內接入指定昆蟲，過一段時間後檢查蟲子的死亡率。此時設定陰性對照就是絕對必需的。這是因為用於測試的昆蟲本身就會有一定的自然死亡率，而實驗室條件與自然界也會有一定差異，當你觀察到蟲子死了的時候，並無準確方法判斷它是自然死亡還是由於抗蟲性而死亡。因此必須有一部分蟲子是餵飼普通植物或飼料，這就是陰性對照，然後用它的死亡率對餵轉基因植物組的死亡率進行校正，才能對轉基因植物的抗蟲性做出正確的評估。

2.陽性對照

在某些情況下，我們不僅需要排除假陽性，還需要排除假陰性。此時就需要設定陽性對照了。陽性對照主要用於我們對實驗材料是否會產生我們所希望的變化並無十分把握的情況。例如在遺傳毒理實驗中，常以目標細胞染色體是否受到損害為指標。如果我們選用了一類新的目標細胞，那對它是否會出現可觀察到的明顯的染色體損害就不是非常肯定。此時則不僅需要陰性對照，也需要陽性對照，即留出部分實驗材料採用一些已知的強誘變劑，促使它們發生可見的變化。這樣，我們既有沒有變化或只有很少數變化的陰性對照，又有發生明顯變化的陽性對照，那麼不管正式的處理有沒有變化，我們都能對它的遺傳毒性給出一個較有把握的判斷。當然還有一些情況設定陽性對照的目的，是看新的藥物或方法與舊有的相比是否有明顯改進，從某種意義上說，這也許是我們更常面對的情況。

綜上所述，精心設定的對照常常能大大提高實驗結果的可信性與說服力，因此是實驗設計中必須加以注意的一個方面。

9-2 抽樣方法簡介

抽樣通常是真正開始實驗後的第一步，它的結果是以後進行統計計算的基礎。因此抽樣論已成為統計學中的一個重要分支，統計教科書中常作為一章的內容來介紹。由於篇幅的限制，我們不打算對抽樣涉及的統計理論進行系統介紹，而只準備介紹一些常用的抽樣方法以及有關的公式，以備讀者在實際工作中選用。對於所涉及的理論推導則盡量略去不講，只把它們的結果介紹給大家。

在上一節中已經提到，以前介紹的各種統計方法基本上都是針對簡單隨機樣本設計的；在簡單隨機樣本中由於組成樣本的各個體相互獨立，因此大大簡化了統計計算。但我們面對的實際問題是多樣化的，有時我們能得到的樣本並不滿足簡單隨機樣本的條件；在另一些情況下，簡單隨機樣本也並不是最好的抽樣方案，我們完全可以採用另一些較複雜的抽樣方法，使得到的樣本有更好的代表性，從而使統計結果有更好的精確度和準確性；或者是在滿足精確度要求的情況下減小樣本數，從而減小成本與工作量，這些方法就是本節所要介紹的主要內容。

本節介紹的方法主要適用於常態母體，且抽樣數小於 30 的情況。在抽樣數大於 30 的情況下，由於中央極限定理（CLT）保證平均數近似服從常態分配，故可放寬對母體常態性的要求，且可用常態分配分位數代替 t 分位數。

9-2-1 有限母體的抽樣

對於無限母體來說，簡單隨機樣本很容易得到，只要隨機抽樣就可以了。但若母體有限，只保證抽樣的隨機性就不行了，因為每一次不放回的抽樣都改變了剩餘母體的組成，從而破壞了各樣本觀測值間的獨立性。在母體有限的條件下，必須用有放回的隨機抽樣才能得到簡單隨機樣本，但這又意味著某些樣本可能被抽取兩次或更多次，另一些卻一次也沒抽到。對於固定的樣本數 n 來說，這樣的重複觀測意味著，一部分觀測值並沒有提供多少新的資訊，降低了整個抽樣方案的效率。因此在實際工作中使用有放回抽樣的並不太多見。這樣一來，我們必須對有限母體隨機抽樣產生的不獨立樣本進行研究。

定理 9-1：有限母體隨機抽樣得到的樣本平均數與樣本變異數 S^2，分別為母體平均數 μ 及母體變異數 σ^2 的無偏估計。其樣本平均數 $\bar{x}$ 的變異數估計值為：

$$S_{\bar{x}}^2 = \frac{S^2}{n}\frac{N-n}{N} \qquad (9\text{-}4)$$

其中 N 為母體所包含個體數，n 為樣本數。

此處不再介紹上述定理的證明，而是把它作為一個結論來接受。這一定理一方面說明有限母體隨機抽樣樣本的平均數和變異數具有與簡單隨機樣本類似的性質，即它們是母體平均數與變異數的無偏估計；另一方面也說明了這兩類樣本的不同，即它們的樣本平均數的變異數估計值表達式是不同的。

若令 $f=\frac{n}{N}$，顯然 f 是抽樣比例，即樣本數與母體包含個體數的比值。引入 f 後，（9-4）式可改寫為：

$$S_{\bar{x}}^2=\frac{S^2}{n}(1-f) \quad (9\text{-}5)$$

（9-5）式中因素 $(1-f)$ 稱為有限母體的矯正值。它顯現了有限母體與無限母體的差別：當 N 趨於無窮時，f 趨近於 0，有限母體就逐漸變成了無限母體；而當 $n=N$ 時，$f=1$，矯正值為 0，此時樣本涵蓋了母體中的全部個體，$\bar{x}$ 自然就變成了母體平均數值 μ，不再是隨機變數，它的變異數也就變成了 0。一般來說，當抽樣比例 f 小於 5%時，常將上述矯正值忽略不計，即可認為樣本近似於簡單隨機樣本。此時樣本平均數 $\bar{x}$ 的變異數的估計稍有偏大。

有了樣本平均數 $\bar{x}$ 的期望值與變異數，就可以採用與第 3 章相同的方法進行各種假設檢定以及信賴區間的計算等等。需要說明的是，由於樣本中各觀測值互相不獨立，S^2 不再嚴格服從 x^2 分配，t 統計量 $(\bar{x}-\mu)/S_{\bar{x}}$ 也不再嚴格服從 t 分配。但在一般情況下，它們與標準分配的差別不大，我們仍可使用相應的分位數進行近似檢定。

例 9-3 要估計一塊面積為 3 畝（1 畝 ≈ 666.7 平方公尺）的麥田的產量，從中隨機抽取 40 個面積為 1 平方公尺的小區分別測定產量，得 $\bar{x}=1.03$ 斤，$S^2=0.0366$。求這塊麥田畝產量的 95%信賴區間。

解： 3 畝麥田共 2000 平方公尺，可視為共有 2000 個 1 平方公尺的小區。現抽取 40 個測產，即 $n=40$，$f=40/2000=0.02$，由（9-5）式，得

$$S_{\bar{x}}^2=\frac{0.0366}{40}\times(1-0.02)=0.000897$$

$$S_{\bar{x}}=\sqrt{S_{\bar{x}}^2}=0.0299$$

查表，得 $t_{0.975}(39)=2.023$，每平方公尺產量 y 的 95%信賴區間為：

$1.03 \pm 2.023 \times 0.0299 = 1.03 \pm 0.0605$

由於每畝相當於 666.7 平方公尺，因此畝產量的 95%信賴區間為：

$(1.03 \pm 0.0605) \times 666.7 = 687 \pm 40.3$

如果忽略矯正值 $f = 0.02$，則信賴區間為：687 ± 40.7 斤。

9-2-2 分層隨機抽樣

有時在正式抽樣前，我們對所要研究的母體就有一些瞭解，如知道它不是均匀的，如果把它分成幾個次母體，則每個次母體內的均勻性會有改善。此時如果仍然採隨機抽樣的方法，就很難保證樣本有良好的代表性，因而會增大誤差。在這種情況下，常常採取的辦法是按照盡可能保證均匀性的原則劃分若干次母體，然後對每個次母體分別進行抽樣。這種方法就稱為分層抽樣。

1.分層抽樣的數學表示及比例分配

設含有 N 個個體的母體能劃分為 L 個互相沒有交集的次母體，各次母體所含個體數分別記為 $N_1, N_2, ..., N_L$，顯然有

$$N_1 + N_2 + ... + N_L = N$$

從每個次母體隨機抽取含量為 n_i 的樣本 $x_{ij}\ (i = 1, 2, ..., L; j = 1, 2, ..., n_i)$，這樣的樣本就稱為分層隨機樣本，各次母體稱為區層。令

$$W_i = N_i / N \qquad (9\text{-}6)$$

稱 W_i 為第 i 區層的加權；

$$w_i = n_i / n \qquad (9\text{-}7)$$

稱 w_i 第 i 區層的加權，其中 $n = \sum_{i=1}^{L} n_i$，為抽樣總量；

$$f_i = n_i / N_i \qquad (9\text{-}8)$$

稱 f_i 為第 i 區層的樣本比例；

$$\mu_i = \frac{1}{N_i} \sum_{j=1}^{N_i} x_{ij} \qquad (9\text{-}9)$$

稱 μ_i 為第 i 區層的（次）母體平均數（注意這裡包含了該區層的全部個體）；

$$\bar{x}_i. = \frac{1}{n_i}\sum_{j=1}^{N_i} x_{ij} \quad (9\text{-}10)$$

稱 $\bar{x}$ 為第 i 區層的樣本平均數（注意，這裡僅包含了該區層抽取的樣本）；

$$\bar{x}_{st} = \frac{1}{N}\sum_{i=1}^{L} N_i\bar{x}_i. = \sum_{i=1}^{L} W_i\bar{x}_i \quad (9\text{-}11)$$

稱 $\bar{x}_{st}$ 為分層抽樣的母體平均估計值。

注意，如上定義的 $\bar{x}_{st}$ 與通常定義的樣本平均數是不同的。在分層抽樣的情況下，有

$$\bar{x} = \frac{1}{n}\sum_{i=1}^{L} n_i\bar{x}_i. \quad (9\text{-}12)$$

其中 $n = \sum_{i=1}^{L} n_i$ 為各層抽樣總數。$\bar{x}_{st}$ 與 $\bar{x}$ 在一般情況下是不相等的，但若有下式成立

$$\frac{n_i}{n} = \frac{N_i}{n}(i = 1, 2, ..., L) \quad (9\text{-}13)$$

上式等價於 $w_i = W_i(i = 1, 2, ..., L)$，此時 $\bar{x}_{st}$ 與 $\bar{x}$ 相等。顯然，（9-13）式也等價於

$$f_1 = f_2 = ... = f_L = f$$

即各區層的抽樣比例相等。總樣本數在各區層間的這種分配方式稱為比例分配。

對於分層抽樣，我們有以下的主要結論：

定理 9-2：對於分層隨機樣本，$\bar{x}_{st}$ 是母體平均數 μ 的偏估計，且 $\bar{x}_{st}$ 的樣本變異數為：

$$S^2(\bar{x}_{st}) = \sum_{i=1}^{L}\left[W_i^2\frac{S_i^2}{n_i}(1 - f_i)\right] \quad (9\text{-}14)$$

其中S_i^2為第 i 區層的樣本變異數。

由於來自不同區層的樣本是互相獨立的，上述定理不難證明，對於比例分配的樣本說，各f_i相等，且有

$$n_1 = n\frac{N_i}{N} = nW_i \ (i = 1, 2, ..., L)$$

代入（9-14）式，得

$$S^2(\overline{x}^{st}) = \sum_{i=1}^{L} W_i \frac{S_i^2}{n}(1 - f) \qquad (9\text{-}15)$$

若再有各區層母體變異數相等，則可把各區層樣本變異數統一換成它們的加權平均資料。以自由度為加權值S^2，此時（9-15）式可進一步簡化為

$$S^2(\overline{x}_{st}) = \frac{S^2}{n}(1 - f)$$

此時就與簡單隨機樣本的變異數相同了。

分層抽樣母體平均數 μ 的信賴區間為：

$$\overline{x}_{st} \pm t_{1-\frac{a}{2}}(n_e)\, S\,(\overline{x}_{st}) \qquad (9\text{-}16)$$

其中 t 分位數的自由度n_e由（9-17）式近似給出。

把（9-14）式改寫為：$S^2\overline{x}_{st} = \frac{1}{N^2}\sum_{i=1}^{L} g_i S_i^2$

其中$g_i = \frac{N_i}{n_i}(N_i - n_i)$，則$n_e$為

$$n_e = \left(\sum_{i=1}^{L} g_i S_i^2\right) / \sum_{i=1}^{L} \frac{g_i^2 S_i^4}{n_i - 1} \qquad (9\text{-}17)$$

可以證明：$\min(n_i - 1) \le n_e \le \sum_{i=1}^{L}(n_i - 1)$

有了（9-14）式，再根據給定的抽樣精確度（即所得樣本平均數$\overline{x}_{st}$的變異數），就可估計分層抽樣所需的樣本數 n。

首先，改寫（9-14）式，將（9-6）至（9-8）各式代入，得

$$S^2(\bar{x}_{st}) = \sum_{i=1}^{L}(W_i^2S_i^2/n_i) - \sum_{i=1}^{L}\frac{W_i^2S_i^2}{n_i}\frac{n_i}{N_i}$$

$$= \frac{1}{n}\sum_{i=1}^{L}(W_i^2S_i^2/\omega_i) - \frac{1}{N}\sum_{i=1}^{L}W_iS_i^2 \quad (9\text{-}18)$$

再用給定的變異數 V（即抽樣精確度）代替 $S^2(\bar{x}_{st})$，可得

$$n = \frac{\sum_{i=1}^{L}(W_i^2S_i^2/\omega_i)}{V + \frac{1}{N}\sum_{i=1}^{L}W_iS_i^2} \quad (9\text{-}19)$$

這就是分層抽樣所需樣本數的估計式。在比例分配的情況下，由於有 $W_i = \omega_i$；，因此（9-19）式變為

$$n = \frac{\sum_{i=1}^{L}W_iS_i^2}{V + \frac{1}{N}\sum_{i=1}^{L}W_iS_i^2} \quad (9\text{-}20)$$

有了總樣本數 n、各區層抽樣加權值 ω_i，就不難求各區層樣本數 n_i 了。

2.抽樣數在各區層間的最佳分配

前邊我們介紹了比例分配。它可以使得分層抽樣的期望值和變異數變得與簡單隨機樣本相似。但它並不是最佳的抽樣方法，最佳抽樣方法應當是在保持總抽樣成本一定時，使得抽樣的精確度最高（即樣本平均數的變異數最小），或滿足規定的抽樣精確度的條件下，使總抽樣成本達到最小。本節將使用最簡單的線性費用函數 C：

$$C = C_0 + \sum_{i=1}^{L}C_in_i \quad (9\text{-}21)$$

其中 C_0 為抽樣的基本費用，而 C_i 為第 i 區層每抽取一個個體的費用。

定理 9-3：在具有線性費用函數的分層隨機抽樣中，當 n_i 與 $W_iS_i/\sqrt{C_i}$ 成比例時，對特定的費用 C 平均數 $\bar{x}_{st}$ 的變異數最小，對特定變異數抽樣費用也最小。

由定理 9-3 可知，最佳分配各區層抽樣加權值為

$$\omega_i=\frac{W_iS_i/\sqrt{C_i}}{\sum_{i=1}^{L}(W_iS_i/\sqrt{C_i})}=\frac{N_iS_i/\sqrt{C_i}}{\sum_{i=1}^{L}(N_iS_i/\sqrt{C_i})} \tag{9-22}$$

總樣本數 n 可由總費用 C 或給定的變異數 W 求出。將（9-22）中的最後一式代入（9-21），可得給定費用 C 時的總樣本數

$$n=\frac{(C-C_0)\sum_{i=1}^{L}(N_iS_i/\sqrt{C_i})}{\sum_{i=1}^{L}(N_iS_i/\sqrt{C_i})} \tag{9-23}$$

若給定的是變異數 V，則把（9-22）中的第一式代入（9-19）式，可得

$$n=\frac{(\sum_{i=1}^{L}W_iS_i\sqrt{C_i})(\sum_{i=1}^{L}W_iS_i/\sqrt{C_i})}{V+(\sum_{i=1}^{L}W_iS_i^2)/N} \tag{9-24}$$

求出總樣本數 n 後，再利用（9-22）式，則各區層的樣本數 n_i 均可求出。

若各區層抽取每個個體所需要費用 C_i 都相同，則固定總費用等價於固定總樣本數 n。此時有如下定理：

定理 9-4：在分層隨機抽樣中，若令

$$n_i=\frac{nW_iS_i}{\sum_{i=1}^{L}W_iS_i}=\frac{nN_iS_i}{\sum_{i=1}^{L}N_iS_i} \tag{9-25}$$

則對固定的 n，樣本平均數 $\bar{x}_{st}$ 的變異數達到最小值，為：

$$S^2(\bar{x}_{st})=\frac{1}{n}(\sum_{i=1}^{L}W_iS_i)^2-\frac{1}{N}\sum_{i=1}^{L}W_iS_i^2 \tag{9-26}$$

滿足上述條件的分配稱為 Newman 分配。

顯然在各區層抽樣費用相同時，若給定 $\bar{x}_{st}$ 的變異數 V，則總樣本數 n 的估計式為：

$$n=\frac{(\sum_{i=1}^{L}W_iS_i)^2}{V+\sum_{i=1}^{L}W_iS_i^2/N} \tag{9-27}$$

由（9-25）式亦知，當各區層變異數及抽取每個個體的費用均相同時，比例分配就成為最佳分配。

3.隨機抽樣與分層抽樣的精確度比較

抽樣精確度主要依賴於樣本平均數的變異數。當這一變異數愈小，就說明我們用樣本平均數估計母體平均數時，誤差愈小；用 V_r、V_p、V_0 分別代表隨機抽樣、分層抽樣比例分配、分層抽樣最佳分配所得樣本平均數之變異數，由於隨機抽樣及比例分配抽樣均沒有考慮各區層抽樣成本（即每抽一個個體所花費用）的差異，我們現在假定各區層抽樣成本相同。此時，我們有如下定理：

定理 9-4：若各 $\frac{1}{N_i}$ 相對於 1 可忽略不計，則有 $V_0 \leq V_p \leq V_r$，但若 $\frac{1}{N_i}$ 不能忽略，則當 $\Sigma N_i(\mu_i - \mu)^2 < \frac{1}{N}\Sigma(N - N_i)\sigma_i^2$ 時，其中 μ_i、σ_i^2 為各區層期望值與變異數，μ 為母體期望值。

可以證明，當 $\frac{1}{N_i}$ 可忽略，則只有各區期望值與變異數都相等時，才有 $V_0 = V_r$，否則將有 $V_0 < V_r$。因此當我們確實知道各區層間有差異時，分層抽樣最佳分配可得到最好的抽樣精確度。

例 9-4 欲調查某地區 10 歲孩子的平均身高，該地區共有 5 所小學（用 A 至 E 代表），各校 10 歲孩子的人數及上次調查身高標準差列於表。如欲使本次調查所得身高平均數誤差不超過 0.5 公分的可能性達到 95%，請設計調查方案。

學校	A	B	C	D	E
人數	105	86	74	94	56
身高標準差／公分	3.3	2.6	1.5	2.8	3.7

解： 要求身高平均數誤差不超過 0.5 公分的可能性達 95%，實際是要求身高平均數 95%信賴區間的寬度的一半為 0.5 公分。設身高平均數

的變異數為 V，則由信賴區間公式，有

$$0.5 = t_{0.975}\sqrt{V}$$

設所需的樣本數 $n > 30$，可認為 $t_{0.975} \approx 2$，因此有

$$V = 0.5^2 / 2^2 = 0.0625$$

把每個學校視為一個區層，利用（9-6）式，計算各校的加權值 W_i。把上次調查的標準差記為 S_i，計算 W_iS_i、$W_iS_i^2$，以及 ΣW_iS_i、$\Sigma W_iS_i^2$，填入下表。再把 V、N、$\Sigma W_iS_i^2$ 代入（9-20）式，求得比例分配的總樣本數 n：

$$n = \frac{\sum_i W_iS_i^2}{V + \frac{1}{N}\sum_i W_iS_i^2} = \frac{8.1805}{0.0625 + 8.1805/415} \approx 99.5 \approx 100$$

再利用公式 $n_i = W_{in}$，求出各校的比例分配抽樣數 n_i，也填入下表中。再把 V、N、ΣW_iS_i、$\Sigma W_iS_i^2$ 的值代入（9-27）式，求得最佳分配的總樣本數 n^*：

$$n^* = \frac{(\sum_i W_iS_i)^2}{V + \sum_i W_iS_i^2/N} = \frac{(2.7747)^2}{0.0625 + 8.1805/415} \approx 93.6 \approx 94$$

利用（9-25）式，求出各校的最佳分配抽樣數，結果填入下表中。

學校	人數	標準差 S_i	W_i	W_iS_i	$W_iS_i^2$	比例抽樣數	最佳抽樣數
A	105	3.3	0.2530	0.8349	2.7553	25	28
B	86	2.6	0.2072	0.5388	1.4009	21	18
C	74	1.5	0.1783	0.2675	0.4012	18	9
D	94	2.8	0.2265	0.6342	1.7758	23	22
E	56	3.7	0.1349	0.4993	1.8473	13	17
總和	415			2.7747	8.1805	100	94

從上述結果可知，若各區層標準差不同，則最佳分配的抽樣數確實與比例分配不同；且抽樣精確度相同時，最佳分配的總抽樣數小於比例分配。

9-2-3 分級抽樣

1.分級抽樣的概念與數學表示法

與分層抽樣類似，現在要考慮的母體仍然可以被分為一些次母體。在分層抽樣中，我們是從每一個次母體中都抽取一些個體組成樣本；而在分級抽樣中，則是先隨機抽取一些次母體，然後再從每個抽中的次母體中進一步隨機抽取一些個體組成樣本。這種在不同級別上進行多次抽樣的方法就稱為分級抽樣。顯然，當次母體數目很多，彼此間又很相似時，這種方法可以大大減少抽樣成本或工作量。它的缺點是由於沒有抽取全部的次母體，這樣就又引入了一個由於取不同次母體而帶來的不確定性，從而增加了抽樣的誤差。本節只討論一種最簡單的情況，即只有兩級，且每個次母體所包含個體數與抽樣比例均相同的情況。

設共有 N 個次母體，抽取其中幾個進一步抽樣；每個次母體含 M 個個體，抽取 m 個為樣本。下表列出各符號的計算公式及其意義。

符號及計算公式	意義
x_{ij}	為第 i 個次母體中第 j 個個體的觀測值
$\bar{x}_i. = \frac{1}{m}\sum_{j=1}^{m} x_{ij}$	為第 i 個次母體的樣本平均數
$\bar{x} = \frac{1}{n}\sum_{i=1}^{n} \bar{x}_i.$	樣本總平均數
$S_1^2 = \frac{1}{n-1}\sum_{i=1}^{n} (\bar{x}_i. - \bar{x})^2$	次母體間的樣本變異數
$S_2^2 = \frac{1}{n(m-1)}\sum_{i=1}^{n}\sum_{j=1}^{m} (x_{ij} - \bar{x}_i.)^2$	為次母體內樣本變異數的平均數

由於是有限母體，只須將以上各式中的 m、n 從小寫改為大寫，即可得到母體平均數 μ 的表達式。若要求母體變異數 σ^2，則除把 m、n 從小寫改為

大寫外，還須把分母中的“-1”去掉。

再令 $f_1=\frac{n}{N}$、$f_2=\frac{m}{M}$，分別為一級和二級抽樣比例，則對於次母體大小和抽樣比例均相同的二級抽樣，有以下定理：

定理 9-5：若二級抽樣都是隨機的，則 $\bar{x}$ 為母體平均數 μ 的無偏估計，且其變異數為：

$$D(\bar{x})=\frac{1-f_1}{n}\sigma_1^2+\frac{1-f_2}{mn}\sigma_2^2 \tag{9-28}$$

其中 σ_1^2 為次母體的變異數，σ_2^2 為次母體內變異數的平均數。$D(\bar{x})$ 的無偏估計為：

$$S^2(\bar{x})=\frac{1-f_1}{n}S_1^2+\frac{f_1(1-f_2)}{mn}S_2^2 \tag{9-29}$$

注意，定理 9-5 中（9-28）與（9-29）式中第二項係數是不同的，它們相差一個因素 f_1。其原因在於根據 σ^2 與 S^2 的定義，σ_1^2 只與各次母體平均數間的差異有關，與次母體內的變異數無關；但 S_1^2 則不只受母體平均數間差異的影響，也受到次母體內抽到哪些個體的影響。因此與次母體內的變異數也有關係。實際上，可證明 S_1^2、S_2^2 的期望值分別為：

$$E(S_1^2)=\sigma_1^2+\frac{1-f}{m}\sigma_2^2 \tag{9-30a}$$

$$E(S_2^2)=\sigma_2^2 \tag{9-30b}$$

因此 σ_1^2 的無偏估計不是 S_1^2，而是 $S_1^2-\frac{1-f_2}{m}S_2^2$。

⑴當 $n=M$，即 $f_2=1$ 時，抽中的次母體中每一個個體都將被測量。此時的兩級抽樣稱為整群抽樣。在這種情況下，計算出的樣本平均數當然就不再受次母體內變異數的影響，即（9-28）（9-29）式中都只剩下了第一項。

⑵當 $n=N$。即 $f_1=1$ 時，所有變異數都被抽中，分級抽樣變成了分層抽樣。由於各次母體所含個體數及抽樣比例均相同，實際是分層抽樣的比例分

配。此時（9-26）與（9-29）式都只剩下第二項，容易驗證（9-29）的第二項與（9-15）式是完全一樣的。

2.最佳分級抽樣

這裡最佳的標準仍與以前一樣，，即在費用固定時使變異數最小，或變異數固定時使費用最小。仍使用線性費用函數：

$$C = C_1 n + C_2 nm \tag{9-31}$$

其中第一項正比於抽中的次母體數，第二項正比於抽中的個體總數。

定理 9-6：在定理 9-5 的條件下，當 $\sigma_1^2 > \sigma_2^2/M$ 時，各次母體內的最佳抽樣量 m_{0pt} 為：

$$m_{0pt} = \frac{\sigma_2}{\sqrt{\sigma_1^2 - \sigma_2^2/M}}\sqrt{\frac{C_1}{C_2}} \tag{9-32}$$

若（9-32）式給出的不是整數，記其值為$\tilde{m}$，令 m' 為$\tilde{m}$的整數部分，則

$$m_{0pt} = \begin{cases} m'+1 & 若\ \tilde{m}^2 > m'(m'+1) \\ m' & 若\ \tilde{m}^2 \le m'(m'+1) \end{cases} \tag{9-33}$$

若 $\sigma_1^2 > \sigma_2^2/M$ 或（9-32）式得到的 $\tilde{m} > M$，則令

$$m_{0pt} = M$$

即按整群抽樣處理。

得到 m_{0pt} 後，可用解費用方程（9-31）式或變異數方程（9-28）式的方法，求得最佳的次母體抽樣數 n_{0pt}，使用哪個方程取決於事先給定的是費用還是變異數。

使用定理 9-6，須知道母體次母數 σ_1^2 和 σ_2^2。若 σ_1^2 和 σ_2^2 未知，而是透過預先實驗得到樣本變異數 S_1^2 和 S_2^2，則可用由（9-30a）和（9-30b）式得到

$$\hat{\sigma}_1^2 = S_1^2 - \frac{1-f_2}{m} S_2^2 \tag{9-34a}$$

$$\hat{\sigma}_2^2 = S_2^2 \tag{9-34b}$$

將（9-34a）及（9-34b）式代入（9-32）式，求 m_{0pt} 的估計值。注意，據

$$\frac{1-f_2}{m}=\frac{1}{m}-\frac{1}{M}$$

不難求得

$$\tilde{m}_{0pt}=\frac{\sqrt{m''}}{\sqrt{m''S_1^2/S_2^2-1}}\sqrt{\frac{C_1}{C_2}} \qquad (9\text{-}35)$$

其中 m"為預先實驗中從各次母體中抽取的個體數。

9-2-4 序列抽樣

根據假設檢定的基本原理可知，如果統計量的值恰好落在選定的分位數附近，則我們做出的統計判斷的可信性就會較低，換句話說，就是犯錯誤的可能性較大；反之，若統計量的值離分位數很遠，做出的統計判斷就比較可靠。因此在前邊介紹各種統計方法時，如果例題計算出的統計量值接近分位數，我們常常勸告大家最好不要匆忙下結論，而是要增加樣本數，即進行補充實驗，以便用更多的資料做出較可靠的判斷。受這種現象的啟發，我們很自然地想到能否建立這樣一種抽樣方法：先抽少量樣品進行檢定，為彌補樣品量少檢定精確度差的缺點，我們不是設定一個臨界值並根據統計量大於或小於它決定接受 H_0 還是 H_A，而是根據犯兩類錯誤的可能性 α 和 β 分別建立兩個臨界值 u_α 和 u_β $(u_\alpha<u_\beta)$：第一，當統計量 $u\le u_\alpha$ 時，接受 H_0；第二，當 $u\ge u_\beta$ 時，接受 H_A；第三，當 $u_\alpha<u<u_\beta$ 時暫不做出判斷，而是增加樣本數，即進行補充抽樣，得到新的資料後與原資料一起計算新的統計量 u，並建立新的臨界值 u_α 和 u_β，再重複上述程序，直到最後能做出判斷為止；這就是序列抽樣的基本理論。要使這理論變成一種可行的抽樣方法，還須解決以下幾個問題：第一，構造適當的統計量，並確定演算兩個臨界值的公式；第二，證明這種抽樣程序一定會終止；第三，證明這一抽樣程序所需的總樣本數比同樣精確度的固定容量抽樣要少。

本節的主要內容就是對以上問題做出回答，但對許多問題我們將只給出

答案，而略去了較複雜的證明。

1.序列抽樣統計量的建構：似然比

序列抽樣一般採用似然比為統計量。似然比是這樣定義的：

設母體 X 的分配依賴於某個參數 θ。以函數 $f(x,\theta)$ 表示它的分配密度或概率分配，以 $(x_1, x_2, ..., x_n)$ 表示從母體 X 中抽取的一個樣本數為 n 的樣本的測量值。考慮對虛無假設：$H_0:\theta=\theta_0$ 和對正假設：$H_A:\theta=\theta_1$ 進行統計檢定，令

$$\lambda_n=\frac{\prod_{i=1}^{n} f(x_i,\theta_1)}{\prod_{i=1}^{n} f(x_i,\theta_0)} \qquad (9\text{-}36)$$

則 λ_n 稱為似然比。若有數 k，使 $\lambda_n \le k$，則接受 H_0；$\lambda_n > k$，則拒絕 H_0，那麼這種統計檢定就稱為似然比檢定。

注意：這裡的統計假設與以前所說不同，即 H_A 不再包括除 H_0 以外的一切可能。這是因為序列抽樣允許暫不做結論，繼續抽樣。

例 9-5 設 $X \sim N(\mu, 1)$為常態母體；$x_1, x_2, ..., x_n$ 為從母體 X 中抽取的樣本。現在要用似然比檢定 $H_0:\mu=0$ 與 $H_A:\mu=1$，且希望犯兩類錯誤的概率均為 0.05。問需要多大樣本，且應如何選定臨界值？

解： 設 n 為所需樣本數，由似然比定義（9-36）式，有

$$\lambda_n=\frac{\prod_{i=1}^{n} f(x_i,1)}{\prod_{i=1}^{n} f(x_i,0)}=\frac{\prod_{i=1}^{n}\left(\frac{1}{\sqrt{2\pi}}e^{-\frac{1}{2}(x_i-1)^2}\right)}{\prod_{i=1}^{n}\left(\frac{1}{\sqrt{2\pi}}e^{-\frac{1}{2}x_i^2}\right)}$$

$$=\frac{\exp\left(-\frac{1}{2}\sum_{i=1}^{n}(x_i-1)^2\right)}{\exp\left(-\frac{1}{2}\sum_{i=1}^{n}x_i^2\right)}$$

$$=\exp\left(-\frac{1}{2}\left[\sum_{i=1}^{n}(x_i-1)^2-\sum_{i=1}^{n}x_i^2\right]\right)$$

$$=\exp\left(\sum_{i=1}^{n}x_i-\frac{n}{2}\right)=\exp\left(n\bar{x}-\frac{n}{2}\right)$$

由於自然對數為單調遞增函數，設 k 為所需的臨界值，則 $e^{n\bar{x}-\frac{n}{2}}>k$ 等價於 $n\bar{x}-\frac{n}{2}>\ln k$，即：$\bar{x}>\frac{1}{n}\ln k+\frac{1}{2}$，又由於 $\bar{x}\sim N(\mu,\frac{1}{n})$，且犯第一類錯誤就是 H_0 成立，但 $\lambda_n>k$，所以要求犯第一類錯誤的機率為 0.05，即要求

$$P(\bar{x}>\frac{1}{n}\ln k+\frac{1}{2}\mid\mu=0)=0.05$$

把 $\bar{x}$ 標準化，可得

$$P[\sqrt{n}\bar{x}>\sqrt{n}(\frac{1}{n}\ln k+\frac{1}{2})]=0.05$$

$$\therefore\sqrt{n}(\frac{1}{n}\ln k+\frac{1}{2})=u_{0.95}=1.65 \qquad (9\text{-}37)$$

與上述類似，由於犯第二類錯誤就是 H_A 成立，但 $\lambda_n<k$，所以要求犯第二類錯誤的機率為 0.05，即

$$P(\bar{x}<\frac{1}{n}\ln k+\frac{1}{2}\mid\mu=1)=0.05$$

同樣標準化 $\bar{x}$，得

$$P[\sqrt{n}(\bar{x}-1)<\sqrt{n}(\frac{1}{n}\ln k+\frac{1}{2}-1)]=0.05$$

$$\therefore\sqrt{n}(\frac{1}{n}\ln k-\frac{1}{2})=u_{0.05}=-1.65 \qquad (9\text{-}38)$$

令（9-37）式減去（9-38）式兩端，可得

$\sqrt{n}=3.30$，$n=10.89$

把 $\sqrt{n}$ 的值代入（9-37）式，得

$\frac{1}{n}\ln k=0$，$k=1$

由於 $\lambda_n>k$ 等價於 $\bar{x}>\frac{1}{n}\ln k+\frac{1}{2}=\frac{1}{2}$，因此可取樣本數為 11，臨界值為 1/2。即當觀測到的 $\bar{x}\leq 1/2$ 時，接受 $H_0:\mu=0$；當觀測到 $\bar{x}>1/2$ 時，接受

$H_A: \mu = 1$。此時犯兩類錯誤的機率均為 0.05。

從上述例題可看到，似然比統計量運算式比較複雜，但代入 f 的具體表達式後，常可採用不同方法進行簡化，最後使用時常常還是很方便的。

2.序列抽樣臨界值的選取

在例 9-5 中，我們只使用了一個臨界值。但在序列抽樣中，我們要使用兩個臨界值，這是因為若只用一個臨界值，而統計量又恰好落在臨界值附近，此時實際上兩個統計假設為真的機率都不高，而且相差不大，因此判定哪個為真理由均不充分。如果採用兩個臨界值 A、B$(A<B)$，則可避免這種情況：當 $\lambda_n > A$ 時，接受 H_0；當 $\lambda_n > B$ 時，接受 H_A；否則，就繼續抽樣。這樣就保證了當判定某個假設為真時，它發生的機率明顯大於另一個，從而保證了結果有較高的可靠性，但如何確定 A、B 的值呢？顯然，A、B 的取值是與 α、β 有關的。由於序列抽樣中每次計算出來的 λ_n 都會有變化，我們不妨把 λ_n 視為一個動點的一維隨機漫步，而 A 和 B 可視為兩個吸收壁，即動點一旦碰到其中之一就不能繼續漫步，抽樣也就停止了。這樣一來，犯第一類錯誤的機率 α 就是動點在 H_0 成立的條件下漫步時，首先碰到的是 B 的機率；而 β 則是動點在 H_A 成立的條件下漫步時，首先碰到 A 的機率。它們的數學表達式為：

$$\alpha = P(\lambda_1 \geq B \mid H_0) + P(A<\lambda_1<B, \lambda_2 \geq B \mid H_0) + P(A<\lambda_1<B, A<\lambda_2<B, \lambda_3 \geq B \mid H_0) + \ldots$$

$$\beta = P(\lambda_1 \leq A \mid H_A) + P(A<\lambda_1<B, \lambda_2 \leq A \mid H_A) + P(A<\lambda_1<B, A<\lambda_2<B, \lambda_3 \leq A \mid H_A) + \ldots$$

在給定分配密度 f 的表達式的情況下，上述兩式在理論上是可以計算的，即可以在給定 α、β 時解出 A、B。但這種計算顯然是十分複雜，因此，在實際中使用的是兩個簡單的近似公式：

$$A' = \frac{\beta}{1-\alpha} \qquad (9\text{-}39)$$

$$B' = \frac{1-\beta}{\alpha} \tag{9-40}$$

當然使用 A'、B'為臨界值時，犯兩類錯誤的機率也不再是 α 和 β，不妨記為 α' 與 β'。在理論上可以證明：

$$\alpha' + \beta' \leq \alpha + \beta \tag{9-41}$$

換句話說，使用近似公式後犯兩類錯誤的機率之和不會增大，因此這是一組很不錯的近似公式。

3.序列抽樣的可行性與優越性

序列抽樣的可行性是這種抽樣程序一定會終止；而優越性則是指在同樣精確度下序列抽樣所需的總樣本數比固定樣本數的抽樣方法要少。這兩個問題，即序列抽樣是否可行與優越，答案都是肯定的。此處不再給出詳細的證明，而直接給出這兩個結論。

⑴結論 1：不論母體 X 有何種機率分配，只要採用似然比為統計量，且臨界值 A、B 滿足：

$$0 < A < 1 \tag{9-42}$$

$$B > 1 \tag{9-43}$$

則序列抽樣進行有限次就能做出判斷的機率為 1。

⑵結論 2：序列抽樣所需的總樣本數 n 實際是一個隨機變數。對於相同的 α、β，設固定樣本數隨機抽樣所需樣本數為 N，我們不能保證每次都有 $n < N$，但可證明 n 的數學期望值約等於 $N/2$。

這兩個結論在數學上都可以嚴格證明。有了它們，我們就可以放心地使用序列抽樣了。

4.幾種常見分配序列抽樣公式的推導

⑴二項分配

$$P(k; n, p) = C_k^n p^k (1-p)^{n-k}$$

$H_0: p = p_0$；$H_A: p = p_1$

似然比統計量：

$$\lambda_n = \frac{C_k^n p_1^k (1-p_1)^{n-k}}{C_k^n p_0^k (1-p_0)^{n-k}} = \left(\frac{p_1}{p_0}\right)^k \left(\frac{1-p_1}{1-p_0}\right)^{n-k}$$

若現在已進行了 i 次序列抽樣，共抽取了 n 個個體，發現 k 次成功，但仍未能做出判斷，則應有：

$$A < \left(\frac{p_1}{p_0}\right)^k \left(\frac{1-p_1}{1-p_0}\right)^{n-k} < B$$

上式中 A、B 可由（9-39）、（9-40）式近似確定。取對數，可得

$$\ln A < k(\ln p_1 - \ln p_0) + (n-k)[\ln(1-p_1) - \ln(1-p_0)] < \ln B$$

解出 k，可得

$$\frac{\ln A - n[\ln(1-p_1) - \ln(1-p_0)]}{\ln p_1 - \ln p_0 + \ln(1-p_0) - \ln(1-p_1)} < k < \frac{\ln B - n[\ln(1-p_1) - \ln(1-p_0)]}{\ln p_1 - \ln p_0 + \ln(1-p_0) - \ln(1-p_1)}$$

令 $a = \ln A / [\ln p_1 - \ln p_0 + \ln(1-p_0) - \ln(1-p_1)]$ （9-44）

$b = \ln B / [\ln p_1 - \ln p_0 + \ln(1-p_0) - \ln(1-p_1)]$ （9-45）

$$c = \frac{\ln(1-p_0) - \ln(1-p_1)}{\ln p_1 - \ln p_0 + \ln(1-p_0) - \ln(1-p_1)} \quad (9\text{-}46)$$

則上述不等式可寫為：

$$a + cn < k < b + cn \quad (9\text{-}47)$$

（9-39）、（9-40）、（9-44）至（9-47）各式構成了二項分配母體序列抽樣設計的一般公式。每次抽樣後，若 $k \le a + cn$，則接受 H_0；若 $k \ge b + cn$，則接受 H_A；若（9-47）式成立，則繼續抽樣。由於上述各式計算比較複雜，在使用中一般都是根據給定的 α、β、p_0、p_1 各值，事先計算出對應於不同 n 的 $a + cn$ 和 $b + cn$ 的值，並把它們製成表格。實際抽樣時得到 k 後，就可從表中知道是應做出判斷還是進一步抽樣。

例 9-6 棉花苗期的蟲情調查中，若有蚜株率 $\leq 20\%$，則可暫時不採用防治措施；若有蚜株率大於等於 50%，則須立即防治；現選取犯兩類錯誤的機率均為 0.05，請設計序列抽樣調查方案。

解： 設在每株棉花上發現蚜蟲的可能性是相等的，則在 n 株棉花中發現 k 株有蟲的可能性服從二項分配（Binomial Distribution）：

$$P(k; n, p) = C_k^n p^k (1-p)^{n-k}$$

設不需要防治的有蚜株率為 p_0，需要防治的為 p_1，把 $\alpha = \beta = 0.05$ 及 $p_0 = 0.2$、$p_1 = 0.5$ 代入各式。

由（9-39）和（9-40）式，得

$$A = \frac{\beta}{1-\alpha} = \frac{0.05}{0.95} = 0.05263$$

$$B = \frac{1-\beta}{\alpha} = \frac{0.95}{0.05} = 19$$

由（9-44）式，得

$$a = \ln 0.05263 / [\ln 0.5 - \ln 0.2 + \ln(1-0.2) - \ln(1-0.5)] = -2.124$$

由（9-45）式，得

$$b = \ln 19 / [\ln 0.5 - \ln 0.2 + \ln(1-0.2) - \ln(1-0.5)] = 2.124$$

由（9-46）式，得

$$c = [\ln(1-0.2) - \ln(1-0.5)] / [\ln 0.5 - \ln 0.2 + \ln(1-0.2) - \ln(1-0.5)] = 0.3390$$

把上述計算結果代入（9-47）式，求出不防治臨界值 $a + cn$ 和防治臨界值 $b + cn$。注意，對不防治臨界值的取整原則是把小數位捨去，即取不大於原值的最大整數；而對防治臨界值的取整原則是只要有小數就進 1，即取不小於原值的最小整數，採用這樣的取整原則而不採用通常的四捨五入的原則，是為了保證犯兩類錯誤的機率分別不大於 α 和 β。計算結果可製成如下表格備查：

表 9-1　麥蚜防治序列抽樣臨界值表

抽樣數 n	10	15	20	25	30	35	40	45	50
a+cn	1.27	2.96	4.65	6.35	8.05	9.47	11.44	13.13	14.83
不防治臨界值	1	2	4	6	8	9	11	13	14
防治臨界值	6	8	9	11	13	14	16	18	20
b+cn	5.51	7.21	8.90	10.60	12.30	13.99	15.69	17.38	19.08

續表 9-1　麥蚜防治序列抽樣臨界值表

抽樣數 n	55	60	65	70	75	80	85	90	95	100
a+cn	16.52	18.22	19.91	21.61	23.30	25.00	26.69	28.39	30.08	31.78
不防治臨界值	16	18	19	21	23	25	26	28	30	31
防治臨界值	21	23	25	26	28	30	31	33	35	37
b+cn	20.77	22.47	24.16	25.86	27.55	29.25	30.49	32.64	34.33	36.03

在實際使用中，只要有抽樣數 n、不防治臨界值和防治臨界值三行就可以了。這裡列出 a+cn 和 b+cn 兩行只是為了說明計算程序。使用上述計算結果的另一種方法是圖形法。即把 a+cn 和 b+cn 兩條直線標在 n−k 平面上，每次調查後，只須將結果 (n, k) 點也標在圖上，若該點在 a+cn 線下方，則接受 H_0；若在 b+cn 線上方，則接受 H_A；若在兩線之間，則須進一步抽樣調查。

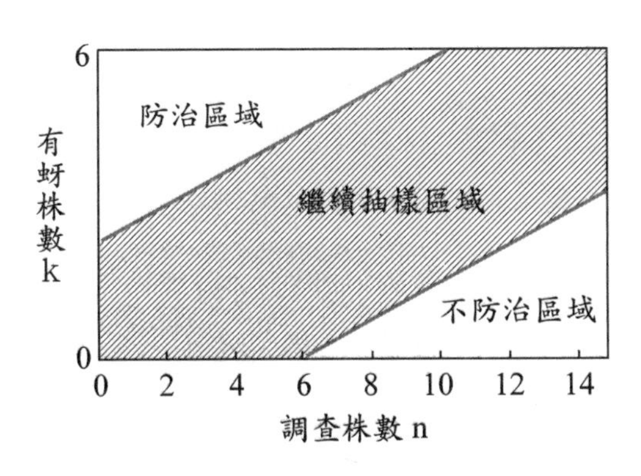

⑵普瓦松分配

$$P(X=k)=\frac{\lambda^k}{k!}e^{-\lambda} \qquad (\lambda>0; k=0,1,2,...)$$

母數λ可近似表示為：$\lambda=np$

$H_0: p=p_0$；$H_A: p=p_1$

若第 i 次抽樣後總樣本數為 n，若仍不能做出結論，則應有

$$A<\frac{(np_1)^k e^{-np_1}/k!}{(np_0)^k e^{-np_0}/k!}<B$$

即　$A<(p_1/p_0)^k e^{-n(p_1-p_0)}<B$

取對數，得

$$\ln A<k(\ln p_1-\ln p_0)-n(p_1-p_0)<\ln B$$

對 k 解不等式，得

$$\frac{\ln A+n(p_1-p_0)}{\ln p_1-\ln p_0}<k<\frac{\ln B+n(p_1-p_0)}{\ln p_1-\ln p_0}$$

令　$a=\ln A/(\ln p_1-\ln p_0)$　（9-48）

　　$b=\ln B/(\ln p_1-\ln p_0)$　（9-49）

　　$c=(p_1-p_0)/(\ln p_1-\ln p_0)$　（9-50）

則可得到與二項分配相同的（9-47）式：

$$a+cn<k<b+cn$$

上述（9-39）、（9-40）、（9-47）至（9-50）各式構成了普瓦松分配母體序列抽樣的一般公式。

例 9-7　玉米螟防治指標為：若百株卵塊在 30 塊以上，則應防治；在 20 塊以下，則不必防治。卵塊分配服從普瓦松分配：

$$P(X=k)=\frac{\lambda^k}{k!}e^{-\lambda} \qquad (\lambda>0; k=0,1,2,...)$$

取兩類錯誤機率為：該防治但未防治的為 0.05，不該防治但防治的為 0.1，請設計序列抽樣方案。

解： 普瓦松分配的母數λ既是變異數，又是平均數。它的取值與樣本數 n 有關，可表示為：$\lambda = np$，其中 p 為每株玉米發現卵塊的機率。由題目給出的防治指標，可建立統計假設為：$H_0 : p = p_0 = 0.2$；$H_A : p = p_1 = 0.3$。設 A、B 分別為不防治與防治臨界值，把數值代入（9-39）、（9-40）、（9-47）至（9-50）各式，有

$$A = \frac{\beta}{1-\alpha} = \frac{0.05}{1-0.1} = 0.0556$$

$$B = \frac{1-\beta}{\alpha} = \frac{1-0.05}{0.1} = 9.5$$

$$a = \ln 0.0556 / (\ln 0.3 - \ln 0.2) = -2.890 / 0.4055 = -7.127$$

$$b = \ln 9.5 / (\ln 0.3 - \ln 0.2) = 2.251 / 0.4055 = 5.551$$

$$c = (0.3 - 0.2) / (\ln 0.3 - \ln 0.2) = 0.1 / 0.4055 = 0.2466$$

把上述結果製成表 9-2。

表 9-2　玉米螟防治序列抽樣臨界值表

抽樣數 n	20	25	30	35	40	45	50	55	60
a + cn	−2.2	−1.0	0.3	1.5	2.7	4.0	5.2	6.4	7.7
不防治臨界值	—	—	0	1	2	4	5	6	7
防治臨界值	11	12	13	15	16	17	18	20	21
b + cn	10.5	11.7	12.9	14.2	15.4	16.6	17.9	19.1	20.3

續表 9-2　玉米螟防治序列抽樣臨界值表

抽樣數 n	65	70	75	80	85	90	95	100
a + cn	8.9	10.1	11.4	12.6	13.8	15.1	16.3	17.5
不防治臨界值	8	10	11	12	13	15	16	17
防治臨界值	22	23	24	26	27	28	29	31
b + cn	21.6	22.8	24.0	25.3	26.5	27.7	29.0	30.2

表 9-2 中對應於 n 等於 20、25 的 a+cn 值為負，這說明當樣本數僅為 20 或 25 時，即使一個卵塊都沒有查到，也不能確定不須防治，故此時的不防治臨界值不存在。但相應的防治臨界值還是有用的。有了表 9-2，即可進行實際調查：第一，若所得卵塊數小於或等於不防治臨界值，就可確定暫時不須防治；第二，若大於或等於防治臨界值，則應立即採取防治措施；第三，若在兩臨界值之間，則應增大樣本數 n，即繼續調查。

如有必要，也可利用 a、b、c 的值畫出類似圖 9-1 的臨界值圖，它與表的功能是一樣的，只是不必拘泥於給定的 n 值罷了。

(3)常態分配

$$f(x;\mu,\sigma)=\frac{1}{\sqrt{2\pi}\sigma}e^{-\frac{1}{2\sigma^2}(x-\mu)^2}$$

$H_0:\mu=\mu_0$；$H_A:\mu=\mu_1$

設抽取數為 n 的樣本 $x_1, x_2, ..., x_n$ 後仍不能做出判斷，則由似然比定義（9-38）式，有

$$A<\frac{(\frac{1}{\sqrt{2\pi}\sigma})^n e^{-\frac{1}{2\sigma^2}\sum_{i=1}^{n}(x_i-\mu_1)^2}}{(\frac{1}{\sqrt{2\pi}\sigma})^n e^{-\frac{1}{2\sigma^2}\sum_{i=1}^{n}(x_i-\mu_0)^2}}<B$$

兩邊取自然對數並簡化，得

$$\ln A<-\frac{1}{2\sigma^2}[\Sigma(x_i-\mu_1)^2-\Sigma(x_i-\mu_0)^2]<\ln B$$

$$\ln A<-\frac{1}{2\sigma^2}\Sigma[-2x_i\mu_1+\mu_1^2+2x_i\mu_0-\mu_0^2]<\ln B$$

$$\ln A<\frac{1}{\sigma^2}(\mu_1-\mu_0)\Sigma x_i-\frac{n}{2\sigma^2}(\mu_1^2-\mu_0^2)<\ln B$$

$$\frac{\sigma^2\ln A}{\mu_1-\mu_0}+\frac{n}{2}(\mu_1+\mu_0)<\Sigma x_i<\frac{\sigma^2\ln B}{\mu_1-\mu_0}+\frac{n}{2}(\mu_1+\mu_0) \quad (9\text{-}51)$$

若採用 $\bar{x}$ 為統計量，則有

$$\frac{\sigma^2 \ln A}{n(\mu_1-\mu_0)}+\frac{\mu_1+\mu_0}{2}<\bar{x}<\frac{\sigma^2 \ln B}{n(\mu_1-\mu_0)}+\frac{\mu_1+\mu_0}{2} \tag{9-52}$$

（9-39）、（9-40）和（9-51）或（9-52）式構成常態分配母體序列抽樣的一般公式。

例 9-8 設母體為 $X \sim N(\mu, 2)$。現要檢定 $H_0:\mu=0$ 和 $H_A:\mu=1$，且希望犯兩類錯誤的機率均為 0.05，請設計序列抽樣方案。

解：現選用樣本平均數為統計量，並代入數值，可得

$$A=\frac{\beta}{1-\alpha}=\frac{0.05}{1-0.05}=0.05263$$

$$B=\frac{1-\beta}{\alpha}=\frac{1-0.05}{0.05}=19$$

接受 H_0 的臨界值公式為：

$$\frac{2\ln 0.05263}{n(1-0)}+\frac{1+0}{2}=0.5-\frac{5.8889}{n}$$

接受 H_A 的臨界值公式為：

$$\frac{2\ln 19}{n(1-0)}+\frac{1+0}{2}=0.5+\frac{5.8889}{n}$$

把上述公式的結果製成表 9-3，其最後一位小數的取捨原則仍與以前一樣：H_0 的臨界值捨，H_A 的臨界值表進入。

表 9-3 常態分配母體序列抽樣臨界值（$\bar{x}$ 為統計量）

抽樣數	5	10	15	20	25	30	35	40	45	50
接受 H_0 臨界值	−0.678	−0.089	0.107	0.205	0.264	0.303	0.331	0.352	0.369	0.382
接受 H_A 臨界值	1.678	1.089	0.893	0.795	0.736	0.697	0.669	0.648	0.631	0.618

續表 9-3　常態分配母體序列抽樣臨界值（$\bar{x}$為統計量）

抽樣數	55	60	65	70	75	80	85	90	95	100
接受H_0臨界值	0.392	0.401	0.409	0.415	0.421	0.426	0.430	0.434	0.438	0.441
接受H_A臨界值	0.608	0.559	0.591	0.585	0.579	0.574	0.570	0.566	0.562	0.559

上述表格的用法仍與以前一樣：抽樣得到的平均數若小於接受H_0臨界值則接受H_0，若大於接受H_A臨界值則接受H_A，若在兩臨界值之間則繼續抽樣。

9-3 調查資料的蒐集與整理

調查是研究程序蒐集資料的重要方法，它在生態學、醫學、社會學等領域都有著無法替代的作用。這種蒐集資料的方法與通常運用實驗蒐集資料的方法有所不同，其特點主要是我們所關心的常常是對所研究母體的一種整體性的描述，這種資訊常常分配在一個很大的時空範圍內，單個資訊的獲取程序常相對簡單，但只有獲取大量資訊，並經過適當的統計學處理後，我們需要的知識才能得到。例如，生態學上對某種生境的本底調查，對某一特定物種如熊貓種群的調查；醫學上對某個群體的健康狀況的調查；對某種疾病流行情況的調查；社會學上的人口普查等等。由於這種資訊分布的分散性，只有周密計畫，精密細緻執行才能做到所蒐集的資訊準確、完整和及時，也才能為下一步的統計打下可靠的基礎。

運用調查蒐集資料主要有兩種方式，即統計調查與登記調查，其需要注意的事項下面將逐一介紹。

9-3-1 統計調查

統計調查是指集中一定數量人員，在一個相對短暫的指定時間內，對分布在較大範圍內的資訊進行蒐集的活動。統計調查一般都要涉及大量的調查者和被調查者，因此做好規劃、組織、訓練、宣傳、管理等各個環節就顯得特別重要，否則辛辛苦苦得到的資料可能由於可信度太低而變得沒有使用價值。

若按調查所考慮的時間範圍分類，可把統計調查分為現狀調查、回顧調查、前瞻調查。其特點分別為：

1.現狀調查

也稱橫斷面調查，是對一個時間點上母體所處情況的調查。如人口普查、青少年發育情況調查、某種疾病患病率調查等。調查結果比較可靠，所需時間也短，但難以反映累積的效果和隨時間的變化。

2.回顧調查

透過調查對象的回憶、查閱已有資料等對過去一段時間發生的事件進行調查。常用於少發病的病因推測，例如可調查某些病例和類似條件正常人的差別，以便推測病因。這種方法簡單快速，但可信性、資料完整性常不能令人滿意。

3.前瞻調查

是指按預定的調查方案，觀察和記錄一定數量感興趣的個體未來一段時間（常為幾年或更長）的變化情況，如發病、死亡等。這種方法所得資料完整，結果準確可靠，但耗時很長，無法迅速得出結果。常用於病因確認研究。

統計調查工作可分為兩個大階段，即計畫階段和執行階段。每一階段中需要完成的工作和要注意的事項分別為：

1.計畫階段

這一階段主要是調查正式開展前的預備工作，由調查主持者和他的少數助手完成，涉及的人員是比較少的。應完成的工作有：

(1)**明確調查目的，並根據目的確定需要調查的指標**：顯然，不同的調查目的需要有不同的調查指標。例如同是人口調查，如果目的是全面掌握當地的社會經濟狀況，那調查項目可能有上百甚至數百之多；但若是作為生態環境本底調查中的一項，也許只有居民人數等少數幾項就可以了。再比如，若目的是分析某種地方病可能的病因，由於對病因並不瞭解，就需要在調查中記錄一切可能與該病有關的因素，如環境因素（水、土、氣等）、生活習慣（飲食、居住等）、家族親緣關係、病史等等。若對該病已有相當瞭解，則可把調查項目集中在有關因素上，從而大大節省調查的人力物力。要特別注意的是，一定不要漏掉可能對調查目的產生影響的因素，否則可能使調查結果變得一無用處。因此調查目的和指標確定需要較多的專業知識，要經過充分論證後慎重確定。

⑵**根據調查指標設計調查表格**：設計調查表格是一項非常重要的工作，好的調查表可以大大節省調查的人力物力，又能方便地進行統計，可起到事半功倍的效果。調查表中的項目一般可分為以下兩類：

①一般項目，例如調查表編號、被調查人姓名、住址等必要的個人資料、調查日期、調查人等，這些項目主要根據資料管理和核對的需要設計。

②統計項目，這是我們要調查的真正內容，應包含能整體反映調查對象在指定調查指標上現狀的資訊。設計統計項目時要遵循以下原則：

- 整體性。即要包含所有與指定指標有關的項目，不能有遺漏。否則將得到錯誤的統計的結果。例如若某地方病主要與當地土壤或水源中某種微量元素的含量有關，但調查表中沒有有關項目，則顯然無法得到正確結果。
- 明確性。即項目要明確具體，不會產生歧義（ambiguity）。例如「籍貫」就不如「出生地」或「祖籍」明確。若需要調查祖籍，則還應確定具體標準，如多長時間或幾代人之前的居住地。
- 客觀性。這一項不是絕對的，因為在某些情況下，一些主觀指標也有重要參考意義。但一般來說，不受主觀意識影響的客觀指標或測量指標的可靠性明顯要高於主觀指標。
- 可統計性。盡量採用固定的幾個可選擇答案，讓被調查者從中選一個，而不要讓他們自由回答。自由回答的答案將很難進行統計分析。

調查表中的項目都設計好後，可根據項目的多少把多個調查物件放在一張表上，也可每個物件用一張或幾張表。為便於資料的統計處理，在有條件的情況下，最好採用可機讀的卡片作為調查表，這樣可大大減少後期處理資料時的彙總、錄入、統計等工作量。

(3)**確定調查對象與調查範圍**：要根據已定的調查目的和調查指標確定調查對象與調查範圍。這裡的確定調查對象主要是指確定本次調查中，我們感興趣的物件所應具有的某些特徵，只有具有這些特徵的人或物才屬於這次調查所考慮的母體。至於某個具體人或物是否應被調查，則常常要經過抽樣程序後才能知道。例如在人口普查中，某個時間點上在某個地區內的所有人都屬於要調查的母體；若進行高血壓調查，則可能只有大於某一年齡，例如 15 歲以上的才屬於要調查的母體，等等。至於調查範圍，則是指時間、空間以及數量範圍。前兩者容易理解，是指在什麼時間、到什麼地點進行調查；而數量範圍則是指是全面調查還是抽樣調查。全面調查就是對符合條件的每個個體都進行調查，這當然可得到最準確的結果，但其所需要的人力物力常常是無法承擔的。抽樣調查則是從符合條件的母體中抽出一部分個體進行調查，具體方法可參見 9-2 節。

(4)**制訂實施調查的程序和步驟**：主要指根據調查對象和地區的實際情況制訂調查的具體步驟和方法。例如人口調查的時間點常選在午夜，因為此時人口流動性較小；進行生態調查時要根據目標生物的密度確定樣本大小、數量、取樣方法、計數方法等。制訂程序和步驟最重要的原則就是因地制宜，切忌想當然和閉門造車。

(5)**規定資料核實、整理、彙總的步驟**：調查程序中難免會出現一些人為的差錯，所以一定要建立核實、整理的具體步驟和方法。一般應在蒐集資料後就有專人負責進行核對，一旦發現疑問可及時進行複查及糾正。資料輸入電腦後則可利用程式對一些不可能出現的情況進行檢測，一旦發現，能糾正的糾正，不能糾正的只好把有關資料捨棄。

2.執行階段

本階段的主要任務就是按照制訂好的程序和步驟完成調查。一般來說會有以下步驟：

⑴**建立調查工作的組織和技術團隊**：調查工作常常涉及大量的人和物，也會給當地人民的生產和生活造成一定影響，因此應盡量取得當地政府的支持，最好能與當地主管共同組成領導的團隊，這樣會極大地有利於工作的開展。同時，調查中總會出現一些事先未料到的情況，影響調查的順利進行。此時就需要有技術方面的指導力量及時調整方案解決問題，以保證調查的順利執行。

⑵**訓練人員，統一方法，標準化工具**：調查常常涉及大量工作人員，若不事先進行培訓，則調查人員間的差異就完全可能使得到的資料失去使用價值。培訓時主要目的是使工作人員都能瞭解調查的目的、意義、內容，能夠有統一的工作方法，執行共同的調查標準，使用標準化的測量工具。這樣蒐集的資料才具有可比性。培訓工作一般應結合試點進行，藉以發現和糾正程序和方法中的缺點與不足，累積工作經驗。若涉及工作人員很多，則可採用分級培訓的方法。

⑶**向調查對象開展適當的宣傳工作**：由於調查一般會對調查對象的生活和工作造成某種不便，因此開展宣傳工作，使他們瞭解調查的目的和意義，以積極的態度配合調查，就成了調查成功的重要保證。宣傳的方式可多樣化，如舞台演出、海報、宣傳材料、報紙、電視、廣播、電腦網站等，也應注意因地制宜。

⑷**嚴格按照程序和步驟實施調查**：由於調查是由多人同時完成，因此統一的程序、方法、標準就有了非常重要的意義。只有保證這些統一性，才能確保得到的資料具有可比性，也才有可能得到正確的統計結果。如果調查中出現未預料到的異常情況影響調查進行，則必須迅速報告給技術負責人，在確定解決辦法後，通知全體人員統一進行修正。如果擅自修改程序和方法，常會嚴重影響調查結果的正確性和準確性。

⑸**對調查得到的資料進行整理與統計**：以前對調查資料進行的整理與彙總常常是手工進行，既繁瑣又容易出現錯誤。調查得到的原始資料常是每個對象的特性，如性別、年齡、工作、民族、生活習慣（如飲食、吸煙、飲酒、運動等）、體檢資料等等。要利用這些資料，首先就需要把

它們轉換成統計資料，如不同年齡、性別、生活條件下的血壓值分配、生理生化檢定值分配、發病率分配等等，然後再用適當統計方法對這些資料進行分析，從而得出我們感興趣的結論。這一程序若全靠手工完成，工作量既大，也難以保證準確性。理想的辦法應該是把調查得到的原始資料都存入資料庫，然後就可以根據需要編寫程式對資料進行各種處理。有關資料庫和程式編寫的程序涉及的專業知識超出了本課程的範圍，不再詳細介紹。

9-3-2 登記調查

登記調查與統計調查最大的不同點，就是它不是一項臨時的、突擊性的工作，而是一項長期持續的工作。其目的是累積一些基礎資料，因此這項工作常由政府機構負責完成。常見的例子有出生與死亡登記、戶籍登記、流行病報告制度等。登記調查的資料累積時間愈長，記錄項目愈詳細，研究價值也就愈大。相對統計調查它的組織和執行都簡單一些，這主要是因為它是一項由專業人員負責完成的日常工作，因此更容易標準化、制度化。要做好一項登記調查，主要應注意以下幾點：

1.登記內容的選擇和登記表的設計

這一部分的內容與統計調查中基本相同，只是要照顧到長時間持續登記的特點。有些項目短時間看沒什麼價值，但長時間積累後，則會顯示社會或自然的一種長期變化，成為珍貴的資料。另外，隨著時間的推移科學的進步，登記項目也應相應改變、補充和完備。但這種改變應盡可能照顧到資料的相容性和連續性，使以前的資料還可發揮它的功能。

2.建立有效的登記制度

由於登記調查是一種需要長期持續的工作，而且經常由政府部門進行，要保證不遺漏地得到全部資料，就必須由政府部門建立詳盡、周到的登記制度，明確責任。例如死亡登記制度就規定，在醫院死亡的應由醫院填寫死因通知卡片，由家屬向派出所申報，派出所登記；在家中死亡的，應由家屬向當地派出所申報登記後，區衛生局要負責核對，進行死因調查並填寫死亡原因等有關項目。傳染病的報告則應由做出診斷的醫生填寫卡片，每天再彙總報告給防疫站。這類登記制度應考慮到各種情況，並均有明確的責任單位和責任人，才能防止遺漏。

3.建立有效的核查制度

由於登記調查的長期性，難免會有疏漏、錯誤產生。為盡量減少差錯，有關單位應建立定期核查制度，檢查資料的完整性及正確性，發現問題及時彌補。只有這樣才能保證長期積累的資料真實可靠。

9-4 異常值的判斷與處理

9-4-1 異常值的概念與處理原則

所謂異常值，是指樣本中的個別值，其數值明顯偏離其所屬樣本的其餘觀測值。異常值產生的原因通常有：第一，可能是觀測值本身隨機性的極端表現，這樣的異常值與樣本中其餘觀測值屬於同一母體；第二，可能是由於實驗方法或條件偶然變化所產生的後果，或者是由於觀測、計算、記錄等程序中的差錯造成的。這種異常值與樣本中其餘觀測值不屬於同一母體。

從理論上看，顯然應依據異常值不同產生原因做不同處理：對第一種情況，一般應予保留；而對第二種情況，則應予以剔除或修正。

應該強調指出，對於異常值的處理一定要非常慎重，研究必須尊重事實，因此除非有充分的技術上、理論上的理由可以說明它確實屬於第二種情況者外，不得輕易對資料進行剔除或修正。另一方面，這種表面上看起來的異常值後面，也常常隱藏著科學上未發現的新事實。作為一個研究人員，如果輕易地拋棄一切不符合預期的觀測資料，將永遠不會有新的發現。如化學家瑞利（J. W. Rayleigh, 1842-1919）發現大氣氮密度與化學製品不符（達 23σ），由此發現了元素氬；居禮（Curie）夫婦從鈾礦石放射強度與鈾含量不符出發，發現了鏞等等。

顯然，如果不是在測量現場就發現了資料異常，要尋找技術上或理論上的原因有時是非常困難的，尤其是對某些無法重複的實驗來說更是這樣。因此人們還建立了一些統計學的方法，以檢查所得資料中是否有高度異常的資料，如果有，一般也允許剔除。但進行這種實驗前都要確定一個最高剔除數量，如果檢測出高度異常值個數超過這一數量，則全組資料只好報廢。這一最高剔除數量一般只能占總數據個數的 10%至 15%左右。

還要強調一點，即檢出的異常值，剔除的或修正的觀測值都應予以記錄，並應記錄剔除或修正的理由，以備查詢。

9-4-2 常態樣本異常值的判斷與處理（GB 4883-85）

在檢定前，首先應確定異常值個數的上限（一般可取為總個數的 10%至 15%），異常值檢出顯著性水準（$\alpha=0.05$ 或更大一點），異常值剔除顯著性水準（$\alpha^*=0.01$ 或更小）。然後根據不同情況選擇合適的方法進行檢定。

1.標準差 σ 已知——奈爾（Nair）檢定法

檢定步驟：

(1)把觀測值按大小排列，即

$$x(1) \le x(2) \le \dots \le x(n)$$

(2)計算統計量：

①對上單尾：$R_n=(x(n)-\bar{x})/\sigma$。

②對下單尾：$R'_n=(\bar{x}-x(1))/\sigma$。

③對雙側：分別計算上述兩統計量。

(3)確定臨界值：根據 α、α^*、n，可得到檢出臨界值 $R_{1-\alpha}(n)$（單側）或 $R_{1-\frac{\alpha}{2}}(n)$（雙側），以及剔除臨界值 $R^*_{1-\alpha}(n)$（單側）或 $R^*_{1-\frac{\alpha}{2}}(n)$（雙側）。

(4)判斷：當 R_n 或 R'_n 大於上述臨界值時，x(n) 或 x(1) 為異常或高度異常值，高度異常值通常應予以剔除。

雙側情況下，應取R_n、R'_n中大的一個進行檢定。

例 9-9 化纖收縮率的 25 個獨立觀測值為：3.13、3.49、4.01、4.48、4.61、4.76、4.98、5.25、5.32、5.39、5.42、5.57、5.59、5.59、5.63、5.63、5.65、5.66、5.67、5.69、5.71、6.00、6.03、6.12、6.76。已知$\sigma=0.65$，常態分配，研究是否有下單側異常值。

解： 共 25 個資料。可考慮規定最多檢出 3 個異常值。

取$\alpha=0.05$，$\alpha^*=0.01$，$n=25$時算得$\bar{x}=5.2856$，則

$$R'_{25}=(5.2865-3.13)/0.65=3.316$$

查表，得

$$R_{0.95}(25)=2.815，R_{0.99}(25)=3.282$$

$R'>R_{0.99}$，為高度異常值，可考慮剔除。

去掉 3.13，重新計算，得$\bar{x}=5.375$，則

$$R'_{24}=(5.375-3.49)/0.65=2.90$$

查表，得

$$R_{0.95}(24)=2.800，R_{0.99}(24)=3.269$$

$R_{0.99}>R'>R_{0.95}$，3.49 為異常值。

去掉 3.49 後，再計算，得$\bar{x}=5.457$，則

$$R'_{23}=(5.457-4.01)/0.65=2.227$$

查表，得

$R_{0.95}(23)=2.784$，$R'_{23}<R$ 不是異常值

∴3.13 高度異常，可考慮剔除；3.49 異常，其餘沒有異常值。

2.標準差未知

此時又可分為兩種情況：當檢出異常值數不超過 1 時，國家標準規定可採用格拉布斯（Grubbs）或狄克森（Dixon）檢定法；如果檢出個數上限大

於 1，則應重複使用狄克森法或偏度－峰度檢定法。現分別加以介紹。

⑴**格拉布斯（Grubbs）檢定法**：它的統計量、使用方法完全與奈爾檢定法相同，只是用樣本標準差 S 代替了母體標準差 σ，當然統計用表中數值是不同的。

⑵**狄克森（Dixon）檢定法**：它的特點是不計算樣本變異數，而用全距的方法，這樣統計量的計算就較簡單了。但對不同的觀測次數 n，應採用不同的統計量計算公式（見下表）：

n	檢定高端異常值	檢定低端異常值
3～7	$D=\frac{x(n)-x(n-1)}{x(n)-x(1)}$	$D'=\frac{x(2)-x(1)}{x(n)-x(1)}$
8～10	$D=\frac{x(n)-x(n-1)}{x(n)-x(2)}$	$D'=\frac{x(2)-x(1)}{x(n-1)-x(1)}$
11～13	$D=\frac{x(n)-x(n-2)}{x(n)-x(2)}$	$D'=\frac{x(3)-x(1)}{x(n-1)-x(1)}$
14～30	$D=\frac{x(n)-x(n-2)}{x(n)-x(3)}$	$D'=\frac{x(3)-x(1)}{x(n-2)-x(1)}$

步驟：

①把觀察值從小到大排列，有

$x(1)\le x(2)\le ...\le x(n)$

②根據 n 選擇適當公式計算統計量 D、D'。

③確定 a、a*。查表確定臨界值 $D_{1-a}(n)$ 和 $D^{\#}_{1-a}(n)$，但要注意，這裡單雙側檢定是兩個不同的表，不是用 $1-(a/2)$ 代替 $1-a$。

④判斷。D 或 D'大於 $D_{1-a}(n)$ 時為異常，大於 $D^{\#}_{1-a}(n)$ 時可剔除。

雙側用 D 和 D'中大的一個檢定。如果重複使用，每次去掉一個數後都應對餘下的 n－1 個數重新進行計算。

⑶**峰度－偏度檢定法**：使用條件為必須確認大多數樣本取自常態分配母體。

①單側：採用偏度檢定，統計量為：

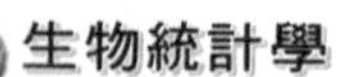

$$b_s=\frac{\sqrt{n}\sum_{i=1}^{n}(x_i-\bar{x})^3}{[\sum_{i=1}^{n}(x_i-\bar{x})^2]^{\frac{3}{2}}}=\frac{\sqrt{n}[\sum_{i=1}^{n}x_i^3-3\bar{x}\sum_{i=1}^{n}x_i^2+2n(\bar{x})^3]}{[\sum_{i=1}^{n}x_i^2-n\bar{x}^2]^{\frac{3}{2}}}$$

確定 a、a*。由 n 及 a 和a*查表得 $b'_{1-a}(n)$ 及 $b'_{1-a^*}(n)$。

若 $b_s>b'$，x (n) 異常（上側）；

若 $-b_s>b'$，x (1) 異常（下側）。

②雙側：採用峰度檢定，統計量為：

$$b_k=\frac{n\sum_{i=1}^{n}(x_i-\bar{x})^4}{[\sum_{i=1}^{n}(x_i-\bar{x})^2]^2}=\frac{n[\sum_{i=1}^{n}x_i^4-4\bar{x}\sum_{i=1}^{n}x_i^3+6\bar{x}^2\sum_{i=1}^{n}x_i^2-3n\bar{x}^4]}{[\sum_{i=1}^{n}x_i^2-n\bar{x}^2]^2}$$

確定α、α*。查表，得$b''_{1-\alpha}(n)$和$b''_{1-\alpha^*}(n)$。$b_k>b''$時，離$\bar{x}$最遠的為異常。

例 9-10 檢定 10 個樣品萃取液的某種酶比活力 E，資料列於下表，請檢定其中的最大值是否異常，取檢出顯著性階層 α＝0.05。

E / U/mL	4.7	5.4	6.0	6.5	7.3	7.7	8.2	9.0	10.1	14.0

解： ⑴格拉布斯檢定法：

根據上述原始資料，算得

$\bar{x}=7.89$，$S^2=7.312$，$S=2.704$

$G_{10}=(x(10)-\bar{x})/S=(14.0-7.89)/2.704=2.260$

對 n＝10，查表得 $G_{0.95}(10)=2.176$，$G_{10}>G_{0.95}(10)$，

∴判斷 x (10)＝14.0 為異常值。

⑵狄克森檢定法：

由於 n＝10，且要檢定最大值是否異常，因此統計量為：

$D=[x(n)-x(n-1)]/[x(n)-x(2)]$

$=(14.0-10.1)/(14.0-5.4)=0.453$

查表，得$D_{0.95}(10)=0.477$，$D<D_{0.95}(10)$，∴x (10) 不是異常值。

兩種方法得到了不同的結果，應該採用哪一個呢？仔細看一下就會發現，兩種方法的統計量都很接近臨界值，因此實際上它們做出判斷的把握都不很大。另外，格拉布斯法是靠與標準差比較，而狄克森法則是採用全距，可以說它們是利用了資料中不同的資訊，這樣在統計量接近臨界值時會做出不同的判斷，也就不足為奇了。由於理論上可證明在只有一個異常值時，格拉布斯法稍優於狄克森法，因此本題還是採用格拉布斯法的結果。

例 9-11 測量 16 株植物的株高 h，資料如下表所列，請檢定其中最小值是否為異常值，取 $\alpha=0.01$。

h/mm							
1125	1248	1250	1259	1273	1279	1285	1285
1293	1300	1305	1312	1315	1324	1325	1350

解：(1)格拉布斯法：

根據原始資料，算得

$\bar{x}=1283$，$S^2=2576.67$，$S=50.76$

$G'_{16}=[\bar{x}-x(1)]/S=(1283-1125)/50.76=3.113$

查表，得 $G_{0.99}(16)=2.747$，$G'_{16}>G_{0.99}(16)$，∴最小值 1125 為異常值。

(2)狄克森法：

$D'_{16}=[x(3)-x(1)]/[x(14)-x(1)]$

$=(1250-1125)/(1324-1125)=0.6614$

查表，得 $G_{0.99}(16)=0.595<D'_{16}$，∴判斷 1125 為異常值。

本題統計量與臨界值差距較大，兩種方法結果一致。

例 9-12 異常值問題早期研究中的著名實例（1883 年）：觀測金星垂直半徑的 15 個觀測資料殘差為（單位：秒）：

−1.40、−0.44、−0.30、−0.24、−0.22、−0.13、−0.05、0.06、

0.10、0.18、0.20、0.39、0.48、0.63、1.01

請判斷其最大、最小值是否異常 ($\alpha=0.05$)。

解： 採用狄克森檢定法。本題 $n=15$，應採用以下公式：

$$D'_{15}=[x(15)-x(13)]/[x(15)-x(3)]$$
$$=(1.01-0.48)/(1.01+0.30)=0.406$$

$$D'_{15}=[x(3)-x(1)]/[x(13)-x(1)]$$
$$=(-0.30+1.40)/(0.48+1.40)=0.585$$

查表，得臨界值 $D_{0.95}(15)=0.565$，由於 $D'_{15}>D_{15}$，故只對最小值進行檢定。又由於 $D'_{15}>D_{0.95}(15)$，故判斷最小值 $x(1)=-1.40$ 為異常值。將其剔除後進一步檢定：$n=14$，採用公式：

$$D_{14}=[x(14)-x(12)]/[x(14)-x(3)]$$
$$=(1.01-0.48)/(1.01+0.24)=0.424$$

$$D'_{14}=[x(3)-x(1)]/[x(12)-x(1)]$$
$$=(-0.24+0.44)/(0.48+0.44)=0.217$$

查表，得臨界值 $D_{0.95}(14)=0.586$，由於 $D_{14}>D'_{14}$，本次只對最大值進行檢定。又由於 $D_{14}<D_{0.95}(14)$，故最大值不是異常值，即這組資料中只有最小值 -1.40 為異常值。

幾點說明：

⑴上述三種方法中，當至多只有一個異常值時，建議用格拉布斯法，它的效果最好。狄克森法與其差不多，也可用。

當出現多個異常值，須重複使用某一檢定法時，易犯判多為少（只檢出一部分）的錯誤，不易犯判少為多（把正常誤判為異常）的錯誤。犯這兩錯誤的機率以重複使用偏度－峰度法最小，但計算複雜，且須先對常態性進行檢定。重複使用狄克森法次之，重複使用格拉布斯法效果最差，所以建議不用格拉布斯法。

但另一方面，偏度－峰度檢定也是檢定常態性常用的方法，所以它只能用於母體確為常態的情況。貿然用於非常態母體，會把常態值判為異常值。因此使用前一般先要用其他方法對常態取性加以檢定。

⑵判斷和處理異常值一般來說有下述三個目的：

①識別與診斷：目的為找出異常值，從而進行生產診斷、新規律探索、技術考查等。

②估計母數：找出異常值的目的是決定是否把它計入樣本，以便更準確地估計母數。

③檢定假設：目的是判斷母體是否符合要求，找異常值也是為了決定是否計入樣本，以便使判斷更準確。

由於這幾種目的不同，在選擇方法方面也帶來不同標準。若為了識別，選擇標準主要應著眼於準確性，並要考慮兩種錯誤的不同風險。若以估計和檢定為目的，有時也可不經判斷異常值的步驟，而採取穩健的方法，即直接捨去最大最小值，用餘下的進行估計。例如體操等裁判計分方法就採用這一策略。

⑶應重視異常值給出資訊，所以對異常值的判斷和處理應有完備的記錄，並對產生原因做出盡可能詳細的分析。

⑷不管採用什麼方法，每次均只能剔除一個異常值，然後應根據剩下的資料重新計算，看是否可剔除下一個。不能一次計算就剔除兩個或更多異常值。

上述⑵至⑷點也適用於指數樣本異常值的檢定。

9-4-3 指數樣本異常值的判斷與處理（GB 8056-87）

指數分配：

$$F(x)=\begin{cases}1-e^{-\lambda x} & x\geq 0\\ 0 & x<0\end{cases}$$

$$f(x)=\begin{cases}\lambda e^{-\lambda x} & x\geq 0\\ 0 & x<0\end{cases}$$

常用於壽命資料的分配。

對指數分配樣本進行異常值檢定所用統計量和方法為：

1.單側檢定

⑴當樣本數 $n \leq 100$ 時：

①若為上單尾，則用統計量

$$T_n(n)=\frac{x(n)}{\sum_{i=1}^{n} x_i}$$

根據 n、a 查上單尾分位數表，得 $T'(1-\alpha)$。當 $T_n(n)>T'$ 時，$x(n)$ 為異常值。

②若為下單尾，用統計量

$$T_n(1)=\frac{x(1)}{\sum_{i=1}^{n} x_i}$$

根據 n、a 查下單尾分位數表，得 $T''(\alpha)$。當 $T_n(1)<T''$ 時，$x(1)$ 為異常值。

⑵當樣本數 $n>100$ 時：

①若為上單尾，則用統計量

$$E_n(n)=\frac{(n-1)[x(n)-x(n-1)]}{\sum_{i=1}^{n} -[x(n)-x(n-1)]}$$

根據 n、a 查 F 分配表，得分位數 $F_{1-\alpha}(2,2n-2)$、$E_n(n)>F_{1-\alpha}$ 時，$x(n)$ 為異常值。

②若為下單尾，則用統計量

$$E_n(1)=\frac{n(n-1)x(1)}{\sum_{i=1}^{n} x_i - nx(1)}$$

根據 n、a 查 F 分配表，得分位數 $F_{\alpha}(2,2n-2)$、$E_n(1)<F_{\alpha}$ 時，$x(1)$ 為異常值。

2.雙側檢定

(1)當 $n \le 100$ 時，計算 $T_n(n)$、$T_n(1)$ 的值。根據 α、n 從上下分位數表中查出

$T'(1-\frac{\alpha}{2})$，$T''(\frac{\alpha}{2})$ 再計算平均數 $\bar{x}=\frac{1}{n}\sum_{i=1}^{n}x_i$：

①當 $e^{-x(1)/\bar{x}}+e^{-x(n)/\bar{x}}>1$，且 $T_n(1)<T''$ 時，判斷 $x(1)$ 為異常。

②當 $e^{-x(1)/\bar{x}}+e^{-x(n)/\bar{x}}<1$，且 $T_n(n)>T'$ 時，判斷 $x(n)$ 為異常，否則無異常。

(2)當 $n>100$ 時，計算 $E_n(n)$、$E_n(1)$ 的值。根據 α、n 從 F 分配表中，查出 $F_{\frac{\alpha}{2}}(2,2n-2)$ 和 $F_{1-\frac{\alpha}{2}}(2,2n-2)$ 同樣：

①當 $e^{-x(1)/\bar{x}}+e^{-x(n)/\bar{x}}>1$，且 $E_n(1)<F_{\frac{\alpha}{2}}$，判斷 $x(1)$ 為異常。

②當 $e^{-x(1)/\bar{x}}+e^{-x(n)/\bar{x}}<1$，且 $E_n(n)<F_{1-\frac{\alpha}{2}}$ 時，判斷 $x(n)$ 為異常，否則無異常。

在可能有多個異常值時，可根據實際情況，反覆使用上述檢定法，每次剔除一個異常值，直到沒有檢出異常值或達到檢出數量上限為止。

3.定數截尾（右邊）樣本中最小觀測值 $x(1)$ 是否異常的判斷

定數截尾（右邊）樣本：從母體中抽 n 個個體，按數值由小到大排列，取其前 r 個觀測值為樣本：

$$x(1)\le x(2)\le \ldots \le x(r) \qquad (1<r\le n-1)$$

這樣的樣本是有意義的。由於指數分配通常用於壽命資料，如果我們抽測 n 個樣本的壽命，當第 r 個壞掉時就停止試驗，這對長壽物品的檢定是很有利的。統計量為：

$$E_{n,r}(1)=\frac{n(r-1)x(1)}{\sum_{i=1}^{r}x(i)+(n-r)x(r)-nx(1)}$$

根據 α，在 F 分配表中查出 $F_\alpha(2,2r-2)$。當 $E_{n,r}(1)<F_\alpha$ 時，判斷 $x(1)$ 為異常值。

例 9-13 從指數母體抽 15 個樣本，取值如下：

0.2150	0.3893	1.4849	1.0349	0.2984
0.6004	5.1020	0.1381	1.2349	2.3182
0.4893	0.8682	0.7254	0.0667	1.8182

現欲判斷 $x(15)=5.1020$ 是否為異常值。取 $\alpha=0.01$。

解：n=15 計算，得

$\Sigma x_i=16.7839$，$T_{15}(15)=5.1020/16.7839=0.3040$

由上側分位數表，查得

$T'(1-0.01)=0.4070$

$\because T_{15}(15)<T'(1-0.01)$

故不能判斷 x(15) 異常。

例 9-14 從指數母體取得 101 個觀測值，$\sum_{i=1}^{101} x_i=10100$，$x(1)=0.04$，取 $\alpha=0.05$ 檢定 x(1) 是否異常。

解：由於 n=101，計算，得

$E_{101}(1)=101\times100\times0.04/(10100-101\times0.04)=0.04$

由 F 分配表，查得

$F_{0.05}(2, 2n-2)=0.05$

由於 $E_{101}(1)<0.05$，故判斷 x(1) 為異常值。

9-5 簡單實驗設計

9-5-1 成組比較法

這種方法可以在只有兩個處理時採用，處理可以是類別因素，如兩種不同的藥物；也可以是數量因素，如同一種藥物的不同劑量。方法是把實驗材料隨機分成兩組，各接受一種處理。資料統計方法為成組 t 檢定。

這種實驗設計方法看起來非常簡單，但也有一些需要注意的問題，否則也不能取得好的效果。這些問題涵蓋：

⑴材料的性質必須是均勻的。在這種設計中實驗材料的差異都被作為隨機誤差處理，而隨機誤差過大常常會掩蓋處理引起的差異，使它檢定不出來。因此如果材料均勻性很差時，一般不採用這種實驗設計方法。

⑵一定要保證材料劃分成兩組的程序是隨機的。建議使用隨機數表。具體使用方法見完全隨機化設計。

⑶兩組樣本數應保持相同。一般來說，不同的處理不會影響實驗資料的變異數。在這種情況下，兩組的樣本數應盡可能保持相同。這是因為最後做統計檢定時是 t 檢定，統計量為：

$$t=\frac{\overline{X}_1-\overline{X}_2}{\sqrt{S^2(\frac{1}{n_1}+\frac{1}{n_2})}}$$

其中 S^2 為合併的樣本變異數，是母體變異數 σ^2 的估計值。顯然在其他條件不變的情況下，n_1、n_2 的分配應使 $\frac{1}{n_1}+\frac{1}{n_2}$ 達到最小，這樣才能檢定出最小的差異。用微分的方法容易證明，在 n_1+n_2 為常數的條件下，只有 $n_1=n_2$ 才能使 $\frac{1}{n_1}+\frac{1}{n_2}$ 達到極小。

⑷選擇適當的樣本數。樣本數增加，各種檢定和估計的精確度都會提高，但也增加了人力物力的消耗。因此必須在這兩者之間做一權衡。但應注意，如果 n 是實驗的重複數，檢定的精確度是與 $\sqrt{n}$ 成正比的。因此用增加樣本數 N 的方法提高檢定精確度在重複數 n 很小時還可以，在 n 較大時效率就很低了。

⑸盡量減小實驗誤差。實驗誤差主要來自實驗材料的不均勻、環境條件的變化、實驗操作的不穩定性及儀器本身的誤差等。這些因素在實驗設計

和操作程序中都應加以考慮。例如為保證實驗材料均勻，應選擇同性別、同年齡、同體重的實驗動物；為減少環境的影響，應盡可能維持環境條件的恆定；為減少實驗操作的差異，應盡量由同一人操作，如必須由幾人分別完成，則應統一標準，並經練習與檢定，力求操作一致。總之應在條件許可範圍內盡量減少實驗誤差。

上述(4)、(5)兩項實際上適用於一切實驗設計。

9-5-2 配對比較實驗

這種方法也用於只有兩個處理的實驗，主要是為了盡可能減小材料本身差異對實驗結果帶來的影響。一般來說，若實驗材料需要量很大或可選擇的範圍較小，則保持材料的均勻性會很困難。此時可採用配對的方法，即選用一對對盡可能一致的實驗材料分別做兩種不同的處理，然後用它們的差值來進行統計檢定，這樣就基本上消除了材料差異的影響。例如，若不能保證所有實驗動物都是同性別、同年齡、同體重，則可選取一對對滿足上述條件的動物分別做兩種不同處理，然後對測量的差值進行統計；藥物療效實驗中採用同一個人服藥前後資料差等等。

9-5-3 完全隨機化設計

這是成組比較的一般化，即相當於多組或多個處理階層相互比較的實驗。這種方法適用於實驗材料均勻性很好的情況。實驗設計很簡單，主要原則就是保證樣本的隨機性。方法是：選取盡量一致的實驗材料，然後利用隨機數表或其他方法把它們分配到各處理中去。

使用隨機數表的方法為：假設要把材料分為 a 組。先把實驗材料編好號，然後用鉛筆在隨機數表中隨意一點，從點到的地方開始兩位兩位地讀數字。把第一個數字用處理數 a 除，所得餘數就決定了第一個材料分到哪個處理……這樣重複下去，直到把全部材料分完。如果各處理材料數不符合要求，可以再用隨機數表調整：假如第三處理材料數太多，就繼續讀數，並用第三處理目前的材料數去除這個數字，用餘數決定哪個材料調出；如果只有一個處理材料數不夠，則可以把調出的材料直接放入這個處理中；如果不只一個處理材料數不夠，則再讀一個隨機數，並用需要調入材料的處理數來除，用餘數來決定把材料放入哪個組中。這樣反覆進行，直到所有材料都被適當地分入各個組中。當然如果材料太多或要分的組數太多，三位三位、甚至四位四位讀隨機數也是可以的。總之，這個程序中的一切事情都應由隨機數來決定，不要由人主觀決定，因為人的決定常常有意無意地受到某種考慮的影響，很難是真正隨機的。另外，電腦甚至某些計算器也都有產生隨機數序列的能力，也可用於類似的隨機化程序。

由於這種方法的隨機化是在全部實驗材料之間進行，所以稱為完全隨機化實驗設計。它主要適用於在全部實驗材料中沒有明顯的、我們應加以考慮差異的情況。

例 9-15 採用隨機數表把 20 個實驗材料分為 4 組，每組 5 個材料。

解：把材料編好號碼，在隨機數表中隨意一點，並從點到的地方開始兩位兩位讀數。假設第一個數為 40，除以 4 餘數為 0，∴第一個材料分入第 4 組。下一個數為 22，除以 4 餘 2，∴第二個材料分入第 2 組。這樣重複下去，20 個材料第一次分組情況如下：

組別	材料編號					
1	4	9	17	19		
2	2	5	7	11	12	15	16
3	3	8	10	13	14	18	
4	1	6	20				

由於一般我們都希望各組中材料個數均勻，所以需要對上述結果做調整。顯然，第 2 組及第 3 組材料過多，第 1 組及第 4 組材料過少。繼續讀數，假設下一個為 86，除以 4 餘 2，從第 2 組調出。再把它除以第 2 組目前材料數 7，餘 2。把第 2 組第二個材料，即第 5 號材料調出。讀下個數字，

為 56，除以 4 餘 0，調入第 4 組。再讀，為 70，除以 4 餘 2，再從第 2 組調出（如果這時的餘數不符合要求，在本例中就是不是 2 或 3，則這個隨機數可捨棄不用，再讀下一個，直到碰到符合要求的為止）。再把它除以 6，餘 4。把目前的第 2 組第 4 個材料，即第 12 號材料調出。讀下一個數，為 51，除以 4 餘 3。不符合要求。再讀下一個，為 29，除以 4 餘 1，調入第一組。現在只有第 3 組還需要調一個材料到第 4 組，讀下個數，為 21，除以第 3 組材料個數 6，餘 3。把第三個材料，即第 10 號材料調到第 4 組。調整結束。最後結果為：

組別	材料編號				
1	4	9	17	19	12
2	2	7	11	15	16
3	3	8	13	14	18
4	1	6	20	5	10

9-6 隨機化完全區組設計

9-6-1 基本原理

前述的完全隨機化設計有一個重大缺點，就是它要求全部實驗材料都具有嚴格的同一性，否則材料間的差異會使誤差大大增加，甚至會掩蓋了我們所要檢定的處理間的差異。但要做到使材料性質嚴格一致是非常困難的，有時甚至是不可能的。這就限制了完全隨機化設計方法的應用。

為了解決這一問題，我們可以把實驗材料按組內性質一致的原則分為幾個組，每個這樣的組就稱為一個「區組」。隨機化只在區組內進行，而不是全部材料之間進行。「完全」的意義是每個區組內均包含全部處理。每個區組由於材料少了，相對來說均勻性會得到更好地滿足。同時，也可對區組間的差異做檢定，從而為以後進行類似實驗設計是否需要劃分區組提供依據。例如，我們可選年齡、性別、體重、身長等特徵相同的實驗動物為一個區組。如果兩個區組間只有年齡不同，其他均相同，而實驗結果說明這兩個區組間沒有差異，這就說明下次進行類似實驗設計時可以不考慮年齡的影響。當然我們也可對性別、體重、體長等其他特徵做類似的工作。劃分區組的標準除材料本身的特性外，也可依照環境條件或不同儀器、操作者、試劑批號等其他因素來劃分。例如，農業實驗中土地的土質、朝向、離灌渠的遠近等環境條件常難以保證完全一致，如果劃分成幾個區組，則可保證區組內條件大致一致。再把區組劃成實驗小區，用隨機數表來決定哪個小區接受哪一種處理。其他，如不同操作者、不同儀器設備、不同試劑批號等，都可能引起額外的誤差，因此也都可以作為劃分區組的標準。

9-6-2 設計方法

前邊已介紹過這種實驗設計中隨機化只在區組內進行。可以採用抽籤等方法，但最好採用隨機數表。隨機化的方法與上一節中介紹方法相同，不再重複。需要注意的是這種隨機化的程序要對每個區組進行一次，不能只進行一次就用於所有區組，否則難以消除編號時產生的系統誤差。

9-6-3 實驗資料的處理

把不同階層的處理作為一個因素 A，區組作為另一因素 B，按兩因素變異數分析進行統計檢定，如果不能肯定 A 與 B 之間是否有互動功能，則應在區組內設定重複，即每個區組內至少應涵蓋處理階層數 2 至 3 倍的實驗材料。這樣每個處理在一個區組中出現不只一次，從而可得到誤差與互動功能的估計，使各種統計檢定得以順利進行。當然這樣一來區組內包含材料增多，保持材料均勻性就變得相對困難，因此在確信無互動功能的前提下，區組內也可不設定重複。

實驗的主要目的是檢定 A 因素的各階層之間是否有顯著差異。對 B 因素（區組間差異）也可進行檢定，目的是要知道下次進行類似實驗時，是否有必要按同樣標準劃分區組。如果對 B 的檢定結果是無差異，下次實驗時就不必要按同樣的標準劃分區組。若沒有其他需要考慮的劃分區組標準，則可採用完全隨機化的方法，這樣可減少實驗及資料分組的複雜。

9-6-4 優缺點

與完全隨機化方法相比，這種方法的優點是可以把區組間差異的影響從誤差中分離出來，從而提高了統計檢定的靈敏度。這種方法對處理數和區組數也沒有任何限制。

缺點是處理數多時，或懷疑處理與區組間有互動功能時，區組包含材料數仍然較多，區組內部的均勻性仍難滿足。如果沒有互動功能，但區組容量不夠或內部均勻性不好，可考慮採用拉丁方陣或平衡不完全區組設計等方法。另外，與完全隨機化方法相比，隨機化完全區組增加了一個因素，計算也相應複雜一些。

9-7 拉丁方陣與希臘－拉丁方陣設計

採用前一節的隨機化完全區組與設計要求區組內材料盡可能一致，若這個條件不能滿足，實驗誤差仍會較大。但若區組內材料性質變化有某種規律，則可採用拉丁方陣或希臘－拉丁方陣設計彌補。這種方法最常用於農業實驗：以彌補土地肥力、濕潤程度等自然因素的變化。

9-7-1 拉丁方陣設計

假設實驗田東部和北部較肥沃，西部和南部較貧瘠。此時若採用隨機安全區組設計，不管區組內的處理如何排列，都無法保證它們的肥力條件相同。但土地肥力一般是逐漸變化的，因此我們可以這樣來安排實驗：設實驗共需要安排 n 個處理，則整塊土地劃分為 n 行 n 列，共 n×n 個小區。並使每種處理在每行每列上均出現一次，且只出現一次。這樣，每一行每一列都相當於一個區組，全部小區組成一個方陣。n 稱為拉丁方陣的階數。這種方法稱為拉丁方陣是因為常用拉丁字母來代表各個小區。

統計模型為：$x_{ijk} = \mu + \alpha_i + \beta_j + \gamma_k + \varepsilon_{ijk} \qquad (i, j, k = 1, 2, ..., n)$

其中 α_i 為行效應，β_j 為處理效應，γ_k 為列效應。$\varepsilon_{ijk} \sim NID(0, a^2)$，且各效應之間並無互動功能。

實驗的主要目的是檢定處理效應 β_j。引入 α_i，γ_k 是為了控制兩個方向上的外來影響，以便把它們排除。總變差及其自由度可分解為：

$$SS_T = SS_{行} + SS_{列} + SS_{處理} + SS_e$$

$$df：n^2 - 1 \quad (n-1) \quad (n-1) \quad (n-1) \quad (n-2)(n-1)$$

統計假設為：

$$H_0 : \beta_j = 0 \qquad (j = 1, 2, ..., n)$$

H_A：至少某一 $\beta_j \neq 0$

統計量為：

$$F = \frac{MS_{處理}}{MS_e} - F[n-1, (n-2)(n-1)]$$，上單尾檢定。

拉丁方陣設計的統計方法是變異數分析，由於此時一般不考慮因素間互動功能，無重複，且常常只須對處理效應做統計檢定，因此與正常的變異數分析相比簡單了許多；但計算與處理上並無特殊之處，故不再列出詳細的計算公式。

由於要保證各處理在每行每列都出現一次，且只出現一次，而且假設條件是有規律地變化的，各處理在拉丁方陣內的位置已不能再隨機排列。一般採用輪迴的方法，即下一行的排列循序是把上一行第一個處理調到最後一個，其他各處理依次提前一個。

與隨機區組設計相比，拉丁方陣的優點是從兩個方向上進行分組，使得兩個方向上實驗條件的不均勻性都得到了彌補，檢定靈敏度有所提高；缺點是行和列包含的小區數都要等於處理數 n，因此總共有 n^2 個小區。當處理數 n 很大時，實驗工作量可能大得無法接受，所以拉丁方陣階數一般不超過 9。

例 9-16 用 5×5 拉丁方陣設計安排大豆品種比較實驗，得到下表中給出的結果。問 5 個大豆品種 A、B、C、D、E 的產量差異是否顯著？

列＼行	小區產量／kg					
	1	2	3	4	5	$\bar{x}_{i..}$
1	A 53	B 44	C 45	D 49	E 40	46.2
2	B 52	C 51	D 44	E 42	A 50	47.8
3	C 50	D 46	E 43	A 54	B 47	48.0
4	D 45	E 49	A 54	B 44	C 40	46.4
5	E 43	A 60	B 45	C 43	D 44	47.0
$\bar{x}_{..k}$	48.6	50	46.2	46.4	44.2	

解： 求出 5 個品種產量的平均數，列入下表：

品種	A	B	C	D	E
平均數	54.2	46.4	45.8	45.6	43.4

按變異數分析的方法，採用計算器計算如下：

把原始資料輸入，得

$S^2=24.57667$，$\therefore SS_T=(n^2-1)S^2=589.84$

把行平均數 $\bar{x}_{i..}$ 輸入，得

$S^2_{\bar{x}_{i..}}=0.652$，$\therefore SS_{行}=n(n-1)S^2_{\bar{x}_{i..}}=13.04$

把列平均數 $\bar{x}_{..k}$ 輸入，得

$S^2_{\bar{x}_{i..k}}=5.092$，$\therefore SS_{列}=n(n-1)S^2_{\bar{x}_{i..k}}=101.84$

把品種變異數輸入，得

$S^2_{\bar{x}_{i.j.}}=17.132$，$\therefore SS_{品種}=n(n-1)S^2_{\bar{x}_{i.j.}}=342.64$

列成變異數分析表如下：

變差來源	平方和	自由度	均方	F
品種	342.64	4	85.66	7.768
行	13.04	4	3.26	
列	101.84	4	25.46	
誤差	132.32	12	11.027	
總和	589.84	24		

查表，得 $F_{0.95}(4,12)=3.259$，$F_{0.99}(4,12)=5.412$，$F>F_{0.99}$。因此，品種間差異極顯著。

一般情況下，行效應和列效應都是我們希望排除的干擾。通常並不對它們進行檢定；而品種間的差異才是我們所關心的，只須對它進行檢定就可以了。

9-7-2 希臘－拉丁方陣設計

若在一個用拉丁字母表示的 n×n 拉丁方陣上，再重合一個用希臘字母表示的 n×n 拉丁方陣，並使每個希臘字母與每個拉丁字母都共同出現一次，且僅共同出現一次，此時我們稱這兩個拉定方陣正交。這樣的設計稱為希臘－拉丁方陣設計。

在這樣的設計中，一共可容納 4 因素：行、列、希臘字母和拉丁字母。每個因素都有 n 個階層，共做 n^2 次實驗。這 4 個因素中常常只有一個代表我們要檢測的處理效應，其他均為我們希望排除的外來因素的影響。因此，這種方法共可控制三種不需要的變異性。但顯然不是任意兩個 n×n 的拉丁方陣都能滿足上述正交條件，因此有必要研究正交拉丁方陣的存在性。可以證明，除 n=6 外，所有拉丁方陣均有與它正交的拉丁方陣。對於給定的階數 n，最多可以有 n－1 個互相正交的拉丁方陣。如果確實存在這樣的 n－1 個正交拉丁方陣，則稱它們為正交拉丁方陣的完全系。把所有這些拉丁方陣重疊在一起，共可容納 n+1 個因素（因為除每個正交拉丁方陣都可容納一個因素外，還有行、列可容納兩個因素）。但如果真安排 n+1 個因素，就無法再分離出誤差項，也就無法進行統計檢定了。因此 n 階拉丁方陣最多可安排 n 個因素進行實驗，正交拉丁方陣已編成專門表格，需要時可查閱。

希臘－拉丁方陣的統計方法與拉丁方陣極為相似，只是現在又多出了一個希臘字母所代表的因素。它的統計模型為：

$$x_{ijkl} = \mu + \alpha_i + \beta_j + \gamma_k + \theta_l + \varepsilon_{ijkl} \qquad (i, j, k, l = 1, 2, ..., n)$$

其中 x_{ijkl} 是第 i 行，第 j 列，第 k 個拉丁字母和第 l 個希臘字母的觀察值。μ 為總平均數，α_i 為行效應，β_j 為列效應，γ_k 為拉丁字母效應，θ_l 為希臘字母效應，$\varepsilon_{ijkl} \sim NID(0, a^2)$ 為隨機誤差。

希臘－拉丁方陣設計同樣要求所有因素間均無互動效應。同時應注意，不是一切 i、j、k、l 的組合都會出現在 x 的下標中，只有滿足正交條件的那些才會出現。在拉丁方陣設計中也有類似現象。

希臘－拉丁方陣的變差及自由度分解為：

$$SS_T = SS_{行} + SS_{列} + SS_{拉丁} + SS_{希臘} + SS_e$$

$$df：n^2 - 1 \quad (n-1) \quad (n-1) \quad (n-1) \quad (n-1) \quad (n-3)(n-1)$$

各平方和計算公式與以前相同，不再重複。

採用希臘－拉丁方陣設計後，從誤差項中又分解出了一項系統誤差，SS_e 進一步減小，從而提高了檢定的靈敏度。例 9-11 就是在例 9-10 的基礎上，又分離出了不同人管理引入的誤差，從而使 F 進一步提高。

例 9-17 假設例 9-10 中的田間管理須由 5 個不同的人完成，則可按如下的希臘－拉丁方陣設計進行實驗（α、β、γ、θ、ψ分別代表 5 個不同的管理人），結果列於下表。試對此結果進行統計分析。

	1	2	3	4	5
1	$A_\alpha=53$	$B\beta=44$	$C\gamma=45$	$D\theta=49$	$E\psi=40$
2	$B\gamma=52$	$C\theta=51$	$D\psi=44$	$E_\alpha=42$	$A\beta=50$
3	$C\psi=50$	$D_\alpha=46$	$E\beta=43$	$A\gamma=54$	$B\theta=47$
4	$D\beta=45$	$E\gamma=49$	$A\theta=54$	$B\psi=44$	$C_\alpha=40$
5	$E\theta=43$	$A\psi=60$	$B_\alpha=45$	$C\beta=43$	$D\gamma=44$

解：計算用希臘字母代表的平均數：

田間管理	α	β	γ	θ	ψ
平均數	45.2	45.0	48.8	48.8	47.6

把上述平均數輸入計算器，得

$S^2_{\bar{x}\cdots l}=3.512$，$\therefore SS_{管理}=n(n-1)S^2_{\bar{x}\cdots l}=70.24$

因此

$SS_e=SS_T-SS_{列}-SS_{行}-SS_{品種}-SS_{管理}=62.08$

其他資料與例 9-10 相同，不再重複計算。列成變異數分析表：

變差來源	平方和	自由度	均方	F
品種	342.64	4	85.66	11.039
管理	70.24	4	17.56	
行	13.04	4	3.26	
列	101.84	4	25.46	
誤差	62.08	8	7.76	
總和	589.84	24		

查表，得

$F_{0.95}(4, 8) = 3.838$、$F_{0.99}(4, 8) = 7.006 < F$，

因此品種之間差異極為顯著。

採用拉丁方陣或希臘－拉丁方陣設計，最主要的要求是各因素間不得有互動功能。否則所有互動效應都會合併在誤差項中，使檢定得不到正確結果。

9-8 平衡不完全區組設計

9-8-1 平衡不完全區組設計的基本理論

隨機化完全區組設計對區組內均勻性有較高要求，當處理數較多時，滿足這一要求會有困難。如果減小區組容量，均勻性會得到較好滿足，但又無法容納全部處理；為解決這一矛盾，可採用平衡不完全區組設計的方法。它的基本理論是不要求每一區組包含全部處理，而是只包含一部分，但要滿足以下幾個條件：

⑴每個處理在每一區組中至多出現一次。

⑵每個處理在全部實驗中出現次數均相同。

⑶任意兩個處理都有機會出現於同一區組中，且在全部實驗中，任意兩個處理出現於同一區組中的次數 λ 均相同。

上述三個條件就是「平衡」的含義，而「不完全」則意味著在每個區組中不能包含全部處理。

設有 a 個處理，b 個區組，每個區組容量為 k，處理重複數為 r。由於是不完全區組，應有 $k < a$。由於是平衡的，應有

$$\lambda = r(k-1)/(a-1) \qquad (9\text{-}53)$$

證明：考慮某一處理，由條件⑴、⑵，它應出現在 r 個區組中；這 r 個區組中除安排該處理外，還有 $r(k-1)$ 個實驗安排其他 $a-1$ 個處理。由條件

(3)，它們出現次數λ相同，因此（9-53）式成立。

群體實驗安排方法可查專業表格。平衡不完全區組設計的資料處理也是比較複雜的，這是因為每個區組不能包含全部處理，同時每個處理也不能出現在所有區組中。此時即使有 $\sum_i \alpha_i = \sum_j \beta_j = 0$，但 $x_{i\cdot}$ 中求和時不能包含全部的 j，因此它仍包含有β的影響。同理 $x_{\cdot j}$ 中也有α的影響。為了進行正確的統計分析，我們必須把這種混雜消除掉。下面我們來介紹具體的消除方法。

9-8-2 平衡不完全區組設計的統計計算

平衡不完全區組設計的統計模型為：

$$x_{ij} = \mu + \alpha_i + \beta_j + \varepsilon_{ij} \qquad (i = 1, 2, ..., \alpha；j = 1, 2, ..., b) \qquad (9\text{-}54)$$

其中 α_i 為處理效應，β_j 為區組效應，μ為總平均數，$\varepsilon_{ij} \sim NID(0, \sigma^2)$ 為隨機誤差。注意，此時也不是一切 i、j 的組合都會出現在 x 的下標中。

總變差及自由度仍可做如下分解：

$$SS_T = SS_{處理（調整的）} + SS_{區組} + SS_e$$

$$df：N-1 \quad (a-1) \quad (b-1) \quad (N-a-b+1)$$

其中 $N = bk = \alpha r$，為總實驗次數。

區組平方和的計算公式仍為：

$$SS_{區組} = \frac{1}{k}\sum_{j=1}^{b} x_{\cdot j}^2 - \frac{x_{\cdot\cdot}^2}{N} \qquad (9\text{-}55)$$

需要注意的是，由於是不完全區組，區組內不能涵蓋全部處理，因此 $x_{\cdot j}$ 中不僅有 β_j 項，也仍有 A 因素的影響，因此 $SS_{區組}$ 嚴格說不是真正的區組平方和，這和下邊處理平方和要進行調整的原因是相同的。由於一般不要求對區組的差異進行檢定，因此沒有對 $SS_{區組}$ 做相應的調整。

處理平方和進行調整的目的是消除混雜在 x_i 中的 B 因素的影響。調整的方法是：令

$$SS_{處理(調整的)} = k\sum_{i=1}^{n} Q_i^2/(\lambda\alpha) \quad (9\text{-}56)$$

其中：Q_i 是調整的第 i 次處理的總和：

$$Q_i = x_{i\cdot} - \frac{1}{k}\sum_{j=1}^{n} n_{ij}x_j \quad (i=1,2,...,\alpha) \quad (9\text{-}57)$$

$$n_{ij} = \begin{cases} 1，當第\ j\ 區組中包含第\ i\ 處理時 \\ 0，其他 \end{cases}$$

這種調整之所以能消除混雜在 $x_{i\cdot}$ 中的 B 因素的影響，是因為 $\frac{1}{k}\sum_{j=1}^{b} n_{ij}x_j$ 是所有包含第 i 個處理的區組總和的平均。由於設計是平衡的，在上述區組中除 i 之外的 $a-1$ 個處理出現的次數均為 λ。若暫時不考慮隨機誤差 ε_{ij}，則有

$$\sum_{j=1}^{b} n_{ij}x_j = rk\mu + r\alpha_i + \lambda\sum_{\substack{l=1\\ l\neq i}}^{a}\alpha_l + k\sum_{j=1}^{b} n_{ij}\beta_j$$

$$x_i = \sum_{j=1}^{b} n_{ij}x_{ij} = r\mu + r\alpha_i + \sum_{j=1}^{b} n_{ij}\beta_j$$

（實際上 $n_{ij}=0$ 時，x_{ij} 不存在，因此共 r 項相加）

$$\therefore Q_i = x_{i\cdot} - \frac{1}{k}\sum_{j=1}^{b} n_{ij}x_{\cdot j} = r\left(1-\frac{1}{k}\right)\alpha_i - \frac{\lambda}{k}\sum_{\substack{l=1\\ i=1}}^{a}\alpha_l$$

$$= [r(k-1)/k + \lambda/k]\,\alpha_i \qquad (\because \Sigma\alpha_i = 0)$$

$$= \frac{1}{k}[\lambda + \lambda(a-1)]\,\alpha_i \qquad [\because \lambda(a-1) = r(k-1)]$$

$$= \frac{\lambda a}{k}\alpha_i$$

即 α_i 的估計值為 $\bar{\alpha}_i = \frac{k}{\lambda\alpha}Q_i$ （9-58）

因此，調整的處理平均數為：

$$\bar{x}_{i(\text{調整的})} = \bar{x}_{..} + \hat{\alpha}_i = \bar{x}_{..} + \frac{k}{\lambda a} Q_i \tag{9-59}$$

可以證明：

$$E(MS_{\text{處理(調整的)}}) = E\left(\frac{1}{a-1}\frac{k}{\lambda a}\sum_{i=1}^{a} Q_i^2\right) = \sigma^2 + \frac{\lambda a}{k(a-1)}\sum_{i=1}^{a}\alpha_i^2$$

因此，可用統計量

$$F = \frac{MS_{\text{處理(調整的)}}}{MS_e} \sim F(a-1, N-a-b+1) \tag{9-60}$$

對 $H_0: \alpha_i = 0\ (i=1,2,...,a)$ 進行統計檢定。若差異顯著，可進一步對（9-59）式算出的調整後的處理平均數做多重比較，其標準誤差為：

$$S = \sqrt{\frac{k}{\lambda \alpha} MS} \tag{9-61}$$

9-8-3 平衡不完全區組資料分析程序

總結上述分析與證明，平衡不完全區組資料分析程序為：

(1)計算總平方和：

$$SS_T = \sum_{i=1}^{a}\sum_{j=1}^{b} x_{ij}^2 - x_{..}^2 / ar \qquad df = ar - 1$$

（注意：實際上沒有 a×b 個，只有 df=bk 個。）

(2)計算區組平方和：

$$SS_{\text{區組}} = \frac{1}{k}\sum_{j=1}^{b} x_{.j}^2 - x_{..}^2 / bk \qquad df = b - 1$$

(3)計算調整的處理平方和：

$$Q_i = x_{i.} - \frac{1}{k}\sum_{j=1}^{b} n_{ij} x_{.j} \qquad (i = 1, 2, ..., a)$$

$$\text{其中 } n_{ij} = \begin{cases} 1，i \text{ 處理出現 } j \text{ 區組中} \\ 0，\text{其他} \end{cases}$$

$$SS_{處理(調整的)}=\frac{k}{\lambda a}\sum_{i=1}^{a}Q_i^2 \qquad df=a-1$$

⑷計算誤差平方和：

$$SS_e=SS_T-SS_{區組}-SS_{處理(調整的)}$$

$$df=N-a-b+1 \qquad (N=ar=bk)$$

⑸ F 檢定：

$H_0:\alpha_i=0$，$i=1,2,...,a$；H_A：至少一個 $\alpha_i\neq 0$

$$F=\frac{MS_{處理(調整的)}}{MS_e}\sim F(a-1,N-a-b+1)$$，上單尾檢定

⑹計算調整的平均數：

$$\bar{x}_{i\cdot(調整的)}=\bar{x}_{..}+\frac{k}{\lambda a}Q_i$$

若 F 檢定顯著，可進一步進行多重比較，其標準誤差為：

$$S=\sqrt{\frac{k}{\lambda a}MS_e}$$

說明：

⑴由於對區組未做調整，SS 區組中包含著處理的效應。因此不能直接用 $\frac{MS_{區組}}{MS_e}$ 來檢定區組效應是否顯著。一般情況下，不需要對區組效應進行檢定，因此不必對區組平方和做複雜的調整。

⑵由於⑴，SS_e 也不是純粹的誤差平方和。但一般來說，它與純粹的誤差平方和差別不大，因此可用它代替誤差平方做統計檢定。

例 9-18 研究 4 種飼料對增重的影響。考慮到不同窩的動物遺傳上的不同，可能對結果產生影響，因此以窩別作為區組。從每窩中選取兩隻發育基本一致的動物供實驗用。實驗結果如下，請進行統計分析。

處理（飼料）	區組（窩別）						$\bar{x}_{i.}$
	1	2	3	4	5	6	
1	14		16		12		14
2	11			9		8	9.3333
3		16	18			19	17.6667
4		19		21	20		20
$\bar{x}_{.j}$	12.5	17.5	17	15	16	13.5	$\bar{x}_{..}=15.25$

解：這是一個平衡不完全區組設計，$a=4$，$b=6$，$k=2$，$r=3$，$\lambda=1$。$N=ar=bk=12$。資料分析如下：

把全部資料輸入計算器，得

$S^2=19.4773$，$\therefore SS_T=(N-1)S^2=(12-1)\times 19.4773=214.25$

把 $\bar{x}_{.j}$ 輸入計算器，得

$S^2_{\bar{x}_j}=3.875$，$\therefore SS_{區組}=k(b-1)S^2_{.j}=2\times(6-1)\times 3.875=38.75$

計算調整的處理總和，即

$Q_1=3\times 14-(12.5+17+16)=-3.5$

$Q_2=3\times 9.3333-(12.5+15+13.5)=-13.0$

$Q_3=3\times 17.6667-(17.5+17+13.5)=5.0$

$Q_4=3\times 20-(17.5+15+16)=11.5$

$$\therefore SS_{處理（調整的）}=\frac{k}{\lambda a}\sum_{i=1}^{4}Q_i^2=\frac{2}{1\times 4}(3.5^2+13^2+5^2+11.5^2)=169.25$$

$\therefore SS_e=214.25-38.75-169.25=6.25$

列成變異數分析表：

變差來源	平方和	自由度	均方	F
處理（調整的）	169.25	3	56.42	27.125
區組	38.75	5	7.75	
誤差	6.25	3	2.08	
總和	214.25	11		

查表，得

$F_{0.95}(3,3)=9.277$，$F_{0.99}(3,3)=29.46$，因此 $F_{0.95}<F<F_{0.99}$

即不同飼料對增重影響的差異是顯著的，但未達極顯著水準。計算各處理調整的平均數，得

$$\bar{x}_1=15.25+\frac{2}{1\times4}(-3.5)=13.5$$

$$\bar{x}_2=15.25+\frac{2}{1\times4}(-13)=8.75$$

$$\bar{x}_3=15.25+\frac{2}{1\times4}(5.0)=17.75$$

$$\bar{x}_4=15.25+\frac{2}{1\times4}(11.5)=21$$

用 Duncan 法進行多重比較：把各平均數從大到小排列：21、17.75、13.5、8.75。把它們的差列成下表：

序號	4	3	2
1	$\bar{x}_4-\bar{x}_2=12.25$**	$\bar{x}_4-\bar{x}_1=7.5$*	$\bar{x}_4-\bar{x}_3=3.25$
2	$\bar{x}_3-\bar{x}_2=9.0$**	$\bar{x}_3-\bar{x}_1=4.25$	
3	$\bar{x}_1-\bar{x}_2=4.75$*		

用臨界值 R 對差值表中的差做檢定，大於 $R_{0.05}$ 的標「*」號，大於 $R_{0.01}$ 的標「**」號。結果顯示，第 4 種飼料明顯比第 1、2 種飼料好，與第 3 種

差異並不顯著。因此可直接選用第 4 種飼料，也可進一步對第 3、4 種再做更多的實驗，以確定它們是否有差異。

9-9 裂區設計

若在隨機化完全區組設計的區組內部，由於某種原因全部處理不能完全隨機排列，而是要受到一些條件限制時，這種實驗設計稱為裂區設計。下面結合例子說明裂區設計的使用情況。

例 9-19 用三種方法從一種野生植物中萃取有效成分，按 4 種不同濃度加入培養基，觀察該成分刺激細胞轉化的作用。由於條件限制，每天只能完成一個重複，三天完成全部三個重複。另一方面，原料很貴重，因此把每天用三種方法萃取的有效成分稀釋成 4 個不同濃度進行實驗。結果如下表所示。試進行統計分析。

天（區組，A）		A_1			A_2			A_3		
萃取方法（B）		B_1	B_2	B_3	B_1	B_2	B_3	B_1	B_2	B_3
濃度 C	C_1	43	47	42	41	44	44	44	48	45
	C_2	48	54	39	45	49	43	50	53	47
	C_3	50	51	46	53	55	45	54	52	52
	C_4	49	55	49	54	53	53	53	57	58

若考慮到 3 天之間可能有差異，可以把每天作為一個區組。每個區組內 12 個處理，本來應使用 12 批原料進行完全隨機化，但原料珍貴，只能用 3 批分別採用 3 種方法萃取，再各自稀釋成 4 種不同濃度。這樣一來，每區組的 12 個處理不再是完全獨立的，成為裂區設計。即每一區組先分成三種萃取方法（主區），這三種方法稱為 3 種主處理；每個主區內再分 4 個濃庫（次區），稱為 4 個次處理。隨機化也相應進行兩次：主區隨機化，次區隨

機化。

這種方法節約了原料，但也引起了問題：若各批原料品質有所差異或萃取程序受到某種偶然因素影響，它的影響將不只存在於一個處理，而是混雜在全部 4 個濃度的實驗之中，無法從主處理效應中分離出來歸入誤差。這樣一來就降低了對主處理效應檢定的準確性，但次處理不受影響，因此若可能的話應把較次要的因素放在主區，而把較重要的因素放在次區。

裂區設計的另一種適用情況是改變某一因素的階層時，須對實驗設備做複雜的調整，而改變另一因素階層時則不需要。例如催化劑種類為第一因素，反應溫度為第二因素。此時改變第一因素可能需要拆開裝置重新裝填，而改變第二因素只須稍做調整。因此我們可把第一因素放在主區，第二因素放在次區。這樣可減少調整設備的工作量，從而加快實驗進度。

裂區設計的統計模型為：

$$x_{ijk}=\mu+\alpha_i+\beta_j+(\alpha\beta)_{ij}+\gamma_k+(\alpha\gamma)_{ik}+(\beta\gamma)_{jk}+(\alpha\beta\gamma)_{ijk}$$
$$(i=1, 2, ..., a; j=1, 2, ..., b; k=1, 2, ..., c) \quad (9\text{-}62)$$

其中 α_i、β_j、$(\alpha\beta)_{ij}$ 描述主區，分別相應於區組（因素 A），主處理（因素 B）和主區誤差（AB）。γk、$(\alpha\gamma)_{ik}$、$(\beta\gamma)_{jk}$、$(\alpha\beta\gamma)_{ijk}$ 描述次區，分別相應於次處理（因素 C），AC、BC 的互動功能和次區誤差（ABC）。具體計算程序類似於無重複的三因素變異數分析。由於一般無重複，不能將互動功能與隨機誤差分開，因此只能把 AB 和 ABC 作為主區與次區的的誤差項。具體計算公式與三因素變異數分析相同，不再重複。

在通常情況下，裂區設計的區組效應為隨機型，而主、次處理效應為固定型。它的變異數分析表見 9-4。

注意事項：

(1)對 B、C、BC 的檢定統計量分別為：

$$F_1=\frac{MS_B}{MS_{AB}}，F_2=\frac{MS_C}{MS_{AC}}，F_3=\frac{MS_{BC}}{MS_{ABC}}$$

它們的分母不同，這與變異數分析中的混合模型是一致的，因為

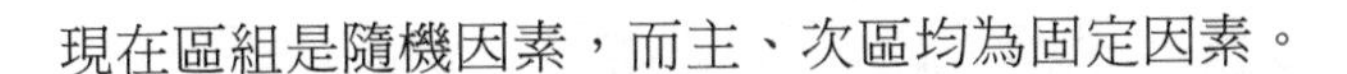
現在區組是隨機因素，而主、次區均為固定因素。

表 9-4　裂區實驗設計變異數分析表

變差來源	平方和	自由度	均方	均方期望值	F
區組（A）	SS_A	$a-1$	MS_A	$\sigma^2+bc\sigma_a^2$	
主處理（B）	SS_B	$b-1$	MS_B	$\sigma^2+c\sigma_{\alpha\beta}^2+\frac{ac}{b-1}\sum_j \beta_j^2$	$\frac{MS_B}{MS_{AB}}$
主區誤差（AB）	SS_{AB}	$(a-1)(b-1)$	MS_{AB}	$\sigma^2+c\sigma_{\alpha\beta}^2$	
次處理（C）	SS_C	$c-1$	MS_C	$\sigma^2+b\sigma_{\alpha\gamma}^2+\frac{ab}{c-1}\sum_k r_k^2$	$\frac{MS_C}{MS_{AC}}$
AC	SS_{AC}	$(a-1)(c-1)$	MS_{AC}	$\sigma^2+b\sigma_{\alpha\gamma}^2$	
AB	SS_{BC}	$(b-1)(c-1)$	MS_{BC}	$\sigma^2+\sigma_{\alpha\beta\gamma}^2+\frac{a}{(b-1)(c-1)}\sum_j\sum_k(\beta\gamma)_{jk}^2$	$\frac{MS_{BC}}{MS_{ABC}}$
次區誤差（ABC）	SS_{ABC}	$(a-1)(b-1)(c-1)$	MS_{ABC}	$\sigma^2+\sigma_{\alpha\beta\gamma}^2$	

(2)由於組內沒有重複，無法分解出誤差項，所以對區組 A 及 AB、AC、ABC 等互動效應均無法檢定。

(3)若因素多於 2 個，可以把次區再分，稱為裂區－裂區設計，它的原理與 2 個因素時相同，但計算更複雜一些，我們不再介紹。

現在我們來計算例 9-19。

解：　把全部資料輸入計算器，得

$S^2=23.5135$，$\therefore SS_T=(abc-1)S^2=(36-1)\times 23.5135=822.97$

計算平均數 $\bar{x}_{ij}$ 和 $\bar{x}_{\cdot j\cdot}$（見下表）：

B \ A	1	2	3	$\bar{x}_{\cdot j \cdot}$
1	47.5	48.25	50.25	48.6667
2	51.85	50.25	52.5	51.5
3	44.0	46.25	50.5	46.9167

計算平均數$\bar{x}_{i \cdot k}$、$\bar{x}_{i \cdot\cdot}$、$\bar{x}_{\cdot\cdot k}$（見下表）：

A \ C	1	2	3	4	$\bar{x}_{i \cdot\cdot}$
1	44.0	47.0	49.0	51.0	47.75
2	43.0	45.6667	51.0	53.3333	48.25
3	45.6667	50.0	52.6667	56.0	51.0833
$\bar{x}_{\cdot\cdot k}$	44.2222	47.5556	50.8889	53.4444	

計算平均數$\bar{x}_{\cdot jk}$（見下表）：

B \ C	1	2	3	4
1	42.6667	47.6667	52.3333	52.0
2	46.3333	52.0	52.6667	52.0
3	43.6667	43.0	47.6667	53.3333

上述三個表中的資料分別為：$\bar{x}_{ij}$、$\bar{x}_{i \cdot k}$、$\bar{x}_{\cdot jk}$，下面計算各平方和。

把$\bar{x}_{i \cdot\cdot}$輸入計算器，得它們的變異數為：

$S^2_{\bar{x}_{i \cdot\cdot}} = 3.2314$　　　$\therefore SS_A = bc\,(a-1)\,S^2_{\bar{x}_{\cdot j}} = 77.55$

把$\bar{x}_{\cdot j \cdot}$輸入計算器，得它們的變異數為：

$S^2_{\bar{x}\,\cdot j \cdot} = 5.3495$　　　$\therefore SS_B = ac\,(b-1)\,S^2_{\bar{x}\,\cdot j \cdot} = 128.39$

把$\bar{x}_{\cdot\cdot k}$輸入計算器，得它們的變異數為：

$S^2_{\bar{x}\cdot\cdot k}=16.0771$ $\therefore SS_C=ab(c-1)S^2_{\bar{x}\cdot\cdot k}=434.08$

把 $\bar{x}_{ij}$ 輸入，得它們的變異數為：

$S^2_{\bar{x}ij}=7.5694$

$$\therefore SS_{AB}=c(ab-1)S^2_{\bar{x}_{ij\cdot}}-SS_A-SS_B$$
$$=242.22-77.55-128.39=36.28$$

把 $\bar{x}_{i\cdot k}$ 輸入，得它們的變異數為：

$S^2_{\bar{x}_{ik}}=16.1303$

$$\therefore SS_{AC}=b(ac-1)S^2_{\bar{x}_{i\cdot k}}-SS_A-SS_C$$
$$=532.30-77.55-434.08=20.67$$

把 $\bar{x}_{\cdot jk}$ 輸入，得它們的變異數為：

$S^2_{\bar{x}\cdot jk}=19.3223$

$$\therefore SS_{BC}=a(bc-1)S^2_{\bar{x}\cdot jk}-SS_B-SS_C$$
$$=637.64-128.39-434.08=75.17$$

$$\therefore SS_{ABC}=SS_T-SS_A-SS_B-SS_C-SS_{AB}-SS_{AC}-SS_{BC}$$
$$=822.97-77.55-128.39-434.08-36.28-20.67-75.17$$
$$=50.87$$

列成變異數分析表：

變差來源	平方和	自由度	均方	F
區組（A）	77.55	2	38.78	
萃取方法（B）	128.9	2	64.20	$F_1=7.08^*$
AB（主區差）	36.28	4	9.07	
濃度（C）	34.08	3	144.69	$F_2=41.94^{**}$
AC	20.67	6	3.45	
BC	75.17	6	12.53	$F_3=2.96$
ABC（次區誤差）	50.83	12	4.24	
總和	822.97	35		

查表，得

$F_{0.95}(2,4)=6.944$，$F_{0.99}(2,4)=18.00$

$F_{0.95}(3,6)=4.757$，$F_{0.99}(3,6)=9.780$

$F_{0.95}(6,12)=2.996$，$F_{0.99}(6,12)=4.821$

$F_{0.95}(2,4)<F_1<F_{0.99}(2,4)$ 即萃取方法間差異顯著，但未達極顯著。

$F_2>F_{0.99}(3,6)$，且濃度間差異極顯著。

$F_3>F_{0.95}(6,12)$，已很接近。因此萃取方法與濃度的互動功能也接近差異顯著的階層。

9-10 正交設計

我們前邊所介紹的實驗設計大都為全面實驗的方法。即若 A 因素有三個階層，B 因素有四個階層，我們至少要做 3×4＝12 次實驗。如果再有重複，所需實驗次數還要增加幾倍。因此若因素有 3 個或更多，階層也大於 2 的話，所需的實驗次數常常是難以接受的。但實際問題常常要求同時考查多個因素，有時還要求判斷這些因素中哪個主要，哪個次要；有時則要求在多個因素同時起作用的條件下，找出最佳的各因素階層組合等等。在這種情況下進行全面實驗，所需工作量是無法承受的。解決這種問題的一個較好方法就是採用正交實驗設計，它可以用數量較少的實驗，獲取盡可能多的資料。

前邊介紹過的希臘－拉丁方陣設計也可以安排多個因素。與它相比，正交設計可以不受很多條件的限制，例如它不要求各因素間無互動功能，也不要求各因素階層必須相等且等於拉丁方陣的階數等等。正由於正交實驗設計有上述優點，目前它的使用愈來愈廣泛，也出版了不少專著。在這裡我們只能對它做初步的介紹。

9-10-1 正交設計方法

正交實驗設計是採用專門的表執行的。實際上，若把一個希臘－拉丁方陣的行、列、拉丁字母、希臘字母大小分別用 A、B、C、D 表示（見表 9-5），再把它改寫成每個因素的階層一列，每行代表一次實驗的各因素階層組合，就變成了一張表（見 9-6）。

表 9-5　一個 3×3 希臘－拉丁方陣

	B_1	B_2	B_3
A_1	C_1D_1	C_2D_2	C_3D_3
A_2	C_2D_3	C_3D_1	C_1D_2
A_3	C_3D_2	C_1D_3	C_2D_1

表 9-6　從 3×3 希臘－拉丁方陣的正交表

實驗號	因素			
	A	B	C	D
1	1	1	1	1
2	1	2	2	2
3	1	3	3	3
4	2	1	2	3
5	2	2	3	1
6	2	3	1	2
7	3	1	3	2
8	3	2	1	3
9	3	3	2	1

這樣的表有兩個最重要的特點：

第一，每列中各數字出現的次數相等。這意味著每個因素的各個階層在全部實驗中出現的次數均相等。

第二，任取兩列並把它們放在一起，它們的每行就成了一個有序數對，如(1, 2)(2, 1)(1, 3)(1, 1)……等等。若共有 3 個階層，則這樣的數對共有 $3^2=9$ 個。仔細考查一下，就會發現所有這樣的數對出現的次數也相等。

具有這樣特點的數表稱為正交表。從上面的例子可見，所有正交拉丁方陣都可以化為正交表。因此正交表可視為正交拉丁方陣的推廣。正交表去掉了正交拉丁方陣的許多限制，例如，實驗次數必須是除 2 和 6 以外自然數的平方、因素之間不能有互動功能、各因素階層數必須相等等等。

每個正交表都有一個符號，一般表示為 $L_N(m^k)$ 的形式。其中 L 表示正交表；N 表示所須做的實驗次數；k 為所能容納的最多因素數；m 為每個因素的階層數。另有一些表示為 $L_N(m_1^{k1}\times m_2^{k2})$ 的形式，含義與上述相同，表示可安排 k1 個具有 m_1 個階層的因素和 k2 個具有 m_2 個階層的因素。N 仍為所需實驗次數。使用正交表可以考慮因素間有互動功能，此時應查專門的互動功能表。若要查 i 列與 j 列的互動功能，只要找到此表中 i 行和 j 列的交點，該處的數字就是該互動功能所在的列號，這樣的正交表有許多，若有更多的需要可查閱有關專著。下面運用舉例說明正交表的使用方法。

表 9-7 正交表 $L_8(2^7)$

行號＼列號	1	2	3	4	5	6	7
1	1	1	1	1	1	1	1
2	1	1	1	2	2	2	2
3	1	2	2	1	1	2	2
4	1	2	2	2	2	1	1
5	2	1	2	1	2	1	2
6	2	1	2	2	1	2	1
7	2	2	1	1	2	2	1
8	2	2	1	2	1	1	2

表 9-8 $L_8(2^7)$ 的兩列間互動功能表

列號	1	2	3	4	5	6	7
1		3	2	5	4	7	6
2			1	6	7	4	5
3				7	6	5	4
4					1	2	3
5						3	2
6							1

假設我們準備做一個三因素二階層的實驗。若已知不須考慮任何互動功能，也可用 $L_4(2^3)$ 表。但在這種情況下，誤差項 SS_e 分離不出來，無法做統計檢定，只能直觀比較哪個階層較好。這時只須做 4 次實驗。若存在互動功

能，它會疊加在其他列上，從而得到錯誤的結果。因此若不能排除存在互動功能的可能，則應利用 $L_8(2^7)$ 表（見表 9-7），首先將因素 A、B 放在第 1、2 列上，查互動功能表（見表 9-8），它們的互動功能在第 3 列，因此 C 因素不能再放在第 3 列，而應放在第 4 列上。此時可查出，AC 在第 5 列，BC 在第 6 列，ABC 在第 7 列。若 ABC 不存在，則第 7 列可作為誤差 e。這樣就得到表頭設計如下：

因素	A	B	AB	C	AC	BC	e
列號	1	2	3	4	5	6	7

如果已知有更多的互動功能不存在，則可把這些列均當作誤差列。一般來說，用更多的列計算誤差會提高誤差估計精確度，從而也就提高了檢定精確度。在真正安排實驗時用不著考慮互動功能列，因此先忽略 $L_8(2^7)$ 中的 3、5、6、7 列，只取各因素所在的 1、2、4 列組成實驗設計表（見表 9-9），然後就可按該表進行實驗。即第 1 號實驗採用各因素的第一階層；第 2 號實驗採用 A、B 因素的第一階層，C 因素的第二階層；第 3 號實驗採用 A、C 因素的第一階層，B 因素的第二階層；……直到第八號實驗採用各因素的第二階層。

表 9-9　三因素二階層實驗設計表

實驗號＼因素	A	B	C
1	1	1	1
2	1	1	2
3	1	2	1
4	1	2	2
5	2	1	1
6	2	1	2
7	2	2	1
8	2	2	2

如果再加一個因素 D，可以把它放在第 7 列。但此時可查出 AB、CD 均在第 3 列，AC、BD 均在第 5 列，AD、BC 均在第 6 列，因此無法對這些互動功能進行分析。這種現象為混雜。它產生的原因是因為我們只做了 8 次實驗，而四因素二階層本應做 $2^4=16$ 次實驗。由於實驗次數減少，資訊不夠，不能將所有的互動功能分開。但如果已知某些互動功能不存在，上述混雜現象可以避免，則它是很好的實驗設計，因為實驗次數少了，能節約人力物力。

9-10-2 正交設計的變異數分析

正交實驗設計的計算與以前的變異數分析基本一樣。對於正交表中的每一列來說，計算公式都是相同的；而計算結果的實際意義則由表頭設計所決定，也就是說，當初把什麼效應放在了這一列上，該列的計算結果就代表這一效應。具體計算公式為：若某一列有 p 個階層，每個階層 r 次實驗，用 $k_1, k_2, ..., k_p$，分別代表各階層的 r 個資料之和，則該列平方和為：

$$SS=\frac{1}{r}\sum_{i=1}^{p}k_i^2-\frac{1}{pr}k^2 \qquad (9\text{-}63)$$

其中 $k=\sum_{i=1}^{p}k_i$，上述平方和的自由度 $df=p-1$。

若用 $\bar{k}_1, \bar{k}_2, ..., \bar{k}_p$ 代表某列各階層的平均數，S^2 代表它們的樣本變異數，則（9-63）式可改寫為：

$$SS=r(p-1)S^2 \qquad (9\text{-}64)$$

下面我們來仔細分析一下具體的例子，說明各列平方和的意義。設有 A、B、C、D 四個固定因素、二階層，已知只有 AB 存在，其他互動功能不存在。表頭設計如下：

因素	A	B	AB	C	e	e	D
列號	1	2	3	4	5	6	7

其統計模型為：

$$x_{ijkl} = \mu + \alpha_i + \beta_j + (\alpha\beta)_{ij} + \gamma_k + \delta_l + \varepsilon_{ijkl}$$
$$(i, j, k, l = 1, 2) \qquad (9\text{-}65)$$

其中α、β、γ、δ分別代表 A、B、C、D 的主效應，(αβ) 代表 AB 的互動效應。ε 為隨機誤差。它們應滿足：

$$\sum_{i=1}^{2} \alpha_i = \sum_{j=1}^{2} \beta_j = \sum_{k=1}^{2} \gamma_k = \sum_{l=1}^{2} \delta_l = 0$$

$$\sum_{i=1}^{2} (\alpha\beta)_{ij} = \sum_{j=1}^{2} (\alpha\beta)_{ij} = 0$$

$$\varepsilon_{ijkl} \sim NID(0, \sigma^2)$$

由於我們的實驗設計不是全面實驗，而是正交實驗，所以不是一切下標組合 ijkl 都出現在實驗中。根據 $L_8(2^7)$，只有以下 8 個實驗：

$$x_1 = x_{1111} = \mu + \alpha_1 + \beta_1 + (\alpha\beta)_{11} + \gamma_1 + \delta_1 + \varepsilon_1$$
$$x_2 = x_{1122} = \mu + \alpha_1 + \beta_1 + (\alpha\beta)_{11} + \gamma_2 + \delta_2 + \varepsilon_2$$
$$x_3 = x_{1212} = \mu + \alpha_1 + \beta_2 + (\alpha\beta)_{12} + \gamma_1 + \delta_2 + \varepsilon_3$$
$$x_4 = x_{1221} = \mu + \alpha_1 + \beta_2 + (\alpha\beta)_{12} + \gamma_2 + \delta_1 + \varepsilon_4$$
$$x_5 = x_{2112} = \mu + \alpha_2 + \beta_1 + (\alpha\beta)_{21} + \gamma_1 + \delta_2 + \varepsilon_5$$
$$x_6 = x_{2121} = \mu + \alpha_2 + \beta_1 + (\alpha\beta)_{21} + \gamma_2 + \delta_1 + \varepsilon_6$$
$$x_7 = x_{2211} = \mu + \alpha_2 + \beta_2 + (\alpha\beta)_{22} + \gamma_1 + \delta_1 + \varepsilon_7$$
$$x_8 = x_{2222} = \mu + \alpha_2 + \beta_2 + (\alpha\beta)_{22} + \gamma_2 + \delta_2 + \varepsilon_8$$

現在我們來證明第 1 列的平方和確實是 A 因素的主效應。由於 A 因素在第 1 列，所以第 1 列中數字 1 代表 A 因素取第一階層。由表 9-9，前 4 個實驗 A 因素都取第一階層。根據計算公式（9-63），有：$k_1 = x_1 + x_2 + x_3 + x_4$。現在來考慮一下 k_1 中其他因素的影響。由正交表的第 2 個特點，第 1 列和任何其他一列，例如和第 2 列放在一起，每行所組成的有序數對共有 $2^2 = 4$ 種，且它們出現的次數相同。在 k_1 中，數對的第一個數字為 1，因此只有 (1, 1)、(1, 2) 兩個數對。它們都出現兩次，這意味著 k_1 中 β_1、β_2 各出現兩次。由於

$\sum_{j=1}^{2}\beta_j=0$，所以k_1中沒有β，即沒有 B 因素的影響。正交表的上述特點對任意兩列均成立，因此其他因素的影響也不會出現在k_1中。對於k_2，上述分析同樣成立。實際上，代入統計模型（9-64）式之後，容易算出：

$$k_1=4\mu+4\alpha_1+\varepsilon_1+\varepsilon_2+\varepsilon_3+\varepsilon_4$$

$$k_2=4\mu+4\alpha_2+\varepsilon_5+\varepsilon_6+\varepsilon_7+\varepsilon_8$$

$$k=8\mu+\sum_{i=1}^{8}\varepsilon_i$$

把上述結果代入（9-63），得

$$\begin{aligned}SS_1&=\frac{1}{4}\sum_{i=1}^{2}k_i^2-\frac{1}{8}k^2\\&=4(\mu+\alpha_1)^2+2(\mu+\alpha_1)\sum_{i=1}^{4}\varepsilon_i+\frac{1}{4}(\sum_{i=1}^{4}\varepsilon_i)^2+4(\mu+\alpha_2)^2\\&\quad+2(\mu+\alpha_2)\sum_{i=5}^{8}\varepsilon_i+\frac{1}{4}(\sum_{i=1}^{8}\varepsilon_i)^2-8\mu^2-2\mu(\sum_{i=1}^{8}\varepsilon_i)-\frac{1}{8}(\sum_{i=1}^{8}\varepsilon_i)^2\\&=4\alpha_1^2+4\alpha_2^2+2\alpha_1\sum_{i=1}^{4}\varepsilon_i+2\alpha_2\sum_{i=5}^{8}\varepsilon_i+\frac{1}{4}(\sum_{i=1}^{4}\varepsilon_i)^2+\frac{1}{4}(\sum_{i=5}^{8}\varepsilon_i)^2-\frac{1}{8}(\sum_{i=1}^{8}\varepsilon_i)^2\end{aligned}$$

由於$df=p-1=2-1=1$，所以有

$$\begin{aligned}E(MS_1)&=E(SS_1)\\&=4(\alpha_1^2+\alpha_2^2)+\frac{1}{4}4\alpha^2+\frac{1}{4}4\sigma^2+\frac{1}{4}4\sigma^2-\frac{1}{8}8\sigma^2\\&=\sigma^2+4(\alpha_1^2+\alpha_2^2)\end{aligned}$$

類似，可得

$$E(MS_2)=\sigma^2+4(\beta_1^2+\beta_2^2)$$

$$E(MS_3)=\sigma^2+4((\alpha\beta)_{11}^2+(\alpha\beta)_{12}^2)$$

$$E(MS_4)=\sigma^2+4(\gamma_1^2+\gamma_2^2)$$

$$E(MS_5)=\sigma^2$$

$$E(MS_6)=\sigma^2$$

$$E(MS_7)=\sigma^2+4(\delta_1^2+\delta_2^2)$$

各平方和自由度分別為該列階層數減 1。在 $L_8(2^7)$ 表中，各列階層數均為 2，因此各列平方和自由度均為 1。故互動功能自由度等於該兩因素自由度乘積，當階層數為 2 時，各因素自由度均為 1，故互動功能自由度也為 1，互動功能在表頭中只占 1 列。若階層數為 3，則各列平方和自由度為 2，各因素自由度也為 2，兩因素互動功能項自由度為 $2\times2=4$，因此對 3 階層正交表每個因素的主效應只占 1 列，但互動功能則要占兩列。一般來說，各因素主效應總是只占 1 列。但互動功能當階層數為 2 時占 1 列，階層數為 3 時占 2 列，階層數為 4 時占 3 列，依此類推。

從以上結果可看出，進行表頭設計時把某因素放在第幾列，該列的平方和就代表了這一因素的影響，而且互動功能也可以從指定的列中算出。若某列是空白的（即進行表頭設計時有把某一特定因素放在該列），則它的平方和是誤差平方和。利用較多的列估計誤差可以提高誤差估計精確度，從而也提高檢定的靈敏度。另外，各列平方和的計算公式是相同的，這使編寫電腦程式更為容易。總之，用正交設計得到的資料的統計分析是比較方便的，而下面的分析說明從這一分析中也能得到較多資訊。

說明：

⑴從實驗設計的角度看，正交表的第二個特點實際意味著對任意兩因素來說，正交實驗都是交叉分組的全面實驗。也正是因為這一點，兩因素的正交實驗設計是沒有意義的。

⑵一般來說，正交表的總平方和等於各列的平方和之和。若各列均被因素或互動功能排滿，則分解不出誤差而無法進行統計檢定。

⑶分析中若發現某幾列平方和很小，F 值在 1 左右或更小，則可把它們都歸到誤差項中去。相應的自由度也加到誤差自由度中。這樣可提高檢定靈敏度。

9-10-3 最佳階層組合的選擇

採用正交表設計的正交實驗可完成以下任務：

第一，利用正交實驗可以區別因素的主次。在階層數相同的情況下，均方大（或 F 值大）的因素對總變差貢獻也大，因此可認為它的重要性也大一些。按這樣的原則可把各因素影響大小循序排列出來。

第二，正交實驗也可以幫助選擇最佳階層組合。這個選擇一般只在 F 檢定為顯著的因素中進行。方法是直接比較該因素所在列的各個是 k_i 值，最佳的 k_i 所對應的 i 階層就是該因素的最佳階層。對於互動功能，則應根據表頭設計結果計算相應列的 k_i 值。注意一個互動功能可能占不只一列。選定所有 F 檢定顯著的因素的最佳階層後，把它們合在一起，就得到了所需的最佳階層組合。

第三，在完全沒有互動功能時，上述方法選定的最佳階層是可信的。但若有互動功能，而我們沒有考慮；或所選的階層組合沒有出現在正交表中時，則應對這個最佳階層組合進行驗證實驗，以確認它的最佳性。

第四，若因素的階層數大於 2，而最佳階層為極大或極小階層，則一般應進一步補充實驗。因為這可能意味著再增加或減少該因素也許是更優的階層。另外，如果因素階層變化過大，也可能使得到的最佳組合不很理想。此時也可在選定的最佳階層附近補充實驗，以求找出更理想的階層組合。

第五，正交實驗中的考慮因素常為固定因素，因此結果不能推廣到沒參加實驗的階層上，如果是隨機因素，這種最佳階層的比較是沒有意義的，因為該階層效應已不可能重現。

綜上所述，正面實驗設計可用較少的實驗獲取較多的資訊，涵蓋各因素及互動效應的檢定，各因素影響大小的排序，最後階層組合的選擇等等。但若要求檢定的互動功能很多，則必須用較大的正交表，此時正交設計所需實驗次數少的優點就不明顯了。實際上，若須考慮全部互動功能的話，正交設計就變成了全面實驗設計。因此一般來說，正交實驗設計適用於所須考慮因素數較多，但沒有或只有少數互動功能的場合。此時採用正交設計可大大減少工作量。

例 9-20 某育種站進行橡膠品種實驗，參加 6 個無性系，另外設一對照品種，採用對比法設計，重複三次，產量(kg・畝$^{-1}$)見表 9-11，試做分析。

表 9-11　橡膠品比實驗產量分析表

品種	各重複小區產量(kg・畝$^{-1}$)			T_i	$\bar{x}_i$	對鄰近 CK 的%
	I	II	III			
1	50	52	47	149	49.7	127.4
CK	39	40	38	117	39.0	100.0
2	35	39	41	115	38.3	98.3
3	44	45	45	134	44.7	106.3
CK	43	41	42	126	42.0	100.0
4	40	41	41	122	40.7	96.8
5	44	47	45	136	45.3	107.9
CK	42	44	40	126	42.0	100.0
6	46	49	43	138	46.0	109.5

解：(1)計算各種對相鄰 CK 的百分數；在表 9-11 中，先將各品系在各重複中的小區產量相加，得小區產量總和後，將各個 T_i 除以重複數，得小區平均產量 $\bar{x}_i$（本步可省略），再計算各品種產量對鄰近 CK 產量的百分數：

$$對鄰近\ CK\ 的\ \% = \frac{某處理總和數}{鄰近\ CK\ 總和數} \times 100$$

例如，品種 1 對鄰近 CK 的 $\% = \frac{149}{117} \times 100 = 127.4\%$，其餘品種皆類推。

(2)實驗結論：相對生產力大於 100%的品種，其百分數愈高，就愈可能優於對照品種。但絕不能認為超過 100%的所有品種都是顯著地優於對照的，因為將品種與相鄰 CK 相比只是減少了誤差，誤差仍然存在，一般實驗很難察覺處理間差異在 5%以下的顯著性。所以對於對比實驗結果，要判斷某品種的生產力確實優於對照組，其相對生產力一般至少應超過對照組 10%以上；凡相對生產力僅超過對照組的 5%左右的品種，均宜繼續實驗再做結論。當然，由於不同實驗的誤差大小不同，上述標準僅供參考。

在本例，品種 1 的產量超過對照組 10%以上，大體上可以認為它確實優於對照組，品種 5、品種 6 分別超過對照組 7.9%及 9.5%，尚須進一步實驗。

例 9-21 有一小麥品比實驗，共有 8 個品種，用 A、B、C、D、E、F、G、H 作為品種代號，其中 A 為標準品種，採用隨機區組設計，設定三次重複，田間排列及小區計產結果 (kg・40m^{-2}) 如表 9-12，試做變異數分析。

表 9-12　小麥品比實驗田產排列和產量結果

I	B	F	A	E	H	G	C	D
	10.8	10.1	10.9	11.8	9.3	10.0	11.1	9.1

II	C	E	G	H	B	A	D	F
	12.5	13.9	11.5	10.4	12.3	9.1	10.7	10.6

III	A	C	E	G	D	H	F	B
	12.2	10.5	16.8	14.1	10.1	14.4	11.8	14.0

解： 變異數分析的具體步驟：

(1)原始資料的整理：將表 9-12 中的小區產量結果整理成區組和處理兩向表（見表 9-13，分別計算各處理總和 T_t）及平均數 $\bar{x}_t$、各區組總和 T_r 和全實驗總和 T。

表 9-13　小麥品比實驗（隨機區組）的產量結果 (kg・40m^{-2})

區組		I	II	III	T_t	$\bar{x}_t$
品種	A	10.9	9.1	12.2	32.2	10.7
	B	10.8	12.3	14.0	37.1	12.4
	C	11.1	12.5	10.5	34.1	11.4
	D	9.1	10.7	10.1	29.9	10.0
	E	11.8	13.9	16.8	42.5	14.2
	F	10.1	10.6	11.8	32.5	10.8
	G	10.0	11.5	14.1	35.6	11.9
	H	9.3	10.4	14.1	34.1	11.4
T_r		83.1	91.0	103.9	278.0（T）	

(2)自由度和平方和的分解：

自由度的分解：

總　$df_T = nk - 1 = 3 \times 8 - 1 = 23$

區組　$dfr = n - 1 = 3 - 1 - 1 = 2$

品種　$df_t = k - 1 = 8 - 1 = 7$

誤差　$df_e = (n-1)(k-1) = (3-1) \times (8-1) = 14$

平方和的分解：

矯正數　$C = \frac{T^2}{nk} = \frac{278.0^2}{3 \times 8} = 3220.17$

總　$SS_T = \sum_1^k \sum_1^n (x - \bar{x})^2 = \sum_1^{nk} x^2 - C$

$= 10.9^2 + 9.1^2 + ... + 14.4^2 - 3220.17 = 84.61$

區組　$SS_r = k \sum_1^n (\bar{x}_r - \bar{x})^2 = \frac{\sum T_r^2}{k} - C$

$= \frac{83.1^2 + 91.0^2 + 103.9^2}{8} - 3220.17 = 27.56$

品種 $SS_t = n\sum_1^k(\bar{x}_t - \bar{x})^2 = \dfrac{\sum T_t^2}{n} - C$

$$= \frac{32.2^2 + 37.1^2 + ... + 34.1^2}{3} - 3220.17 = 34.08$$

誤差 $SS_e = \sum_1^k\sum_1^n(x - \bar{x}_r + \bar{x}_t + \bar{x})^2 = SS_T - SS_r - SS_t$

$$= 84.61 - 27.56 - 34.08 = 22.97$$

(3)列出變異數分析表做 F 檢定：

表 9-14 結果的變異數分析

變異來源	df	SS	s^2	F	$F_{0.05}$	$F_{0.01}$
區組間	2	27.56	13.78	8.40**	3.74	6.51
品種間	7	34.08	4.87	2.97*	2.76	4.28
誤差	14	22.97	1.64			
總變異	23	84.61				

由表 9-14 可知，品種間的 F 值顯著，說明 8 個供試品種的母體平均數是有顯著差異的，因此須進一步做多重比較。區組間的 F 值亦顯著，說明區組間的土壤肥力是有顯著差別的。因此，本實驗中，區組作為局部控制手法，對於減少誤差是相當有效的（一般區組間的 F 檢定可以不必進行，因為實驗的目的不是研究區組效應）。

(4)品種間多重比較：因實驗設有對照組，故採用 LSD 法：

$$s_{\bar{x}_1 - \bar{x}_2} = \sqrt{\frac{2s_e^2}{n}} = \sqrt{\frac{2\times 1.64}{3}} = 1.05\,(\text{kg}\cdot 40\text{m}^{-2})$$

在處理數 $k = 7$（不包括對照組）和誤差自由度 $df_e = 14$ 時，查附表，$t_{0.05} = 2.145$，$t_{0.01} = 2.977$，進而計算 LSD_α 值：

$LSD_{0.05}=2.145\times1.05=2.252\ (kg\cdot40m^{-2})$

$LSD_{0.01}=2.977\times1.05=3.126\ (kg\cdot40m^{-2})$

各品種與 A 品種相比較的差異顯著性見表 9-15。

表 9-15　各品種與 CK 相比較的差異顯著性

品種	$\bar{x}\ (kg\cdot40m^{-2})$	與 CK 差值及顯著性
E	14.2	3.5**
B	12.4	1.7
G	11.9	1.2
H	11.4	0.7
C	11.4	0.7
F	10.8	0.1
D	10.0	−0.7
A (CK)	10.7	

結果表明：除品種 E 與對照組產量有極為顯著差異之外，其他品種與對照組均無顯著差異。

例 9-22 為探討微肥拌種和根外噴施對小麥的增產效應，某縣農技站設計了一個微肥與施用方式的兩因素隨機區組實驗。實驗處理方案列於表 9-16，田間測產結果 $(kg\cdot畝^{-1})$ 列於表 9-17。試做變異數分析。

表 9-16　微肥及施用式對小麥產量的效應方案

施肥方式（A）	微肥			
	B_1（硫酸鋅）	B_2（稀土）	B_3（翠綠微肥）	B_4（清水）
A_1（拌種）	A_1B_1	A_1B_2	A_1B_3	A_1B_4
A_2（噴施）	A_2B_1	A_2B_2	A_2B_3	A_2B_4

(1)結果整理：將實驗結果按處理和區組做兩向分組整理成表 9-17，在表 9-17 中計算出處理總和 T_{AB}、區組總和 T_r 和全實驗總和 T。按微肥和施用方式整理成表 9-18。在表 9-18 計算出 A 因素（施肥方式）各階層總和 T_A 和 B 因素（微肥種類）各階層總和 T_B。

表 9-17　不同處理的小麥產量

處理	區組			T_{AB}
	I	II	III	
A_1B_1	418.7	425.3	416.7	1260.7
A_2B_1	407.2	411.3	408.3	1226.8
A_1B_2	430.4	438.7	428.4	1297.5
A_2B_2	396.4	403.7	398.3	1198.4
A_1B_3	434.6	440.1	436.7	1311.4
A_2B_3	402.4	405.3	403.2	1210.9
A_1B_4	376.4	381.2	378.3	1135.9
A_2B_4	372.3	378.6	376.7	1127.6
T_r	3238.4	3284.2	3246.6	9769.2（T）

表 9-18　表 9-17 資料施肥方式（A）和微肥種類（B）的兩向表

因素 A	因素 B				T_A
	B_1	B_2	B_3	B_4	
A_1	1260.7	1297.5	1311.4	1135.9	5005.5
A_2	1226.8	1198.4	1210.9	1127.6	4763.7
T_B	2487.5	2495.9	2522.3	2263.5	9769.2（T）

⑵自由度和平方和的分解：

$df_T = abr - 1 = 2 \times 4 \times 3 - 1 = 23$

$df_r = r - 1 = 3 - 1 = 2$

$df_t = ab - 1 = 2 \times 4 - 1 = 7$

$df_A = a - 1 = 2 - 1 = 1$

$df_B = b - 1 = 4 - 1 = 3$

$df_{AB} = (a - 1)(b - 1) = (2 - 1) \times (4 - 1) = 3$

$df_e = (ab - 1)(r - 1) = (2 \times 4 - 1) \times (3 - 1) = 14$

$$C = \frac{T^2}{abr} = \frac{9769.2^2}{2 \times 4 \times 3} = 3976552.86$$

$$SS_T = \Sigma x^2 - C = 418.7^2 + 425.3^2 + ... + 376.2^2 - 3976552.86 = 10927.76$$

$$SS_r = \frac{\Sigma T_r^2}{ab} - C = \frac{3238.4^2 + 3284.2^2 + ... + 3246.6^2}{2 \times 4} - 3976552.86$$

$$= 149.11$$

$$SS_t = \frac{\Sigma T_{AB}^2}{r} - C = \frac{1260.7^2 + 1226.8^2 + ... + 1127.6^2}{3} - 3976552.86$$

$$= 10737.43$$

$$SS_e = SS_T - SS_r - SS_t = 10927.76 - 149.11 - 10737.43 = 41.22$$

$$SS_A = \frac{\Sigma T_A^2}{br} - C = \frac{5005.5^2 + 4763.7^2}{4 \times 3} - 3976552.86 = 2436.14$$

$$SS_B = \frac{\Sigma T_B^2}{ar} - C = \frac{2487.5^2 + 2495.9^2 + ... + 2263.5^2}{2 \times 3} - 3976552.86$$

$$= 7214.24$$

$$SS_{AB} = \frac{\Sigma T_{AB}^2}{r} - C - SS_A - SS_B$$

$$= \frac{1260.7^2 + 1226.8^2 + ... + 1127.6^2}{4 \times 3} - 3976552.86 - 2436.14 - 7214.2$$

$$= 1087.05$$

(3)列變異數分析表，進行 F 檢定：將上述計算結果填入表 9-19。按固定模型分析，區組間、微肥間、施用方式間、微肥×施用方式的互動差異均達極顯著。因而須進行微肥間多重比較，微肥×施用方式互動、施用方式間差異極顯著，因只有兩種施用方式，不必做多重比較。

表 9-19　微肥施用的變異數分析

變異來源	df	SS	s^2	F	$F_{0.05}$	$F_{0.01}$
區組間	2	149.11	74.5550	25.23**	3.74	6.51
A	1	2436.14	2436.1400	827.41**	4.60	8.86
B	3	7214.24	2404.7467	816.75**	3.34	5.56
A×B	3	1087.05	362.3500	123.07**	3.34	5.56
誤差	14	41.22	2.9443			
總變異	23	10927.76				

(4)差異顯著性檢定：

微肥間比較：以各微肥的小區平均產量（將表 9-18 中的各個 T_A 除以 $ar=2\times3=6$）為比較標準，進行多重比較。由於用清水做對照組，微肥間的比較宜用 LSD 法，先求出：

$$s_{\bar{x}_1-\bar{x}_2}=\sqrt{\frac{2s_e^2}{ar}}=\sqrt{\frac{2\times2.9443}{2\times3}}=0.9907$$

按實驗誤差自由度 $df_e=14$，查表得 $t_{0.05}=2.145$，$t_{0.01}=2.977$，因而：

$$LSD_{0.05}=t_{0.05}s_{\bar{x}_1-\bar{x}^2}=2.145\times0.9907=2.125$$

$$LSD_{0.01}=t_{0.01}s_{\bar{x}_1-\bar{x}^2}=2.977\times0.9907=2.949$$

因 $t_{0.01}=2.977>2.949$，所以三種微肥均比對照組增產極為顯著。

表 9-20　不同施用方式各微肥增產功能差異顯著性

微肥	拌種			微肥	噴藥		
	平均產量 (kg・畝$^{-1}$)	差異顯著性			平均產量 (kg・畝$^{-1}$)	差異顯著性	
		5%	1%			5%	1%
翠綠微肥	437.13	a	A	硫酸鋅	408.93	a	A
稀土	432.50	b	B	翠綠微肥	403.63	b	B
硫酸鋅	420.23	c	C	稀土	399.47	c	C
清水（CK）	378.63	d	D	清水（CK）	375.87	d	D

在動物實驗中，如要控制來自兩個方面的系統誤差，且在動物頭數較少情況下，常採用這種設計方法。例如，研究 5 種不同飼料（分別用 1、2、3、4、5 號代表）對乳牛產乳量影響實驗，選擇 5 頭乳牛，每頭乳牛的泌乳期分為 5 個階段。隨機分配飼料的 5 個階層。在這種實驗中，由於乳牛個體及牛的泌乳期不同對產乳量都會有影響，故可以把其分別作為區組設定，採用一個 5×5 的拉丁方陣設計（見表 9-21）。下面以此為例說明拉丁方陣的設計方法。

表 9-21　飼料類型對乳牛產乳量影響的拉丁方陣設計

泌乳時間		一月	二月	三月	四月	五月
牛號	I	A	B	C	D	E
	II	B	A	E	C	D
	III	C	D	A	E	B
	IV	D	E	B	A	C
	V	E	C	D	B	A

解：　上述乳牛 5×5 拉丁方陣營養實驗，結果如表 9-22，進行統計分析。

(1)結果整理，將實驗資料按橫行、縱行，並計算總和，整理成表 9-22，飼料處理的總和 (T_t) 和平均數 $(\bar{x}_t)$ 列於表 9-23。

⑵自由度和平方和的分解：

表 9-22 飲料類型對乳牛產乳量影響的實驗結果（kg）

月份	一	二	三	四	五	T_r
I	E300	A320	B390	C390	D380	1780
II	D420	C390	E280	B370	A270	1730
III	B350	E360	D400	A260	C400	1770
IV	C280	D400	C390	E280	B370	1720
V	A400	B380	A350	D430	E320	1880
T_e	1750	1850	1810	1730	1740	8880（T）

表 9-23 飼料的總和 (T_t) 平均數 $(\bar{x}_t)$

飼料	A	B	C	D	E	總和
T_t	1480	1860	1970	2030	1540	8880
$\bar{x}_t$	296	372	394	406	308	（T）

總自由度　$df_T = 5 \times 5 - 1 = 24$

縱行（月份）自由度　$df_e = 5 - 1 = 4$

橫行（乳牛）自由度　$df_r = 5 - 1 = 4$

處理（飼料）自由度　$df_t = 5 - 1 = 4$

誤差自由度　$df_e = 24 - 4 - 4 - 4 = 12$

矯正數　$C = \frac{8880^2}{5 \times 5} = 3154176$

總平方和　$SS_T = 300^2 + 420^2 + ... + 320^2 - C = 63224$

縱行（月份）平方和　$SS_c = \frac{1}{5} \times (1750^2 + 1850^2 + ... + 1740^2) - C$

$= 3156320 - 3154176 = 2144$

橫行（乳牛）平方和　$SS_r = \frac{1}{5} \times (1780^2 + 1730^2 + ... + 1880^2) - C$

$= 3157400 - 3154176 = 3224$

處理（飼料）平方和　$SS_t = \frac{1}{5} \times (1480^2 + 1860^2 + ... + 1540^2) - C$

$= 3204680 - 3154176 = 50504$

誤差平方和　$SS_e = SS_T - SS_c - SS_r - SS_t$

$= 63224 - 2144 - 3224 - 50504 = 7352$

(3)列出變異數分析表，計算 F 值：將上述計算結果填入表 9-24。

表 9-24　飼料類型對產乳量影響的變異數分析表

變異來源	df	SS	s^2	F	$F_{0.05}$	$F_{0.01}$
縱行（月份）間	4	2144	536.00			
橫行（乳牛）間	4	3224	806.00			
處理（飼料）間	4	50504	12626.00	20.61**	3.26	5.41
誤差	12	7352	612.67			
總變異	24	63224				

查表，當 $df_1 = 4$，$df_2 = 12$ 時，$F_{0.01} = 5.41$，現 $F = 20.61$ 大於 5.41，即 $P < 0.01$ 表示 5 種不同的飼料間存在著極為顯著的差異。

(4)比較各處理（飼料）間的變異數，採用 q 檢定。

飼料平均數標準誤差 $s_{\bar{x}} = \sqrt{\frac{s_e^2}{k}} = \sqrt{\frac{612.67}{5}} = 11.07\,(kg)$

當 $df_e = 12$ 時，由 q 值表查得 $M = 2, 3, 4, 5$ 時的 $q_{0.05}$ 和 $q_{0.01}$ 值，並算得 $LSR_{0.05}$ 和 $LSR_{0.01}$ 列於表 9-25。

表 9-25 資料 q 檢定的 LSR 值

M	$q_{0.05}$	$q_{0.01}$	$LSR_{0.05}$	$LSR_{0.01}$
2	3.08	4.32	34.096	47.822
3	3.77	5.04	41.734	55.793
4	4.20	5.50	46.494	60.885
5	4.51	5.84	49.926	64.649

以表 9-26 的 LSR 值檢定各飼料組的乳牛產乳量的差異顯著性於表 9-26。

表 9-26 不同飼料的乳牛產量比較（q 檢定）

飼料名稱	平均產乳量 ($\bar{x}_i$)	差異顯著性	
		$\alpha=0.05$	$\alpha=0.01$
D	406	a	A
C	394	a	A
B	372	a	A
E	308	a	B
A	296	a	B

由 q 檢定結果看出，D、C、B 飼料與 E、A 飼料之間的差異都是極顯著的。從平均數來看，D 飼料效果最好，其次是 C 飼料和 B 飼料，A 飼料最差。

例 9-24 有一甜菜實驗，研究綠肥翻耕時期（A 因素）與施用氮肥量（B 因素）對甜菜產量的效果。採用裂區設計，A 因素（綠肥翻耕時期）分為早、晚兩個階層（A_1、A_2），置於主區。B 因素（氮素施用量）分為 4 個階層（B_1、B_2、B_3、B_4），置於副區中。主區、副區均採用隨機區組設計，主區重複三次，田間種植如表 9-27 所示。小區產量（公斤）列於表 9-28，試做分析。

I								II								III							
A_2				A_1				A_1				A_2				A_2				A_1			
B_4	B_3	B_2	B_1	B_2	B_4	B_1	B_3	B_1	B_4	B_3	B_2	B_3	B_1	B_2	B_4	B_1	B_4	B_3	B_2	B_3	B_4	B_2	B_1

表 9-28　甜菜綠肥翻耕期與氮肥施用量裂區實驗

主區因素（A）	副區因素（B）	區組			T_{AB}	$\bar{x}_t$
		I	II	III		
A_1	B_1	13.8	13.5	13.2	40.5	13.5
	B_2	15.5	15.0	15.2	45.7	15.2
	B_3	21.0	22.7	22.3	66.0	22.0
	B_4	18.9	18.3	19.6	56.8	18.9
	T_m	69.2	69.5	70.3	$T_{A_1}=209.0$	$\bar{x}_{A_1}=17.4$
A_2	B_1	19.3	18.0	20.5	57.8	19.3
	B_2	22.2	24.2	25.4	71.8	23.9
	B_3	25.3	24.8	28.4	78.5	26.2
	B_4	25.9	26.7	27.6	80.2	26.7
	T_m	92.7	93.7	101.9	$T_{A_2}=288.3$	$\bar{x}_{A_2}=24.0$
	T_r	161.9	163.2	172.2	$T=497.3$	

表 9-29　主區因素與副區因素兩向表

B		B_1	B_2	B_3	B_4	T_A	$\bar{x}_A$
A	A_1	40.5	45.7	66.0	56.8	209.0	17.4
	A_2	57.8	71.8	78.5	80.2	288.3	24.0
T_B		98.3	117.5	144.5	137.0	$T=497.3$	
$\bar{x}_B$		16.4	19.6	24.1	22.8		$\bar{x}=20.7$

以上表中，T_r＝各區組總和，T_{AB}＝各處理總和，T_A＝A 因素階層總和，T_B＝B 因素各階層總和，T_m＝各主區總和，T＝全實驗總和，$\bar{x}_A$、$\bar{x}_B$、$\bar{x}_t$、$\bar{x}$ 分別為主區、副區、處理、全實驗平均數。

⑵自由度和平方和的分解：根據表 9-30 將各項變異來源及自由度直接填寫入表 9-31 中。以下分解平方和。

表 9-30　二裂式裂區設計實驗自由度的分解

變異來源		df
主區部分	區組	$r-1$
	A	$a-1$
	誤差 a	$(r-1)(a-1)$
	總變異	$ra-1$
副區部分		$b-1$
	A×B	$(a-1)(b-1)$
	誤差 b	$a(r-1)(b-1)$

矯正項

$$C=\frac{T^2}{rab}=\frac{497.3^2}{3\times2\times4}=10304.47$$

總

$$SS_T = \Sigma x^2 - \frac{T^2}{rab} = 13.8^2 + 15.5^2 + ... + 27.6^2 - C$$

$$= 10820.59 - 10304.47 = 516.12$$

主區

$$SS_m = \frac{1}{b}\Sigma T_m^2 - C = \frac{1}{4} \times (69.2^2 + 69.5^2 + ... + 101.9^2) - C$$

$$= 10566.49 - 10304.47 = 274.92$$

A 因素

$$SS_A = \frac{1}{rb}\Sigma T_A^2 - C = \frac{1}{3 \times 4} \times (209.0^2 + 288.3^2) - C$$

$$= 10566.49 - 10304.47 = 262.02$$

區組間

$$SS_r = \frac{1}{ab}\Sigma T_r^2 - C = \frac{1}{2 \times 4} \times (161.9^2 + 163.2^2 + 172.2^2) - C$$

$$= 10312.34 - 10304.47 = 7.87$$

主區誤差

$$SS_{e_a} = SS_m - SS_A - SS_r = 274.92 - 262.02 - 7.87 = 5.03$$

處理間

$$SS_t = \frac{1}{r}\Sigma T_{AB}^2 - C = \frac{1}{3} \times (40.5^2 + 57.8^2 + ... + 80.2^2) - C$$

$$= 10800.45 - 10304.47 = 495.98$$

B 因素

$$SS_B = \frac{1}{ra}\Sigma T_B^2 - C = \frac{1}{3 \times 2} \times (98.3^2 + 117.5^2 + ... + 137^2) - C$$

$$= 10519.73 - 10304.47 = 215.26$$

A、B 互動

$$SS_{AB} = SS_t - SS_A - SS_B = 495.98 - 262.02 - 215.26 = 18.70$$

副區誤差平方和

$$SS_{e_b}=SS_T-SS_r-SS_A-SS_{e_a}-SS_B-SS_{AB}$$
$$=SS_T-SS_m-SS_B-SS_{AB}$$
$$=516.12-274.92-215.26-18.70=7.24$$

(3)列變異數分析表，進行 F 檢定，按變異來源將上述計算結果填入表 9-31。

表 9-31　甜菜綠肥翻耕時期與氮肥施用量裂區實驗變異數分析表

變異來源		df	SS	s^2	F	$F_{0.05}$	$F_{0.01}$
主區部分	區組	2	7.87	3.935			
	翻耕期（A）	1	262.02	262.020	104.18**	18.51	98.49
	主區誤差 e_a	2	5.03	2.515	118.99**	3.49	5.95
副區部分	氮肥用量（B）	3	215.26	71.753	10.34**	3.49	5.95
	A×B	3	18.70	6.233			
	副區誤差 e_b	12	7.24	0.603			
總變異		23	516.12				

表 9-31 中，e_a 為主區誤差，用以檢定區間和主處理（A）變異數的顯著性；e_b 為副區誤差，用以檢定副處理（B）和 A×B 互動變異數的顯著性。F 檢定結果表明：

①區組間差異不顯著，說明本實驗區組的設定未能很好地控制實驗誤差。

②不同綠肥翻耕時期之間有極顯著差異。

③不同施氮量間有極顯著差異。

④不同施氮量的功能因前茬綠肥翻耕時期而異，即前茬綠肥翻耕時期與氮肥施用量，對甜菜的產量有相互搭配效果的差異。

(4)多重比較：對 F 檢定達顯著的效應，還必須分別進行各效應產量平均數間差異顯著性檢定：即進行多重比較。

A.不同綠肥翻耕時期（A）間比較，因為只有兩個階層，因此不必進行多重比較。F 檢定表明，晚翻耕（$\bar{x}_{A_2}=24.0kg$）顯著優於早翻耕（$\bar{x}_{A_1}=17.4kg$）。

B.施氮量（B）間比較，以不同施氮量小區產量平均值進行 LSD 檢定：

$$s_{\bar{b}_1-\bar{b}_2}=\sqrt{\frac{2s_{eb}^2}{ra}}=\sqrt{\frac{2\times0.603}{3\times2}}=0.448$$

查 t 表，當自由度 $df_{e_b}=12$ 時，$t_{0.05}=2.179$，$t_{0.01}=3.056$，故：

$$LSD_{0.05}=t_{0.05}\times s_{\bar{b}_1-\bar{b}_2}=2.179\times0.448=0.98\,(kg)$$

$$LSD_{0.01}=t_{0.01}\times s_{\bar{b}_1-\bar{b}_2}=3.056\times0.448=1.37\,(kg)$$

由此對各氮肥施用量小區平均產量進行顯著性檢定，結果列於表 9-32。

表 9-32　四種施氮量平均值及其差異顯著性

氮肥施用量	小區產量 ($\bar{x}_i$)	差異顯著性	
		$\alpha=0.05$	$\alpha=0.01$
B_3	24.1	a	A
B_4	22.8	b	A
B_2	19.6	c	B
B_1	16.4	d	C

檢定結果表明：各施氮量之間除 B_3 與 B_4 達到顯著差異外，其他均存在著極顯著的差異。其中以 B_3 為最好，其次是 B_4，再次是 B_2，B_1 效果最差。

C.綠肥翻耕時期×氮肥施用量互動的比較。同一綠肥翻耕時期內不同施氮階層的比較，該項比較的平均數差數標準誤差為：

$$s_{\overline{a_ib_1}}-\overline{a_ib_2}=\sqrt{\frac{3s_{e_b}^2}{r}}=\sqrt{\frac{2\times0.603}{3}}=0.634$$

查表，當自由度 $df_{e_b}=12$ 時，$t_{0.05}=2.179$，$t_{0.01}=3.056$，故：

$$LSD_{0.05} = 2.179 \times 0.634 = 1.38\,(kg)$$

$$LSD_{0.01} = 3.056 \times 0.634 = 1.94\,(kg)$$

表 9-33　不同綠肥翻耕期條件下施氮量的差異

A₁（早耕期）				A₂（晚耕期）			
施氮量	產量 $(\bar{x}_i)$	差異顯著性		施氮量	產量 $(\bar{x}_i)$	差異顯著性	
		$\alpha = 0.05$	$\alpha = 0.01$			$\alpha = 0.05$	$\alpha = 0.01$
B_3	22.0	a	A	B_3	26.7	a	A
B_4	18.9	b	B	B_4	26.2	a	A
B_2	15.2	c	C	B_2	23.9	b	B
B_1	13.5	d	C	B_1	19.3	c	C

因此，在綠肥早期翻耕條件下，以 B_3 施氮量為最佳，在晚期翻耕條件下，以 B_3 和 B_4 施氮量為最佳。若把表 9-33 左右兩部綜合起來看，顯然最合適的措施是晚翻耕綠肥再加上施氮量 B_4 為最好。

同一施氮量階層下不同綠肥翻耕期的效應：A_1B_1 與 A_2B_1，A_1B_2 與 A_2B_2，A_1B_3 與 A_2B_3 及 A_1B_4 與 A_2B_4 的比較屬此類，其平均數差數標準誤差為：

$$S_{\overline{a_1b_j} - \overline{a_2b_j}} = \sqrt{\frac{2\,[(b-1)\,s_{e_b}^2 + s_{e_a}^2]}{rb}} = \sqrt{\frac{2 \times [(4-1) \times 0.603 + 2.515]}{3 \times 4}}$$

$$= 0.849$$

查表，當自由度 $df_{e_a} = 2$ 時，$t_{0.05} = 4.303$，$t_{0.01} = 9.925$；當自由度 $df_{e_b} = 12$ 時，$t_{0.05} = 2.179$，$t_{0.01} = 3.056$；於是有：

$$t_{0.05} = \frac{(b-1)\,s_{e_b}^2 t_b + s_{e_a}^2 t_{0.05}}{(b-1)\,s_{e_b}^2 + s_{e_a}^2} = \frac{(4-1) \times 0.603 \times 2.179 + 2.515 \times 4.303}{(4-1) \times 0.603 + 2.515}$$

$$= \frac{14.764}{4.324} = 3.414$$

$$t_{0.01}=\frac{(b-1)s_{e_b}^2t_b+s_{e_a}^2t_{0.01}}{(b-1)s_{e_b}^2+s_{e_a}^2}=\frac{(4-1)\times0.603\times3.056+2.515\times9.925}{(4-1)\times0.603+2.515}$$

$$=\frac{30.490}{4.324}=7.051$$

$$LSD_{0.05}=3.414\times0.849=2.898\,(kg)$$

$$LSD_{0.01}=7.051\times0.849=5.986\,(kg)$$

表 9-34　同一施氮量下不同綠肥翻耕期的差異性

施氮量	綠肥翻耕期平均數（kg）		$\bar{x}_{A_2}-\bar{x}_{A_1}$
	$\bar{x}_{A_1}$	$\bar{x}_{A_2}$	
B_1	13.5	19.3	5.8*
B_2	15.2	23.9	8.7**
B_3	22.0	26.2	4.2*
B_4	18.9	26.7	7.8**

表 9-34 表明，在施氮量 B_1、B_3 階層下，綠肥的兩種翻耕時期間有顯著差異；在施氮量 B_2、B_4 階層下，綠肥的兩種翻耕時期間有極顯著差異。

⑸實驗結論：本實驗中，綠肥翻耕時期以晚期翻耕優於早期翻耕；施氮量處理以 B_3 效果最好；在晚翻耕條件下，以施氮量 B_3 和 B_4 產量最高；對於甜菜增產的最佳處理組合為 A_2B_3 或 A_2B_4，即綠肥晚翻耕＋施氮量 B_3 或綠肥晚翻耕＋施氮量 B_4 為最佳的處理組合。

例 9-25 為了解決花菜留種問題，進一步提高花菜種子的產量和品質，科技人員研究了澆水、施肥、病害防治和移入溫室時間對花果留種的影響，進行了這 4 個因素各兩階層的正交實驗。各因素及其階層見表 9-35。

表 9-35 花菜留種正交實驗的因素與階層

因素	階層 1	階層 2
A：澆水次數	不乾死為原則，整個生長期只澆 1 至 2 次水	根據生長需水量和自然條件澆水，但不過濕
B：噴藥次數	發現病害即噴藥	每半月噴一次
C：施肥次數	開花期施硫酸銨	進室發根期、抽苔期、開花期和結實期各施肥一次
D：進室時間	11 月初	11 月 15 日

解： 選用合適的正交表。

根據實驗因素和階層數以及是否需要估計互動來選擇合適的正交表。其原則是既要能安排下全部實驗因素，又要使部分實驗的階層組合數盡可能的少。在正交實驗中，各實驗因素階層因素的階層數減 1 之和加 1，即為需要做最少實驗次數或處理組合數，若有互動功能需要再加上互動功能的自由度。對於上述四因素兩階層實驗來講，最少須做的實驗互動功能次數即處理組合數$=(2-1)\times4+1=5$，然後從 2^n 因素正交表中選用處理組合數稍多於 5 的正交表安排實驗，據此選用 $L_8(2^7)$ 正交表。

再如，某製藥廠為了研究如何提高抗菌素發酵單位的實驗，共有 8 個實驗因素，各 3 個階層。若採用正交本實驗，並考慮 A×B、A×C 互動效應，則最少需要做實驗次數$=(3-1)\times8+(3-1)\times(3-1)\times2+1=25$，因此應選用 $L_{27}(3^{13})$ 正交表安排實驗。

對於各因素階層數不相等的實驗，處理組合數也依照上述原則確定。如要進行一個 $4^1\times2^3$ 的多因素實驗，全面執行的處理組合數為 $4^1\times2^3=32$ 次。若採用正交設計，最少的實驗次數為 $(4-1)+(2-1)\times3+1=7$，若考慮 A×B、A×C 互動，則最少的實驗數為：$(4-1)+(2-1)\times3+(4-1)\times(2-1)+(4-1)\times(2-1)+1=13$。因而選用 $L_{16}(4^1\times2^{12})$ 正交表安排實驗比較合適。

1.進行表頭設計，列出實驗方案

所謂表頭設計，就是把實驗中挑選的各因素填到正交表的表頭各列。表頭設計原則是：

⑴不要讓主效應間、主效應與互動功能間有混雜現象。由於正交表中一般都有互動列，因此當因素少於列數時，盡量不在互動列中安排實驗因素，以防發生混雜。

⑵當存在互動功能時，須查互動功能表，將互動功能表安排在合適的列上，如花菜留種實驗，若只考慮 A×B 互動，可選用 $L_8(2^7)$ 正交表，其表頭設計見表 9-36。

表 9-36　花菜留種的表頭設計

列號	1	2	3	4	5	6	7
因素	A	B	A×B	C	A×C	?	D

表頭設計好後，把該正交表 [$L_8(2^7)$] 中各列階層號換成各因素的具體階層就成為實驗方案。例如第 1 列放 A 因素（澆水次數），就把第 1 列中數字 1 都換成 A 的第一階層（澆水 1 至 2 次），數字 2 都換成 A 的第二階層（需要就澆），餘類推。正交實驗方案見表 9-37。

表 9-37　花菜留種的正交實驗方案

實驗號（處理組合）	1 列：澆水次數	2 列：噴藥次數	4 列：施肥方法	7 列：進室時間
1	1　澆水 1～2 次	1　發病噴藥	1　開花施	1　11 月初
2	1　澆水 1～2 次	1　發病噴藥	2　施 4 次	2　11 月 15 日
3	1　澆水 1～2 次	2　半月噴藥 1 次	1　開花施	2　11 月 15 日
4	1　澆水 1～2 次	2　半月噴藥 1 次	2　施 4 次	1　11 月初
5	2　需要就澆	1　發病噴藥	1　開花施	2　11 月 15 日
6	2　需要就澆	1　發病噴藥	2　施 4 次	1　11 月初
7	2　需要就澆	2　半月噴藥 1 次	1　開花施	1　11 月初
8	2　需要就澆	2　半月噴藥 1 次	2　施 4 次	2　11 月 15 日

2.實驗

正交實驗方案做出後，就可按實驗方案進行。如果選用的正交表較小，各列都被安排了實驗因素，對實驗結果進行變異數分析時，無法估算實驗誤差，若選用更大的正交表，則實驗的處理組合數會急劇增加。為了解決這個問題，可採用重複實驗，也可採用重複取樣的方法解決這一問題。重複取樣不同於重複實驗，重複取樣是從同一次實驗中取幾個樣。

例 9-26 前述花菜留種的正交實驗結果列於表 9-38，試進行直覺性分析。

表 9-38　花菜留種正交實驗結果的直觀分析

階層＼列號 實驗號	A 1	B 2	A×B 3	C 4	A×C 5	D 6	種子產量
1	1	1	1	1	1	1	350
2	1	1	1	2	2	2	325
3	1	2	2	1	1	2	425
4	1	2	2	2	2	1	425
5	2	1	2	1	2	2	200
6	2	1	2	2	1	1	250
7	2	2	1	1	2	1	275
8	2	2	1	2	1	2	375
T_1	1525	1125	1325	1250	1400	1300	T＝2625
T_2	1100	1500	1300	1375	1225	1325	
$\bar{x}_1$	381.25	281.25	331.25	312.50	350.00	325.00	
$\bar{x}_2$	275.00	375	325.00	343.75	306.25	331.25	
R	106.25	−93.75	6.25	−31.25	43.75	−6.25	

解：(1)逐列計算各因素同一階層之和：

第 1 列 A 因素各階層之和：

$$T_1 = 350 + 325 + 425 + 425 = 1525$$

$$T_2 = 200 + 250 + 275 + 375 = 1100$$

第 2 列 B 因素各階層之和：

$$T_1 = 350 + 325 + 200 + 250 = 1125$$

$$T_2 = 425 + 425 + 275 + 375 = 1500$$

同樣可求其他因素各階層之和（結果列於表 9-38）。

(2)逐列計算各階層的平均數：

第 1 列 A 因素各階層的平均數分別為：

$$\bar{x}_1 = \frac{T_1}{n/2} = \frac{1525}{8/2} = 381.25$$

$$\bar{x}_2 = \frac{T_2}{n/2} = \frac{1100}{8/2} = 275.00$$

第 2 列 B 因素各階層的平均數分別為：

$$\bar{x}_1 = \frac{T_1}{n/2} = \frac{1125}{8/2} = 281.25$$

$$\bar{x}_2 = \frac{T_2}{n/2} = \frac{1500}{8/2} = 375.00$$

同理可計算第 3、4、5、7 列各階層的平均數。

(3)逐列計算各階層平均數的全距：

第 1 列 A 因素各階層平均數的全距為：

$$R = \bar{x}_1 - \bar{x}_2 = 381.25 - 275.00 = 106.15$$

第 2 列 B 因素各階層的平均數全距為：

$$R = \bar{x}_1 - \bar{x}_2 = 281.25 - 375.00 = -93.75$$

同理可計算出第 3、4、5、7 列各階層平均數的全距。

(4)比較全距，確定各因素或互動作用對結果的影響：從表 9-38 可以看出，澆水次數和噴藥次數的全距｜R｜分居第一、二位，是影響花菜種子產量的關鍵性因素，其次是 A×C 互動和施肥方法，進室時間和 A×B 互動影響較小。

(5)階層選優與組合選優：根據各實驗因素的總計數或平均數可以看出：A 取 A_1，B 取 B_2，C 取 C_2，D 取 D_2 為好，即花菜留種最好的栽培管理方式為：$A_1B_2C_2D_2$。但由於 A×C 對產量影響較大，所以花菜留種條件還不能這樣選取，而 A 和 C 選哪個階層，應根據 A 與 C 的最好組合。所以還要對 A×C 的互動功能進行分析。A×C 互動功能的直覺性分析是求 A 與 C 形成的處理組合平均數：

$$A_1C_1:(350+425)/2=387.5$$

$$A_1C_2:(325+425)/2=375.0$$

$$A_2C_1:(200+275)/2=237.5$$

$$A_2C_2:(250+375)/2=312.5$$

由此可知 A_1 與 C_1 條件配合時花菜種子產量最高。因此，在考慮 A×C 互動功能的情況下，花菜留種的最適條件應為：$A_1B_2C_1D_2$。它正是 3 號處理組合，也是 8 個處理組合中產量最高者。但 4 號處理組合與 3 號處理組合產量一樣，二者有無差異，尚須變異數分析。若選出的處理組合不在實驗中，還需要再進行一次實驗，以確定選出的處理組合是否最佳。

3.正交實驗結果的變異數分析

(1)平方和與自由度的分解：在變異數分析的平方和計算中，若一個因素只有兩個階層，其平方和 $SS=\frac{(T_1-T_2)^2}{n}$，T_1 和 T_2 為兩個階層各自的總和，n 為整個實驗的資料總個數，n=8，所以；

$$C=(\Sigma x)^2/n=2625^2/8=861328.1$$

$SS_T = \Sigma x^2 - C = 350^2 + 325^2 + ... + 375^2 - 861328.1 = 46796.9$

$SS_A = (1525 - 1100)^2 / 8 = 22578.1$

$SS_B = (1125 - 1500)^2 / 8 = 17578.1$

$SS_C = (1250 - 1375)^2 / 8 = 1953.1$

$SS_D = (1300 - 1325)^2 / 8 = 78.1$

$SS_{AB} = (1325 - 1300)^2 / 8 = 78.1$

$SS_{AC} = (1400 - 1225)^2 / 8 = 3828.1$

$SS_e = SS_T - SS_A - SS_B - SS_C - SS_D - SS_{AB} - SS_{AC}$

$= 46796.9 - 22578.1 - 17578.1 - 1953.1 - 78.1 - 78.1 - 3828.1$

$= 703.3$

$df_T = 8 - 1 = 7$

$df_A = df_B = df_C = df_D = df_{AB} = df_{AC} = 2 - 1 = 1$

$df_e = df_T - df_A - df_B - df_C - df_D - df_{AB} - df_{AC}$

$= 7 - 1 - 1 - 1 - 1 - 1 - 1 = 1$

⑵列變異數分析表進行 F 檢定（表 9-39）：

從表 9-39，各項變異來源的 F 值均不顯著，這是由於實驗誤差自由度太小，達到顯著的臨界 F 值也過大所致。解決這個問題的根本辦法是進行重複實驗或重複抽樣，也可以將 F 值小於 1 的變異項（即 D 因素和 A、B 互動）的平方和和自由度與誤差項的平方和和自由度合併，作為實驗誤差平方和的估計值 (SS'_e)，這樣既可以增加實驗誤差的自由度，也可減少實驗誤差變異數，從而提高假設檢定的靈敏度。合併後的實驗誤差平方和為：

$SS'_e = SS_e + SS_D + SS_{AB} = 703.3 + 78.1 + 78.1 = 859.5$

自由度為 3，合併後的變異數分析結果列入表 9-40。

表 9-39　花菜留種正交實驗變異數分析

變異來源	df	SS	s^2	F	$F_{0.05}$	$F_{0.01}$
澆水次數	1	22578.1	22578.1	32.10	161	405
噴藥次數	1	17578.1	17578.1	24.99	161	405
施肥方法	1	1953.1	1953.1	2.78	161	405
進室時間	1	78.1	78.1	＜1	161	405
澆水次數×噴藥次數	1	78.1	78.1	＜1	161	405
澆水次數×施肥方法	1	3828.1	3828.1	5.44	161	405
實驗誤差	1	703.3	703.3			
總變異	7	46796.3				

表 9-40　花菜留種正交實驗的變異數分析（去掉 F＜1 因素後）

變異來源	df	SS	s^2	F	$F_{0.05}$	$F_{0.01}$
澆水次數	1	22578.1	22578.1	78.81**	10.13	34.12
噴藥次數	1	17578.1	17578.1	61.35**	10.13	34.12
施肥方法	1	1953.1	1953.1	6.82	10.13	34.12
澆水次數×施肥方法	1	3828.1	3828.1	13.36*	10.13	34.12
實驗誤差	3	859.5	286.5			
總變異	7	46796.9				

由表 9-40 可知，澆水次數、噴藥次數的 F 值均達極為顯著水準；澆水次數×施肥方法互動的 F 值達顯著水準。可見，假設檢定的靈敏度明顯提高。

(3)互動式分析與處理組合最佳化：由於澆水次數極顯著，施肥方法不顯著，澆水次數×施肥方法互動顯著，所以澆水次數和施肥方法的最佳階層應根據澆水次數×施肥方法互動而定，即 A_1 在確定為最佳階層後，在 A_1 階層上比較 C_1 和 C_2，確定施肥方法的最佳階層。

A_1C_1 的平均數為：$(350+425)/2=387.5$

A_1C_2 的平均數為：$(325+425)/2=375$

因此，施肥方法 C 因素還是 C_1 階層較好；噴藥次數 B 因素取 B_2 較好；進室時間 D 階層間差異不顯著，取哪一個都行，所以最佳處理組合為：$A_1B_2C_1D_1$ 或 $A_1B_2C_1D_2$。

1. 有6個品種A、B、C、D、E、F，擬設計一品種比較實驗，已知實驗地的西部肥沃，東部貧瘠。用哪一種設計方式比較合理？為什麼？怎樣設計？
2. 若上面的實驗並不知道地力情況，實驗又應如何安排？
3. 有兩種藥物A和B，用不同劑量配對服用，有降血壓的效果，要瞭解其中哪一種藥物功能更為重要以及哪一處劑量配對療效最好，實驗應如何設計？用隨機區組設計可以嗎？
4. 比較3種不同沖洗液對細胞生長的抑制作用，由於實驗條件的限制，一天內只能做3次處理，不同實驗日期可能是引起變差的一個原因，因此安排隨機區組實驗，結果如下：

沖洗液	天			
	1	2	3	4
1	13	22	18	39
2	16	24	17	44
3	5	4	1	22

分析結果並做出結論。

5. 研究3種不同藥物治療創傷的效果，在動物體表的一定部位，切出同樣面積的創口，記載從敷藥到癒合所需天數。使用4窩動物，考慮窩別之間可能存在差異，設計一隨機區組實驗，結果如下：

藥物	窩別			
	1	2	3	4
1	7	7	10	8
2	6	5	6	5
3	10	9	8	10

分析資料並做出結論。

6. 分析 A、B、C、D4種食物中的殘毒，現有4套儀器和4名實驗員，儀器和實驗員的操作都可能存在差異。應怎樣設計實驗及怎樣安排實驗順序，才能用最短的時間得到最合理的結果？

7. 要研究作物的3個不同品種與4種施肥量對小區產量的影響，研究的聚焦點是不同施肥量的功能，要求重複兩次，實驗應如何設計？

8. 不同的高粱雜交種，不同世代數的小區產量如下：

區組雜交種		1			2		
		1	2	3	1	2	3
世代數	1	42	44	46	44	43	50
	2	46	44	42	48	47	44
	3	48	43	46	45	44	42

分析以上資料並做出結論。

9. 為了探討高頻電場處理種子後所產生的生物學效應，設計了以下實驗：

		因素			
		時間（A）	品種（B）	場強（C）	頻率（D）
階層	1	40s	津豐1號	10A	14MHz
	2	80s	東方紅3號	15A	16MHz
	3	120s	7323	20A	18MHz

根據以往經驗，B 和 A、C、D 之間可能存在互動功能，其他各因素間的互動功能可不考慮。採用 $L_{27}(3^{13})$ 表安排實驗，表頭設計為：

因素	A	B	AB_1	AB_2	C	BD_2	BC_1	D	BC_2	BD_2	e
列號	1	2	3	4	5	6	8	9	11	12	13

實驗結果為6日齡株高（公分）。

實驗號	1	2	3	4	5	6	7	8	9
結果	45.0	39.7	44.4	37.4	42.6	40.0	42.8	42.0	29.6
實驗號	10	11	12	13	14	15	16	17	18
結果	29.1	32.2	32.5	31.3	40.8	34.1	43.9	25.6	38.8
實驗號	19	20	21	22	23	24	25	26	27
結果	44.2	45.9	38.4	33.0	33.8	34.8	34.0	35.0	29.6

對以上結果進行分析，選出重要因素及最佳階層。本實驗是一個 3 階層實驗，各因素平方和的計算與誤差估計與 2 階層實驗並無顯著不同，請讀者自行嘗試計算。

1. 本實驗應採用隨機區組實驗設計，從東向西劃分區組。原因如下：

⑴隨機區組設計要求每一區組內的條件應一致，所以在劃分區組時應從東向西或從西向東劃分，而不能從北向南或從南向北劃分。

⑵用隨機區組設計，可以從總平方和中分解出由於地力差異所引起的平方和，減少誤差平方和，提高實驗精確度。以 3 個區組為例，設計圖如下：

西（左）／東（右）

A	E	D
B	A	C
C	F	B
D	C	E
E	D	F
F	B	A

2. 若上述實驗不知地力情況，可做兩種安排：

⑴先行地力勘測，根據地力勘測的結果決定設計方式。

⑵如果地力是規則性不均勻而不是鑲嵌式不均勻，也可以考慮設計為拉丁方陣。設計圖如下：

A	B	C	D	E	F
E	F	A	B	C	D
C	D	E	F	A	B
F	A	B	C	D	E
B	C	D	E	F	A
D	E	F	A	B	C

3. 本實驗應採用有重複的交叉分組實驗設計。用該設計可以選出主要因素及主要因素的最佳階層，並可判斷是否存在互動功能及互動功能的最佳階層組合，從而得出療效最佳的配對劑量。如果無法得到足夠的同質受試人群，可以考慮採用兩因素隨機區組設計，單因素隨機區組設計是無法完成本實驗的。

4. 在這裡「天」應當作為區組。

		區組 B				$x_{i\cdot}$	$x_{i\cdot}^2$	$\sum_{j=1}^{b} x_{ij}^2$
		1	2	3	4			
沖洗液 A	1	13	22	18	39	92	8464	2498
	2	16	24	17	44	101	10201	3057
	3	5	4	1	22	32	1024	526
$x_{\cdot j}$		34	50	36	105	225	19689	6081
$x_{\cdot j}^2$		1156	2500	1296	11025	15977		
$\sum_{i=1}^{a} x_{ij}^2$		450	1076	614	3941	6081		

$$C=\frac{x_{..}^2}{ab}=\frac{225^2}{3\times4}=4218.75$$

$$SS_T=\sum_{i=1}^{a}\sum_{j=1}^{b}x_{ij}^2-C=6081-4218.75=1862.25$$

$$SS_A=\frac{1}{b}\sum_{i=1}^{a}x_{i.}^2-C=\frac{19689}{4}-4218.75=703.5$$

$$SS_B=\frac{1}{a}\sum_{j=1}^{b}x_{.j}^2-C=\frac{15977}{3}-4218.75=1106.92$$

$$SS_e=SS_T-SS_A-SS_B=1862.25-703.5-1106.92=51.83$$

變異數分析表：

變差來源	平方和	自由度	均方	F
沖洗液 A	703.5	2	351.75	40.71**
區組 B	1106.92	3	368.97	
誤差	51.83	6	8.64	
總和	1862.25	11		

結論：不同沖洗液沖洗的效果有極顯著不同。

5. 在這裡「窩別」是區組。

		區組 B				$x_{i.}$	$x_{i.}^2$	$\sum_{j=1}^{b}x_{ij}^2$
		1	2	3	4			
沖洗液 A	1	7	7	10	8	32	1024	262
	2	6	5	6	5	22	484	122
	3	10	9	8	10	37	1369	345
$x_{.j}$		23	21	24	23	225	2877	729
$x_{.j}^2$		529	441	576	529	2075		
$\sum_{i=1}^{a}x_{ij}^2$		185	155	200	189	729		

$$C=\frac{x_{..}^2}{ab}=\frac{91^2}{3\times4}=690.08$$

$$SS_T=\sum_{i=1}^{a}\sum_{j=1}^{b}x_{ij}^2-C=729-690.08=38.92$$

$$SS_A=\frac{1}{b}\sum_{i=1}^{a}x_{.i}^2-C=\frac{2877}{4}-690.08=29.17$$

$$SS_B=\frac{1}{a}\sum_{j=1}^{b}x_{.j}^2-SS_A-SS_B=38.92-29.17-1.59=8.16$$

變異數分析表：

變差來源	平方和	自由度	均方	F
藥物 A	29.17	2	14.59	10.73*
區組 B	1.59	3	0.53	
誤差	8.16	6	1.36	
總和	38.92	11		

結論：不同藥物的療效有顯著不同。

6. 應採用拉丁方陣設計。用拉丁方陣設計可排除由於儀器和實驗員所產生的誤差，得到更為可靠的結果。

		儀器			
		1	2	3	4
實驗人員	一	A	B	C	D
	二	D	A	B	C
	三	C	D	A	B
	四	B	C	D	A

完成全部工作需 16 次實驗，但每組可同時進行 4 次實驗，共 4 組，安排如下：

組別	實驗人員	儀器	食物
I	一	1	A
	二	2	A
	三	3	A
	四	4	A

組別	實驗人員	儀器	食物
II	一	2	B
	二	3	B
	三	4	B
	四	1	B

組別	實驗人員	儀器	食物
III	一	3	C
	二	4	C
	三	1	C
	四	2	C

組別	實驗人員	儀器	食物
IV	一	4	D
	二	1	D
	三	2	D
	四	3	D

7. 應採用裂區設計，品種為主區，施肥量為次區。

8. 令 $x'_{ijk}=x_{ijk}-45$，列成下表：

區組 A		I			II		
雜交種 B		1	2	3	1	2	3
世代數 C	1	−3	−1	1	−1	−2	5
	2	1	−3	−3	3	2	−1
	3	3	1	1	0	−1	−3

AB 兩向表

		B			$x_{i\cdot\cdot}$
		1	2	3	
A	1	1	−4	−1	−4
	2	2	−1	1	2
					−2

AC 兩向表

		B		$x_{\cdot\cdot k}$
		1	2	
	1	−3	2	−1
C	2	−3	4	1
	3	2	−4	−2
				−2

BC 兩向表

		C			$x_{\cdot\cdot k}$
		1	2	3	
	1	−4	4	3	3
B	2	−3	1	−3	−5
	3	6	−4	−2	0
					−2

$$SS_T = \sum_{i=1}^{a}\sum_{j=1}^{b}\sum_{k=1}^{C} x_{ijk}^2 - C = 90 - 0.2222 = 89.7778$$

$$SS_A = \frac{1}{bc}\sum_{i=1}^{a} x_{i\cdot\cdot}^2 - C = \frac{20}{9} - 0.2222 = 2.0000$$

$$SS_B=\frac{1}{ac}\sum_{j=1}^{b}x^2_{\cdot j\cdot}-C=\frac{34}{6}-0.2222=5.4445$$

$$SS_C=\frac{1}{ab}\sum_{k=1}^{c}x^2_{\cdot\cdot k}-C=\frac{6}{6}-0.2222=0.7778$$

$$SS_{AB}=\frac{1}{c}\sum_{i=1}^{a}\sum_{j=1}^{b}x^2_{ij\cdot}-C-SS_A-SS_B$$

$$=\frac{24}{3}-0.2222-2.0000-5.4445=0.3333$$

$$SS_{AC}=\frac{1}{b}\sum_{i=1}^{a}\sum_{j=1}^{c}x^2_{i\cdot k}-C-SS_A-SS_C$$

$$=\frac{58}{3}-0.2222-2.0000-0.7778=16.3333$$

$$SS_{BC}=\frac{1}{a}\sum_{j=1}^{b}\sum_{k=1}^{c}x^2_{\cdot jk}-C-SS_B-SS_C$$

$$=\frac{116}{2}-0.2222-5.4445-0.7778=51.5555$$

$$SS_{ABC}=SS_T-SS_A-SS_B-SS_C-SS_{AB}-SS_{AC}-SS_{BC}=13.3334$$

變異數分析表：

變差來源	平方和	自由度	均方	F
區組 A	2.0000	1	2.0000	
雜交種 B	5.4445	2	2.7223	16.33
AB（主區誤差）	0.3333	2	0.1667	
世代數 C	0.7778	2	0.3889	0.05
AC	16.3333	2	8.1667	
BC	51.5555	4	12.8889	3.87
ABC（次區誤差）	13.3334	4	3.3333	
總和	89.7778	17		

結論：雜交種和世代數以及它們的互動功能都不影響產量的主要因素。

9.

實驗	1	2	3	4	5	6	7	8	9	10	11	12	13	結果
號	A	B	AB_1	AB_2	C	BD_2	e	BC_1	D	e	BC_2	BD_2	e	
1	表體略。													45.0
⋮														⋮
27														29.6
k_1	363.5	351.4	339.0	333.9	340.7	345.3	326.6	329.8	352.7	335.5	333.5	321.3	333.8	
k_2	308.3	327.3	312.4	356.8	337.6	331.4	340.9	317.5	301.7	337.9	347.4	337.6	319.5	
k_3	328.7	321.3	349.1	309.8	322.2	323.8	333.3	353.2	346.1	327.1	319.6	341.6	347.2	
k_1'	30.5	18.4	6	0.9	7.7	12.3	−6.4	−3.2	19.7	2.5	0.5	−11.7	0.8	
k_2'	−24.7	−5.2	−206	23.8	4.6	−1.6	7.9	−15.5	−31.3	4.9	14.4	4.6	−13.5	
k_3'	−4.3	−11.7	16.1	−23.2	−10.8	9.2	0	20.2	13.1	−5.9	−13.4	8.6	14.2	
k_1'	930.25	338.56	36.00	0.81	59.29	151.29	40.96	10.24	388.09	6.25	0.25	136.89	0.64	
k_2'	610.09	27.04	424.36	566.44	21.16	2.56	62.41	240.25	979.69	24.01	207.36	21.16	182.25	
k_3'	18.49	136.89	259.21	538.24	116.64	84.64	0	408.04	171.61	34.81	179.56	73.96	201.64	
$\sum_{j=1}^{3} k_j'^2$	1558.83	510.5	718.57	1105.49	197.09	238.49	103.37	658.53	1539.39	65.07	387.17	232.01	384.53	

$$C=\frac{1}{n}(\sum_{i=1}^{n} x_i)^2=\frac{1.5^2}{27}=0.08$$

$$SS_A=\frac{1558.83}{9}-0.08=173.12$$

$$SS_B=\frac{510.5}{9}-0.08=56.64$$

$$SS_C=\frac{197.09}{9}-0.08=21.82$$

$$SS_D=\frac{1539.39}{9}-0.08=170.96$$

$$SS_{AB}=\frac{718.57+1105.49}{9}-2\times 0.08=202.51$$

$$SS_{BC}=\frac{685.53+387.17}{9}-2\times 0.08=116.03$$

$$SS_{BD}=\frac{232.01+238.49}{9}-2\times 0.08=52.12$$

$$SS_e=\frac{103.37+65.07+384.53}{9}-0.08=62.31$$

變異數分析表：

變差來源	平方和	自由度	均方	F
時間 A	173.12	2	86.56	8.32*
品種 B	56.64	2	28.32	2.72
場強 C	21.81	2	10.91	1.05
頻率 D	170.96	2	85.48	8.22*
AB	202.51	4	50.63	9.82*
BC	116.03	4	29.01	2.79
BD	52.12	4	13.03	1.25
誤差	62.31	6	10.39	
總和	855.51	26		

結論：時間 A、頻率 D 及 A×B 為主要因素。

A 的最佳階層為 A_1，D 的最佳階層為 D_1。A×B 的最佳階層由二元表求出。

	A_1	A_2	A_3
B_1	129.1	93.8	128.5
B_2	120.0	106.2	101.6
B_3	114.4	108.3	98.6

其中以 A_1B_1 最高，故本實驗的最佳階層組合為 $A_1B_1D_1$。

NOTE

附表

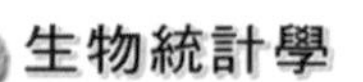

附表 1　標準常態分配的累積函數 F(u)值表

u	−0.09	−0.08	−0.07	−0.06	−0.05	−0.04	−0.03	−0.02	−0.01	−0.00
−3.9	0.000033	0.000034	0.000036	0.000037	0.000039	0.000041	0.000042	0.000044	0.000046	0.000048
−3.8	0.000050	0.000052	0.000054	0.000057	0.000059	0.000062	0.000064	0.000067	0.000069	0.000072
−3.7	0.000075	0.000078	0.000082	0.000085	0.000088	0.000092	0.000096	0.000100	0.000104	0.000108
−3.6	0.000112	0.000117	0.000121	0.000126	0.000131	0.000136	0.000142	0.000147	0.000153	0.000159
−3.5	0.000165	0.000172	0.000179	0.000185	0.000193	0.000200	0.000208	0.000216	0.000224	0.000233
−3.4	0.000242	0.000251	0.000260	0.000270	0.000280	0.000291	0.000302	0.000313	0.000325	0.000337
−3.3	0.000350	0.000362	0.000376	0.000390	0.000404	0.000419	0.000434	0.000450	0.000467	0.000483
−3.2	0.000501	0.000519	0.000538	0.000557	0.000577	0.000598	0.000619	0.000641	0.000664	0.000687
−3.1	0.000711	0.000736	0.000762	0.000789	0.000816	0.000845	0.000874	0.000904	0.000935	0.000968
−3.0	0.001001	0.001036	0.001070	0.001107	0.001144	0.001183	0.001223	0.001264	0.001306	0.001350
−2.9	0.001395	0.001441	0.001189	0.001538	0.001589	0.001641	0.001695	0.001750	0.001807	0.001866
−2.8	0.001926	0.001988	0.002052	0.002118	0.002186	0.002256	0.002327	0.002401	0.002477	0.002555
−2.7	0.002635	0.002718	0.002803	0.002890	0.002980	0.003072	0.003167	0.003264	0.003364	0.003467
−2.6	0.003573	0.003681	0.003793	0.003907	0.004025	0.004145	0.004269	0.004396	0.004527	0.004661
−2.5	0.004799	0.004940	0.005085	0.005234	0.005386	0.005543	0.005703	0.005868	0.006037	0.006210
−2.4	0.006387	0.006569	0.006756	0.006947	0.007143	0.007344	0.007549	0.007760	0.007976	0.008198
−2.3	0.008424	0.008656	0.008894	0.009137	0.009387	0.009642	0.009903	0.01017	0.01044	0.01072
−2.2	0.01101	0.01130	0.01160	0.01191	0.01222	0.01255	0.01287	0.01321	0.01355	0.01390
−2.1	0.01426	0.01463	0.01500	0.01539	0.01578	0.01618	0.01659	0.01700	0.01743	0.01786
−2.0	0.01831	0.01876	0.01923	0.01970	0.02018	0.02068	0.02118	0.02169	0.02222	0.02275
−1.9	0.02330	0.02385	0.02442	0.02500	0.02559	0.02619	0.02680	0.02743	0.02807	0.02872
−1.8	0.02938	0.03005	0.03074	0.03144	0.03216	0.03288	0.03362	0.03438	0.03515	0.03593
−1.7	0.03673	0.03754	0.03836	0.03920	0.04006	0.04093	0.04182	0.04272	0.04363	0.04457
−1.6	0.04551	0.04648	0.04746	0.04846	0.04947	0.05050	0.05155	0.05262	0.05370	0.05480
−1.5	0.05592	0.05705	0.05821	0.05938	0.06057	0.06178	0.06301	0.06426	0.06552	0.06681
−1.4	0.06811	0.06944	0.07078	0.07215	0.07353	0.07493	0.07636	0.07780	0.07927	0.08076
−1.3	0.08226	0.08379	0.08534	0.08691	0.08851	0.09012	0.09176	0.09342	0.09510	0.09680
−1.2	0.09853	0.1003	0.1020	0.1038	0.1056	0.1075	0.1093	0.1112	0.1131	0.1151
−1.1	0.1170	0.1190	0.1210	0.1230	0.1251	0.1271	0.1292	0.1314	0.1335	0.1357
−1.0	0.1379	0.1401	0.1423	0.1446	0.1469	0.1492	0.1515	0.1539	0.1562	0.1587
−0.9	0.1611	0.1635	0.1660	0.1685	0.1711	0.1736	0.1762	0.1788	0.1814	0.1841
−0.8	0.1867	0.1894	0.1922	0.1949	0.1977	0.2005	0.2033	0.2061	0.2090	0.2119
−0.7	0.2148	0.2177	0.2206	0.2236	0.2266	0.2297	0.2327	0.2358	0.2389	0.2420
−0.6	0.2451	0.2483	0.2514	0.2546	0.2578	0.2611	0.2643	0.2676	0.2709	0.2743
−0.5	0.2776	0.2810	0.2843	0.2877	0.2912	0.2946	0.2981	0.3015	0.3050	0.3085

−0.4	0.3121	0.3156	0.3192	0.3228	0.3264	0.3300	0.3336	0.3372	0.3409	0.3446
−0.3	0.3483	0.3520	0.3557	0.3594	0.3632	0.3669	0.3707	0.3745	0.3783	0.3821
−0.2	0.3859	0.3897	0.3936	0.3974	0.4013	0.4052	0.4090	0.4129	0.4168	0.4206
−0.1	0.4247	0.4286	0.4325	0.4364	0.4404	0.4443	0.4483	0.4522	0.4562	0.4602
−0.0	0.4641	0.4681	0.4721	0.4761	0.4801	0.4840	0.4880	0.4920	0.4960	0.5000

續表

u	0・00	0.01	0.02	0.03	0.04	0.05	0.06	0.07	0.08	0.09
0.0	0.5000	0.5040	0.5080	0.5120	0.5160	0.5199	0.5239	0.5279	0.5319	0.5359
0.1	0.5398	0.5438	0.5478	0.5517	0.5557	0.5596	0.5636	0.5675	0.5714	0.5753
0.2	0.5793	0.5832	0.5871	0.5910	0.5948	0.5987	0.6026	0.6064	0.6103	0.6141
0.3	0.6179	0.6217	0.6255	0.6293	0.6331	0.6368	0.6406	0.6443	0.6480	0.6517
0.4	0.6554	0.6591	0.6628	0.6664	0.6700	0.6736	0.6772	0.6808	0.6844	0.6879
0.5	0.6915	0.6950	0.6985	0.7019	0.7054	0.7088	0.7123	0.7157	0.7190	0.7224
0.6	0.7257	0.7291	0.7324	0.7357	0.7389	0.7422	0.7454	0.7486	0.7517	0.7549
0.7	0.7580	0.7611	0.7642	0.7673	0.7703	0.7734	0.7764	0.7794	0.7823	0.7852
0.8	0.7881	0.7910	0.7939	0.7967	0.7995	0.8023	0.8051	0.8078	0.8106	0.8133
0.9	0.8159	0.8186	0.8212	0.8238	0.8264	0.8289	0.8315	0.8340	0.8365	0.8389
1.0	0.8413	0.8438	0.8461	0.8485	0.8508	0.8531	0.8554	0.8577	0.8599	0.8621
1.1	0.8643	0.8665	0.8686	0.8708	0.8729	0.8749	0.8770	0.8790	0.8810	0.8830
1.2	0.8849	0.8869	0.8888	0.8907	0.8925	0.8944	0.8962	0.8980	0.8997	0.90147
1.3	0.90320	0.90490	0.90658	0.90824	0.90988	0.91149	0.91309	0.91466	0.91621	0.91774
1.4	0.91924	0.92037	0.92220	0.92364	0.92507	0.92647	0.92785	0.92922	0.93056	0.93189
1.5	0.93319	0.93448	0.93574	0.93699	0.93822	0.93943	0.94062	0.94179	0.94295	0.94408
1.6	0.94520	0.94630	0.94738	0.94845	0.94950	0.95053	0.95154	0.95254	0.95352	0.95449
1.7	0.95543	0.95637	0.95728	0.95818	0.95908	0.95994	0.95080	0.96164	0.96246	0.96327
1.8	0.96407	0.96485	0.96562	0.96638	0.96712	0.96784	0.96856	0.96926	0.96995	0.97062
1.9	0.97128	0.97193	0.97257	0.97320	0.97382	0.97441	0.97500	0.97558	0.97615	0.97670
2.0	0.97725	0.97778	0.97831	0.97882	0.97932	0.97982	0.98030	0.98077	0.98124	0.98169
2.1	0.98214	0.98257	0.98300	0.98341	0.98382	0.98422	0.98461	0.98500	0.98537	0.98574
2.2	0.98610	0.98645	0.98679	0.98713	0.98745	0.98778	0.98809	0.98840	0.98870	0.98899
2.3	0.98928	0.98956	0.98988	0.990097	0.990358	0.990613	0.990863	0.991106	0.991344	0.991576
2.4	0.991802	0.992024	0.992240	0.992451	0.992656	0.992857	0.993053	0.993244	0.993431	0.993613
2.5	0.993790	0.993963	0.994132	0.994297	0.994457	0.994614	0.994766	0.994915	0.995060	0.995201
2.6	0.995339	0.995473	0.995604	0.995731	0.995855	0.995975	0.996093	0.996207	0.996319	0.996427
2.7	0.996533	0.996636	0.996736	0.996833	0.996928	0.997020	0.997110	0.997197	0.997282	0.997365
2.8	0.997445	0.997523	0.997599	0.997673	0.997744	0.997814	0.997882	0.997948	0.998012	0.998074
2.9	0.998134	0.998193	0.998250	0.998305	0.998359	0.998411	0.998462	0.998511	0.998559	0.998605

3.0	0.998650	0.998694	0.998736	0.998777	0.998817	0.998856	0.998893	0.998930	0.998965	0.998999
3.1	0.999032	0.999065	0.909096	0.999126	0.999155	0.999184	0.999211	0.999238	0.999264	0.999289
3.2	0.999313	0.999336	0.999359	0.999381	0.999402	0.999423	0.999443	0.999462	0.999481	0.999499
3.3	0.999517	0.999534	0.999550	0.999566	0.999581	0.999596	0.999610	0.999624	0.999638	0.999651
3.4	0.999663	0.999675	0.999687	0.999698	0.999709	0.999720	0.999730	0.999740	0.999750	0.999759
3.5	0.999767	0.999776	0.999784	0.999792	0.999800	0.999807	0.999815	0.999822	0.999828	0.999835
3.6	0.999841	0.999847	0.999853	0.999858	0.999864	0.999869	0.999874	0.999879	0.999883	0.999888
3.7	0.999892	0.999896	0.999900	0.999904	0.999908	0.999912	0.999915	0.999918	0.999922	0.999925
3.8	0.999928	0.999931	0.999933	0.999936	0.999938	0.999941	0.999943	0.999946	0.999948	0.999950
3.9	0.999952	0.999954	0.999956	0.999958	0.999959	0.999961	0.999963	0.999964	0.999966	0.999967

附表 2　常態離差（u）值表（雙尾）

p	0.00	0.01	0.02	0.03	0.04	0.05	0.06	0.07	0.08	0.09
0.0	∝	2.575829	2.326348	2.170090	2.053749	1.959964	1.880794	1.811911	1.750686	1.695398
0.1	1.644854	1.598193	1.554774	1.514102	1.475791	1.439531	1.405072	1.372204	1.340755	1.310579
0.2	1.281552	1.253565	1.226528	1.200359	1.174987	1.150349	1.126391	1.103063	1.080319	1.058122
0.3	1.036433	1.015222	0.994458	0.974114	0.954165	0.934589	0.915365	0.896473	0.877896	0.859617
0.4	0.841621	0.823894	0.806421	0.789192	0.772193	0.755415	0.738847	0.722479	0.706303	0.690309
0.5	0.674490	0.658838	0.643345	0.628006	0.612813	0.597760	0.582841	0.568051	0.553385	0.538836
0.6	0.524401	0.510073	0.495850	0.481727	0.467699	0.453762	0.439913	0.426148	0.412463	0.398855
0.7	0.385320	0.371856	0.358459	0.345125	0.331853	0.318639	0.305481	0.292375	0.279319	0.266311
0.8	0.253347	0.240426	0.227545	0.214702	0.201893	0.189113	0.176374	0.163658	0.150969	0.138304
0.9	0.125661	0.113039	0.100434	0.087845	0.075270	0.062707	0.050154	0.037608	0.025069	0.012533
p	0.001		0.0001	0.00001		0.000001		0.0000001	0.00000001	
u	3.29053		3.89059	4.41717		4.89164		5.32672	5.73073	

附表 3　t 值表(雙尾)

自由度 df	機率值(p)								
	0.500	0.400	0.200	0.100	0.050	0.025	0.010	0.005	0.001
1	1.000	1.376	3.078	6.314	12.706	25.452	63.657		
2	0.816	1.061	1.886	2.920	4.303	6.205	9.925	14.089	31.598
3	0.765	0.978	1.638	2.353	3.182	4.176	5.841	7.453	12.941
4	0.741	0.941	1.533	2.132	2.776	3.495	4.604	5.598	8.610
5	0.727	0.920	1.476	2.015	2.571	3.163	4.032	4.773	6.859
6	0.718	0.906	1.440		2.447	2.969	3.707	4.317	5.959
7	0.711	0.896	1.415		2.365	2.841	3.499	4.029	5.405
8	0.706	0.889	1.397	1.860	2.306	2.752	3.355	3.832	5.041
9	0.703	0.883	1.383	1.833	2.262	2.685	3.250	3.690	4.781
10	0.700	0.879	1.372	1.812	2.228	2.634	3.169	3.581	4.587

11	0.697	0.876	1.363	1.796	2.201	2.593	3.106	3.497	4.437
12	0.695	0.873	1.356	1.782	2.179	2.560	3.056	3.428	4.318
13	0.694	0.870	1.350	1.771	2.160	2.533	3.012	3.372	4.221
14	0.692	0.868	1.345	1.761	2.145	2.510	2.977	3.326	4.140
15	0.691	0.866	1.341	1.753	2.131	2.490	2.947	3.286	4.073
16	0.690	0.865	1.337	1.746	2.120	2.473	2.921	3.252	4.015
17	0.689	0.863	1.333	1.740	2.110	2.458	2.898	3.222	3.965
18	0.688	0.862	1.330	1.734	2.101	2.445	2.878	3.197	3.922
19	0.688	0.861	1.328	1.729	2.093	2.433	2.861	3.174	3.883
20	0.687	0.860	1.325	1.725	2.086	2.423	2.845	3.153	3.850
21	0.686	0.859	1.323	1.721	2.080	2.414	2.831	3.135	3.819
22	0.686	0.858	1.321	1.717	2.074	2.406	2.819	3.119	3.792
23	0.685	0.858	1.319	1.714	2.069	2.398	2.807	3.104	3.767
24	0.685	0.857	1.318	1.711	2.064	2.391	2.797	3.090	3.745
25	0.684	0.856	1.316	1.708	2.060	2.385	2.787	3.078	3.725
26	0.684	0.856	1.315	1.706	2.056	2.379	2.779	3.067	3.707
27	0.684	0.855	1.314	1.703	2.052	2.373	2.771	3.056	3.690
28	0.683	0.855	1.313	1.701	2.048	2.368	2.763	3.047	3.674
29	0.683	0.854	1.311	1.699	2.045	2.364	2.756	3.038	3.659
30	0.683	0.854	1.310	1.697	2.042	2.360	2.750	3.030	3.646
40	O.681	0.851	1.303	1.684	2.021	2.329	2.704	2.971	3.551
60	0.679	0.848	1.296	1.671	2.000	2.299	2.660	2.915	3.460
80	0.678	0.847	1.293	1.665	1.989	2.284	2.638	2.887	3.415
120	0.677	0.845	1.289	1.658	1.980	2.270	2.617	2.860	3.373
∝	0.675	0.842	1.282	1.645	1.960	2.241	2.576	2.807	3.291

附表 4　x^2 值表(右尾)

自由度 (df)	機率值(p)												
	0.995	0.990	0.975	0.950	0.900	0.750	0.500	0.250	0.100	0.050	0.025	0.010	0.005
1					0.02	0.10	0.45	1.32	2.71	3.84	5.02	6.63	7.88
2	0.01	0.02	0.05	0.10	0.21	0.58	1.39	2.77	4.61	5.99	7.38	9.21	10.60
3	0.07	0.11	0.22	0.35	0.58	1.21	2.37	4.11	6.25	7.81	9.35	11.34	12.84
4	0.21	0.30	0.48	0.71	1.06	1.92	3.36	5.39	7.78	9.49	11.14	13.28	14.86
5	0.41	0.55	0.83	1.15	1.61	2.67	4.35	6.63	9.24	11.07	12.83	15.09	16.75
6	0.68	0.87	1.24	1.64	2.20	3.45	5.35	7.84	10.64	12.59	14.45	16.81	18.55
7	0.99	1.24	1.69	2.17	2.83	4.25	6.35	9.04	12.02	14.07	16.01	18.48	20.28
8	1.34	1.65	2.18	2.73	3.49	5.07	7.34	10.22	13.36	15.51	17.53	20.09	21.96
9	1.73	2.09	2.70	3.33	4.17	5.90	8.34	11.39	14.68	16.92	19.02	21.67	23.59
10	2.16	2.56	3.25	3.94	4.87	6.74	9.34	12.55	15.99	18.31	20.48	23.21	25.19

11	2.60	3.05	3.82	4.57	5.58	7.58	10.34	13.70	17.28	19.68	21.92	24.72	26.76
12	3.07	3.57	4.40	5.23	6.30	8.44	11.34	14.85	18.55	21.03	23.34	26.22	28.30
13	3.57	4.11	5.01	5.89	7.04	9.30	12.34	15.98	19.81	22.36	24.74	27.69	29.82
14	4.07	4.66	5.63	6.57	7.79	10.17	13.34	17.12	21.06	23.68	26.12	29.14	31.32
15	4.60	5.23	6.27	7.26	8.55	11.04	14.34	18.25	22.31	25.00	27.49	30.58	32.80
16	5.14	5.81	6.91	7.96	9.31	11.91	15.34	19.37	23.54	26.30	28.85	32.00	34.27
17	5.70	6.41	7.56	8.67	10.09	12.79	16.34	20.49	24.77	27.59	30.19	33.41	35.72
18	6.26	7.01	8.23	9.39	10.86	13.68	17.34	21.60	25.99	28.87	31.53	34.81	37.16
19	6.84	7.63	8.91	10.12	11.65	14.56	18.34	22.72	27.20	30.14	32.85	36.19	38.58
20	7.43	8.26	9.59	10.85	12.44	15.45	19.34	23.83	28.41	31.41	34.17	37.57	40.00
21	8.03	8.90	10.28	11.59	13.24	16.34	20.34	24.93	29.62	32.67	35.48	38.93	41.40
22	8.64	9.54	10.98	12.34	14.04	17.24	21.34	26.04	30.81	33.92	36.78	40.29	42.80
23	9.26	10.20	11.69	13.09	14.85	18.14	22.34	27.14	32.01	35.17	38.08	41.64	44.18
24	9.89	10.86	12.40	13.85	15.66	19.04	23.34	28.24	33.20	36.42	39.36	42.98	45.56
25	10.52	11.52	13.12	14.61	16.47	19.94	24.34	29.34	34.38	37.65	40.65	44.31	46.93
26	11.16	12.20	13.84	15.38	17.29	20.84	25.34	30.43	35.56	38.89	41.92	45.64	48.29
27	11.81	12.88	14.57	16.15	18.11	21.75	26.34	31.53	36.74	40.11	43.19	46.96	49.64
28	12.46	13.56	15.31	16.93	18.94	22.66	27.34	32.62	37.92	41.34	44.46	48.28	50.99
29	13.12	14.26	16.05	17.71	19.77	23.57	28.34	33.71	39.09	42.56	45.72	49.59	52.34
30	13.79	14.95	16.79	18.49	20.60	24.48	29.34	34.80	40.26	43.77	46.98	50.89	53.67
40	20.71	22.16	24.43	26.51	29.05	33.66	39.34	45.62	51.80	55.76	59.34	63.69	66.77
50	27.99	29.71	32.36	34.76	37.60	42.94	49.33	56.33	63.17	67.50	71.42	76.15	79.49
60	35.53	37.48	40.48	43.19	46.46	52.29	59.33	66.98	74.40	79.08	83.30	88.38	91.95
80	51.17	53.54	57.15	60.39	64.28	71.14	79.33	88.13	96.58	101.88	106.63	112.33	116.32
100	67.33	70.06	74.22	77.93	82.36	90.13	99.33	109.14	118.50	124.34	129.56	135.81	140.17

附表 5　F 值表(右尾)

p = 0.05

df_2	df_1（大變異數自由度）													
	1	2	3	4	5	6	7	8	9	10	12	14	16	18	20
1	161	200	216	225	230	234	237	239	241	242	244	245	246	247	248
2	18.51	19.00	19.16	19.25	19.30	19.33	19.36	19.37	19.38	19.39	19.41	19.42	19.43	19.44	19.44
3	10.13	9.55	9.28	9.12	9.01	8.49	8.89	8.85	8.81	8.79	8.74	8.71	8.69	8.67	5.80
4	7.71	6.94	6.59	6.39	6.26	6.16	6.09	6.04	6.00	5.96	5.91	5.87	5.84	5.82	5.80
5	6.61	5.79	5.41	5.19	5.05	4.95	4.88	4.82	4.77	4.74	4.68	4.64	4.60	4.58	4.56
6	5.99	5.14	4.76	4.53	4.39	4.28	4.21	4.15	4.10	4.06	4.00	3.96	3.92	3.90	3.87
7	5.59	4.74	4.35	4.12	3.97	3.87	3.79	3.73	3.68	3.64	3.57	3.53	3.49	3.47	3.44
8	5.32	4.46	4.07	3.84	3.69	3.58	3.50	3.44	3.39	3.35	3.28	3.24	3.20	3.17	3.15
9	5.12	4.26	3.86	3.63	3.48	3.37	3.29	3.23	3.18	3.14	3.07	3.03	2.99	2.96	2.94
10	4.96	4.10	3.71	3.48	3.33	3.22	3.14	3.07	3.02	2.98	2.91	2.86	2.83	2.80	2.77
11	4.84	3.98	3.59	3.36	3.20	3.09	3.01	2.95	2.90	2.85	2.79	2.74	2.70	2.67	2.65

12	4.75	3.89	3.49	3.26	3.11	3.00	2.91	2.85	2.80	2.75	2.69	2.64	2.60	2.57	2.54
13	4.67	3.81	3.41	3.18	3.03	2.92	2.83	2.77	2.71	2.67	2.60	2.55	2.51	2.48	2.46
14	4.60	3.74	3.34	3.11	2.96	2.85	2.76	2.70	2.65	2.60	2.53	2.48	2.44	2.41	2.39
15	4.54	3.68	3.29	3.06	2.90	2.79	2.71	2.64	2.59	2.54	2.48	2.42	2.38	2.35	2.33
16	4.49	3.63	3.24	3.01	2.85	2.74	2.66	2.59	2.54	2.49	2.42	2.37	2.33	2.30	2.28
17	4.45	3.59	3.20	2.96	2.81	2.70	2.61	2.55	2.49	2.45	2.38	2.33	2.29	2.26	2.23
18	4.41	3.55	3.16	2.93	2.77	2.66	2.58	2.51	2.46	2.41	2.34	2.29	2.25	2.22	2.19
19	4.38	3.52	3.13	2.90	2.74	2.63	2.54	2.48	2.42	2.38	2.31	2.26	2.21	2.18	2.16
20	4.35	3.49	3.10	2.87	2.71	2.60	2.51	2.45	2.39	2.35	2.28	2.22	2.18	2.15	2.12
21	4.32	3.47	3.07	2.84	2.68	2.57	2.49	2.42	2.37	2.32	2.25	2.20	2.16	2.12	2.10
22	4.30	3.44	3.05	2.82	2.66	2.55	2.46	2.40	2.34	2.30	2.23	2.17	2.13	2.10	2.07
23	4.28	3.42	3.03	2.80	2.64	2.53	2.44	2.37	2.32	2.27	2.20	2.15	2.11	2.07	2.05
24	4.26	3.40	3.01	2.78	2.62	2.51	2.42	2.36	2.30	2.25	2.18	2.13	2.09	2.05	2.03
25	4.24	3.39	2.99	2.76	2.60	2.49	2.40	2.34	2.28	2.24	2.16	2.11	2.07	2.04	2.01
26	4.23	3.37	2.98	2.74	2.59	2.47	2.39	2.32	2.27	2.22	2.15	2.09	2.05	2.02	1.99
27	4.21	3.35	2.96	2.73	2.57	2.46	2.37	2.31	2.25	2.20	2.13	2.08	2.04	2.00	1.97
28	4.20	3.34	2.95	2.71	2.56	2.45	2.36	2.29	2.24	2.19	2.12	2.06	2.02	1.99	1.96
29	4.18	3.33	2.93	2.70	2.55	2.43	2.35	2.28	2.22	2.18	2.10	2.05	2.01	1.97	1.94
30	4.17	3.32	2.92	2.69	2.53	2.42	2.33	2.27	2.21	2.16	2.09	2.04	1.99	1.96	1.93
32	4.15	3.29	2.90	2.67	2.51	2.40	2.31	2.24	2.19	2.14	2.07	2.01	1.97	1.94	1.91
34	4.13	3.28	2.88	2.65	2.49	2.38	2.29	2.23	2.17	2.12	2.05	1.99	1.95	1.92	1.89
36	4.11	3.26	2.87	2.63	2.48	2.36	2.28	2.21	2.15	2.11	2.03	1.98	1.93	1.90	1.87
38	4.10	3.24	2.85	2.62	2.46	2.35	2.26	2.19	2.14	2.09	2.02	1.96	1.92	1.88	1.85
40	4.08	3.23	2.84	2.61	2.45	2.34	2.25	2.18	2.12	2.08	2.00	1.95	1.90	1.87	1.84
42	4.07	3.22	2.83	2.59	2.44	2.32	2.24	2.17	2.11	2.06	1.99	1.93	1.89	1.86	1.83
44	4.06	3.21	2.82	2.58	2.43	2.31	2.23	2.16	2.10	2.05	1.98	1.92	1.88	1.84	1.81
46	4.05	3.20	2.81	2.57	2.42	2.30	2.22	2.15	2.09	2.04	1.97	1.91	1.87	1.83	1.80
48	4.04	3.19	2.80	2.57	2.41	2.29	2.21	2.14	2.08	2.03	1.96	1.90	1.86	1.82	1.79
50	4.03	3.18	2.79	2.56	2.40	2.29	2.20	2.13	2.07	2.03	1.95	1.89	1.85	1.81	1.78
60	4.00	3.15	2.76	2.53	2.37	2.25	2.17	2.10	2.04	1.99	1.92	1.86	1.82	1.78	1.75
80	3.96	3.11	2.72	2.49	2.33	2.21	2.13	2.06	2.00	1.95	1.88	1.82	1.77	1.73	1.70
100	3.94	3.09	2.70	2.46	2.31	2.19	2.10	2.03	1.97	1.93	1.85	1.79	1.75	1.71	1.68
125	3.92	3.07	2.68	2.44	2.29	2.17	2.08	2.01	1.96	1.91	1.83	1.77	1.72	1.69	1.65
150	3.90	3.06	2.66	2.43	2.27	2.16	2.07	2.00	1.94	1.89	1.82	1.76	1.71	1.67	1.64
200	3.89	3.04	2.65	2.42	2.26	2.14	2.06	1.98	1.93	1.88	1.80	1.74	1.69	1.66	1.62
300	3.87	3.03	2.63	2.40	2.24	2.13	2.04	1.97	1.91	1.86	1.78	1.72	1.68	1.64	1.61
500	3.86	3.01	2.62	2.39	2.23	2.12	2.03	1.96	1.90	1.85	1.77	1.71	1.66	1.62	1.59
1000	3.85	3.00	2.61	2.38	2.22	2.11	2.02	1.95	1.89	1.84	1.76	1.70	1.65	1.61	1.58
∞	3.84	3.00	2.60	2.37	2.21	2.10	2.01	1.94	1.88	1.83	1.75	1.69	1.64	1.60	1.57

p = 0.05 續表

df_2	df_1（大變異數自由度）														
	22	24	26	28	30	35	40	45	50	60	80	100	200	500	∞
1	249	249	249	250	250	251	251	251	252	252	252	253	254	254	254
2	19.45	19.45	19.45	19.46	19.46	19.46	19.47	19.47	19.47	19.48	19.48	19.49	19.49	19.50	19.50
3	8.65	8.64	8.63	8.62	8.62	8.60	8.59	8.59	8.58	8.57	8.56	8.55	8.54	8.53	8.53
4	5.79	5.77	5.76	5.75	5.75	5.73	5.72	5.71	5.70	5.69	5.67	5.66	5.65	5.64	5.63
5	4.54	4.53	4.52	4.50	4.50	4.48	4.46	4.45	4.55	4.43	4.41	4.41	4.39	4.37	4.37
6	3.86	3.84	3.83	3.82	3.81	3.79	3.77	3.76	3.75	3.74	3.72	3.71	3.69	3.68	3.67
7	3.43	3.41	3.40	3.39	3.38	3.36	3.34	3.33	3.32	3.30	3.29	3.27	3.25	3.24	3.23
8	3.13	3.12	3.10	3.09	3.08	3.06	3.04	3.03	3.02	3.01	2.99	2.97	2.95	2.94	2.93
9	2.92	2.90	2.89	2.87	2.86	2.84	2.83	2.81	2.80	2.79	2.77	2.76	2.73	2.72	2.71
10	2.75	2.74	2.72	2.71	2.70	2.68	2.66	2.65	2.64	2.62	2.60	2.59	2.56	2.55	2.54
11	2.63	2.61	2.59	2.58	2.57	2.55	2.53	2.52	2.51	2.49	2.47	2.46	2.43	2.42	2.40
12	2.52	2.51	2.49	2.48	2.47	2.44	2.43	2.41	2.40	2.38	2.36	2.35	2.32	2.31	2.30
13	2.44	2.42	2.41	2.39	2.38	2.36	2.34	2.33	2.31	2.30	2.27	2.26	2.23	2.22	2.21
14	2.37	2.35	2.33	2.32	2.31	2.28	2.27	2.25	2.24	2.22	2.20	2.19	2.16	2.14	2.13
15	2.31	2.29	2.27	2.26	2.25	2.22	2.20	2.19	2.18	2.16	2.14	2.12	2.10	2.08	2.07
16	2.25	2.24	2.22	2.21	2.19	2.17	2.15	2.14	2.12	2.11	2.08	2.07	2.04	2.02	2.01
17	2.21	2.19	2.17	2.16	2.15	2.12	2.10	2.09	2.08	2.06	2.03	2.02	1.99	1.97	1.92
18	2.17	2.15	2.13	2.12	2.11	2.08	2.06	2.05	2.04	2.02	1.99	1.98	1.95	1.93	1.92
19	2.13	2.11	2.10	2.08	2.07	2.05	2.03	2.01	2.00	1.98	1.96	1.94	1.91	1.89	1.88
20	2.10	2.08	2.07	2.05	2.04	2.01	1.99	1.98	1.97	1.95	1.92	1.91	1.88	1.86	1.84
21	2.07	2.05	2.04	2.02	2.01	1.98	1.96	1.95	1.94	1.92	1.89	1.88	1.84	1.82	1.81
22	2.05	2.03	2.01	2.00	1.98	1.96	1.94	1.92	1.91	1.89	1.86	1.85	1.82	1.80	1.78
23	2.02	2.00	1.99	1.97	1.96	1.93	1.91	1.90	1.88	1.86	1.84	1.82	1.79	1.77	1.76
24	2.00	1.98	1.97	1.95	1.94	1.91	1.89	1.88	1.86	1.84	1.82	1.80	1.77	1.75	1.73
25	1.98	1.96	1.95	1.93	1.92	1.89	1.87	1.86	1.84	1.82	1.80	1.78	1.75	1.73	1.71
26	1.97	1.95	1.93	1.91	1.90	1.87	1.85	1.84	1.82	1.80	1.78	1.76	1.73	1.71	1.69
27	1.95	1.93	1.91	1.90	1.88	1.86	1.84	1.82	1.81	1.79	1.76	1.74	1.71	1.69	1.67
28	1.93	1.91	1.90	1.88	1.87	1.84	1.82	1.80	1.79	1.77	1.74	1.73	1.69	1.67	1.65
29	1.92	1.90	1.88	1.87	1.85	1.83	1.81	1.79	1.77	1.75	1.73	1.71	1.67	1.65	1.64
30	1.91	1.89	1.87	1.85	1.84	1.81	1.79	1.77	1.76	1.74	1.71	1.70	1.66	1.64	1.62
32	1.88	1.86	1.85	1.83	1.82	1.79	1.77	1.75	1.74	1.71	1.69	1.67	1.63	1.61	1.59
34	1.86	1.84	1.82	1.80	1.80	1.77	1.75	1.73	1.71	1.69	1.66	1.65	1.61	1.59	1.57
36	1.85	1.82	1.91	1.79	1.78	1.75	1.73	1.71	1.69	1.67	1.64	1.62	1.59	1.56	1.55
38	1.83	1.81	1.79	1.77	1.76	1.73	1.71	1.69	1.68	1.65	1.62	1.61	1.57	1.54	1.53
40	1.81	1.79	1.77	1.76	1.74	1.72	1.69	1.67	1.66	1.64	1.61	1.59	1.55	1.53	1.51
42	1.80	1.78	1.76	1.74	1.73	1.70	1.68	1.66	1.65	1.62	1.59	1.57	1.53	1.51	1.49

44	1.79	1.77	1.75	1.73	1.72	1.69	1.67	1.65	1.63	1.61	1.58	1.56	1.52	1.49	1.48
46	1.78	1.76	1.74	1.72	1.71	1.68	1.65	1.64	1.62	1.60	1.57	1.55	1.51	1.48	1.46
48	1.77	1.75	1.73	1.71	1.70	1.67	1.64	1.62	1.61	1.59	1.56	1.54	1.49	1.47	1.45
50	1.76	1.74	1.72	1.70	1.69	1.66	1.63	1.61	1.60	1.58	1.54	1.52	1.48	1.46	1.44
60	1.72	1.70	1.68	1.66	1.65	1.62	1.59	1.57	1.56	1.53	1.50	1.48	1.44	1.41	1.39
80	1.68	1.65	1.63	1.62	1.60	1.57	1.54	1.52	1.51	1.48	1.45	1.43	1.38	1.35	1.32
100	1.65	1.63	1.61	1.59	1.57	1.54	1.52	1.49	1.48	1.45	1.41	1.39	1.34	1.31	1.28
125	1.63	1.60	1.58	1.57	1.55	1.52	1.49	1.47	1.45	1.42	1.39	1.36	1.31	1.27	1.25
150	1.61	1.59	1.57	1.55	1.53	1.50	1.48	1.45	1.44	1.41	1.37	1.34	1.29	1.25	1.22
200	1.60	1.57	1.55	1.53	1.52	1.48	1.46	1.43	1.41	1.39	1.35	1.32	1.26	1.22	1.19
300	1.58	1.55	1.53	1.51	1.50	1.46	1.43	1.41	1.39	1.36	1.32	1.30	1.23	1.19	1.15
500	1.56	1.54	1.52	1.50	1.48	1.45	1.42	1.40	1.38	1.34	1.30	1.28	1.21	1.16	1.11
1000	1.55	1.53	1.51	1.49	1.47	1.44	1.41	1.38	1.36	1.33	1.29	1.26	1.19	1.13	1.08
∞	1.54	1.52	1.50	1.48	1.46	1.42	1.39	1.37	1.35	1.32	1.27	1.24	1.17	1.11	1.00

$P = 0.01$

df_2	df_1（大變異數自由度）														
	1	2	3	4	5	6	7	8	9	10	12	14	16	18	20
1	405	500	540	563	576	586	593	598	602	606	611	614	617	619	621
2	98.49	99.00	99.17	99.25	99.30	99.33	99.34	99.36	99.38	99.40	99.42	99.43	99.44	99.44	99.45
3	34.12	30.82	29.46	28.71	28.24	27.91	27.67	27.49	27.34	27.23	27.05	26.92	26.83	26.75	26.69
4	21.20	18.00	16.69	15.98	15.52	15.21	14.98	14.80	14.66	14.54	14.37	14.24	14.15	14.07	14.02
5	16.26	13.27	12.06	11.39	10.97	10.67	10.45	10.27	10.15	10.05	9.89	9.77	9.68	9.61	9.55
6	13.74	10.92	9.78	9.15	8.75	8.47	8.26	8.10	7.93	7.87	7.72	7.60	7.52	7.45	7.40
7	12.25	9.55	8.45	7.85	7.46	7.19	6.99	6.84	6.72	6.62	6.47	6.36	6.27	6.21	6.16
8	11.26	8.65	7.59	7.01	6.63	6.37	6.18	6.03	5.91	5.81	5.67	5.56	5.48	5.41	5.36
9	10.56	8.02	6.99	6.42	6.06	5.80	5.61	5.47	5.35	5.26	5.11	5.00	4.92	4.86	4.81
10	10.04	7.56	6.55	5.99	5.64	5.39	5.20	5.06	4.94	4.85	4.71	4.60	4.52	4.46	4.41
11	9.65	7.21	6.22	5.67	5.32	5.07	4.89	4.74	4.63	4.54	4.40	4.29	4.21	4.15	4.10
12	9.33	6.93	5.95	5.41	5.06	4.82	4.64	4.50	4.39	4.30	4.16	4.05	3.97	3.91	3.86
13	9.07	6.70	5.74	5.21	4.86	4.62	4.44	4.30	4.19	4.10	3.96	3.86	3.78	3.71	3.66
14	8.86	6.51	5.56	5.04	4.70	4.46	4.28	4.14	4.03	3.94	3.80	3.70	3.62	3.56	3.51
15	8.68	6.36	5.42	4.89	4.56	4.32	4.14	4.00	3.88	3.80	3.67	3.56	3.49	3.42	3.37
16	8.53	6.23	5.29	4.77	4.44	4.20	4.03	3.89	3.78	3.69	3.55	3.45	3.37	3.31	3.26
17	8.40	6.11	5.18	4.67	4.34	4.10	3.93	3.79	3.68	3.59	3.46	3.35	3.27	3.21	3.16
18	8.29	6.01	5.09	4.58	4.25	4.01	3.84	3.71	3.60	3.51	3.37	3.27	3.19	3.13	3.08
19	8.18	5.93	5.01	4.50	4.17	3.94	3.77	3.63	3.52	3.43	3.30	3.19	3.12	3.05	3.00
20	8.10	5.85	4.94	4.43	4.10	3.87	3.70	3.56	3.46	3.37	3.23	3.13	3.05	2.99	2.94
21	8.02	5.78	4.87	4.37	4.04	3.81	3.64	3.51	3.40	3.31	3.17	3.07	2.99	2.93	2.88
22	7.95	5.72	4.82	4.31	3.99	3.76	3.59	3.45	3.35	3.26	3.12	3.02	2.94	2.83	2.83
23	7.88	5.66	4.76	4.26	3.94	3.71	3.54	3.41	3.30	3.21	3.07	2.97	2.89	2.83	2.78
24	7.82	5.61	4.72	4.22	3.90	3.67	3.50	3.36	3.26	3.17	3.03	2.93	2.85	2.79	2.74

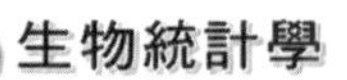

25	7.77	5.57	4.68	4.18	3.86	3.63	3.46	3.32	3.22	3.13	2.99	2.89	2.81	2.75	2.70
26	7.72	5.53	4.64	4.14	3.82	3.59	3.42	3.29	3.18	3.09	2.96	2.86	2.78	2.72	2.66
27	7.68	5.49	4.60	4.11	3.78	3.56	3.39	3.26	3.15	3.06	2.93	2.79	2.75	2.68	2.63
28	7.64	5.45	4.57	4.07	3.75	3.53	3.36	3.23	3.12	3.03	2.90	2.79	2.72	2.65	2.60
29	7.60	5.42	4.54	4.04	3.73	3.50	3.33	3.20	3.09	3.00	2.87	2.77	2.69	2.62	2.57
30	7.56	5.39	4.51	4.02	3.70	3.47	3.30	3.17	3.07	2.98	2.84	2.74	2.66	2.60	2.55
32	7.50	5.34	4.46	3.97	3.65	3.43	3.26	3.13	3.02	2.93	2.80	2.70	2.62	2.55	2.50
34	7.44	5.29	4.42	3.93	3.61	3.39	3.22	3.09	2.98	2.89	2.76	2.66	2.58	2.51	2.46
36	7.40	5.25	4.38	3.89	3.57	3.35	3.18	3.05	2.95	2.86	2.72	2.62	2.54	2.48	2.43
38	7.35	5.21	4.34	3.86	3.54	3.32	3.15	3.02	2.92	2.83	2.69	2.59	2.51	2.45	2.40
40	7.31	5.18	4.31	3.83	3.51	3.29	3.12	2.99	2.89	2.80	2.66	2.56	2.48	2.42	2.37
42	7.28	5.15	4.29	3.80	3.49	3.27	3.10	2.97	2.86	2.78	2.64	2.54	2.46	2.40	2.34
44	7.25	5.12	4.26	3.78	3.47	3.24	3.08	2.95	2.84	2.75	2.62	2.52	2.44	2.37	2.32
46	7.22	5.10	4.24	3.76	3.44	3.22	3.06	2.93	2.82	2.73	2.60	2.50	2.42	2.35	2.30
48	7.20	5.08	4.22	3.74	3.43	3.20	3.04	2.91	2.80	2.72	2.58	2.48	2.40	2.33	2.28
50	7.17	5.06	4.20	3.72	3.41	3.19	3.02	2.89	2.79	2.70	2.56	2.46	2.38	2.32	2.27
60	7.08	4.98	4.13	3.65	3.34	3.12	2.95	2.82	2.72	2.63	2.50	2.39	2.31	2.25	2.20
80	6.96	4.88	4.04	3.56	3.26	3.04	2.87	2.74	2.64	2.55	2.42	2.31	2.23	2.17	2.12
100	6.90	4.82	3.98	3.51	3.21	2.99	2.82	2.69	2.59	2.50	2.37	2.26	2.19	2.12	2.07
125	6.84	4.78	3.94	3.47	3.17	2.95	2.79	2.66	2.55	2.47	2.33	2.23	2.15	2.08	2.03
150	6.81	4.75	3.92	3.45	3.14	2.92	2.76	2.63	2.53	2.44	2.31	2.20	2.12	2.06	2.00
200	6.76	4.71	3.88	3.41	3.11	2.89	2.73	2.60	2.50	2.41	2.27	2.17	2.09	2.02	1.97
300	6.72	4.68	3.85	3.38	3.08	2.86	2.70	2.57	2.47	2.38	2.24	2.14	2.06	1.99	1.94
500	6.69	4.65	3.82	3.36	3.05	2.84	2.68	2.55	2.44	2.36	2.22	2.12	2.04	1.97	1.92
1000	6.66	4.63	3.80	3.34	3.04	2.82	2.66	2.53	2.43	2.34	2.20	2.10	2.02	1.95	1.90
∞	6.63	4.61	3.78	3.32	3.02	2.80	2.64	2.51	2.41	2.32	2.18	2.08	2.00	1.93	1.88

$p = 0.01$ 續表

df_2	df_1（大變異數自由度）														
	22	24	26	28	30	35	40	45	50	60	80	100	200	500	∞
1	622	623	624	625	626	628	629	630	630	631	633	633	635	636	637
2	99.45	99.45	99.46	99.46	99.47	99.47	99.48	99.48	99.48	99.48	99.49	99.49	99.49	99.50	99.50
3	26.65	26.60	26.57	26.54	26.50	26.46	26.41	26.39	26.35	26.30	26.25	26.23	26.18	26.14	26.12
4	13.98	13.93	13.90	13.86	13.83	13.79	13.74	13.72	13.69	13.65	13.60	13.57	13.52	13.48	13.46
5	9.51	9.47	9.43	9.40	9.38	9.33	9.29	9.26	9.24	9.20	9.16	9.13	9.08	9.04	9.02
6	7.35	7.31	7.28	7.25	7.23	7.18	7.14	7.11	7.09	7.06	7.01	6.99	6.93	6.90	6.88
7	6.11	6.07	6.04	6.02	5.99	5.94	5.91	5.88	5.86	5.82	5.78	5.75	5.70	5.67	5.65
8	5.32	5.28	5.25	5.22	5.20	5.15	5.12	5.10	5.07	5.03	4.99	4.96	4.91	4.88	4.86
9	4.77	4.73	4.70	4.67	4.65	4.60	4.57	4.54	4.52	4.48	4.44	4.42	4.36	4.33	4.31
10	4.36	4.33	4.30	4.27	4.25	4.20	4.17	4.14	4.12	4.08	4.04	4.01	3.96	3.93	3.91

11	4.06	4.02	3.99	3.96	3.94	3.89	3.86	3.83	3.81	3.78	3.73	3.71	3.66	3.62	3.60
12	3.82	3.78	3.75	3.72	3.70	3.65	3.62	3.59	3.57	3.54	3.49	3.47	3.41	3.38	3.36
13	3.62	3.59	3.56	3.53	3.51	3.46	3.43	3.40	3.38	3.34	3.30	3.27	3.22	3.19	3.17
14	3.46	3.43	3.40	3.37	3.35	3.30	3.27	3.24	3.22	3.18	3.14	3.11	3.06	3.03	3.00
15	3.33	3.29	3.26	3.24	3.21	3.17	3.13	3.10	3.08	3.05	3.00	2.98	2.92	2.89	2.87
16	3.22	3.18	3.15	3.12	3.10	3.05	3.02	2.99	2.97	2.93	2.89	2.86	2.81	2.78	2.75
17	3.12	3.08	3.05	3.03	3.00	2.96	2.92	2.89	2.87	2.83	2.79	2.76	2.71	2.68	2.65
18	3.03	3.00	2.97	2.94	2.92	2.87	2.84	2.81	2.78	2.75	2.70	2.68	2.62	2.59	2.57
19	2.96	2.92	2.89	2.87	2.84	2.80	2.76	2.73	2.71	2.67	2.63	2.60	2.55	2.51	2.49
20	2.90	2.86	2.83	2.80	2.78	2.73	2.69	2.67	2.64	2.61	2.56	2.54	2.48	2.44	2.42
21	2.84	2.80	2.77	2.74	2.72	2.67	2.64	2.61	2.58	2.55	2.50	2.48	2.42	2.38	2.36
22	2.78	2.75	2.72	2.69	2.67	2.62	2.58	2.55	2.53	2.50	2.45	2.42	2.36	2.33	2.31
23	2.74	2.70	2.67	2.64	2.62	2.57	2.54	2.51	2.48	2.45	2.40	2.37	2.32	2.28	2.26
24	2.70	2.66	2.63	2.60	2.58	2.53	2.49	2.46	2.44	2.40	2.36	2.33	2.27	2.24	2.21
25	2.66	2.62	2.59	2.56	2.54	2.49	2.45	2.42	2.40	2.36	2.32	2.29	2.23	2.19	2.17
26	2.62	2.58	2.55	2.53	2.50	2.45	2.42	2.39	2.36	2.33	2.28	2.25	2.19	2.16	2.13
27	2.59	2.55	2.52	2.49	2.47	2.42	2.38	2.35	2.33	2.29	2.25	2.22	2.16	2.12	2.10
28	2.56	2.52	2.49	2.46	2.44	2.39	2.35	2.32	2.30	2.26	2.22	2.19	2.13	2.09	2.06
29	2.53	2.49	2.46	2.44	2.41	2.36	2.33	2.30	2.27	2.23	2.19	2.16	2.10	2.06	2.03
30	2.51	2.47	2.44	2.41	2.39	2.34	2.30	2.27	2.25	2.21	2.16	2.13	2.07	2.03	2.01
32	2.46	2.42	2.39	2.36	2.34	2.29	2.25	2.22	2.20	2.16	2.11	2.08	2.02	1.98	1.96
34	2.42	2.38	2.35	2.32	2.30	2.25	2.21	2.18	2.16	2.12	2.07	2.04	1.98	1.94	1.91
36	2.38	2.35	2.32	2.29	2.26	2.21	2.17	2.14	2.12	2.08	2.03	2.00	1.94	1.90	1.87
38	2.35	2.32	2.28	2.26	2.23	2.18	2.14	2.11	2.09	2.05	2.00	1.97	1.90	1.86	1.84
40	2.33	2.29	2.26	2.23	2.20	2.15	2.11	2.08	2.06	2.02	1.97	1.94	1.87	1.83	1.80
42	2.30	2.26	2.23	2.20	2.18	2.13	2.09	2.06	2.03	1.99	1.94	1.91	1.85	1.80	1.78
44	2.28	2.24	2.21	2.18	2.15	2.10	2.06	2.03	2.01	1.97	1.92	1.89	1.82	1.78	1.75
46	2.26	2.22	2.19	2.16	2.13	2.08	2.04	2.01	1.99	1.95	1.90	1.86	1.80	1.75	1.73
48	2.24	2.20	2.17	2.14	2.12	2.06	2.02	1.99	1.97	1.93	1.88	1.84	1.78	1.73	1.70
50	2.22	2.18	2.15	2.12	2.10	2.05	2.01	1.97	1.95	1.91	1.86	1.82	1.76	1.71	1.68
60	2.15	2.12	2.08	2.05	2.03	1.98	1.94	1.90	1.88	1.94	1.78	1.75	1.68	1.68	1.60
80	2.07	2.03	2.00	1.97	1.94	1.89	1.85	1.81	1.79	1.75	1.69	1.66	1.58	1.53	1.49
100	2.02	1.98	1.94	1.92	1.89	1.84	1.80	1.76	1.73	1.69	1.63	1.60	1.52	1.47	1.43
125	1.98	1.94	1.91	1.88	1.85	1.80	1.76	1.72	1.69	1.65	1.59	1.55	1.47	1.41	1.37
150	1.96	1.92	1.88	1.85	1.83	1.77	1.73	1.69	1.66	1.62	1.56	1.52	1.48	1.38	1.33
200	1.93	1.89	1.85	1.82	1.79	1.74	1.69	1.66	1.63	1.58	1.52	1.48	1.39	1.33	1.23
300	1.89	1.85	1.82	1.79	1.76	1.71	1.66	1.62	1.59	1.55	1.48	1.44	1.35	1.28	1.22
500	1.87	1.83	1.79	1.76	1.74	1.68	1.63	1.60	1.56	1.52	1.45	1.41	1.31	1.23	1.16
1000	1.85	1.81	1.77	1.74	1.72	1.66	1.61	1.57	1.54	1.50	1.43	1.38	1.28	1.19	1.11
∞	1.83	1.79	1.76	1.72	1.70	1.64	1.59	1.55	1.52	1.47	1.40	1.36	1.25	1.15	1.00

附表 6　符號檢定表

$P(S \leq S_a) = \alpha$(雙尾機率)

n	α				n	α				n	α				n	α			
	0.01	0.05	0.10	0.25		0.01	0.05	0.10	0.25		0.01	0.05	0.10	0.25		0.01	0.05	0.10	0.25
1					24	5	6	7	8	47	14	16	17	19	69	23	25	27	29
2					25	5	7	7	9	48	14	16	17	19	70	23	26	27	29
3				0	26	6	7	8	9	49	15	17	18	19	71	24	26	28	30
4				0	27	6	7	8	10	50	15	17	18	20	72	24	27	28	30
5			0	0	28	6	8	9	10	51	15	18	19	20	73	25	27	28	31
6		0	0	0	29	7	8	9	10	52	16	18	19	21	74	25	28	29	31
7		0	0	1	30	7	9	10	11	53	16	18	20	21	75	25	28	29	32
8	0	0	1	1	31	7	9	10	11	54	17	19	20	22	76	26	28	30	32
9	0	1	1	2	32	8	9	10	12	55	17	19	20	22	77	26	29	30	32
10	0	1	1	2	33	8	10	11	12	56	17	20	21	23	78	27	29	31	33
11	0	1	2	3	34	9	10	11	13	57	18	20	21	23	79	27	30	31	33
12	1	2	2	3	35	9	11	12	13	58	18	21	22	24	80	28	30	32	34
13	1	2	3	3	36	9	11	12	14	59	19	21	22	24	81	28	31	32	34
14	1	2	3	4	37	10	12	13	14	60	19	21	23	25	82	28	31	33	35
15	2	3	3	4	38	10	12	13	14	61	20	22	23	25	83	29	32	33	35
16	2	3	4	5	39	11	12	13	15	62	20	22	24	25	84	29	32	33	36
17	2	4	4	5	40	11	13	14	15	63	20	23	24	26	85	30	32	34	36
18	3	4	5	6	41	11	13	14	16	64	21	23	24	26	86	30	33	34	37
19	3	4	5	6	42	12	14	15	16	65	21	24	25	27	87	31	33	35	37
20	3	5	5	6	43	12	14	15	17	66	22	24	25	27	88	31	34	35	38
21	4	5	6	7	44	13	15	16	17	67	22	25	26	28	89	31	34	36	38
22	4	5	6	7	45	13	15	16	18	68	22	25	26	28	90	32	35	36	39
23	4	6	7	8	46	13	15	16	18										

附表 7　秩和檢驗表

$P(T_1 < T < T_2) = 1 - \alpha$（單尾機率）

n_1	n_2	α=0.025		α=0.05		n_1	n_2	α=0.025		α=0.05	
		T_1	T_2	T_1	T_2			T_1	T_2	T_1	T_2
2	4			3	11	5	5	18	37	19	36
	5			3	13		6	19	41	20	40
	6	3	15	4	14		7	20	45	22	43
	7	3	17	4	16		8	21	49	23	47
	8	3	19	4	18		9	22	53	25	50
	9	3	21	4	20		10	24	56	26	54
	10	4	22	5	21	6	6	26	52	28	50
3	3			6	15		7	28	56	30	54
	4	6	18	7	17		8	29	61	32	58
	5	6	21	7	20		9	31	65	33	63
	6	7	23	8	22		10	33	69	35	67
	7	8	25	9	24	7	7	37	68	39	66
	8	8	28	9	27		8	39	73	41	71
	9	9	30	10	29		9	41	78	43	76
	10	9	33	11	31		10	43	83	46	80
4	4	11	25	12	24	8	8	49	87	52	84
	5	12	28	13	27		9	51	93	54	90
	6	12	32	14	30		10	54	98	57	95
	7	13	35	15	33	9	9	63	108	66	105
	8	14	38	16	36		10	66	114	69	111
	9	15	41	17	39	10	10	79	131	83	127
	10	16	44	18	42						

附表 8　新複極差檢定 SSR 值表

（上為 $SSR_{0.05}$，下為 $SSR_{0.01}$）

df	M（檢定極差的平均數個數）													
	2	3	4	5	6	7	8	9	10	12	14	16	18	20
3	4.50 8.26	4.52 8.32	4.52 8.32	4.52 8.32	4.52 8.32	4.52 8.32	4.52 8.32	4.52 8.32	4.52 8.32	4.52 8.32	4.52 8.32	4.52 8.32	4.52 8.32	4.52 8.32
4	3.93 6.51	4.01 6.68	4.03 6.74	4.03 6.76	4.03 6.76	4.03 6.76	4.03 6.76	4.03 6.76	4.03 6.76	4.03 6.76	4.03 6.76	4.03 6.76	4.03 6.76	4.03 6.76
5	3.64 5.70	3.75 5.89	3.80 6.00	3.81 6.04	3.81 6.06	3.81 6.07	3.81 6.07	3.81 6.07	3.81 6.07	3.81 6.07	3.81 6.07	3.81 6.07	3.81 6.07	3.81 6.07

6	3.46	3.59	3.65	3.68	3.69	3.70	3.70	3.70	3.70	3.70	3.70	3.70	3.70	3.70
	5.25	5.44	5.55	5.61	5.66	5.68	5.69	5.70	5.70	5.70	5.70	5.70	5.70	5.70
7	3.34	3.48	3.55	3.59	3.61	3.62	3.63	3.63	3.63	3.63	3.63	3.63	3.63	3.63
	4.95	5.14	5.26	5.33	5.38	5.42	5.44	5.45	5.46	5.47	5.47	5.47	5.47	5.47
8	3.26	3.40	3.48	3.52	3.55	3.57	3.58	3.58	3.58	3.58	3.58	3.58	3.58	3.58
	4.75	4.94	5.06	5.14	5.19	5.23	5.26	5.28	5.29	5.31	5.32	5.32	5.32	5.32
9	3.20	3.34	3.42	3.47	3.50	3.52	3.54	3.54	3.55	3.55	3.55	3.55	3.55	3.55
	4.60	4.79	4.91	4.99	5.04	5.09	5.12	5.14	5.16	5.18	5.20	5.20	5.21	5.21
10	3.15	3.29	3.38	3.43	3.46	3.49	3.50	3.52	3.52	3.53	3.53	3.53	3.53	3.53
	4.48	4.67	4.79	4.87	4.93	4.98	5.01	5.04	5.06	5.09	5.11	5.12	5.12	5.12
11	3.11	3.26	3.34	3.40	3.44	3.46	3.48	3.49	3.50	3.51	3.51	3.51	3.51	3.51
	4.39	4.58	4.70	4.78	4.84	4.89	4.92	4.95	4.98	5.01	5.03	5.04	5.05	5.06
12	3.08	3.22	3.31	3.37	3.41	3.44	3.46	3.47	3.48	3.50	3.50	3.50	3.50	3.50
	4.32	4.50	4.62	4.71	4.77	4.82	4.85	4.88	4.91	4.94	4.97	4.99	5.00	5.01
13	3.06	3.20	3.29	3.35	3.39	3.42	3.44	3.46	3.47	3.48	3.49	3.49	3.49	3.49
	4.26	4.44	4.56	4.64	4.71	4.76	4.79	4.82	4.85	4.89	4.92	4.94	4.95	4.96
14	3.03	3.18	3.27	3.33	3.37	3.40	3.43	3.44	3.46	3.47	3.48	3.48	3.48	3.48
	4.21	4.39	4.51	4.59	4.65	4.70	4.74	4.78	4.80	4.84	4.87	4.87	4.91	4.92
15	3.01	3.16	3.25	3.31	3.36	3.39	3.41	3.43	3.45	3.46	3.48	3.48	3.48	3.48
	4.17	4.35	4.46	4.55	4.61	4.66	4.70	4.73	4.76	4.80	4.83	4.86	4.87	4.89
16	3.00	3.14	3.24	3.30	3.34	3.38	3.40	3.42	3.44	3.46	3.47	3.48	3.48	3.48
	4.13	4.31	4.42	4.51	4.57	4.62	4.66	4.70	4.72	4.77	4.80	4.82	4.84	4.86
17	2.98	3.13	3.22	3.28	3.33	3.37	3.39	3.41	3.43	3.45	3.46	3.47	3.48	3.48
	4.10	4.28	4.39	4.48	4.54	4.59	4.63	4.66	4.69	4.74	4.77	4.80	4.82	4.83
18	2.97	3.12	3.21	3.27	3.32	3.36	3.38	3.40	3.42	3.44	3.46	3.47	3.47	3.47
	4.07	4.25	4.36	4.44	4.51	4.56	4.60	4.64	4.66	4.71	4.74	4.77	4.79	4.81
19	2.96	3.11	3.20	3.26	3.31	3.35	3.38	3.40	3.42	3.44	3.46	3.47	3.47	3.47
	4.05	4.22	4.34	4.42	4.48	4.53	4.58	4.61	4.64	4.69	4.72	4.75	4.77	4.79
20	2.95	3.10	3.19	3.26	3.30	3.34	3.37	3.39	3.41	3.44	3.45	3.46	3.47	3.47
	4.02	4.20	4.31	4.40	4.46	4.51	4.55	4.59	4.62	4.66	4.70	4.73	4.75	4.77
24	2.92	3.07	3.16	3.23	3.28	3.32	3.32	3.37	3.39	3.42	3.44	3.46	3.46	3.47
	3.96	4.13	4.24	4.32	4.39	4.44	4.48	4.52	4.55	4.60	4.63	4.66	4.69	4.71
30	2.89	3.04	3.13	3.20	3.25	3.29	3.32	3.35	3.37	3.40	3.43	3.44	3.46	3.47
	3.89	4.06	4.17	4.25	4.31	4.37	4.41	4.44	4.48	4.53	4.57	4.60	4.63	4.65
40	2.86	3.01	3.10	3.17	3.22	3.27	3.30	3.33	3.35	3.39	3.42	3.44	3.46	3.47
	3.82	3.99	4.10	4.18	4.24	4.30	4.34	4.38	4.41	4.46	4.50	4.54	4.57	4.59
60	2.83	2.98	3.07	3.14	3.20	3.24	3.28	3.31	3.33	3.37	3.41	3.43	3.45	3.47
	3.76	3.92	4.03	4.11	4.17	4.23	4.27	4.31	4.34	4.39	4.44	4.47	4.50	4.53
120	2.80	2.95	3.04	3.12	3.17	3.22	3.25	3.29	3.31	3.36	3.39	3.42	3.45	3.47
	3.70	3.86	3.96	4.04	4.11	4.16	4.20	4.24	4.27	4.33	4.37	4.41	4.44	4.47
∞	2.77	2.92	3.02	3.09	3.15	3.19	3.23	3.26	3.29	3.34	3.38	3.41	3.44	3.47
	3.64	3.80	3.90	3.98	4.04	4.09	4.14	4.17	4.20	4.26	4.31	4.34	4.38	4.41

附表 9　q 值表（雙尾）

（上為$q_{0.05}$，下為$q_{0.01}$）

df	M（檢定極差的平均數個數）																		
	2	3	4	5	6	7	8	9	10	11	12	13	14	15	16	17	18	19	20
3	4.50	5.88	6.83	7.51	8.04	847	8.85	9.18	9.46	9.72	9.95	10.16	10.35	10.72	10.69	10.84	10.89	11.12	11.24
	8.26	10.62	12.17	13.33	14.24	15.00	15.64	16.20	16.69	17.13	17.53	17.89	18.22	18.52	18.81	19.07	19.32	19.55	19.77
4	3.93	5.00	5.76	6.31	6.73	7.061	7.35	7.60	7.83	8.03	8.21	8.37	8.52	8.67	8.80	8.92	9.03	9.14	9.24
	6.51	8.12	9.17	9.96	10.58	1.10	11.55	11.93	12.27	12.57	12.84	13.09	13.32	13.53	13.73	13.91	14.08	14.24	14.40
5	3.64	4.54	5.18	5.64	5.99	6.28	6.52	6.74	6.93	7.10	7.25	7.39	7.52	7.64	7.75	7.86	7.95	8.04	8.18
	5.70	6.97	7.80	8.42	8.91	9.32	9.67	9.97	10.24	10.48	10.70	10.89	11.08	11.24	11.40	11.55	11.68	11.81	11.93
6	3.46	4.34	4.90	5.31	5.63	5.89	6.12	6.32	6.49	6.65	6.79	6.92	7.04	7.14	7.24	7.34	7.43	7.51	7.59
	5.24	6.33	7.03	7.56	7.97	8.32	8.61	8.87	9.10	9.30	9.48	9.65	9.81	9.95	10.08	10.21	10.32	10.43	10.54
7	3.34	4.16	4.68	5.06	5.35	5.59	5.80	5.99	6.15	6.29	6.42	6.54	6.65	6.75	6.84	6.93	7.01	7.08	7.16
	4.95	5.92	6.54	7.01	7.37	7.68	7.94	8.17	8.37	8.55	8.71	8.86	9.00	9.12	9.24	9.35	9.46	9.55	9.65
8	3.26	4.04	4.53	4.89	5.17	5.40	5.60	5.77	5.92	6.05	6.18	6.29	6.39	6.48	6.57	6.65	6.73	6.80	6.87
	4.74	5.63	6.20	6.63	6.96	7.24	7.47	7.68	7.87	8.03	8.18	8.31	8.44	8.55	8.66	8.76	8.85	8.94	9.03
9	3.20	3.95	4.42	4.76	5.02	5.24	5.43	5.60	5.74	5.87	5.98	6.09	6.19	6.28	6.36	6.44	6.51	6.58	6.65
	4.60	5.43	5.96	6.35	6.66	6.91	7.13	7.32	7.49	7.65	7.78	7.91	8.03	8.13	8.23	8.32	8.41	8.49	8.57
10	3.15	3.88	4.33	4.66	4.91	5.12	5.30	5.46	5.60	5.72	5.83	5.93	6.03	6.12	6.20	6.27	6.34	6.41	6.47
	4.48	5.27	5.77	6.14	6.43	6.67	6.87	7.05	7.21	7.36	7.48	7.60	7.71	7.81	7.91	7.99	8.07	8.15	8.22
11	3.11	3.82	4.26	4.58	4.82	5.03	5.20	5.35	5.49	5.61	5.71	5.81	5.90	5.98	6.06	6.14	6.20	6.27	6.33
	4.39	5.14	5.62	5.97	6.25	6.48	6.67	6.84	6.99	7.13	7.25	7.36	7.46	7.56	7.65	7.73	7.81	7.88	7.95
12	3.08	3.77	4.20	4.51	4.75	4.95	5.12	5.27	5.40	5.51	5.61	5.71	5.80	5.88	5.95	6.02	6.09	6.15	6.21
	4.32	5.04	5.50	5.48	6.10	6.32	6.51	6.67	6.81	6.94	7.06	7.71	7.26	7.36	7.44	7.52	7.59	7.66	7.73
13	3.06	3.73	5.15	4.46	4.69	4.88	5.05	5.19	5.32	5.43	5.53	5.63	5.71	5.79	5.86	5.93	6.00	6.06	6.11
	4.26	4.96	5.40	5.73	5.98	6.19	6.37	6.53	6.67	6.79	6.90	7.01	7.10	7.19	7.27	7.34	7.42	7.48	7.55
14	3.03	3.70	4.11	4.41	4.64	4.83	4.99	5.13	5.25	5.36	5.46	5.56	5.64	5.72	5.79	5.86	5392	5.98	6.03
	4.21	4.89	5.32	5.63	5.88	6.08	6.26	6.41	6.54	6.66	6.77	6.87	6.96	7.05	7.12	7.20	7.27	7.33	7.93
15	3.01	3.67	4.08	4.37	4.59	4.78	4.94	5.08	5.20	5.31	5.40	5.49	5.57	5.65	5.72	5.79	5.85	5.91	5.96
	4.17	4.83	5.25	5.56	5.80	5.99	6.16	6.31	6.44	6.55	6.66	6.76	6.84	6.93	7.00	7.07	7.14	7.20	7.26
16	3.00	3.65	4.05	4.34	4.56	4.74	4.90	5.03	5.15	5.26	5.35	5.44	5.52	5.59	5.66	5.73	5.79	5.84	5.09
	4.13	4.78	5.19	5.49	5.72	5.92	6.08	6.22	6.35	6.46	6.56	6.66	6.74	6.82	6.90	6.97	7.03	7.09	7.15
17	2.98	3.62	4.02	4.31	4.52	4.70	4.86	4.99	5.11	5.21	5.31	5.39	5.47	5.55	5.61	5.68	5.74	5.79	5.84
	4.10	4.74	5.14	5.43	5.66	5.85	6.01	6.15	6.27	6.38	6.48	6.57	6.66	6.73	6.80	6.87	6.94	7.00	7.05
18	2.97	3.61	4.00	4.28	4.49	4.67	4.83	4.96	5.07	5.17	5.27	5.35	5.43	5.50	5.57	5.63	5.69	5.74	5.79
	4.07	4.70	5.05	5.38	5.60	5.79	5.94	6.08	6.20	6.31	6.41	6.50	6.58	6.65	6.72	6.79	6.85	6.91	6.96
19	2.96	3.59	3.98	4.26	4.47	4.64	4.79	4.92	5.04	5.14	5.23	5.32	5.39	5.46	5.53	5.59	5.65	5.70	5.75
	4.05	4.67	5.09	5.33	5.55	5.73	5.89	6.02	6.14	6.25	6.34	6.43	6.51	6.58	6.65	6.72	6.78	6.84	6.89
20	2.95	3.58	3.96	4.24	4.45	4.62	4.77	4.90	5.01	5.11	5.20	5.28	5.36	5.43	5.50	5.56	5.61	5.66	5.71
	4.02	4.64	5.02	5.29	5.51	5.69	5.84	5.97	6.09	6.19	6.29	6.37	6.45	6.52	6.59	6.65	6.71	6.76	6.82
24	2.92	3.53	3.90	4.17	4.37	4.54	4.68	4.81	4.92	5.01	5.10	5.18	5.25	5.32	5.38	5.44	5.50	5.55	5.59
	3.96	4.54	4.91	5.17	5.37	5.54	5.69	5.81	5.92	6.02	6.11	6.19	6.26	6.33	6.39	6.45	6.51	6.56	6.61
30	2.89	3.48	3.84	4.11	4.30	4.46	4.60	4.72	4.83	4.92	5.00	5.08	5.15	5.21	5.27	5.33	5.38	5.43	5.48
	3.89	4.45	4.80	5.05	5.24	5.40	5.54	5.65	5.76	5.85	5.93	6.01	6.08	6.14	6.20	6.26	6.31	6.36	6.41
40	2.86	3.44	3.79	4.04	4.23	4.39	4.52	4.63	4.74	4.82	4.90	4.98	5.05	5.11	5.17	5.22	5.27	5.32	5.36
	3.82	4.37	4.70	4.93	5.11	5.27	5.39	5.50	5.60	5.69	5.77	5.84	5.90	5.96	6.02	6.07	6.12	6.17	6.21
60	2.83	3.40	3.74	3.98	4.16	4.31	4.44	4.55	4.65	4.73	4.81	4.88	4.94	5.00	5.06	5.11	5.15	5.20	5.24
	3.76	4.28	4.60	4.82	4.99	5.13	5.25	5.36	5.45	5.53	5.60	5.67	5.73	5.79	5.84	5.89	5.93	5.98	6.02
120	2.80	3.36	3.69	3.92	4.10	4.24	4.36	4.47	4.56	4.64	4.71	4.78	4.84	4.90	4.95	5.00	5.04	5.09	5.13
	3.70	4.20	4.50	4.71	4.87	5.01	5.12	5.21	5.30	5.38	5.44	5.51	5.56	5.61	5.66	5.71	5.75	5.79	5.83
∞	2.77	3.32	3.63	3.86	4.03	4.17	4.29	4.39	4.47	4.55	4.62	4.68	4.74	4.80	4.84	4.89	4.93	4.97	5.01
	3.64	4.12	4.40	4.60	4.76	4.88	4.99	5.08	5.16	5.23	5.29	5.35	5.40	5.45	5.49	5.54	5.57	5.61	5.65

附表 10　正交拉丁方陣的完全系

3×3

I	II
ABC	ABC
BCA	CAB
CAB	BCA

4×4

I	II	III
ABCD	ABCD	ABCD
BADC	CDAB	DCBA
CDAB	DCBA	BADC
DCBA	BADC	CDAB

5×5

I	II	III	IV
ABCDE	ABCDE	ABCDE	ABCDE
BCDEA	CDEAB	DEABC	BAECD
CDEAB	EABCD	BCDEA	CDAEB
DEABC	BCDEA	EABCD	DEBAC
EABCD	DEABC	CDEAB	ECDBA

7×7

I	II	III
ABCDEFG	ABCDEFG	ABCDEFG
BCDEFGA	CDEFGAB	DEFGABC
CDEFGAB	EFGABCD	GABCDEF
DEFGABC	GABCDEF	CDEFGAB
EFGABCD	BCDEFGA	FGABCDE
FGABCDE	DEFGABC	BCDEFGA
GABCDEF	FGABCDE	EFGABCD

IV	V	VI
ABCDEFG	ABCDEFG	ABCDEFG
EFGABCD	FGABCDE	GABCDEF
BCDEFGA	DEFGABC	FGABCDE
FGABCDE	BCDEFGA	EFGABCD
CDEFGAB	GABCDEF	DEFGABC
GABCDEF	EFGABCD	CDEFGAB
DEFGABC	CDEFGAB	BCDEFGA

8×8

I	II	III	IV
ABCDEFGH	ABCDEFGH	ABCDEFGH	ABCDEFGH
BADCFEHG	EFGHABCD	GHEFCDAB	HGFEDCBA
CDABGHEF	BADCFEHG	EFGHABCD	GHEFCDAB
DCBAHGFE	FEHGBADC	CDABGHEF	BADCFEHG
EFGHABCD	GHEFCDAB	HGFEDCBA	DCBAHGFE
FEHGBADC	CDABGHEF	BADCFEHG	EFGHABCD
GHEFCDAB	HGFEDCBA	DCBAHGFE	FEHGBADC
HGFEDCBA	DCBAHGFE	FEHGBADC	CDABGHEF

V	VI	VII
ABCDEFGH	ABCDEFGH	ABCDEFGH
DCBAHGFE	FEHGBADC	CDABGHEF
HGFEDCBA	DCBAHGFE	FEHGBADC
EFGHABCD	GHEFCDAB	HGFEDCBA
FEHGBADC	CDABGHEF	BADCFEHG
GHEFCDAB	HGFEDCBA	DCBAHGFE
CDABGHEF	BADCFEHG	EFGHABCD
BADCFEHG	EFGHABCD	GHEFCDAB

附表 11 常用正交表

$L_4(2^3)$

實驗號碼 \ 行號	1	2	3
1	1	1	1
2	1	2	2
3	2	1	2
4	2	2	1

註：任意二列間的互動出現在另一列。

$L_8(2^7)$

實驗號碼 \ 行號	1	2	3	4	5	6	7
1	1	1	1	1	1	1	1
2	1	1	1	2	2	2	2
3	1	2	2	1	1	2	2
4	1	2	2	2	2	1	1
5	2	1	2	1	2	1	2
6	2	1	2	2	1	2	1
7	2	2	1	1	2	2	1
8	2	2	1	2	1	1	2

$L_8(2^7)$行列之間的互動

列號 \ 行號	1	2	3	4	5	6	7
	(1)	3	2	5	4	7	6
		(2)	1	6	7	4	5
			(3)	7	6	5	4
				(4)	1	2	3
					(5)	3	2
						(6)	1

$L_8(2^7)$表頭設計

因素數 \ 行號	1	2	3	4	5	6	7
3	A	B	A×B	C	A×C	B×C	
4	A	B	A×B	C	A×C	B×C	D
			C×D		B×D	A×D	
4	A	B	A×B	C	A×C	D	A×D
		C×D		B×D		B×C	
5	A	B	A×B	C	A×C	D	E
	D×E	C×D	C×E	B×D	B×E	A×E	A×D
						B×C	

$L_{12}(2^{11})$ 續表

實驗號碼 \ 行號	1	2	3	4	5	6	7	8	9	10	11
1	1	1	1	1	1	1	1	1	1	1	1
2	1	1	1	1	1	2	2	2	2	2	2
3	1	1	2	2	2	1	1	1	2	2	2
4	1	2	1	2	2	1	2	2	1	1	2
5	1	2	2	1	2	2	1	2	1	2	1
6	1	2	2	2	1	2	2	1	2	1	1
7	2	1	2	2	1	1	2	2	1	2	1
8	2	1	2	1	2	2	2	1	1	1	2
9	2	1	1	2	2	2	1	2	2	1	1
10	2	2	2	1	1	1	1	2	2	1	2
11	2	2	1	2	1	2	1	1	1	2	2
12	2	2	1	1	2	1	2	1	2	2	1

$L_{16}(2^{15})$

實驗號碼 \ 行號	1	2	3	4	5	6	7	8	9	10	11	12	13	14	15
1	1	1	1	1	1	1	1	1	1	1	1	1	1	1	1
2	1	1	1	1	1	1	1	2	2	2	2	2	2	2	2
3	1	1	1	2	2	2	2	1	1	1	1	2	2	2	2
4	1	1	1	2	2	2	2	2	2	2	2	1	1	1	1
5	1	2	2	1	1	2	2	1	2	2	2	1	1	2	2
6	1	2	2	1	1	2	2	2	1	1	1	2	2	1	1
7	1	2	2	2	2	1	1	1	2	2	2	2	2	1	1
8	1	2	2	2	2	1	1	2	1	1	1	1	1	2	2
9	2	1	2	1	2	1	2	1	2	1	2	1	2	1	2
10	2	1	2	1	2	1	2	2	1	2	1	2	1	2	1
11	2	1	2	2	1	2	1	1	2	1	2	2	1	2	1
12	2	1	2	2	1	2	1	2	1	2	1	1	2	1	2
13	2	2	1	1	2	2	1	1	2	2	1	1	2	2	1
14	2	2	1	1	2	2	1	2	1	1	2	2	1	1	2
15	2	2	1	2	1	1	2	1	2	2	1	2	1	1	2
16	2	2	1	2	1	1	2	2	1	1	2	1	2	2	1

$L_{16}(2^{15})$行列之間的互動

列號 \ 行號	1	2	3	4	5	6	7	8	9	10	11	12	13	14	15
	(1)	3	2	5	4	7	6	9	8	11	10	13	12	15	14
		(2)	1	6	7	4	5	10	11	8	9	14	15	12	13
			(3)	7	6	5	4	11	10	9	8	15	14	13	12
				(4)	1	2	3	12	13	14	15	8	9	10	11
					(5)	3	2	13	12	15	14	9	8	11	10
						(6)	1	14	15	12	13	10	11	8	9
							(7)	15	14	13	12	11	10	9	8
								(8)	1	2	3	4	5	6	7
									(9)	3	2	5	4	7	6
										(10)	1	6	7	4	5
											(11)	7	6	5	4
												(12)	1	2	3
													(13)	3	2
														(14)	1

$L_{16}(2^{15})$ 表頭設計

續表

因素數 \ 行號	1	2	3	4	5	6	7	8	9	10	11	12	13	14	15
4	A	B	A×B	C	A×C	B×C		D	A×D	B×D		C×D			
5	A	B	A×B	C	A×C	B×C	D×E	D	A×D	B×D	C×E	C×D	B×E	A×E	E
6	A	B	A×B	C	A×C	B×C		D	A×D	B×D	E	C×D	F		C×E
			D×E	C	D×F	E×F			B×E	A×E		A×F			
									C×F						
7	A	B	A×B	C	A×C	B×C		D	A×D	B×D	E	C×D	F	G	C×E
			D×E		D×F	E×F			B×E	A×E		A×F			B×F
			F×G		E×G	D×G			C×F	C×G		B×G			A×G
8	A	B	A×B	C	A×C	B×C	H	D	A×D	B×D	E	C×D	F	G	C×E
			D×E		D×F	E×F			B×E	A×E		A×F			B×F
			F×G		E×G	D×G			C×F	C×G		B×G			A×G
			C×H		B×H	A×H			G×H	F×H		F×H			D×H

$L_9(3^4)$

實驗號碼 \ 行號	1	2	3	4
1	1	1	1	1
2	1	2	2	2
3	1	3	3	3
4	2	1	2	3
5	2	2	3	1
6	2	3	1	2
7	3	1	3	2
8	3	2	1	3
9	3	3	2	1

註：任意行列的互動出現在另外行列。

$L_{18}(3^7)$

實驗號碼 \ 行號	1	2	3	4	5	6	7
1	1	1	1	1	1	1	1
2	1	2	2	2	2	2	2
3	1	3	3	3	3	3	3
4	2	1	1	2	2	3	3
5	2	2	2	3	3	1	1
6	2	3	3	1	1	2	2
7	3	1	2	1	3	2	3
8	3	2	3	2	1	3	1
9	3	3	1	3	2	1	2
10	1	1	3	3	2	2	1
11	1	2	1	1	3	3	2
12	1	3	2	2	1	1	3
13	2	1	2	3	1	3	2
14	2	2	3	1	2	1	3
15	2	3	1	2	3	2	1
16	3	1	3	2	3	1	2
17	3	2	1	3	1	2	3
18	3	3	2	1	2	3	1

$L_{27}(3^{13})$ 續表

實驗號碼 \ 行號	1	2	3	4	5	6	7	8	9	10	11	12	13
1	1	1	1	1	1	1	1	1	1	1	1	1	1
2	1	1	1	1	2	2	2	2	2	2	2	2	2
3	1	1	1	1	3	3	3	3	3	3	3	3	3
4	1	2	2	2	1	1	1	2	2	2	3	3	3
5	1	2	2	2	2	2	2	3	3	3	1	1	1
6	1	2	2	2	3	3	3	1	1	1	2	2	2
7	1	3	3	3	1	1	1	3	3	3	2	2	2
8	1	3	3	3	2	2	2	1	1	1	3	3	3
9	1	3	3	3	3	3	3	2	2	2	1	1	1
10	2	1	2	3	1	2	3	1	2	3	1	2	3
11	2	1	2	3	2	3	1	2	3	1	2	3	1
12	2	1	2	3	3	1	2	3	1	2	3	1	2
13	2	2	3	1	1	2	3	2	3	1	3	1	2
14	2	2	3	1	2	3	1	3	1	2	1	2	3
15	2	2	3	1	3	1	2	1	2	3	2	3	1
16	2	3	1	2	1	2	3	3	1	2	2	3	1
17	2	3	1	2	2	3	1	1	2	3	3	1	2
18	2	3	1	2	3	1	2	2	3	1	1	2	3
19	3	1	3	2	1	3	2	1	3	2	1	3	2
20	3	1	3	2	2	1	3	2	1	3	2	1	3
21	3	1	3	2	3	2	1	3	2	1	3	2	1
22	3	2	1	3	1	3	2	2	1	3	3	2	1
23	3	2	1	3	2	1	3	3	2	1	1	3	2
24	3	2	1	3	3	2	1	1	3	2	2	1	3
25	3	3	2	1	1	3	2	3	2	1	2	1	3
26	3	3	2	1	2	1	3	1	3	2	3	2	1
27	3	3	2	1	3	2	1	2	1	3	1	3	2

$L_{27}(3^{13})$行列之間的互動

列號 \ 行號	1	2	3	4	5	6	7	8	9	10	11	12	13
	(1)	3	2	2	6	5	5	9	8	8	12	11	11
		4	4	3	7	7	6	10	10	9	13	13	12
		(2)	1	1	8	9	10	5	6	7	5	6	7
			4	3	11	12	13	11	12	13	8	9	10
			(3)	1	9	10	8	7	5	6	6	7	5
				2	13	11	12	12	13	11	10	8	9
				(4)	10	8	9	6	7	5	7	5	6
					12	13	11	13	11	12	9	10	8
					(5)	1	1	2	3	4	2	4	3
						7	6	11	13	12	8	10	9
						(6)	1	4	2	3	3	2	4
							5	13	12	11	10	9	8
							(7)	3	4	2	4	3	2
								12	11	13	9	8	10
								(8)	1	1	2	3	4
									10	9	5	7	6
									(9)	1	4	2	3
										8	7	6	5
										(10)	3	4	2
											6	5	7
											(11)	1	1
												13	12
												(12)	1
													11

$L_{27}(3^{13})$表頭設計

因素號 \ 行號	1	2	3	4	5	6	7	8	9	10	11	12	13
3	A	B	$(A\times B)_1$	$(A\times B)_2$	C	$(A\times C)_1$	$(A\times C)_2$	$(B\times C)_1$			$(B\times C)_2$		
4	A	B	$(A\times B)_1$	$(A\times B)_2$	C	$(A\times C)_1$	$(A\times C)_2$	$(B\times C)_1$	D	$(A\times D)_1$	$(B\times C)_2$	$(B\times D)_1$	$(C\times D)_1$
			$(C\times D)_2$			$(B\times D)_2$		$(A\times D)_2$					

$L_{16}(4^5)$

實驗號碼 \ 行號	1	2	3	4	5
1	1	1	1	1	1
2	1	2	2	2	2
3	1	3	3	3	3
4	1	4	4	4	4
5	2	1	2	3	4
6	2	2	1	4	3
7	2	3	4	1	2
8	2	4	3	2	1
9	3	1	3	4	2
10	3	2	4	3	1
11	3	3	1	2	4
12	3	4	2	1	3
13	4	1	4	2	3
14	4	2	3	1	4
15	4	3	2	4	1
16	4	4	1	3	2

註：任意二列的互動出現在另外三列。

$L_{25}(5^6)$

實驗號碼 \ 行號	1	2	3	4	5	6
1	1	1	1	1	1	1
2	1	2	2	2	2	2
3	1	3	3	3	3	3
4	1	4	4	4	4	4
5	1	5	5	5	5	5
6	2	1	2	3	4	5
7	2	2	3	4	5	1
8	2	3	4	5	1	2
9	2	4	5	1	2	3
10	2	5	1	2	3	4
11	3	1	3	5	2	4
12	3	2	4	1	3	5
13	3	3	5	2	4	1
14	3	4	1	3	5	2
15	3	5	2	4	1	3
16	4	1	4	2	5	3
17	4	2	5	3	1	4
18	4	3	1	4	2	5
19	4	4	2	5	3	1
20	4	5	3	1	4	2
21	5	1	5	4	3	2
22	5	2	1	5	4	3
23	5	3	2	1	5	4
24	5	4	3	2	1	5
25	5	5	4	3	2	1

註：任意行列的互動出現在另外四列。

$L_8(4 \times 2^4)$

實驗號碼 \ 行號	1	2	3	4	5
1	1	1	1	1	1
2	1	2	2	2	2
3	2	1	1	2	2
4	2	2	2	1	1
5	3	1	1	1	2
6	3	2	2	2	1
7	4	1	1	2	1
8	4	2	2	1	2

$L_8(4\times 2^4)$表頭設計

因素數＼行號	1	2	3	4	5
2	A	B	$(A\times B)_1$	$(A\times B)_2$	$(A\times B)_3$
3	A	B	C		
4	A	B	C	D	
5	A	B	C	D	E

$L_{16}(4\times 2^{12})$

實驗號碼＼行號	1	2	3	4	5	6	7	8	9	10	11	12	13
1	1	1	1	1	1	1	1	1	1	1	1	1	1
2	1	1	1	1	1	2	2	2	2	2	2	2	2
3	1	2	2	2	2	1	1	1	1	2	2	2	2
4	1	2	2	2	2	2	2	2	2	1	1	1	1
5	2	1	1	2	2	1	1	2	2	1	1	2	2
6	2	1	1	2	2	2	1	1	1	2	2	1	1
7	2	2	2	1	1	1	1	2	2	2	2	1	1
8	2	2	2	1	1	2	2	1	1	1	1	2	2
9	3	1	2	1	2	1	2	1	2	1	2	1	2
10	3	1	2	1	2	2	1	2	1	2	1	2	1
11	3	2	1	2	1	1	2	1	2	2	1	2	1
12	3	2	1	2	1	2	1	2	1	1	2	1	2
13	4	1	2	2	1	1	2	2	1	1	2	2	1
14	4	1	2	2	1	2	1	1	2	2	1	1	2
15	4	2	1	1	2	1	2	2	1	2	1	1	2
16	4	2	1	1	2	2	1	1	2	1	2	2	1

$L_{16}(4\times 2^{12})$表頭設計

因素數＼行號	1	2	3	4	5	6	7	8	9	10	11	12	13
3	A	B	$(A\times B)_1$	$(A\times B)_2$	$(A\times B)_3$	C	$(A\times C)_1$	$(A\times C)_2$	$(A\times C)_3$	$B\times C$			
4	A	B	$(A\times B)_1$	$(A\times B)_2$	$(A\times B)_3$	C	$(A\times C)_1$	$(A\times C)_2$	$(A\times C)_3$	$B\times C$	D	$(A\times D)_3$	$(A\times D)_2$
			$C\times D$				$B\times D$			$(A\times D)_1$			
5	A	B	$(A\times B)_1$	$(A\times B)_2$	$(A\times B)_3$	C	$(A\times C)_1$	$(A\times C)_2$	$(A\times C)_3$	$B\times C$	D	E	$(A\times E)_1$
			$C\times D$	$C\times E$			$B\times D$	$B\times E$		$(A\times D)_1$	$(A\times E)_3$	$(A\times D)_3$	$(A\times D)_2$
										$(A\times E)_2$			

$L_{16}(4\times2^9)$續表

實驗號碼＼行號	1	2	3	4	5	6	7	8	9	10	11
1	1	1	1	1	1	1	1	1	1	1	1
2	1	2	1	1	1	2	2	2	2	2	2
3	1	3	2	2	2	1	1	1	2	2	2
4	1	4	2	2	2	2	2	2	1	1	1
5	2	1	1	2	2	1	2	2	1	2	2
6	2	2	1	2	2	2	1	1	2	1	1
7	2	3	2	1	1	1	2	2	2	1	1
8	2	4	2	1	1	2	1	1	1	2	2
9	3	1	2	1	2	2	1	2	2	1	2
10	3	2	2	1	2	1	2	1	1	2	1
11	3	3	1	2	1	2	1	2	1	2	1
12	3	4	1	2	1	1	2	1	2	1	2
13	4	1	2	2	1	2	2	1	2	2	1
14	4	2	2	2	1	1	1	2	1	1	2
15	4	3	1	1	2	2	2	1	1	1	2
16	4	4	1	1	2	1	1	2	2	2	1

$L_{16}(4^3\times2^6)$

實驗號碼＼行號	1	2	3	4	5	6	7	8	9
1	1	1	1	1	1	1	1	1	1
2	1	2	2	1	1	2	2	2	2
3	1	3	3	2	2	1	1	2	2
4	1	4	4	2	2	2	2	1	1
5	2	1	2	2	2	1	2	1	2
6	2	2	1	2	2	2	1	2	1
7	2	3	4	1	1	1	2	2	1
8	2	4	3	1	1	2	1	1	2
9	3	1	3	1	2	2	2	2	1
10	3	2	4	1	2	1	1	1	2
11	3	3	1	2	1	2	2	1	2
12	3	4	2	2	1	1	1	2	1
13	4	1	4	2	1	2	1	2	2
14	4	2	3	2	1	1	2	1	1
15	4	3	2	1	2	2	1	1	1
16	4	4	1	1	2	1	2	2	2

$L_{16}(4^4 \times 2^3)$

實驗號碼 \ 行號	1	2	3	4	5	6	7
1	1	1	1	1	1	1	1
2	1	2	2	2	1	2	2
3	1	3	3	3	2	1	2
4	1	4	4	4	2	2	1
5	2	1	2	3	2	2	1
6	2	2	1	4	2	1	2
7	2	3	4	1	1	2	2
8	2	4	3	2	1	1	1
9	3	1	3	4	1	2	2
10	3	2	4	3	1	1	1
11	3	3	1	2	2	2	1
12	3	4	2	1	2	1	2
13	4	1	4	2	2	1	2
14	4	2	3	1	2	2	1
15	4	3	2	4	1	1	1
16	4	4	1	3	1	2	2

$L_{12}(3 \times 2^4)$ 續表

實驗號碼 \ 行號	1	2	3	4	5
1	1	1	1	1	1
2	1	1	1	2	2
3	1	2	2	1	2
4	1	2	2	2	1
5	2	1	2	1	1
6	2	1	2	2	2
7	2	2	1	1	1
8	2	2	1	2	2
9	3	1	2	1	2
10	3	1	1	2	1
11	3	2	1	1	2
12	3	2	2	2	1

$L_{12}(6\times 2^2)$

實驗號碼 \ 行號	1	2	3
1	2	1	1
2	5	1	2
3	5	2	1
4	2	2	2
5	4	1	1
6	1	1	2
7	1	2	1
8	4	2	2
9	3	1	1
10	6	1	2
11	6	2	1
12	3	2	2

$L_{18}(2\times 3^7)$

實驗號碼 \ 行號	1	2	3	4	5	6	7	8
1	1	1	1	1	1	1	1	1
2	1	1	2	2	2	2	2	2
3	1	1	3	3	3	3	3	3
4	1	2	1	1	2	2	3	3
5	1	2	2	2	3	3	1	1
6	1	2	3	3	1	1	2	2
7	1	3	1	2	1	3	2	3
8	1	3	2	3	2	1	3	1
9	1	3	3	1	3	2	1	2
10	2	1	1	3	3	2	2	1
11	2	1	2	1	1	3	3	2
12	2	1	3	2	2	1	1	3
13	2	2	1	2	3	1	3	2
14	2	2	2	3	1	2	1	3
15	2	2	3	1	2	3	2	1
16	2	3	1	3	2	3	1	2
17	2	3	2	1	3	1	2	3
18	2	3	3	2	1	2	3	1

$L_{12}(6\times 2^2)$ 續表

實驗號碼＼行號	1	2	3
1	2	1	1
2	5	1	2
3	5	2	1
4	2	2	2
5	4	1	1
6	1	1	2
7	1	2	1
8	4	2	2
9	3	1	1
10	6	1	2
11	6	2	1
12	3	2	2

$L_{12}(3\times 4\times 2^4)$

實驗號碼＼行號	1	2	3	4	5	6
1	1	1	1	1	1	1
2	1	2	1	1	2	2
3	1	3	1	2	2	1
4	1	4	1	2	1	2
5	1	1	2	2	2	2
6	1	2	2	2	1	1
7	1	3	2	1	1	2
8	1	4	2	1	2	1
9	2	1	1	1	1	2
10	2	2	1	1	2	1
11	2	3	1	2	2	2
12	2	4	1	2	1	1
13	2	1	2	2	2	1
14	2	2	2	2	1	2
15	2	3	2	1	1	1
16	2	4	2	1	2	2
17	3	1	1	1	1	2
18	3	2	1	1	2	1
19	3	3	1	2	2	2
20	3	4	1	2	1	1
21	3	1	2	2	2	1
22	3	2	2	2	1	2
23	3	3	2	1	1	1
24	3	4	2	1	2	2

附表 12 r 與 R 的臨界值表

df	a	變數的個數(M)				df	a	變數的個數(M)			
		2	3	4	5			2	3	4	5
1	0.05	0.997	0.999	0.999	0.999	24	0.05	0.388	0.470	0.523	0.562
	0.01	1.000	1.000	1.000	1.000		0.01	0.496	0.565	0.609	0.642
2	0.05	0.950	0.975	0.983	0.987	25	0.05	0.381	0.462	0.514	0.553
	0.01	0.990	0.995	0.997	0.998		0.01	0.487	0.555	0.600	0.633
3	0.05	0.878	0.930	0.950	0.961	26	0.05	0.374	0.454	0.506	0.545
	0.01	0.959	0.976	0.983	0.987		0.01	0.478	0.546	0.590	0.624
4	0.05	0.811	0.881	0.912	0.930	27	0.05	0.367	0.446	0.498	0.536
	0.01	0.917	0.949	0.962	0.970		0.01	0.470	0.538	0.582	0.615
5	0.05	0.754	0.863	0.874	0.898	28	0.05	0.361	0.439	0.490	0.529
	0.01	0.874	0.917	0.937	0.949		0.01	0.463	0.530	0.573	0.606
6	0.05	0.707	0.795	0.839	0.867	29	0.05	0.355	0.432	0.482	0.521
	0.01	0.834	0.886	0.911	0.927		0.01	0.456	0.522	0.565	0.598
7	0.05	0.666	0.758	0.807	0.838	30	0.05	0.349	0.426	0.476	0.514
	0.01	0.798	0.855	0.885	0.904		0.01	0.449	0.514	0.558	0.591
8	0.05	0.632	0.726	0.777	0.811	35	0.05	0.325	0.397	0.445	0.482
	0.01	0.765	0.827	0.860	0.882		0.01	0.418	0.481	0.523	0.556
9	0.05	0.602	0.697	0.750	0.786	40	0.05	0.304	0.373	0.419	0.455
	0.01	0.735	0.800	0.836	0.861		0.01	0.393	0.454	0.494	0.526
10	0.05	0.576	0.671	0.726	0.763	45	0.05	0.288	0.353	0.397	0.432
	0.01	0.708	0.776	0.814	0.840		0.01	0.372	0.430	0.470	0.501
11	0.05	0.553	0.648	0.703	0.741	50	0.05	0.273	0.336	0.379	0.412
	0.01	0.684	0.753	0.793	0.821		0.01	0.354	0.410	0.449	0.479
12	0.05	0.532	0.627	0.683	0.722	60	0.05	0.250	0.308	0.348	0.380
	0.01	0.661	0.732	0.773	0.802		0.01	0.325	0.377	0.414	0.442
13	0.05	0.514	0.608	0.664	0.703	70	0.05	0.232	0.286	0.324	0.354
	0.01	0.641	0.712	0.755	0.785		0.01	0.302	0.351	0.386	0.413
14	0.05	0.497	0.590	0.646	0.686	80	0.05	0.217	0.269	0.304	0.332
	0.01	0.623	0.694	0.737	0.768		0.01	0.283	0.330	0.362	0.389
15	0.05	0.482	0.574	0.630	0.670	90	0.05	0.205	0.254	0.288	0.315
	0.01	0.606	0.677	0.721	0.752		0.01	0.267	0.312	0.343	0.368
16	0.05	0.468	0.559	0.615	0.655	100	0.05	0.195	0.241	0.274	0.300
	0.01	0.590	0.662	0.706	0.738		0.01	0.254	0.297	0.327	0.351
17	0.05	0.456	0.545	0.601	0.641	125	0.05	0.174	0.216	0.246	0.269
	0.01	0.575	0.647	0.691	0.724		0.01	0.228	0.266	0.294	0.316
18	0.05	0.444	0.532	0.587	0.628	150	0.05	0.159	0.198	0.225	0.247
	0.01	0.561	0.633	0.678	0.710		0.01	0.208	0.244	0.270	0.290
19	0.05	0.433	0.520	0.575	0.615	200	0.05	0.138	0.172	0.196	0.215
	0.01	0.549	0.620	0.665	0.698		0.01	0.181	0.212	0.234	0.253
20	0.05	0.423	0.509	0.563	0.604	300	0.05	0.113	0.141	0.160	0.176
	0.01	0.537	0.608	0.652	0.685		0.01	0.148	0.174	0.192	0.208

21	0.05	0.413	0.498	0.522	0.592	400	0.05	0.098	0.122	0.139	0.153
	0.01	0.526	0.596	0.641	0.674		0.01	0.128	0.151	0.167	0.180
22	0.05	0.404	0.488	0.542	0.582	500	0.05	0.088	0.109	0.124	0.137
	0.01	0.515	0.585	0.630	0.663		0.01	0.115	0.135	0.150	0.162
23	0.05	0.396	0.479	0.532	0.572	100	0.05	0.062	0.077	0.088	0.097
	0.01	0.505	0.574	0.619	0.652		0.01	0.081	0.096	0.106	0.115

附表 13　正交多項式係數表*

n	2	3		4			5				6				
C_j	C_1	C_2	C_3	C_1	C_2	C_3	C_1	C_2	C_3	C_4	C_1	C_2	C_3	C_4	C_5
	−1	−1	+1	−3	+1	−1	−2	+2	−1	+1	−5	+5	−5	+1	−1
	+1	0	−2	−1	−1	+3	−1	−1	+2	−4	−3	−1	+7	−3	+5
		+1	+1	+1	−1	−3	0	−2	0	+6	−1	−4	+4	+2	−10
				+3	+1	+1	+1	−1	−2	−4	+1	−4	−4	+2	+10
							+2	+2	+1	+1	+3	−1	−7	−3	−5
											+5	+5	+5	+1	+1
Σ_{C_j}	2	2	6	20	4	20	10	14	10	70	70	84	180	28	252
λ_j	2	1	3	2	1	$\frac{10}{3}$	1	1	$\frac{5}{6}$	$\frac{35}{12}$	2	$\frac{3}{2}$	$\frac{5}{3}$	$\frac{7}{12}$	$\frac{21}{10}$

n	7					8					9				
C_j	C_1	C_2	C_3	C_4	C_5	C_1	C_2	C_3	C_4	C_5	C_1	C_2	C_3	C_4	C_5
	−3	+5	−1	+3	−1	−7	+7	−7	+7	−7	−4	+28	−14	+14	−4
	−2	0	+1	−7	+4	−5	+1	+5	−13	+23	−3	+7	+7	−21	+11
	−1	−3	+1	+1	−5	−3	−3	+7	−3	−17	−2	−8	+13	−11	−4
	0	−4	0	+6	0	−1	−5	+3	+9	−15	−1	−17	+9	+9	−9
	+1	−3	−1	+1	+5	+1	−5	−3	+9	+15	0	−20	0	+18	0
	+2	0	−1	−7	−4	+3	−3	−7	−3	+17	+1	−17	−9	+9	+9
	+3	+5	+1	+3	+1	+5	+1	−5	−13	−23	+2	−8	−13	−11	+4
						+7	+7	+7	+7	+7	+3	+7	−7	−21	−11
											+4	+28	+14	+14	+4
Σ_{C_j}	28	84	6	154	84	168	168	264	616	2184	60	2772	990	2002	468
λ_j	1	1	$\frac{1}{6}$	$\frac{7}{12}$	$\frac{7}{20}$	2	1	$\frac{2}{3}$	$\frac{7}{12}$	$\frac{7}{10}$	1	3	$\frac{5}{6}$	$\frac{7}{12}$	$\frac{3}{20}$

n	10					11					12				
C_j	C_1	C_2	C_3	C_4	C_5	C_1	C_2	C_3	C_4	C_5	C_1	C_2	C_3	C_4	C_5
	−9	+6	−42	+18	−6	−5	+15	−30	+6	−3	−11	+55	−33	+33	−33
	−7	+2	+14	−22	+14	−4	+6	+6	−6	+6	−9	+25	+3	−27	+57
	−5	−1	+35	−17	−1	−3	−1	+22	−6	+1	−7	+1	+21	−33	+21
	−3	−3	+31	+3	−11	−2	−6	+23	−1	−4	−5	−17	+25	−13	−19
	−1	−4	+12	+18	−6	−1	−9	+14	+4	−4	−3	−29	+19	+12	−44
	+1	−4	−12	+18	+6	0	−10	0	+6	0	−1	−35	+7	+28	−20
	+3	−3	−31	+3	+11	+1	−9	−14	+4	+4	+1	−35	−7	+28	+20
	+5	−1	−35	−17	+1	+2	−6	−23	−1	+4	+3	−29	−19	+12	+44
	+7	+2	−14	−22	−14	+3	−1	−22	−6	−1	+5	−17	−25	−13	+29
	+9	+6	+42	+18	+6	+4	+6	−6	−6	−6	+7	+1	−21	−33	−21
						+5	+15	+30	+6	+3	+9	+25	−3	−27	−57
											+11	+55	+33	+33	+33
Σ_{Cj}	330	132	8580	2860	780	110	858	4290	286	156	572	12012	5148	8008	15912
λ_j	2	$\frac{1}{2}$	$\frac{5}{3}$	$\frac{5}{12}$	$\frac{1}{10}$	1	1	$\frac{5}{6}$	$\frac{1}{12}$	$\frac{1}{40}$	2	3	$\frac{2}{3}$	$\frac{7}{24}$	$\frac{3}{20}$

n	13					14				
C_j	C_1	C_2	C_3	C_4	C_5	C_1	C_2	C_3	C_4	C_5
	−6	+22	−11	+99	−22	−13	+13	−143	+143	−143
	−5	+11	0	−66	+33	−11	+7	−11	−77	+187
	−4	+2	+6	−96	+18	−9	+2	+66	−132	+132
	−3	−5	+8	−54	−11	−7	−2	+98	−92	−28
	−2	−10	+7	+11	−26	−5	−5	+95	−13	−139
	−1	−13	+4	+64	−20	−3	−7	+67	+63	−145
	0	−14	0	+84	0	−1	−8	+24	+108	−60
	+1	−13	−4	+64	+20	+1	−8	−24	+108	+60
	+2	−10	−7	+11	+26	+3	−7	−67	+63	+145
	+3	−5	−8	−54	+11	+5	−5	−95	−13	+139
	+4	+2	−6	−96	−18	+7	−2	−98	−92	+28
	+5	+11	0	−66	−33	+9	+2	−66	−132	−132
	+6	+22	+11	+99	+22	+11	+7	+11	−77	−187
						+13	+13	+143	+143	+143
Σ_{Cj}	182	2002	572	68068	6188	910	728	97240	136136	235144
λ_j	1	1	$\frac{1}{6}$	$\frac{7}{12}$	$\frac{7}{120}$	2	$\frac{1}{2}$	$\frac{5}{3}$	$\frac{7}{12}$	$\frac{7}{30}$

n	15					16*				
C_j	C_1	C_2	C_3	C_4	C_5	C_1	C_2	C_3	C_4	C_5
	−7	+91	−91	+1001	−1001	−15	+35	−455	+273	−143
	−6	+52	−13	−429	+1144	−13	+21	−91	−91	+143
	−5	+19	+35	−869	+979	−11	+9	+143	−221	+143
	−4	−8	+58	−704	+44	−9	−1	+267	−201	+33
	−3	−29	+61	−249	−751	−7	−9	+301	−101	−77
	−2	−44	+49	+251	−1000	−5	−15	+265	+23	−131
	−1	−53	+27	+621	−675	−3	−19	+179	+129	−115
	0	−56	0	+756	0	−1	−21	+63	+189	−45
	+1	−53	−27	+621	+675					
	+2	−44	−49	+251	+1000					
	+3	−29	−61	−249	+751					
	+4	−8	−58	−704	−44					
	+5	+19	−35	−869	−979					
	+6	+52	+13	−429	−1144					
	+7	+91	+91	+1001	+1001					
Σ_{Cj}	280	37128	39780	6466460	10581480	1360	5712	1007760	470288	201552
λ_j	1	3	$\frac{5}{6}$	$\frac{35}{12}$	$\frac{21}{20}$	2	1	$\frac{10}{3}$	$\frac{7}{12}$	$\frac{1}{10}$

n	17					18				
C_j	C_1	C_2	C_3	C_4	C_5	C_1	C_2	C_3	C_4	C_5
	−8	+40	−28	+52	−104	−17	+68	−68	+68	−884
	−7	+25	−7	−13	+91	−15	+44	−20	−12	+676
	−6	+12	+7	−39	+104	−13	+23	+13	−47	+871
	−5	+1	+15	−39	+39	−11	+5	+33	−51	+429
	−4	−8	+18	−24	−36	−9	−10	+42	−36	−156
	−3	−15	+17	−3	−83	−7	−22	+42	−12	−588
	−2	−20	+13	+17	−88	−5	−31	+35	+13	−733
	−1	−23	+7	+31	−55	−3	−37	+23	+33	−583
	0	−24	0	+36	0	−1	−40	+8	+44	−220
Σ_{Cj}	408	7752	3876	16796	100776	1938	23256	23256	28424	6953544
λ_j	1	1	$\frac{1}{6}$	$\frac{1}{12}$	$\frac{1}{10}$	2	$\frac{3}{2}$	$\frac{1}{3}$	$\frac{1}{12}$	$\frac{3}{10}$

* 當 $n \geq 16$ 時，只列出前一半的C_j的數值及 n 為奇數時的中間數值，當 j 為偶數時，後一半與前一半對稱，當 j 為奇數時，後一半與前一半反對稱（即數值對稱，但符號相反）。

續表

n	19					20				
C_j	C_1	C_2	C_3	C_4	C_5	C_1	C_2	C_3	C_4	C_5
	−9	+51	−204	+612	−102	−19	+57	−969	+1938	−1938
	−8	+34	−68	−68	+68	−17	+39	−357	−102	+1122
	−7	+19	+28	−388	+98	−15	+23	+85	−1122	+1802
	−6	+6	+89	−453	+58	−13	+9	+377	−1402	+1222
	−5	−5	+120	−354	−3	−11	−3	+539	−1187	+187
	−4	−14	+126	−168	−54	−9	−13	+591	−687	−771
	−3	−21	+112	+42	−79	−7	−21	+553	−77	−1351
	−2	−26	+83	+227	−74	−5	−27	+445	+503	−1441
	−1	−29	+44	+352	−44	−3	−31	+287	+948	−1076
	0	−30	0	+396	0	−1	−33	+99	+1188	−396
Σ_{Cj}	570	13566	213180	2288132	89148	2660	17556	4903140	22881320	31201800
λ_j	1	1	$\frac{5}{6}$	$\frac{7}{12}$	$\frac{1}{40}$	2	1	$\frac{10}{3}$	$\frac{35}{24}$	$\frac{7}{20}$

n	21					22				
C_j	C_1	C_2	C_3	C_4	C_5	C_1	C_2	C_3	C_4	C_5
	−10	+190	−285	+969	−3876	−21	+35	−133	+1197	−2261
	−9	+133	−114	0	+1938	−19	+25	−57	+57	+969
	−8	+82	+12	−510	+3468	−17	+16	0	−570	+1938
	−7	+37	+98	−680	+2618	−15	+8	+40	−810	+1598
	−6	−2	+149	−615	+788	−13	+1	+65	−775	+663
	−5	−35	+170	−406	−1063	−11	−5	+77	−563	−363
	−4	−62	+166	−130	−2354	−9	−10	+78	−258	−1158
	−3	−83	+142	+150	−2819	−7	−14	+70	+70	−1554
	−2	−98	+103	+385	−2444	−5	−17	+55	+365	−1509
	−1	−107	+54	+540	−1404	−3	−19	+35	+585	−1079
	0	−110	0	+594	0	−1	−20	+12	+702	−390
Σ_{Cj}	770	201894	432630	5720330	121687020	3542	7084	96140	8748740	40562340
λ_j	1	3	$\frac{5}{6}$	$\frac{7}{12}$	$\frac{21}{40}$	2	$\frac{1}{2}$	$\frac{1}{3}$	$\frac{7}{12}$	$\frac{7}{30}$

n	23					24				
C_j	C_1	C_2	C_3	C_4	C_5	C_1	C_2	C_3	C_4	C_5
	−11	+77	−77	+1463	−209	−23	+253	−1171	+253	−4807
	−10	+56	−35	+133	+76	−21	+187	−847	+33	+1463
	−9	+37	−3	−627	+171	−19	+127	−133	−97	+3743
	−8	+20	+20	−950	+152	−17	+73	+391	−157	+3553
	−7	+5	+35	−955	+77	−15	+25	+745	−165	+2071
	−6	−8	+43	−747	−12	−13	−17	+949	−137	+169
	−5	−19	+45	−417	−87	−11	−53	+1023	−87	−1551
	−4	−28	+42	−42	−132	−9	−83	+987	−27	−2721
	−3	−35	+35	+315	−141	−7	−107	+861	+33	−3171
	−2	−40	+25	+605	−116	−5	−125	+665	+85	−2893
	−1	−43	+13	+793	−65	−3	−137	+419	+123	−2005
	0	−44	0	+858	0	−1	−143	+143	+143	−715
Σ_{Cj}	1012	35420	32890	13123110	340860	4600	394680	17760600	394680	177928920
λ_j	1	1	$\frac{1}{6}$	$\frac{7}{12}$	$\frac{1}{60}$	2	3	$\frac{10}{3}$	$\frac{1}{12}$	$\frac{3}{10}$

n	25					26				
C_j	C_1	C_2	C_3	C_4	C_5	C_1	C_2	C_3	C_4	C_5
	−12	+92	−506	+1518	−1012	−25	+50	−1150	+2530	−2530
	−11	+69	−253	+253	+253	−23	+38	−598	+506	+506
	−10	+48	−55	−517	+748	−21	+27	−161	−759	+1771
	−9	+29	+93	−897	+753	−19	+17	+171	−1419	+1881
	−8	+12	+196	−982	+488	−17	+8	+408	−1614	+1326
	−7	−3	+259	−857	+119	−15	0	+560	−1470	+482
	−6	−16	+287	−597	−236	−13	−7	+637	−1099	−377
	−5	−27	+285	−267	−501	−11	−13	+649	−599	−1067
	−4	−36	+258	+78	−636	−9	−18	+606	−54	−1482
	−3	−43	+211	+393	−631	−7	−22	+518	+466	−1582
	−2	−48	+149	+643	−500	−5	−25	+395	+905	−1381
	−1	−51	+77	+803	−275	−3	−27	+247	+1221	−935
	0	−52	0	+858	0	−1	−28	+84	+1386	−330
Σ_{Cj}	1300	53820	1480050	14307150	7803900	5850	16380	7803900	40060020	48384180
λ_j	1	1	$\frac{5}{6}$	$\frac{5}{12}$	$\frac{1}{20}$	2	$\frac{1}{2}$	$\frac{5}{3}$	$\frac{7}{12}$	$\frac{1}{10}$

n	27					28				
C_j	C_1	C_2	C_3	C_4	C_5	C_1	C_2	C_3	C_4	C_5
	−13	+325	−130	+2990	−16445	−27	+117	−585	+1755	−13455
	−12	+250	−70	+690	+2530	−25	+91	−325	+455	+1495
	−11	+181	−22	−782	+10879	−23	+67	−115	−395	+8395
	−10	+118	+15	−1587	+12144	−21	+45	+49	−879	+9821
	−9	+61	+42	−1872	+9174	−19	+25	+171	−1074	+7866
	−8	+10	+60	−1770	+4188	−17	+7	+255	−1050	+4182
	−7	−35	+70	−1400	−1162	−15	−9	+305	−870	+22
	−6	−74	+73	−867	−5728	−13	−23	+325	−590	−3718
	−5	−107	+70	−262	−8803	−11	−35	+319	−259	−6457
	−4	−134	+62	+338	−10058	−9	−45	+291	+81	−7887
	−3	−155	+50	+870	−9479	−7	−53	+245	+395	−7931
	−2	−170	+35	+1285	−7304	−5	−59	+185	+655	−6701
	−1	−179	+18	+1548	−3960	−3	−63	+115	+840	−4456
	0	−182	0	+1638	0	−1	−65	+39	+936	−1560
Σ_{C_j}	1638	712530	101790	56448210	2032135560	7308	95004	2103660	19634160	1354757040
λ_j	1	3	$\frac{1}{6}$	$\frac{7}{12}$	$\frac{21}{40}$	2	1	$\frac{2}{3}$	$\frac{7}{24}$	$\frac{7}{20}$

n	29					30				
C_j	C_1	C_2	C_3	C_4	C_5	C_1	C_2	C_3	C_4	C_5
	−14	+126	−819	+4095	−8190	−29	+203	−1827	+23751	−16965
	−13	+99	−468	+1170	+585	−27	+161	−1071	+7371	+585
	−12	+74	−182	−780	+4810	−25	+122	−450	−3744	+9360
	−11	+51	+44	−1930	+5885	−23	+86	+46	−10504	+11960
	−10	+30	+215	−2441	+4958	−21	+53	+427	−13749	+10535
	−9	+11	+336	−2460	+2946	−19	+23	+703	−14294	+6821
	−8	−6	+412	−2120	+556	−17	−4	+884	−12704	+2176
	−7	−21	+448	−1540	−1694	−15	−28	+980	−9744	−2384
	−6	−34	+449	−825	−3454	−13	−49	+1001	−5929	−6149
	−5	−45	+420	−66	−4521	−11	−67	+957	−1749	−8679
	−4	−54	+366	+660	−4818	−9	−82	+858	+2376	−9768
	−3	−61	+292	+1290	−4373	−7	−94	+714	+6096	−9408
	−2	−66	+203	+1775	−3298	−5	−103	+535	+9131	−7753
	−1	−69	+104	+2080	−1768	−3	−109	+331	+11271	−5083
	0	−70	0	+2184	0	−1	−112	+112	+12376	−1768
Σ_{C_j}	2030	113274	4207320	107987880	500671080	8990	302064	21360240	3671587920	2145733200
λ_j	1	1	$\frac{5}{6}$	$\frac{7}{12}$	$\frac{7}{40}$	2	$\frac{2}{3}$	$\frac{5}{3}$	$\frac{35}{12}$	$\frac{3}{10}$

參考書目

一、中文部分

1. 史麗珠，林莉等譯（1999）。Jan W. Kuzma（庫茲馬）原著。《基礎生物統計學》。學富文化。
2. 沈明來（2001）。《生物統計學入門》。九州。
3. 耿直等（2003）。《生物醫學統計學：理論與資料分析應用》。鼎茂。
4. 張雩景、曹麗英（2001）。《實用生物統計學》。華騰。
5. 郭寶錚、陳玉敏（2003）。《生物統計學》。五南。
6. 楊惠齡、林明德（2003）。《生物統計學》。新東京。

二、英文部分

Alder, H. L. et al. (1977). *Introduction to Probability and Statistics* (6th ed.). W. H. Freeman and Company.

Altman, D. G. (1991). *Practical statistics for medical research.* London: Chapman & Hall

Bhattacharyya, G. K. et al. (1977). *Statistical Concepts and Methods.* John Wiley and Sons. Inc.

Bland, M. (2000). *An introduction to medical statistics* (3rd ed.). New York: Oxford University Press.

Bofinger, V. J. et al. (1975). *Development in Field Expriment Design and Analysis.* Commonwealth Agricultural Bureau.

Box, G. E. P. et al. (1978). *Statistics for Experimenters: An Introduction to Design, Data Analysis and Model Building.* John Wiley and Sons. Inc.

Brownlee, K. A. (1964). *Statistical Theory and Methodology in Science and Engineering* (2nd ed.). John Wiley and Sons. Inc.

Burr, I. W. (1974). *Applied Statistical Methods.* London: Academic Press. Inc.

Cochran, W. G. (1977). *Sampling Techniques* (3rd ed.). John Wiley and Sons. Inc.

Cox, D. R. (1987). *Applied Statistics: Principles and Examples.* Chapman Hall, London .

Daniel, W. W. (1999). *Biostatistics: A foundation for analysis in the health sciences* (7th ed.). New York: John Wiley & sons. Inc.

Daw son Sannders, B., & Trapp, R. G. (1994). *Buic & Clinical Biostatistics.* Prentice-Hall Inc.

Evans, G. C. (1972). *The Quantitative Analysis of Plant Growth.* Blackwell Scientific. Oxford.

Federer, W. T. (1955). *Experimental Design: Theory and Application.* The Macmillan Company.

Feinberg, B. (1980). *Analysis of Cross-Classified Data* (2sc ed.). Massachusetts: Institute of Technology Press

Finney, D. J. (1953). *An Introduction to Statistical Science in Agriculture.* Oliver and Boyd.

Fisher, R. A. (1954). *Statistical Methods for Research Workers* (10th ed.). Oliver and Boyd.

GiRi, N. C. (1974). *Introduction to Probability and Statistics.* Marcel Dekker. Inc.

Green, J. R. et al. (1977). *Statistical Treatment of Experimental Data.* Elsevier Scientific Publishing Company.

Jenrold, H. Z. (1999). *Biostatistical Analysis* (4th ed.). New Jersey: Prentice Hall Upper Saddle River

Lapin, L. L. (1975). *Statistics Meaning and Method.* Harcoup Brace Jovanovich. Inc.

Li, C. R. (1963). *Introduction to Exerimental Statistics.* McGraw-Hill Book Company.

Mario, F. T. (1989). *Elementary statistics* (4th ed.). California: The Benjamin Cummings Publishing Company.

McCarthy, P. J. (1957). *Introduction to Statistical Reasoning.* McGraw-Hill Book Company. Inc.

Melnyk, M. (1974). *Principles of Applied Statistics.* New York: Pergamon Press.

Montgomery, D. C. (1976). *Design and Analysis of Experiments.* John Wiley and Sons. Inc.

Munro, B. H. & page. (1993). *Statisticnl Methods for Health Care Research.* Lippincott Wmpany.

Ostle, B. (1963). *Statistics in Research* (2nd ed.). The Iowa State University Press.

Robert, G. D. Steel et al. (1980). *Principles and Procedures of Statistics.* McGraw-Hill Book Company.

SAS/STAT. (1990). *User's guide* (4th ed.). Cary: SAS Institute Inc.

Snedecor, G. W. et al. (1967). *Statistical Methods* (6th ed.). The Iowa state university Press.

Snedecor, George W. et al. (1980). *Statistical methods.* Iowa State University Press.

Stanton, A. G. (1997). *Primer of Biostatistics* (4th ed.). New York: McGraw-Hill.

Winer, B. J. (1971). *Statistical Principles in Experimental Design* (2nd ed.). McGraw-Hill Book Company. Inc.

生物統計概論

應用科學叢書 1

審 訂 者／林川雄、馮兆康
作　　者／林傑斌
出 版 者／威仕曼文化事業股份有限公司
發 行 人／葉忠賢
總 編 輯／閻富萍
地　　址／台北市新生南路三段 88 號 7 樓之 3
電　　話／(02)23660309
傳　　真／(02)23660310
郵政劃撥／19735365
戶　　名：葉忠賢
印　　刷／大象彩色印刷製版股份有限公司
I S B N／986-81734-8-5
初版一刷／2006 年 3 月
定　　價／新台幣 480 元

❖本書如有缺頁、破損、裝訂錯誤，請寄回更換❖

國家圖書館出版品預行編目資料

生物統計學 / 林傑斌著. -- 初版. -- 臺北市
: 威仕曼文化, 2006[民 95]
面 ; 公分. -- (應用科學叢書 ; 1)
參考書目:面

ISBN 986-81734-8-5(平裝)

1. 生物學 - 統計 2. 數理生物學

360.13 95002210